W0255720

Galileo Galilei kontrovers

Walter Hehl

Galileo Galilei kontrovers

Ein Wissenschaftler zwischen
Renaissance-Genie und Despot

Walter Hehl
Thalwil, Schweiz

ISBN 978-3-658-19294-5   ISBN 978-3-658-19295-2 (eBook)
https://doi.org/10.1007/978-3-658-19295-2

Springer Vieweg
© Springer Fachmedien Wiesbaden GmbH 2017

Einbandabbildung: designed by eStudio Calamar S.L.
Movement of sunspots: © Science & Society / INTERFOTO
Galileo Galilei: © CPA Media Co. Ltd / picture alliance

Gedruckt auf säurefreiem und chlorfrei gebleichtem Papier

Springer Vieweg ist Teil von Springer Nature
Die eingetragene Gesellschaft ist Springer Fachmedien Wiesbaden GmbH
Die Anschrift der Gesellschaft ist: Abraham-Lincoln-Str. 46, 65189 Wiesbaden, Germany

Vorwort

„Es ist schwierig, sich die Wissenschaft vorzustellen ohne Galileis Beiträge. Dies beweist die lange Reihe von Übernamen wie ‚der Vater der Wissenschaft', ‚der Vater der modernen Physik' und ‚der Vater der beobachtenden Astronomie'."
Mentalfloss, US-amerikanisches Medienunternehmen

„Das Geschichtsbild von Galilei ist aufgeblasen worden wie ein Luftschiff, das nun über der frühen modernen Periode schwebt und die Leistungen der anderen Wissenschaftler verdeckt. Nur der Schatten des anderen Gottes der Wissenschaft, der von Newton, kommt noch durch. Leider ist dieses Bild schlicht Bullshit und verzerrt die Geschichte."
Anthony Christie, deutsch-britischer Wissenschaftshistoriker

Es gibt wohl zwei Wissenschaftler, die vor allen anderen Biographen anziehen: der eine ist Galilei, der andere Albert Einstein. Einstein ist der bei weitem am häufigsten kommentierte Wissenschaftler überhaupt. Bei Galileo Galilei hat sich der Stil der Werke über ihn geändert, er ist vom wissenschaftlichen „Heiligen" zu einer wenigstens teilweise umstrittenen Person geworden.

Dies zeigen die beiden Eingangszitate zu Galileo Galilei und die darin aufgezeigten zwei Ansichten, wie sie verschiedener nicht sein könnten: Im ersten Zitat ist Galilei schlicht der grösste Wissenschaftler, mit dem alles anfing, und der Vorbild-Wissenschaftler an sich, auf der anderen Seite im zweiten Zitat eine schillernde Renaissance-Persönlichkeit und ein Renaissance-Wissenschaftler unter vielen.

Das erste Zitat entspricht der gängigen Meinung, die die Öffentlichkeit dominiert – leider auch von Wissenschaftlern und in Astronomie- und Physikbüchern nahezu ohne Zweifel vertreten. Nur Wissenschaftshistoriker haben verschiedene, allerdings oft widersprüchliche Bedenken. Das falsche Bild von Galilei als Heiligen der Wissenschaft verletzt das Ansehen vieler seiner Zeitgenossen wie Johannes Kepler und Simon Marius, aber auch von weniger bekannten Wissenschaftlern wie Giovanni Battista Benedetti und Simon Stevin.

Es ist dem Autor ein Anliegen, hier einen Beitrag zur besseren Einschätzung der Epoche und zum Verständnis der Geschichte um Galilei nach Jahrhunderten der Verfälschung – ausgerechnet in der Zeit der Aufklärung – zu leisten. Er sieht es als Aufgabe, dafür den Teufelsadvokat zu spielen, allerdings ohne ein Fachhistoriker zu sein. Zur Beruhigung des Lesers wird sich bei zweifelhaften Punkten immer ein Historiker finden, der auch auf der

skeptischen Seite des Autors steht. Anders bei den physikalischen Aussagen und Nachprü-
fungen: Hier erheben wir den Anspruch der Professionalität und hoffen, dass gerade diese
physikalischen Hinweise und Korrekturen den Leser nicht langweilen, sondern ein wenig
Sicherheit in der Flut von zweifelhafter Information geben.

Eine Beruhigung für die Galilei-Freunde: Galilei verschwindet weder aus der Geschichte
noch aus der Wissenschaft, allerdings wird er als Wissenschaftler und Mensch „normali-
siert". Er ist eine schillernde Renaissance-Figur, aber kein Heiliger.

Dank

Die Idee des Buches sowie eine Reihe von kritischen Fragen und Antworten zu Galilei verdanke ich dem Wissenschaftshistoriker und Herausgeber des RENAISSANCE MATHEMATICUS, dem deutsch-britischen Autor Anthony Christie. Dies zeigt eine ganze Reihe meiner im Buch gelisteten Referenzen auf den RENAISSANCE MATHEMATICUS. Dazu ist es vor allem der kritische und bei ihm professionelle Geist des Historikers, den ich bei ihm bewundere.

Den ersten und unvergessenen Kontakt mit der Wissenschaftsgeschichte verdanke ich einem Seminar zur Wissenschaft von Aristoteles bis Newton für Physikstudenten bei Prof. August Nitschke in Stuttgart vor etlichen Jahren.

Eine besondere Freude war der Kontakt mit den beiden Astrologinnen Elisabetta und Grazia Mirti. Frau Grazia Mirti ist eine Pionierin in der Untersuchung der astrologischen Betätigungen Galileis. Ich bedanke mich für die Überlassung von Bildmaterial auch mit der Bemerkung, dass ihre Website eine der schönsten Websites im Internet ist!

Der Spezialist für Simon Marius und Hobbyastronom Hans-Georg Pellengahr hat mit wertvollen Informationen zu Galilei und Marius zum Buch beigetragen. Der Simon-Marius-Gesellschaft und ihrem Präsidenten Pierre Leich danke ich für die Verwendung von Bildern vom Simon-Marius-Portal. Prof. Hans-Joerg Rheinberger hat wertvolle professionelle Kontakte zur Galilei-Forschung vermittelt.

Meiner Frau Edith danke ich für ihre Geduld und vor allem für die sorgfältige Korrektur des Manuskripts.

Inhaltsverzeichnis

> *„Galileo, war – vielleicht mehr als jede andere Person –*
> *verantwortlich für die Geburt der modernen Wissenschaft."*
> Stephen Hawking, britischer Physiker, 2009

> *„Gross ist die Macht der Fehlinterpretation – aber die Geschichte*
> *der Wissenschaft zeigt, dass sie glücklicherweise nicht lange*
> *andauert."*
> Charles Darwin, britischer Biologe, in „Der Ursprung der Arten", 1878

Galilei wurde in Pisa geboren am 15. oder 16. Februar 1564 nach dem alten, julianischen Kalender (das heißt 25. oder 26. Februar gregorianisch). Er entstammt einer verarmten Patrizierfamilie; sein Vater Vincenzo war Tuchhändler, Lautenspieler und Musiktheoretiker. Er wurde in das Ende der Renaissance hineingeboren, in eine Zeit zwischen Mittelalter und Neuzeit.

Heute sehen viele Menschen, vor allem auch Naturwissenschaftler, Galilei idealisiert und mit Heiligenschein, und dies im Gegensatz zu seinen Zeitgenossen und zu den historischen Tatsachen (s. u.) – so zum Beispiel als Vorbild für junge Wissenschaftler und als Märtyrer der Wissenschaft. Anders war die Sicht vieler seiner Zeitgenossen auf ihn. Ursache waren persönliche Eigenschaften Galileis, die die Schattenseiten der Eigenschaften waren, die ihm letztlich den Platz in der Geschichte der Wissenschaft gesichert haben. Es sind die negativen Eigenschaften eines glänzenden Einzelkämpfers, der seine rhetorische Begabung zum Spott auf andere verwendet. Er gab seine Diskussionsgegner der Lächerlichkeit preis, auch wenn es die besten Wissenschaftler seiner Epoche waren wie Tycho Brahe, und schaffte sich naturgemäss Feinde, bei den Universitätskollegen wie bei den

© Springer Fachmedien Wiesbaden GmbH 2017
W. Hehl, *Galileo Galilei kontrovers*, https://doi.org/10.1007/978-3-658-19295-2_1

jesuitischen Wissenschaftlern. Er unterdrückte die Information von Vorarbeiten anderer zu seinen Forschungen. Dazu liess er keinerlei Zweifel zu an seinen Aussagen, die er als „zweifelsfrei bewiesen" ansah, auch wenn es objektiv gesehen nur Behauptungen waren – wie das kopernikanische System oder seine These der Entstehung der Gezeiten.

Ganz anders die heute übliche Sicht von Galilei als dem grössten und ersten richtigen Physiker und Astronom. Seine Zeitgenossen und Vorläufer werden von ihm verdrängt; so etwa im Geschichtsbild des genialen britischen Physikers Stephen Hawking (geb. 1942). Dazu siehe das Eingangszitat, aber auch die folgende konkrete, aber vollkommen falsche Aussage:

> *„So war vor Galilei niemand daran interessiert festzustellen, ob Körper verschiedenen Gewichts tatsächlich mit verschiedener Geschwindigkeit fallen."*
> *Stephen Hawking, Kleine Geschichte der Zeit*

In der Wirklichkeit existieren viele historische Versuche mit Körpern verschiedenen Gewichts und Dichte, sogar im Umfeld Galileis – sie werden offensichtlich alle vom Glanz Galileis überschattet und unterdrückt. Und selbst die antike Vorstellung – je höher die Dichte des Körpers, umso schneller fällt er – ist nicht so lächerlich, wie sie heute vielen erscheint.

Galilei hat sich in der Tat in vielen wissenschaftlich-technischen Bereichen betätigt, die jetzt mit ihm verbunden werden – sogar namentlich, und die dem Gebildeten mehr oder weniger bekannt sind.

Es ist eine lange Liste mit Eponymen wie

dem „Galilei'schen Fernrohr" (das in Holland erfunden wurde),
dem „Galilei'schen Thermoskop" (das in der einfachen Form bereits in
der Antike bekannt war und in der heutigen komplexen Form erst nach
Galilei entstand),
den „Galilei'schen Monden des Jupiter" (die in etwa zur gleichen Zeit auch
von Simon Marius in Bayern entdeckt wurden),
der „Galilei'schen Kanone" („Galilean cannon" im Englischen, die wohl
nichts mit Galilei zu tun hat, sondern deren Name eventuell vom
biblischen Galiläa herrührt, gerade so wie der Familienname Galilei),
den „Galilei'schen Fallversuchen" mit Kanonenkugeln vom schiefen
Turm von Pisa (die er nie ausgeführt hat, sondern sinngemäss der
flämische Ingenieur Simon Stevin),
dem „Galilei'schen Leuchter" im Dom von Pisa (der erst drei Jahre nach
den Pendelversuchen Galileis im Dom etabliert wurde),
dem „Galilei'schen Kompass" (einem Proportionalzirkel mit vielen Erfindervätern),
dem „Galilei'schen Mikroskop" (das in zwei Etappen erfunden wurde, um
1590 in den Niederlanden durch verschiedene Optiker, dann die
hochvergrössernde Version um 1670 durch den Niederländer
Antoine van Leeuwenhoek),
der „Galilei'schen Penduluhr" (für die Galilei die Idee hatte, die aber erst
17 Jahre nach seinem Tod vom Niederländer Christiaan Huygens
realisiert wurde),
und natürlich mit

dem (sehr) berühmten Ausspruch Galileis
„Und sie bewegt sich doch", Original lat.: *„Tamensi movetur!"*,
Original ital.: *„Eppur si muove!"*, der heute sogar nach
allgemeiner Ansicht eine Legende ist (aber vielleicht von
Giordano Bruno auf dem Scheiterhaufen gesprochen wurde).

Die Entstehung und Verwendung eines Eponyms ist dabei im Allgemeinen für beide Teile ein Vorteil und Marketing-Gewinn: der Begriff einerseits und die Person andrerseits werden bekannter. Aber der didaktische Nebeneffekt ist eine falsche Vorstellung vom Fortschreiten der Wissenschaft als Leistung genialer Einzelner, umgeben von, überspitzt ausgedrückt aber zutreffend bei der Frage des Weltmodells, engstirnigen Idioten. In der Realität ist das Genie eingebettet in ein Kollektiv von Ingenieuren und Wissenschaftlern und baut darauf auf, auch ein Genie wie Einstein oder hier Galilei.

Die Collage der Abb. 1.1 illustriert diese Objekte, die mehr oder weniger zweifelhaft oder berechtigt mit dem Namen Galileis fest verknüpft werden. Die meisten Punkte sind bekannt und/oder werden unten besprochen, hier nur drei Erläuterungen zu weniger bekannten Begriffen, nämlich zum Thermoskop, zur „Kanone" und zum (nichtmagnetischen) Kompass.

Das Galileo-Thermoskop ist kein Thermometer: Ein Thermoskop ist eine Vorrichtung zum Anzeigen von Temperaturänderungen – nicht zum Messen. Ein einfaches Verfahren ist die Beobachtung der Ausdehnung von Luft; diese Möglichkeit ist seit der Antike bekannt durch den griechischen Erfinder Philon von Byzanz (* im 3. Jahrhundert v. Chr.; † im 2. Jahrhundert v. Chr.). Dazu führt von einem Glaskolben eine Röhre in ein Wassergefäss; beim Erwärmen des Kolbens gibt die Menge der austretenden Luft ein Mass an für die aufgetretene Temperatur. Die Abb. 1.2 zeigt das Prinzip mit einem Bild des Arztes und Alchemisten Robert Fludd (1574–1637). Die Vorrichtung von Philon ist genau das Konzept von Galilei beziehungsweise des mit Galilei befreundeten Arztes Santorio Santorio (1561–1636); es ist unklar, wer von den beiden das Konzept neu belebte. Aber Santorio hat das antike Konzept gekannt, denn er spricht von *„der Darstellung in einem sehr alten Buch"*.

Der Schritt vom Anzeigen zum Messen der flüchtigen Temperatur war nicht trivial (schon der Wunsch dazu nicht!). Die „Skala" in Abb. 1.2 ist bereits ein Schritt zum Thermometer mit reproduzierbaren Messungen. Brauchbare Thermometer entstanden allerdings erst mit der Einführung von Alkohol 1654 durch Ferdinand II., den Grossherzog von Toskana, und von Quecksilber 1718 durch Daniel Fahrenheit. Die heutigen sogenannten Galilei-Thermometer wie in Abb. 1.1b sind im Wesentlichen dekorative Raumobjekte und wurden erst nach Galileis Tod ebenfalls von Ferdinand II., dem Grossherzog von Toskana, erfunden.

Die Galilei'sche Kanone scheint vor allem im Englischen als „Galilean Cannon" bekannt zu sein. Vermutlich wurde der Name für das physikalische Spielzeug gewählt wegen der Nähe zur Mechanik (und damit zu Galilei) und wegen der Attraktivität des Namens Galilei. Die Galilei'sche Kanone gehört allerdings eher zu Isaac Newton (1643–1727) als zu Galilei – es ist eine Verwandte der „Newtonschen Wiege" oder „Newton's Cradle", im Deutschen das Kugelstosspendel genannt. Eine Kugel gibt ihren Impuls an eine andere Kugel ab, hier eine kleinere Kugel, die dafür schneller und weiter oder

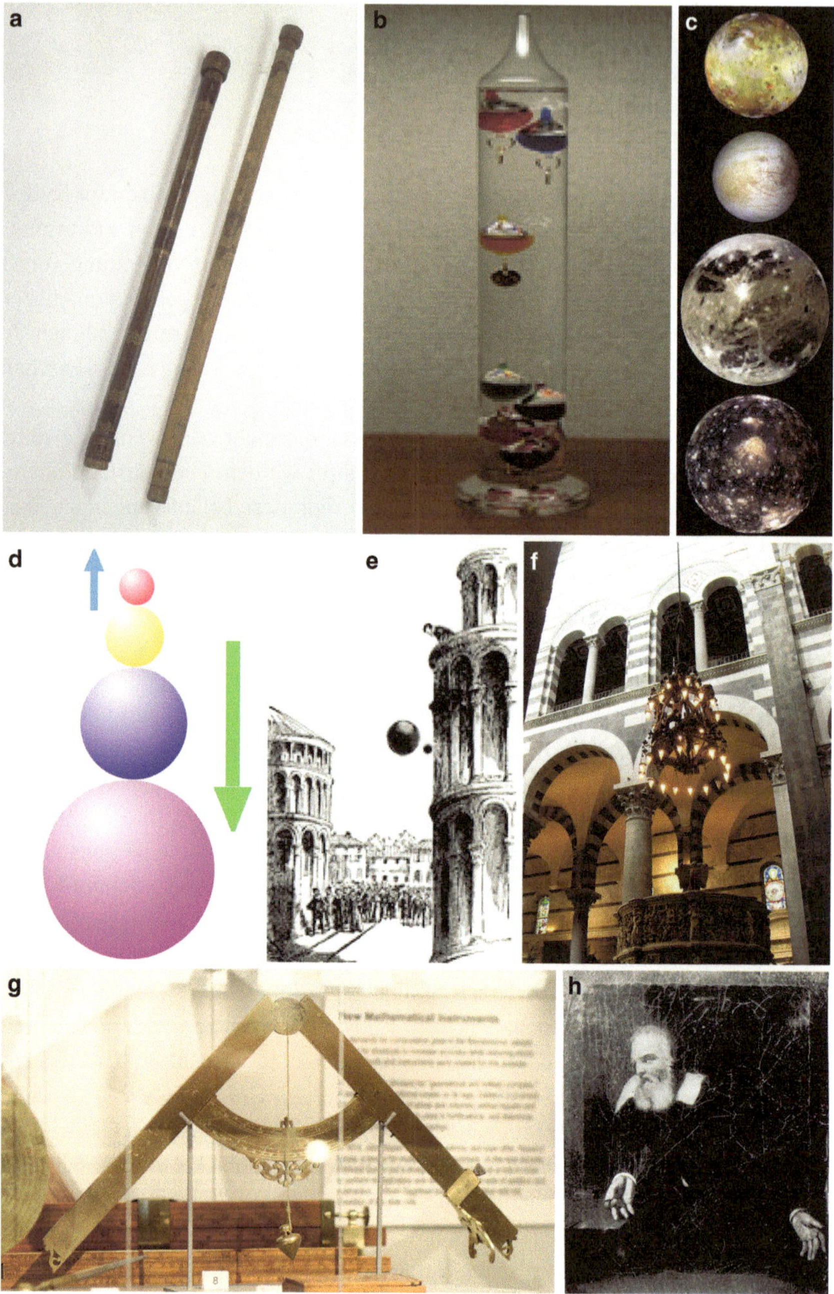

Abb. 1.1 Acht „Galilei"-Objekte. **a** G.-Fernrohr. **b** G.-Thermometer. **c** G.-Monde des Jupiter. **d** G.-Kanone (Prinzip). **e** G.-Fallversuche. **f** G.-Leuchter. **g** G.-Kompass. **h** G.-Ausspruch „e pur si muove" (unsichtbar in diesem Bild von Estaban Murillo, 1643 oder 1648). (Bildquellen: **a** Museo Galileo (Museum der Geschichte der Wissenschaft, mit freundlicher Genehmigung), Florenz. **b** Wikimedia C., Histvedt. **c** NASA. **d** Wikimedia C. Steve Baker. **e** J. Rowbotham, Story-lives of great scientists, 1918. **f** Wikimedia C., Joh3-16. **g** Wikimedia C., Sage Ross. **h** Wikimedia C., J. J. Fahie)

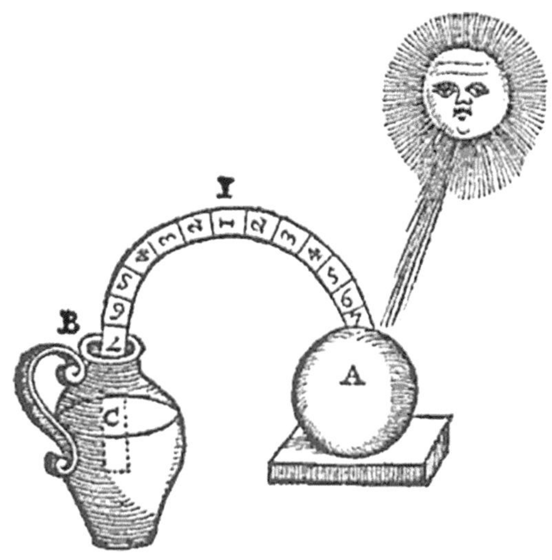

Abb. 1.2 Thermoskop nach Philon von Byzanz und Robert Fludd. (Philosophia Moysaica, Robert Fludd 1638; Bildquelle: Wikimedia Commons, Wellcome Library)

höher fliegt. Die wesentliche Grösse ist auch hier der Impuls: Er geht beim Aufprall in die letzte Kugel (im Bild die oberste) über. Galilei kannte den Impulserhaltungssatz nicht, er konnte auch nicht die Begriffe Geschwindigkeit, Impuls und kinetische Energie voneinander abgrenzen. Sein Name für dieses Experiment kommt etwa fünfzig Jahre zu früh.

Der Leser mag auch von „der Erfindung des Kompasses durch Galilei" lesen: Hier entsteht doppelte Verwirrung durch das Wort „Kompass" und den „Erfinder" Galilei. Ab dem 14. Jahrhundert wurden zum Zeichnen Zirkel verwendet, die „Kompasse" genannt wurden. Ab dem 16. Jahrhundert wurden Rechengeräte verwendet in der Form von Zirkeln, allerdings mit numerischen Skalen auf den Schenkeln und verschiebbaren Reitern zur Lösung von Rechenaufgaben für die Schifffahrt und die aufkommende Artillerie. Diese Proportionalzirkel werden auch (militärische) Kompasse genannt – und haben mit dem viel wichtigeren magnetischen Kompass nichts zu tun. Das mathematische Instrument hatte mehrere Erfinder; Galilei produzierte mehr als hundert Proportionalzirkel im Design seines Lehrers Guidobaldo del Monte (1545–1607) – und natürlich usurpierte der Name Galileis den Typ von Rechenzirkel mit zwei Schenkeln und festem Gelenk insgesamt. Eine Verwechslung dagegen mit dem „echten" magnetischen Kompass (wie im Internet gefunden „Galilei hat den Kompass erfunden") ist mehr als peinlich.

Ein weiteres Instrument, das mit Galileis Namen und Ideen verbunden ist, ist die mechanische Uhr und die Hemmung, insbesondere die Pendeluhr. Galilei hat nach dem Bericht seines ersten Biographen Vincenzo Viviani (1622–1703), ein Jahr vor seinem Tod und schon erblindet, die Idee gehabt, mit der Gleichförmigkeit der Pendelschwingung eine Uhr zu steuern. Es gab schon seit mindestens 200 Jahren mechanische Uhren; die bisherigen mechanischen Uhren, etwa die Turmuhren, bestanden aus einem Gewicht und einem kleinen Bauelement, der Hemmung, das eine gleichförmige Bewegung (den Zug des Seils durch ein Gewicht) zerhackte und in die Zeigerrotation(en) umwandelte. Im Englischen wird es „Escape" genannt, weil es die Energie des Gewichts kontrolliert „entkommen" lässt. Die wohl beste Hemmung in dieser Epoche hatte der Schweizer Instrumentenbauer Jost Bürgi (ca. 1595) erfunden. Bürgi war damit der erste, der eine Uhr mit Sekundenzeiger baute – er ist in diesem Sinn *de facto* der „Erfinder der Sekunde". Dies berichtet nicht ohne Stolz Bernard Braunecker von der Schweizerischen Physikalischen Gesellschaft in der Biographie des im Vergleich zu Galilei nahezu unbekannten Renaissance-Universalgenies Bürgi (2009).

Die grossen Schwierigkeiten der Pendeluhr lagen in der technischen Realisierung; Galileis Beitrag war vor allem die Idee der Verbindung von Uhr und Pendel. Der Bericht darüber und eine Zeichnung (Abb. 1.3) verfasste Viviani allerdings erst siebzehn Jahre nach Galileis Tod und zwei Jahre, nachdem der Niederländer Christiaan Huygens über die erfolgreiche Konstruktion einer Pendeluhr berichtet hatte! Der Astronom George Rieke erklärt im Text zum Wikimedia-Bild:

> „… *obwohl die Quelle sagt, dass es eine Zeichnung ‚von' Galilei ist, wurde es zweifellos von seinem Studenten Viviani im Jahr 1659 gezeichnet. Galilei war schon blind, als er die Idee der Uhr mit Pendel hatte.*"

Auf den Biografen Viviani geht auch die Anekdote von den Fallexperimenten Galileis vom Turm von Pisa zurück, die nahezu einhellig als eine freundliche Fantasie angesehen wird (wenn Galilei die Experimente ausgeführt hätte, so hätte er sie sicher selbst ausführlich beschrieben).

Vermutlich hat Galileis Sohn Vincenzio vergeblich versucht, eine Pendeluhr zu bauen. Sieht man heute Bilder einer Uhr wie in Abb. 1.3, so handelt es sich vermutlich um einen englischen Nachbau aus dem 19. Jahrhundert (Johnstone 2009).

Abb. 1.3 Die „Pendeluhr des Galileo Galilei". (Zeichnung wahrscheinlich von Vincenzo Viviani, ca. 1659; Bildquelle: Wikimedia Commons, Georg Tieke)

Zur Erhöhung des heutigen Ansehens von Galilei, des Mythos „Galilei", haben zusätzlich zu den Erfindungen und Entdeckungen auch allgemeinere abstrakte Argumente beigetragen, etwa (ohne hier konkrete Quellen zu zitieren)

a) die behauptete positive Rolle von Galilei mit der Akzeptanz des neuen heliozentrischen Weltbilds, mit Sprüchen wie *„er hat das neue Weltbild durchgesetzt"*,
b) die Interpretation des Forschungsstils von Galilei als moderne Haltung und als wahre „evidenz-basierende" Forschung, *„er war der erste messende Forscher"*,
c) seine Rolle als vermutlich bemitleidenswerter Märtyrer im Kerker, *„jeder Anhänger der kopernikanischen Lehre wäre damals verbrannt worden"*.

Wir gehen unten auf die Rolle Galileis in diesen Punkten genauer ein, in aller Kürze einige notwendige Bemerkungen hierzu:

a) Er hat dazu befürwortend geschrieben, aber keinerlei strikte Beweise für das heliozentrische Weltbild gehabt. Die Kirche war „philosophisch" (das heißt wissenschaftlich) auf der korrekten Seite, die eigentlich er als Wissenschaftler hätte vertreten müssen.
b) Dies ist eine präsentistische Interpretation, das heißt unrichtig weil aus der heutigen Zeit heraus gesehen, so wie ein Physiker arbeiten *sollte*. Galileis Arbeiten und Denken war durchaus gespalten, mit einem Bein in der Vormoderne und immer noch bei Aristoteles.
c) Er war nie im Gefängnis. Im Palast des Uffiziums während des Prozesses genoss er die „beste Küche Roms", anstelle von Kerker hatte er nach seiner Verurteilung komfortablen und respektvollen Hausarrest. Sein arrogantes Wesen vor allem hatte den Konflikt mit dem Papst provoziert.

Das falsche Geschichtsbild Galileis bei vielen heutigen Menschen ist eine umfassende Konstruktion ausgerechnet der Aufklärung – ein Paradox.

„Die Wahrheit ist das Kind der Zeit, nicht der Autorität."
,Galileo Galilei', in *„Das Leben des Galilei"* von Bertolt Brecht, deutscher Dramatiker

Im Drama bezieht sich das Zitat auf die Autorität der Kirche. Heute ist der fiktive Galilei, den man sich „so modern vorstellt", die Autorität, gegen die man umlernen muss. Es passt bei Galilei scheinbar alles einfach und klar zusammen: das Heiligenbild des Märtyrers, der moderne Forscher und der geniale Erfinder. Galilei ist ein Beispiel für allgemeine Tendenzen, die in der Soziologie und Geschichte der Wissenschaft beobachtet werden. Dies ist zum Beispiel der „Matthäus-Effekt":

„Denn wer da hat, dem wird gegeben, dass er die Fülle habe; wer aber nicht hat, dem wird auch das genommen, was er hat."
Matthäus-Evangelium 25,29 (Luther)

Oder schlicht „*The Winner takes it all*" – „*Der Gewinner bekommt alles*" oder „*Wer hat, dem wird gegeben*". Für die Objekte der Liste gilt eben das „Gesetz der Eponyme" oder „Gesetz von Stigler", wenn auch etwas übertrieben:

> „*Keine wissenschaftliche Entdeckung wird nach ihrem Entdecker benannt.*"

Mit jeder weiteren Verknüpfung eines Einzelbegriffs mit Galilei ergibt sich eine Stärkung der „Marke Galilei" selbst. Der Name Galilei und besonders Galileo Galilei ist dabei übrigens schon als Wort attraktiv, wenigstens für uns Nordländer. Die Verdopplung und der freundlich klingende Vorname Galileo sind kommunikative Vorteile. Johannes Kepler fand die Verdopplung des Namens zu latinisiert Galileus Galileus bereits amüsant, aber sein Name als Hans Kepler oder John Kepler ist nicht so kraftvoll! Aufschlussreich sind die beobachteten Häufigkeiten von Treffern in Google (zugegriffen am 30/12/2016):

> Galilei 13,7 Mill., Galileo Galilei 8,6 Mill. und Galileo 47,1 Mill.
> Zum Vergleich:
> Einstein 112 Mill. und Newton 206 Mill.
> Vielleicht treffender – Einstein ist doch der populärste:
> Albert Einstein 47,5 Mill. und Isaac Newton 1,1 Mill.

Der Name Galileo ist auch bezüglich der Herkunft ausserordentlich: Er bedeutet wörtlich „*Mann aus Galiläa*"; da Jesus aus Nazareth in Galiläa stammte also eigentlich „*der wie Jesus*".

Darauf bezieht sich ein satirischer Scherz, den wir später erklären. Der Vorname Galileo rührte von einem berühmten florentinischen Vorfahren her, Galileo Bonaiuti, einem Arzt und Politiker, der von 1370–1450 lebte und der nach einer toskanischen Sitte mit doppeltem Vornamen genannt wurde, lateinisch „*Galileus de Galileis olim Bonaiutis*", auf Italienisch *Galileo dei Galilei un tempo Bonaiuti*, das heißt „*Galileo von der Familie der Galilei oder früher Bonaiuti*". Zu Ehren dieses Vorfahren, der ebenfalls eine Ehrengrabstätte in der Kirche Santa Croce hatte, wie sie später Galileo erhalten sollte, hatten die Nachfahren den Namen der Galilei angenommen und so hatte auch Galileo Galilei seinen Namen erhalten.

Der kommerzielle und soziologische Begriff „Marke" beschreibt treffend das Resultat des Zusammenwirkens der für den Ruhm günstigen Faktoren. Hier die Definition, nur leicht gekürzt nach dem Business Dictionary: Eine Marke ist eine Menge von „*einzigartigen Merkmalen, die ein Image schaffen, das ein Produkt kennzeichnet und von dessen Mitbewerbern abhebt. Mit der Zeit wird das Bild zu einer festen Grösse mit Vertrauenswürdigkeit, Qualität und Befriedigung im Weltbild des Kunden. Hilft dem Kunden, sich in einer übervollen und komplexen Welt zurecht zu finden.*"

Leider sind viele der markenschaffenden Informationen im Falle Galilei nicht richtig und das Gesamtbild erst recht nicht. Der britische Wissenschaftsautor Philip Ball (2014) (geb. 1962) schreibt dazu:

> „*Die Wissenschaftshistoriker schwanken zwischen Erbitterung und Resignation angesichts der Tatsache, dass nichts, was sie sagen, diese falschen Überzeugungen [über Galilei] umstossen kann.*"

Das Heiligenbild Galileis, in gut 300 Jahren gebaut, passt so gut zusammen – es ist eben eine Hagiographie, vom griech. τὸ ἅγιον tò hágion „das Heilige". Dies ist nach Wikipedia im übertragenen Sinn (zugegriffen am 04.06.2017):

> „… *eine Biographie, die den Beschriebenen als „Heiligen" im Sinne eines vorbildhaften Menschen ohne Makel darstellt und ihn dem Leser einerseits als sittliches Vorbild, andererseits als der kultischen Verehrung würdigen Erwählten Gottes präsentiert. Da eine solche Darstellung oft einseitig lobpreisende Züge aufweist, eine unkritische und euphemistische Tendenz zeigt, die historische Quellenkritik vernachlässigt und keinem streng rationalistischen Wahrheitsbegriff verpflichtet ist, kann der Ausdruck auch in pejorativer Bedeutung verwendet werden.*"

Diese Definition („lobpreisend, unkritisch, Quellen unerwähnt") trifft wohl bereits auf Schriften von Galilei selbst zu, aber natürlich ist Galilei an vielen der späteren Verzerrungen unschuldig. Es beginnt bei seinem ersten Biographen, seinem Schüler Vincenzo Viviani (1622–1703), der nach dem Tode Galileis alles tat, um Galilei zu glorifizieren und von Vorwürfen zu rehabilitieren. Er hatte auch behauptet, dass Galilei richtige Fallversuche vom schiefen Turm von Pisa durchgeführt habe, wofür sich bei Galilei selbst kein Hinweis findet, nur als Gedankenexperiment. Der Historiker Michael Segre (1989) meint, dass die Biographie Vivianis nicht den Massstäben moderner Geschichtswissenschaft entspricht: Viviani könnte es, wie seinem Meister, mehr um die Darstellung von Prinzipien gegangen sein als um historische Korrektheit. Dies bedeutet Arbeit (und Streit) für Historiker!

Der Konflikt der Historiker um Galilei eskalierte im 19. Jahrhundert einseitig und simplifizierend: Galilei war der Heilige und die (dogmatische) Kirche das Böse. Für dieses Bild stehen vor allem die Namen des Chemikers John William Draper und des Publizisten Andrew White. Aber Galilei ist eine schillernde Renaissance-Figur und seine Beziehung zu Wissenschaft, Geschichte und Kirche ist viel komplexer als eine schwarz-weisse Grafik hier gut und wissenschaftlich, da böse und unwissenschaftlich.

Die Fülle der Literatur über Galilei ist überwältigend; im Jahr 1963 wurden etwa 6000 Werke geschätzt, 1980 schon 8000. Dazu kommt eine zwanzigbändige Galilei-Werkausgabe und, vom Autor geschätzt, eine halbe Million von mehr oder weniger trivialen Internet-Artikeln. Im Laufe der Beschäftigung mit Galilei ist auch beim Autor ein verzweigter Gang durch die Galileiliteratur entstanden. Um den Fluss des Textes nicht zu unterbrechen, haben wir die Literaturangaben für das vorliegende Buch auf ein Minimum beschränkt und kleine Verzeichnisse kapitelweise angehängt.

Die zu erwartenden Proteste wissenschaftlich orientierter Leser illustriert der Cartoon des wunderbaren Zeichners Randall Munroe (geb. 1984) in Abb. 1.4. Der Zeichner verwendet das in Wikipedia häufig gesehene Zitat im Sinne „*Ihr Politiker, lügt nicht*". Der Autor dieses Buchs verpflichtet sich als überzeugter Skeptiker, sein Möglichstes in der Wahrheitsfindung zu tun.

Zur Hagiographie Galileis gehören sogar richtige Reliquien, ganz im Stile klassischer Heiligenreliquien – eine kuriose Ironie der Geschichte für jemanden, der im Disput mit der katholischen Kirche war. Galilei ist daran unschuldig! Abb. 1.5 zeigt den mumifizierten Mittelfinger von Galilei: Gestorben 1642, wurde Galilei im Jahr 1737 umgebettet in

Abb. 1.4 Wo ist die Referenz? Zitat notwendig. (Cartoon von Randall Munroe; Bildquelle: Wikimedia Commons, User xkcd. Frei für jeglichen Gebrauch)

Abb. 1.5 Reliquiar mit Galileis Mittelfinger im Museo Galilei, Florenz. (Bildquelle: Museo Galileo, Florenz, mit freundlicher Genehmigung)

die Kirche Santa Croce in Florenz: Zur Überraschung war sein Leichnam in der vorhergehenden Gruft natürlich mumifiziert worden, für das Volk das Anzeichen einer Heiligkeit. Galilei gehört damit zu den Incorruptibles oder Incorruttibili, den nicht Zerfallenden, wie eine ganze Reihe von Heiligen der katholischen und der orthodoxen Kirche – die berühmteste ist vermutlich die Heilige Bernadette von Lourdes.

Nach klassischem Vorgehen wurden dem „wissenschaftlichen Heiligen" wichtige Körperteile wie der Mittelfinger, der Daumen und ein Zahn als Reliquien entnommen, die heute im Museo Galileo zu sehen sind, mit der DNA-Garantie, einem einzigen Körper, dem Körper Galileis, zusammen anzugehören.

Ein weiteres Kapitel der Hagiographie ist im Kommen (Termin unbekannt): Ein Galilei-Film aus Hollywood über die Beziehung Galileis mit dem Papst Urban VIII. mit dem Titel „Das Scharnier der Welt". Vermutlich mit Galilei als aufrechten wissenschaftlichen Helden.

Die Hagiographie Galileis hat auch ein esoterisches Kapitel. Ausgangspunkt ist die (Beinahe-)Koinzidenz des Todestages des Malers und Bildhauers Michelangelo Buonarotti, nämlich der 18. Februar 1564, mit dem Geburtstag von Galilei am 15. oder 16. Februar dieses Jahres. Der schon erwähnte Biograf Viviani versuchte Galilei als Künstler in eine Reihe zu setzen mit Michelangelo – bis hin zu einer „echten" Seelenwanderung von Michelangelo zu Galilei vom Tod zum neuen Leben, ganz im Sinne der zaubergläubigen Renaissance. Im Jahre 1737 schliesslich erhielt auch Galilei ein prachtvolles Grabmal in der Kirche Santa Croce in Florenz, gegenüber dem Grab von Michelangelo. Mehr dazu bei Horst Bredekamp (2009).

1.1   Auf den Punkt gebracht und Zusammenfassung des Kapitels

Galileo Galilei war ein vielseitiger Forscher an der Schwelle zur Neuzeit, aber sein Bild hat in den vier Jahrhunderten eine unrealistische Überhöhung erfahren: Er ist buchstäblich ein wissenschaftlicher Heiliger geworden. Nach dem Überblick auf die verschiedenen herausragenden Eigenschaften und Leistungen Galileis, die er vollbrachte, die er behauptete oder die ihm zugeschrieben werden, haben wir einige „Marketingaspekte" seiner Person (wie die des Namens Galileo) und seines Werks kurz analysiert. Im Folgenden sehen wir uns zunächst die wesentlichsten Fragen zu Galilei und zu seinen Forschungen und Publikationen näher an. Ein besonderer Leitfaden wird einerseits der kritische Vergleich mit moderner Physik und Astronomie sein und andrerseits der Versuch, ihn aus seinem zeitlichen Kontext zu verstehen beziehungsweise eben nicht zu verstehen.

Literatur

Ball, Philip. 2014. *Who are the martyrs of science?* Theguardian.com.
Braunecker, Bernhard. 2009. *Jost Bürgi erfand nicht nur die Sekunde.* sps.ch.
Bredekamp, Horst. 2009. *Galilei der Künstler: Der Mond. Die Sonne. Die Hand.* Berlin: Akademie-Verlag.
Bredekamp, Horst. 2015. *Galileis denkende Hand.* Berlin: De Gruyter.
Johnstone, Adrian. 2009. *Galileo and the pendulum clock.* London: Royal Hollow University.
Segre, Michael. 1989. *Galilei, Viviani and the tower of Pisa.* Academia.edu.
Wikipedia „*Galilei (familia)*". Italienischer Wikipediaartikel.

> *„Zunächst betrachten wir die Gestalt und die allgemeine Grösse*
> *der Hölle, danach vergleichen wir sie mit der Erde als Ganzes."*
> *Galileo Galilei, 1587/1588*
>
> *In: „Due Lezioni all'Accademia fiorentina circa la figura, sito e*
> *grandezza dell'Inferno di Dante."*
> *„Zwei Lektionen an der Akademie von Florenz zur Gestalt,*
> *Lage und Grösse der Danteschen Hölle."*

Nach vier Jahren des Medizinstudiums (auf Wunsch des Vaters) und bereits ausgebildet in Astrologie verlässt Galilei die Universität von Pisa aus finanziellen Gründen ohne Abschluss. Er begann, Mathematik zu lehren und nach einer „mathematischen" Anstellung zu suchen.

2.1 Infernologie

„Galilei vermisst Dantes Hölle und bleibt an den Massen hängen."
(Durs Grünbein, Lyriker, 1996)

Da erhielt er 1587 von der Florentinischen Akademie die Einladung zu zwei Vorträgen über die physikalischen Dimensionen der Hölle. In Mittelalter und Renaissance wurde der literarische Bericht von Alighieri Dante (1261–1321) in der „Göttlichen Komödie" über den Aufbau der Welt bitterernst und als konkrete, wertvolle Information genommen. Seine Zeitgenossen munkelten sogar, Dante könne in der Hölle nach Belieben ein- und ausgehen! Dante gibt zwar keine Karte der Welt, aber detaillierte Beschreibungen von Hölle und

13

W. Hehl, *Galileo Galilei kontrovers*, https://doi.org/10.1007/978-3-658-19295-2_2

Abb. 2.1 Der Aufbau der Danteschen Hölle als inverser Trichter in der Erdkugel. Über der Mitte des Trichters (an der höchsten Stelle) liegt Jerusalem. (Bild: Sandro Botticelli, zwischen 1480 und 1490, „La carte de l'enfer"; Bildquelle: Wikimedia Commons, Musée de Luxembourg)

Himmel, in denen er das Wissen seiner Zeit – von Antike und arabischer Überlieferung mit Christentum und Zeitgeschichte – grossartig verbindet. Die Abb. 2.1 zeigt seine allgemeine Vorstellung der Hölle in einer Federzeichnung von Sandro Botticelli (ca. 1480–1495) als einem kegelförmigen Trichter, der zum Mittelpunkt der Erde reicht. Luzifer sitzt genau dort und zermalmt die Verräter. Entstanden ist der Erdtrichter durch den Sturz Luzifers aus dem Himmel. Die Spitze der Einsenkung liegt im Mittelpunkt der Erde, und zwar so, dass die Mittellinie dieser Einstülpung zur Erdoberfläche hin genau in Jerusalem endet. Jerusalem ist die Mitte der Welt und die Hölle befindet sich gerade unter dem Heiligen Land. Für den modernen Lyriker im Eingangszitat ist Galileis Hölle nur Mathematik, aber man kann in ihr auch fantastische lyrische Fiktion sehen und absurde Pseudowissenschaft.

Dante stellt sich die Hölle wie ein Amphitheater vor, wie einen Trichter mit vielen begehbaren inneren Ringen, der bis zum Mittelpunkt der Erde (das heißt der Welt) reicht (Engel 2006). Der höchste Punkt der so gesehenen Erdkugel ist in Jerusalem, dem mittelalterlichen Zentrum der bewohnten Welt, genannt Oecumene. Am Gegenpunkt der Erdkugel befindet sich der Läuterungsberg mit dem Weg der Seelen zum Paradies. So heisst es in der Göttlichen Komödie:

> *„Schon hatte die Sonne den Horizont erreicht dessen Meridian Jerusalem am höchsten Punkt überragt." (Läuterungsberg, 2. Gesang)*

Abb. 2.2 Die Positionierung
der Hölle in der Welt nach
Alighieri Dante. (Skizze nach
Paul Pochhammer, 1901;
Bildquelle: Ritter (1922)

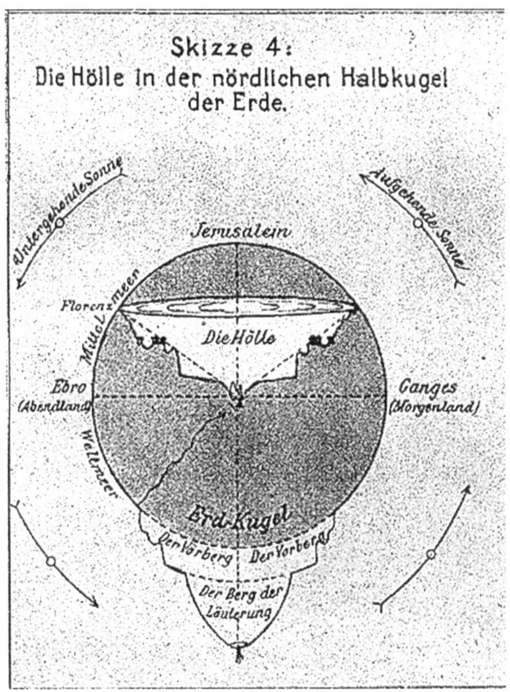

Vor Galilei rivalisieren zwei Höllenmodelle, beide nach Dante, um Anerkennung: Ein grosses Modell des Florentiners Antonio Manetti (1423–1494) und ein um den Faktor 1000 kleineres Modell des Luccaners Alessandro Vellutello (vermutlich 1473–1550). Galilei entschied sich (und damit entschied er die ganze Debatte) zugunsten des Florentiners mit zwei blendenden Vorträgen – überzeugend durch seine Kenntnisse von Dantes Göttlicher Komödie und durch seine Rechenkünste.

Die Abb. 2.2 kartiert die Hölle in der Welt nach Manetti in der Skizze des preussischen Offiziers und Dante-Forschers Paul Pochhammer (1841–1916) mit Jerusalem über dem Zentrum der Hölle und am Gegenpol der Erde den Läuterungsberg, der durch das Einbrechen Luzifers hinausgestülpt wurde. Einen Teil der inneren Ringstruktur beschreibt die Abb. 2.3 aus der *Giuntina*, der Ausgabe des Florentiner Druckers Filippo Giunti mit den allerersten Abbildungen zum Aufbau der Danteschen Hölle, der Beginn der Kosmographie der Welt des Dante.

Die Zahlenwerte des Mathematikers und Architekten Manetti (und damit die von Galileo Galilei) beruhen auf einem Öffnungswinkel des Trichters von genau 60° und dem im Mittelalter angenommenen Erdradius von 3250 Florentiner Meilen zu 1,74 km: Die mittelalterliche Weltkugel ist damit etwas zu klein (5655 km Radius anstatt richtigerweise 6367 km), aber die Voraussetzungen für detaillierte Rechnungen sind gegeben.

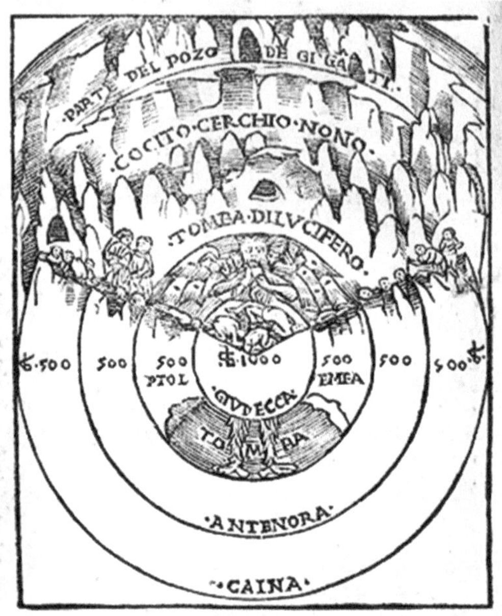

Abb. 2.3 Die innere Ringstruktur der Hölle nach Dante, Holzschnitt. (Bildquelle: Giuntina Dante (1506), Italnet)

Mit atemberaubender numerischer Präzision werden die Durchmesser und Weiten der Höllenringe berechnet auf der Grundlage von geometrischen Ähnlichkeitsprinzipien und mit Zahlensymbolik, hier einige Beispiele:

> *„Galileo berechnete die Entfernung des achten Höllenkreises, des Malebolge mit den Gräben für die Bösen, vom Erdmittelpunkt zu 81 3/22 Florentiner Meilen, die Schlucht des Wächters hat die Tiefe von 730 5/22 Meilen."* (Magnaghi 2014)

Die Wollüstigen kleben 810 30/22 Meilen unter der Oberfläche, die Schlemmer in 1215 45/22 Meilen usf. Die Werte werden als Brüche angegeben, da Dezimalzahlen noch nicht erfunden beziehungsweise noch nicht verbreitet sind.

Eindrucksvoll sind auch die berechneten Dimensionen für Luzifer, der im Erd- und Weltzentrum festgebannt ist. Ein Ausgangspunkt ist der Vers

> *„Des Marterlandes höllischer Regent*
> *schien aus dem Eis mit halber Brust zu reichen;*
> *man eher mich als riesenhaft verkennt,*
> *als Riesen seinem Arm gar zu vergleichen."*

Daraus wird abenteuerlich die Grösse Luzifers als Vielfaches der Grösse des längst verstorbenen und der Messung unzugänglichen Dante berechnet:

> „Länge des Arms Luzifers 645 1/3 Ellen,
> Grösse des Luzifer 1936 Ellen,
> Abstand Nabel zu Brustmitte 484 Ellen".

Mit der Elle (braccia) zu etwa 75 cm gerechnet, ist Luzifer damit nahezu 1,5 km (!) gross.

Der angegebene wunderliche letzte Wert „Nabel zu Brustmitte" hat eine besondere Bedeutung für Dante: In der Analyse von Dante und Galilei fällt der Nabel Luzifers mit dem (ruhenden) Mittelpunkt der Erde und der Welt zusammen. Bis zur Brustmitte reicht der höllische Eispanzer, nur darüber ragt Luzifer heraus! Es ist erstaunlich, dass Hitze und Vulkanismus keine grössere Rolle in der Göttlichen Komödie und im Bild der Hölle spielen, obwohl Ätna und Vesuv recht nahe liegen. Allerdings waren beide Vulkane in dieser Epoche recht ruhig, und Vesuv war zuletzt 1323 ausgebrochen.

Die Rechnungen sind ein Balanceakt zwischen Literatur, Religion und Wissenschaft (Physik und Mathematik) – abstruse Anhaltspunkte und Ausgangswerte mit recht willkürlichen Verknüpfungen (Heilbron 2010), vorgebracht mit der Autorität der Mathematik in Latein und Griechisch. Die absurde, scheinbar grosse Genauigkeit der geometrischen Angaben zeigt eine ganz andere Haltung zur Genauigkeit in der Scholastik als wir sie später bei der experimentellen Wissenschaft sehen: In der Scholastik erwartet man das Exakte, wer misst, erwartet dagegen Fehler und rechnet mit Fehlertoleranzen. Der junge Galilei steht noch ganz auf der idealisierenden Seite. Später, wenn er experimentiert, wird er mit Messfehlern leben, aber er wird in den Berichten die Genauigkeit seiner Messungen noch etwas übertreiben …

Neben diesen numerischen Spielen von Manetti und Galilei (der damit Manetti bestätigt) sieht Galilei ein (pseudo-)physikalisches Problem in der Höllenkonstruktion, nämlich die Decke der Hölle und ihre Stabilität. Das Gewölbe über dem Trichter (mit Jerusalem in der Mitte) hat nach Manetti (und Galilei) die Dicke von einem Achtel des Erdradius, also 405 Meilen – davon muss noch „der Platz für die Grotte der Unglückseligen und die Tiefe des Meeres" abgezogen werden. Zur Abschätzung der Stabilität, der *Resistentia Solidorum*, vergleicht Galilei dies direkt mit den Verhältnissen einer im Massstab von 1 Elle zu 100 Meilen verkleinerten Kuppel: Die Modellkuppel mit 30 Ellen Wölbung hätte dann eine 4 Ellen starke Decke und Galilei schreibt: „*Selbst wenn man für seine Dicke … nur eine einzige, vielleicht auch nur eine halbe Elle vorsieht, wird dies auch stabil sein.*" Er denkt hier wohl an die Kuppel des Domes von Florenz von Brunelleschi (Abb. 2.4). Diese naive Skaleninvarianz durch lineare Übertragung der Verhältnisse ist Galilei in späteren Jahren selbst als unsinnig aufgefallen, aber er hat seine Inferno-Rechnungen nie öffentlich korrigiert. Dann wäre ja die Hölle buchstäblich zusammengebrochen und damit ein weiterer Teil des mittelalterlichen Weltbilds: Durch seine Schuld wäre dann die Realität der Hölle in Frage gestellt und damit der feste Mittelpunkt der geistigen Welt. Dies hätte die Anklage der Häresie oder wenigstens deren Verdacht noch verstärkt.

Die Höllendecken-Problematik hat Galilei zum Ende seines Lebens zu einer fundamentalen und neuen physikalischen Überlegung geführt, nämlich wie man grundsätzlich skalieren sollte.

Diese Diskussion findet sich in dem letzten Werk Galileis, den „Zwei neue Wissenschaften" („*Discorsi e Dimostrazioni Matematiche Intorno a Due Nuove Scienze*), 1638, und ist dort die erste der beiden neuen Wissenschaften. „Skalieren" bedeutet das Übertragen

Abb. 2.4 Die Kuppel des Brunelleschi des Doms von Florenz als Modell der Höllendecke. (Bildquelle: Wikimedia Commons, S. Scheele)

Abb. 2.5 Die Skalierung von Knochen. (Zeichnung von Galilei, in den „Zwei Wissenschaften", zweiter Tag; Bildquelle: Online Library of Liberty)

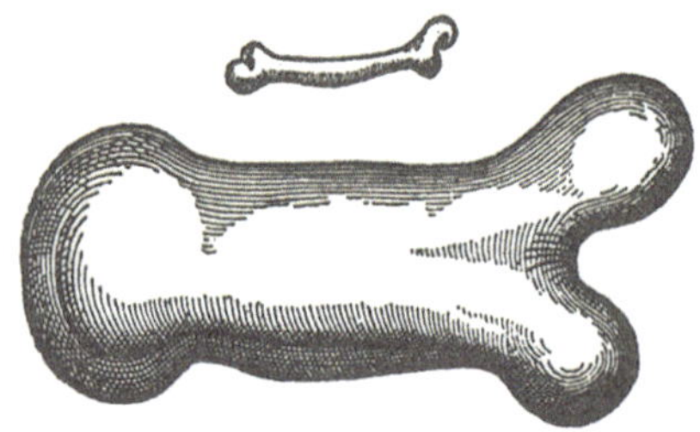

einer Situation von Kleinem zu Grossem oder umgekehrt, zum Beispiel von einem kleinen Schiffmodell zu einem grossen Schiff: Was kann man vom Modell lernen, was ändert sich? Galilei weist auf den Unterschied zwischen Mathematik und Physik hin: Kreise und Dreiecke folgen, gleich welcher Grösse, den gleichen Gesetzen, etwa dass der Umfang 2π mal dem Radius ist.

Anders in der realen Welt: Da nimmt beispielsweise das Volumen eines Körpers rascher zu als seine Oberfläche. Eigenschaften, die mit dem Volumen gehen, wie zum Beispiel das Gewicht, skalieren damit anders als Eigenschaften, die von der Fläche abhängen, wie zum Beispiel Bruchfestigkeit oder Reibung. Ein Pferd kann nicht die mehrfache Körperlänge herunterfallen, ohne sich zu verletzen – eine Katze kann es. Berühmt ist die Skizze Galileis der Abb. 2.5, die die unterschiedlichen Formfaktoren von zwei verschieden grossen Knochen zeigen soll (der grosse Knochen ist überproportional dicker). Zwar noch nahezu ohne Mathematik und nur verbal gibt Galilei damit doch den Anstoss zu fundamentalen Betrachtungen für Biologie, Architektur und Ingenieurwesen.

Viele Historiker erstaunt es, welch grosse Bedeutung Galilei dem Skalieren zumisst. Aber es kann gut sein, dass dies eine Folge der Jugendsünde „Plan der Danteschen Hölle" ist. Er zeigt damit, dass er die schlummernde Problematik des riesigen Höllengewölbes verstanden hat – obwohl weder das Wort „Hölle" noch der Name Dantes in den „Zwei Welten" erwähnt werden.

Zurück zum jungen Galilei und zu den Vorträgen der „Due Lezioni". Der Inhalt war natürlich unwissenschaftlich und insbesondere unphysikalisch und des möglichen „ersten modernen Forschers" unwürdig. Die Konstruktion war intellektuell vom gleichen Niveau wie die Berechnung des Schöpfungsdatums der Welt im Jahr 1650 durch Bischof James Ussher zum 23. Oktober 4004 v. Chr., 18 Uhr. Die Göttliche Komödie ist eine grossartige holistische Verbindung von Literatur, Theologie, Antike und Zeitgeschichte, aber als wissenschaftliches Fundament untauglich und peinlich. Das Florentiner Publikum allerdings war von Galilei selbst und von der gekonnten Ablehnung des Luccaner Höllenmodells begeistert und Galilei erhielt die dringend benötigte Stelle als Mathematikprofessor in Pisa.

2.2   Der Mythos von der flachen Erde

„Erst Galileo Galilei hegte durch Beobachtungen Zweifel an der Erdscheibe und suchte nach Beweisen, die aber nicht anerkannt wurden." Anonymer Blogbeitrag, answers.yahoo, 2007

„Die Ansicht, dass die Erde eine Scheibe sei, ist seitdem [das heißt seit Galilei] eine wissenschaftliche Tabuzone. Sie wird niemals mehr ernsthaft betreten werden können." Egon Spiegel, Theologe, in „Politik ohne Gewalt", 2008

Eigentlich hat ein Kapitel „Flache Erde" nichts bei Galileo Galilei zu suchen – aber der Mythos des mittelalterlichen und Renaissance-Glaubens an die scheibenförmige Erde ist nicht auszulöschen und trifft auch Galilei. Galilei erhält immer wieder den Ruhm des Zerstörers des Irrglaubens an die flache Erde. Dabei hat schon Aristoteles (* 384 v. Chr.–† 322 v. Chr.) die ersten guten Argumente für die Kugelgestalt genannt:

- Bei Schiffen auf dem Meer sieht man in der Ferne zuerst die Segel, danach den Rumpf,
- der Erdschatten bei einer Finsternis erscheint immer rund,
- in südlichen Ländern stehen die südlichen Sternbilder höher am Himmel als bei uns in Europa.
  Die geografische Breite eines Orts lässt sich sogar relativ leicht messen.

Aristoteles wurde ab dem 12. Jahrhundert in Europa gelesen und wurde zur grossen weltlichen und kirchlichen Autorität! Die obige Beschreibung der Danteschen Hölle in der Erdkugel (die auch die Hölle des jungen Galilei ist) aus dem 13. und 14. Jahrhundert zeigt es klar und eindeutig, dass man nicht an eine scheibenförmige Erde dachte, auch Galilei

Abb. 2.6 Der Reichsapfel des
Hl. Römischen Reiches 1888.
(Bildquelle: Wikimedia
Commons, Johann
B. Hohmann)

nicht und nicht die meisten seiner Zeitgenossen. Das Mittelalter war nicht so finster, wie
es häufig den Ruf hat. Allerdings passt nach dem Gedankengang von Aristoteles eine
Weltkugel besser zum alten geozentrischen Bild als zum heliozentrischen: Streben alle
Körper zum Mittelpunkt der Welt, so ergibt sich aus der vollkommenen räumlichen Symmetrie eine Kugelform (Aristoteles).

Bei den echten Planeten hat sich die Kugelform der einzelnen Himmelskörper aus
dem lokalen Streben aller Teilkörper „zur jeweiligen Mitte" bei der Entstehung ergeben – das Sonnensystem als Ganzes ist nicht so kugelsymmetrisch wie die Dantesche
zentrale Erdkugel. Als ein offizielles Zeichen des Verstehens der Welt als Kugel ist der
Reichsapfel anzusehen. Abb. 2.6 zeigt einen Reichsapfel des Heiligen Römischen Reiches mit dem Globus und aufgesetztem Kreuz als Zeichen der Herrschaft – verwendet
ab etwa 1014!

Der moderne Mythos vom mittelalterlichen Glauben an die Erde als Scheibe ist ein
populärer Irrtum des Halbgebildeten, den zum Beispiel der Schriftsteller Washington
Irving mit seiner falschen Kolumbus-Biographie (1828) zu verantworten hat. Christopher
Kolumbus muss sich bei Irving in *„Eine Geschichten des Lebens und der Reisen des
Christopher Columbus"* in einer Kommission von Zweiflern an der Kugelgestalt der Erde
durchsetzen, um die Expedition durchführen zu können. Der amerikanische Präsident

Thomas Jefferson argumentierte mit der flachen Erde und mit Galileo Galilei dagegen, dass sich der Staat in die Religion einmische:

> *„Die Regierung ist genauso ‚unfehlbar‘, wenn sie die Physik bestimmen möchte. Galilei wurde vor die Inquisition gebracht, weil er behauptete, die Erde sei eine Kugel. Die Regierung hatte sie für flach erklärt, so flach wie ein Holzteller. Galilei musste abschwören. Der Irrtum blieb nicht lange bestehen, die Erde wurde eine Kugel und mit Descartes zu einem Wirbel um ihre Achse.“*
> *Thomas Jefferson in „Notizen zum Staat Virginia“, 1784*

Ein anderer Beitrag zum Mythos der flachen Erde ist das (grossartige) pseudo-mittelalterliche Bild des Astronomen Camille Flammarion (Abb. 2.7) aus dem Jahr 1888 mit dem Missionar, der das Ende der Weltscheibe erreicht und an die Himmelssphären stösst.

Aber das Bild ist ein „Fake“ oder eine urbane Legende. Der Mythos des scheibengläubigen Mittelalters ist verbreitet, hat eigene Wikipedia-Artikel auf Deutsch und Englisch, aber ihn zu glauben, ist ein peinlicher Fehler der Art, wie sie zum Beispiel das Lexikon populärer Irrtümer auflistet:

> *„Blindschleichen sind blind.“ „Die Zeitrechnung beginnt mit dem Jahr Null“* und *„Einstein war ein schlechter Schüler“.*

Es ist Geschichtsrevisionismus und Fälschung, charakteristisch für das 19. Jahrhundert, auch mit seinen Galilei-Legenden *„von Galileis Beweis des heliozentrischen Systems“.* Die Person in der Abb. 2.7 könnte in der öffentlichen Meinung Galilei sein – Galilei hat die Grenze zwischen Erde und Weltall allerdings nicht durchbrochen, sondern hat sie nur berührt.

Abb. 2.7 Das falsche Bild vom Mittelalter. (Gefälscht im Auftrag von Camille Flammarion, Bildquelle: Wikimedia Commons, anonym)

Seit mehreren hundert Jahren ist die Zuordnung *„Sie glauben ja, dass die Erde flach ist"* eine bewusste Beleidigung. So machte sich Nikolaus Kopernikus in seinem Hauptwerk *„de Revolutionibus"* (1543) über den frühchristlichen Autor Lucius Lactantius (ca. 250–ca. 325) lustig und bezeichnete ihn „als kindisch", weil er die Kugelgestalt der Erde ablehnte. Lactantius war einer der wenigen Gebildeten in der Zeit von der Spätantike bis zur Renaissance, der an die flache Erde glaubte, weil er den Gedanken von Antipoden ablehnte und es unsinnig und gegen die Bibel fand, *dass „Regen und Schnee und Hagel aufwärts auf die Erde fallen"*. Im Englischen sind die Bezeichnungen „Flat Earther" (Anhänger der Scheibenlehre) und „Flatearthism" (Lehre von der flachen Erde) heute Synonyme für „Spinner" und „verrückte Ansichten".

Der Vergleich mit den „Scheibenanhängern" wurde geschichtlich für verschiedene Konflikte verwendet – gegen und für die Evolution, gegen und für die Religion. Hier ein Zitat des texanischen republikanischen Senators Ted Cruz aus dem Jahr 2015, der sich (als Gegner und Ungläubiger der Klimaerwärmung) mit Galilei vergleicht:

> *„Die Anhänger der globalen Erwärmung sind heute das, was die Scheibenleute früher waren. Sie wissen doch, dass man die Erde für flach hielt, und dass dieser Ketzer namens Galileo dafür zum Leugner abgestempelt wurde."*

2.3 Auf den Punkt gebracht und Zusammenfassung des Kapitels

Der junge Galilei berechnet höchst erfolgreich, aber vollkommen unwissenschaftlich die Masse der Hölle nach Dante. Seine Vorträge darüber sind eine Grundlage für seinen beruflichen und akademischen Erfolg. Seine numerischen Angaben zur Dicke der Höllendecke und deren Stabilität hält er rasch selbst für falsch. Es ist unklar, ob er im Alter nur an diesem Teilaspekt zweifelt oder an der Höllenkonstruktion als Ganzes. Die Konstruktion der Danteschen Hölle im Zentrum der Welt passt nämlich besser in das alte geozentrische Weltbild als zur neuen heliozentrischen Vorstellung mit der Erde als einem Planet unter mehreren.

Die Kosmographie von Dante und Galilei mit kugelförmiger Erde zeigt, dass – entgegen der populären Ansicht – die Vorstellung einer flachen Erde in dieser Epoche überhaupt nicht gedacht wurde.

Literatur

Engel, Henrik. 2006. *Dantes Inferno. Zur Geschichte der Höllenvermessung und des Höllentrichter-motivs*. Berlin/München: Deutscher Kunstverlag.
Heilbron, John Lewis. 2010. *Galileo*. Oxford: Oxford University Press.
Magnaghi, Paola, et al. 2014. *Galileo Galilei's Location, shape and size of Dante's inferno: An artistic and educational project*. Academia.edu.
Ritter, Albert. 1922. Dantes Werke – der unbekannte Dante. Berlin: Verlag Gustav Grosser.

Einstein hat recht mit dieser Bemerkung. Zu babylonischen Zeiten war es noch akzeptabel, in den wundersamen Schleifen der Planeten göttliche Zeichen zu sehen. Ist es nicht wirklich erstaunlich, etwa eine dreifache Konjunktion von Jupiter und Saturn zu beobachten? Bei einer solchen dreifachen Konjunktion begegnen sich die Planeten, während sie gerade die jährliche Planetenschleife vollführen: Jupiter überholt Saturn, kehrt um und läuft dann hinter Saturn, kehrt wieder um und überholt Saturn endgültig, um ihm dann davon zu eilen – und dies im Laufe einiger Wochen. Das hat doch etwas für die Zukunft zu bedeuten? Nur was? Und für wen? Allerdings kann man diese Schleifen seit etwa dem 3. Jahrhundert v. Chr. vorausberechnen und sie sind insoweit entmystifiziert.

Dank der modernen Astronomie und insbesondere der Raumfahrt weiss man von der materiellen, unmenschlichen Beschaffenheit der Planeten als kalte oder heisse Gasbälle oder Gesteinskugeln. Es ist kein auch nur geringster Bezug zu unseren menschlichen Schicksalen erkennbar und denkbar (wenn man von Ebbe und Flut durch den Mond absieht, die aber für die Erde und die Menschheit als Ganzes wirken). Es gibt einen treffenden Ausdruck, wenn ein Brauch weitergeführt wird, nachdem er sinnlos geworden ist: Astrologie ist heute eine Art von Cargokult. Nach Wikipedia (06/2017) ist ein Cargokult

© Springer Fachmedien Wiesbaden GmbH 2017
W. Hehl, *Galileo Galilei kontrovers*, https://doi.org/10.1007/978-3-658-19295-2_3

eine *„oberflächliche Nachahmung äußerlicher Handlungsweisen ... in Erwartung von Reichtum und Ansehen"*, früher vielleicht verständlich, heute nur noch Psychologie.

Eine Bemerkung zum obigen skeptischen Einsteinzitat. Es kursiert auch ein falsches Einstein-Zitat zur Astrologie, in dem er gesagt haben soll, *„er verdanke der Astrologie viel"*. Dieser bei Astrologen beliebte Hoax wurde von dem Schweizer Astrologen Werner Hirsig verbreitet, stammt aber vermutlich von dem deutschen Astrologen Carl Heinrich Huter (1898–1974). Es ist erfunden und total unpassend zum Geiste Einsteins. Es ist eines von Hunderten von falschen Einstein-Zitaten. Ein wahres Zitat von Einstein zur Astrologie ist dagegen, dass er die Astrologie (am Beispiel Keplers) für eine Art von innerem Feind betrachtete. Einstein hat dies in einem Vorwort zu einer Biografie Keplers im Jahr 1951 geschrieben.

Das zweite Eingangszitat ist wenig bekannt: Es ist der Titel eines Manuskripts von Galileis Hand mit 16 Seiten voller Horoskope, von Galilei erstellt und geschrieben. Es ist im Band 19 der Gesamtwerke Galileis versteckt. Naturgemäss wird es gerne von gläubigen Astrologen zitiert.

In der Antike bis zum frühen Mittelalter standen Astronomie und Astrologie eng verbunden nebeneinander. Der antike Mathematiker und Geograf Claudius Ptolemäus (* um 100, † nach 160) schrieb sowohl das für ein Jahrtausend zentrale Werk der Astronomie (den *Almagest*) als auch das zentrale Werk für die Astrologie (das *Tetrabiblos*).

Der Almagest (der Name ist eine Arabisierung von *magnum opus*, dem grossen Werk) beschreibt das geozentrische Weltbild in allen Details und modelliert die Bahnen der Himmelskörper mit Hilfe von aufeinandergesetzten Kreisen. Es war bis ins 17. Jahrhundert, bis zu Kepler, das Standardwerk der mathematischen Astronomie.

Das *Tetrabiblos* („die vier Bücher") war entsprechend einflussreich für die Astrologie und war das Standardwerk der Astrologen bis ins 17. Jahrhundert, bis die Astrologie als irrational erkannt und stigmatisiert wurde.

Ptolemäus verwendete für beides das Wort „Astrologie" (*Sterndeutung*, von altgr. ἄστρον *astron* ‚Stern' und λόγο *logos* ‚Lehre'). Das Wort „Astronomie" und die heutige Einteilung in getrennte Bereiche erschienen erst im siebten Jahrhundert in der Enzyklopädie des Isidor von Sevilla (* um 560, † 4. April 636), allerdings dauert die Konfusion bis heute in manchen Köpfen an! Dazu kam im Mittelalter noch die begriffliche Überlappung mit der Mathematik, etwa wenn Augustinus die *mathematici* verdammt – und eigentlich die Astrologen meint.

Sachlich hatte Ptolemäus ein klares Verständnis der Zuteilung der Bereiche: Die Astronomie ermöglicht es, die Bewegungen und Stände der Gestirne im Voraus zu wissen, die Astrologie beschreibt die Einflüsse, die diese Bewegungen auf die Erde (und damit die Menschen) haben sollen. Die Astronomie ist für Ptolemäus die absolut perfekte Wissenschaft, da der Himmel im Sinne des Aristoteles selbst perfekt ist. Die Astrologie ist dagegen etwas leicht Fragliches, wohl „nur" eine Kunst, aber doch etwas, von dem man viel lernen könne (vgl. das falsche Einsteinzitat oben). Die Grundidee der Astrologie war beziehungsweise ist, dass der Ablauf der Gestirne ein Abbild ist des Ablaufs der Vorgänge und Schicksale auf der Erde *„weil Kosmos, Sterne und Menschen ja eines seien"*. Sterne und Menschen sind aber eigene, vollkommen getrennte Systeme im Gesamtsystem des Kosmos und laufen mit anderen Prozessen mit Schwergewicht auf anderen Naturgesetzen ab, Himmelsmechanik einerseits und zum Beispiel der menschlichen Biologie andrerseits. Ein einziges zu sein, das ist entsprechend die Grundidee vieler anderer Vorhersagemechanismen, die Abbildungen des Weltenlaufs im Vogelflug „sehen", bei der Eingeweideschau bis hin zum Kaffeesatz. Die Vorhersage durch den Planeten- und Mondlauf ist da zusammen mit dem Anteil Mathematik für die Planetenberechnung wohl eine der edleren Methoden! Wobei der mathematische Teil aus Sicht der Astrologie nur die helfende Grundlage ist, die ihren Sinn erst durch die Astrologie „als Anwendung" erhält.

Zum Verständnis der Astrologie, vor allem in der Renaissancezeit Galileis, müssen wir zwei Arten der Astrologie unterscheiden, die Menschenastrologie (engl. judicial astrology) und die natürliche Astrologie. Die Menschenastrologie ist aus der Sicht der (katholischen) Kirche gefährlich – daher die englische Bezeichnung „gerichtliche Astrologie" – denn eine strikte Vorhersagbarkeit bedeutet einen strikten Determinismus im Widerspruch zum freien Willen des Menschen, zur Übernahme von Schuld nach menschlichen Entscheidungen und würde insbesondere Gottes Handlungsfähigkeit einschränken. Der Kirchenführer Augustinus (* 354, † 430) steht am Beginn dieser Beurteilung. Nach seinen Erinnerungen wollte er sogar zunächst Astrologe werden, aber er liess sich durch die Beobachtung von Zwillingen (die verschiedene Schicksale hatten) vom Unsinn der Astrologie überzeugen. Seine Argumente gegen die Astrologie gelten genauso noch heute; es ist kein Ruhmesblatt für die Menschheit, dass sie ignoriert wurden und dies bis heute werden.

Dem Vorwurf des Determinismus entzieht sich die Astrologie in der Spätrenaissance (und heute mancher moderne Astrologe) durch Beschränkung auf die Angabe von Tendenzen aus den Sternen, so dass die Abläufe noch vom Menschen beeinflusst werden können oder könnten, sie ist „indikativ". Damit ergeben sich für die heutige Astrologie auch die Möglichkeit der Lebensberatung und ein fliessender Übergang zu psychologischer Beratung. Natürlich gibt es keine, aber auch gar keine Beeinflussung der Konjunktion von Jupiter und Saturn auf den Menschen – höchstens indirekt dadurch, dass ein Beobachter die Nacht auf der Sternwarte verbringt und nicht im Bett zu Hause. Ironischerweise spiegelt sich diese Vorsicht im Geschäftsrecht (der USA) wider als Warnung vor verbotenen „*Forward Looking Statements*" etwa in Firmenreports, vor Aussagen, die in die Zukunft weisen, nach dem englischen Wikipedia-Artikel (06/2017):

> *„Diese Aussagen können oft in die Irre führen, wenn sie als feststehende Aussagen genommen werde, während sie eigentlich Spekulationen sind."*

Kirchlich unverfänglicher war die natürliche Astrologie mit ihren behaupteten Einflüssen auf Irdisches, hier einige unschuldige „physikalische" Teilsätze aus dem *Tetrabiblos*:

> *„Die aktive Kraft der Sonne ist das Erhitzen und, in geringerem Mass, das Trocknen"*
> *„Der grösste Teil der Kraft des Mondes liegt im Befeuchten"*
> *„Es ist die Eigenschaft des Saturn zu kühlen und selten zu trocknen, denn er ist am weitesten weg von der Sonne und den feuchten Ausdünstungen der Erde" usf.*

Zur Zeit Galileis war ein Teil der natürlichen Astrologie besonders herausragend und (auch finanziell) attraktiv: die medizinische Astrologie oder Iatromathematik (vom griech. ἰατρική „Medizin"). Hier einige Zitate zur Bedeutung der Astrologie in der Medizin aus Antike und Mittelalter, die sinngemäss dem berühmtesten Arzt der Antike, dem Griechen Hippokrates von Kos, 460 v. Chr.–370 v. Chr., und auch Paracelsus von Hohenheim, 1493–1541, zugeschrieben werden. Letzterer war wohl der berühmteste Arzt des Mittelalters, geboren in der Schweiz und tätig vor allem in Deutschland:

„Unwissend ist der Arzt, der nichts von Astrologie versteht."
„Ein Medicus, der in der Sternkunst unerfahren ist, gleicht einem Auge, welches keine Kraft zum Sehen hat."
„Ein Arzt, der nichts von Astrologie weiss, ist eher ein Narr zu nennen, als ein Arzt."

Diese „akademische Astrologie" ist als Lehre eine Kombination von Astrologie und Mechanik im Sinne der Studien des Leonardo da Vinci. In den Zeiten der grossen Krankheiten Pest (im 14. Jahrhundert) und Syphilis (im 16. Jahrhundert) war der Wunsch nach Vorsehung und Heilung besonders erklärlich. Die Anhänger der medizinischen Astrologie versuchen, mit Hilfe der Sterne die gesundheitlichen Probleme zu verstehen und medizinische Lösungswege zu finden. Paracelsus von Hohenheim geht sogar so weit zu behaupten, dass Heilung ohne Astrologie nicht möglich sei: *„Der äußere Himmel dient als Wegweiser des inneren Himmels. Mensch und Himmel gehören zusammen als ein Ding."*

Als astrologische Grundlage wird dem menschlichen Körper dabei ein „Sternenkörper" zugeordnet (Abb. 3.1) und den menschlichen Organen entsprechen einzelne Planeten und Sternbilder. So gilt nach ihm:

Zum Sternbild Löwe gehören das Herz und die Brust,
zum Sternbild Jungfrau die Eingeweide und das Nervensystem,
zum Steinbock die Knie und Gelenke usf.
Der Planet Jupiter ist zum Beispiel mit der Leber verbunden und der Hypophyse,
die Venus mit der Kehle und den Eierstöcken,
die Sonne mit dem Herzen und dem Rückgrat.

Wie wichtig diese Zuordnung ist, zeigen weit verbreitete Zitate wie dieses, das ebenfalls Paracelsus von Hohenheim zugeschrieben wird:

„Kein Metall [das heißt keine Operation] darf das Organ berühren, wenn der Mond im entsprechenden Tierkreiszeichen steht."

Es ist offensichtlich, wie wichtig dieses Wissen somit war, schon um Schuldzuweisungen nach misslungenen Operationen zu vermeiden!

Die Zuordnungen erinnern an die Glaubenssysteme („belief systems") anderer alternativer Medizinhypothesen, etwa an die Listen der mehreren Hundert von Zuordnungen der neuen Akupunkturpunkte zu Krankheiten und Organen durch den westlichen Neubegrün-

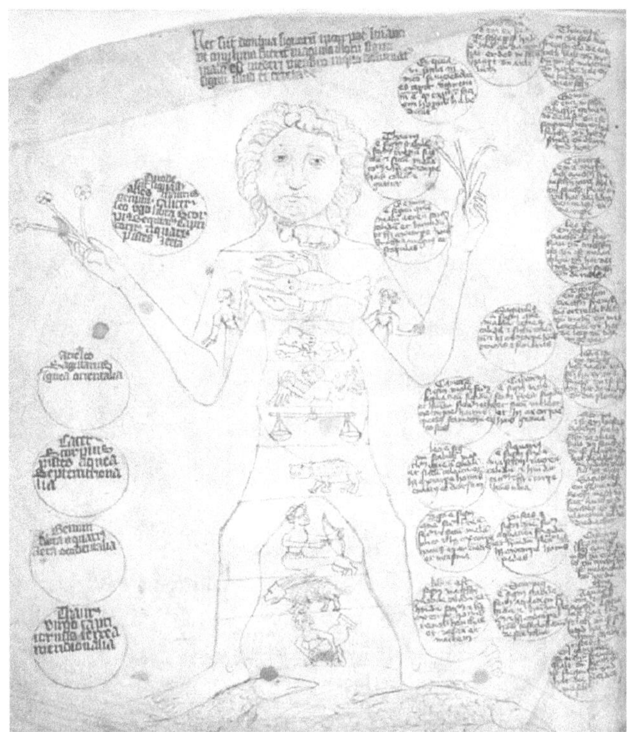

Abb. 3.1 Der Zodiak-Mensch (Homo signorum) mit der Zuordnung der 12 Tierkreiszeichen zu den Körperteilen, ca. 1410. (Bildquelle: Wikimedia Commons, Library of Congress)

der der Akupunktur, George Soulié de Morant, im Jahr 1939. Hier die „richtige" Anzahl der Akupunkturpunkte im chinesischen Original und ihre zugehörige Logik als astrologische Spiegelung der Lebenszeit:

> *„Es gibt 365 Qi-Löcher [Akupunkturpunkte], die mit den Tagen des Jahres korrespondieren."*
> *aus dem Neijing Suwen, den „Unbefangenen Fragen", 2. oder 1. Jahrhundert v. Chr.*

Wie leicht und wirklich unbefangen werden Beziehungen zwischen total verschiedenen und getrennten Bereichen – dem Lauf der Sonne und dem menschlichen Körper – geknüpft! Das ganze Universum ist eben nur für uns Menschen vorhanden …

Das Glaubenssystem der Astrologie war in der Renaissance durch die Renaissance der antiken Texte verbreitet: Astrologie war gesellschaftlich etabliert (Könige und Feldherrn hatten ihre Astrologen), nahezu alle Astronomen der Renaissance praktizierten Astrologie und konnten den Stand der Planeten berechnen, nach Regeln interpretieren und Horoskope erstellen. Nach dem Historiker Robert Westman (2011) war auch Kopernikus selbst wohl Astrologe (er hatte bei einem bekannten Astrologen, Domenico Maria de Novara (1454–1504), „gelernt"). Die Unzufriedenheit über die Ungenauigkeit der nach dem geozentrischen Weltbild berechneten Ephemeriden (den Tabellen der Planetenpositionen) war demnach wohl der Hauptgrund für den Versuch eines heliozentrischen Weltmodells durch Kopernikus – was allerdings scheiterte: Das erste heliozentrisch gerechnete Modell gab schlechtere Resultate als die alten Tafeln.

Der Historiker H. Darrel Rutkin (2008) erläutert den Aufstieg und Fall der Astrologie vom 14. Jahrhundert bis zum 17. Jahrhundert. Astrologie war im 16. Jahrhundert auch ein integrierter Bestandteil der damaligen Wissenschaft. Es gab sie an Universitäten unter dem Schirm der Medizin oder Mathematik oder direkt als Astrologie (zum Beispiel in Norditalien, Krakau, Ingolstadt und Wien). Auch Galileis Zeitgenosse Johannes Kepler war Astrologe, der Hunderte von Horoskopen erstellte. Er schreibt in „Für sicherere Grundlagen der Astronomie" (1602):

> *„Wie allgemein anerkannt, gehört es zur Autorität eines Mathematikers, jährliche Vorschauen zu verfassen."*

Teile der „Volksastrologie" lehnt er ab, aber er glaubt an einen „echten" Kern, wenn er vor totaler Ablehnung warnt *„das Kind nicht mit dem Bade auszuschütten"*. Aber das Kind „Verbindung Planetenbahn mit Menschenschicksal" hätte er ausschütten müssen – seine Faszination für die Zahlenmystik dagegen kann auch ein moderner Physiker verstehen. Hier einige keplersche Beispiele von Mystik, die die Zeit überdauert haben:

- Die Abfolge der Abstände der Planeten von der Sonne ist mystisch
  (das heisst in der Astronomie heute das Bode-Titius-Gesetz),
- dass die Kuben der Abstände der Planeten von der Sonne (Halbachsen der Ellipsen), dividiert durch das Quadrat der Umlaufzeiten, einen festen Wert ergeben, ist geheimnisvoll (bis Newton zumindest),
- die Symmetrien der Kristalle sind mystisch (Kepler untersucht dichteste Kugelpackungen, zwar für die Lagerung von Kanonenkugeln, aber dies gilt genauso für Atome) und
- die Gesetze der Harmonie in der Musik.

Galilei war ein Professor Mathematicus; sein Gebiet umfasste in der Tat Mathematik, Astronomie und Astrologie. Das letztere Gewerbe wurde in Berichten zu Galilei lange Zeit verschwiegen; der amerikanische Astrologe Bruce Scofield (1998) schreibt leicht triumphierend:

> *„Es zeigt sich, dass Galilei später von seinen Biographen ‚desinfiziert' (‚sanitized') wurde, die – wenn sie schon über seine Horoskope berichten mussten – nur kurze Kommentare zu seiner ‚dunklen Seite' machten oder betonten, dass er ein schlechter Astrologe gewesen sei."*

In der Tat ist der folgende Bericht (entnommen der Galileibiographie von Rudolf Seeger 1966) nicht gerade ein wahrsagerisches Ruhmesblatt:

> *„Galileo stellte auch Horoskope aus für den Hof, so zum Beispiel auf Wunsch der Witwe Grossherzogin Christina am 16. Januar 1609 für Ferdinand I. von Medici, den Grossherzog der Toskana. Galilei sagte ihm ein langes und aktives Leben voraus – leider starb Ferdinand nur 22 Tage später."*

Allerdings starb der Grossherzog vermutlich an einer Arsenvergiftung; das konnte der Astrologe Galilei ja wirklich nicht vorhersehen. Zum Glück hatte Galilei eine Formulierung eingefügt, dass Gott den Lebensweg ändern könnte.

Der amerikanisch-italienische Wissenschaftshistoriker Giorgio de Santillana beschreibt in seinem Buch *„The Crime of Galilei"* (1955) die Pflichten auf dem Lehrstuhl in Padua als

„Vorlesungen in Geometrie, Astronomie, Militär- und Befestigungstechnik".

Er unterdrückt die medizinische Astrologie und das Lehren vom Erstellen und Analysieren medizinischer Horoskope. Gerade dafür war jedoch die Universität von Padua berühmt, und Galilei schreibt selbst, dass die meisten seiner Studenten Mediziner waren.

Die heutige Kenntnis der astrologischen Betätigungen Galileis stützt sich vor allem auf die historischen Forschungen der italienischen Astrologin Grazia Mirti und des englischen Schriftstellers Nick Kollerstrom (geb. 1946):

Grazia Mirti (Abb. 3.2) ist aktive Astrologin, Spezialistin für „Finanzastrologie" und für komplexe Planetenkonstellationen, den sog. Stellia, wenn drei oder mehr Planeten in einem Sternzeichen zusammen sind. Für sie als Astrologin ist die astrologische Tätigkeit von Galilei ein befriedigender Fund. Sie hat mit grosser Genugtuung die Originalskizzen Galileis studiert (Foglia und Mirti 1992).

Nick Kollerstrom hat verschiedene astronomisch-geschichtliche Arbeiten veröffentlicht (zum Beispiel über die Entdeckung Neptuns). Er ist dazu ebenfalls astrologisch(!) tätig und er geriet in Misskredit mit verschiedenen unkonventionellen Ansichten, auch in die Nähe eines Holocaust-Leugners (englische Wikipedia, zugegriffen 06/2017).

Beide Quellen sind in diesem wissenschaftshistorischen Kontext mit Dokumenten belegt und zuverlässig.

Die Briefe Galileis mit astrologischem Inhalt sind verschollen, auch viele seiner berühmtesten astrologischen Zeichnungen. 25 Horoskopzeichnungen aus seiner Hand existieren noch, einige sogar mit den zugehörigen Deutungen und Analysen. Erhalten

Abb. 3.2 Die italienische Astrologin Grazia Mirti. Eine Pionierin in der Entdeckung der astrologischen Seite Galileis.(Bildquelle: Private Mitteilung)

wurde auch sein wohl erstes Lehrbuch der Astrologie aus seiner Zeit in Pisa, die *„Intro-
ductio in tetrabiblum Ptolemaei"* des antiken Philosophen Porphyrius (* um 233; † zwischen 301 und 305), das sich mit seinen persönlichen Anmerkungen in Florenz befindet.
Wenn man schon den Astrologen Galilei nicht verleugnen kann, so könnte man aus der gut
meinenden aufklärerischen Sicht der vergangenen Jahrhunderte vermuten, Galilei habe
dies mit „tongue-in-cheek" getan – augenzwinkernd, nur aus Geldgründen und mit dem
Bewusstsein der Sinnleere. Kepler beschreibt für sich eine derartige widerwillige Haltung
zu seinen Auftragshoroskopen (allerdings nur zu „klassischen" Horoskopen im üblichen
Stil, nicht zu seinen eigenen „echten" Horoskopen – er hält so die Sternzeichen für sinn-
lose willkürliche menschliche Konstrukte). Hier einige Beweise, dass es Galilei „wirklich
meint" mit der Horoskopie:

- Er macht Horoskope noch im Alter, nicht nur als junger Professor
  (verbürgt bis zum Jahre 1625 im Alter von 61 Jahren),
- er hat in seiner Bibliothek 14 Bücher über Astrologie und noch mehr über okkulte
  Themen,
- er verbindet seinen Fürsten wie selbstverständlich mit Jupiter,
- er überlegt sich, was für eine astrologische Bedeutung die neuen kleinen Sterne – er
  sagt Sterne, wir nach Kepler Jupitermonde – haben
  (dass sie eine astrologische Bedeutung haben müssen, scheint ihm sicher),
- er macht Horoskope ohne Honorar für seine Töchter Virginia und Livia (für den Sohn
  Vincenzio wird kein Horoskop erwähnt),
- sein eigenes Horoskop ist für ihn offensichtlich sehr wichtig,
  er „rektifiziert" es sogar (das heißt er macht eine nachträgliche Korrektur),
- er gerät 1604 beinahe in einen (ersten) Prozess mit der Inquisition wegen „fatalisti-
  scher" Astrologie.

So ist das Vorwort zum galileischen Bestseller von 1610, dem Sidereus Nuncius oder
Sternenboten, eine astrologisch fundierte Lobrede im Stil der Zeit auf die Talente Jupiters
und damit auf den Grossherzog Cosimo II. de' Medici (* 1590, † 1621):

> *„Wer wüsste auch nicht, dass Gnade, Herzensgüte, gute Manieren, die Herrlichkeit königli-
> chen Geblüts, Adel in öffentlicher Stellung, umfänglicher Einfluss und Macht über andere,
> alle, die von hochwohlgeborener Herkunft sind – wer, so sage ich, wüsste nicht, dass diese
> Qualitäten, entsprechend der göttlichen Vorhersehung, aus der alle Dinge kommen, dem
> höchst wohltätigen Jupiter entspringen?"*
> *van Heldens Übersetzung aus AstroWiki, 12/2016*

Der Autor Nick Kollerstrom (2004a) analysiert den Prolog und betont, dass Galilei
annimmt, dass seine Leser diese Zuordnungen nicht nur verstehen, sondern sogar für
selbstverständlich halten. Der Text setzt sich astrologisch fort:

> *„Es steigt gerade der Schütze auf, das Sternzeichen Cosimos, und das Horoskop wird von
> Jupiter dominiert."*

Zur Zeit dieses Hinweises auf seinen Hang zur Astrologie ist er bereits 46 Jahre alt und hat den Grossteil seiner wissenschaftlichen Arbeiten geleistet, auch wenn er sie erst spät in seinem Leben publizieren wird. Die astrologische Bedeutung der Entdeckung der Jupitermonde und den Zusammenhang mit dem Haus Medici analysieren wir unten (Biagioli 1999): Die Astrologie spielt jedenfalls eine grosse Rolle in der Karriere von Galileo Galilei.

Die von ihm im Sternenboten publizierte Entdeckung der Jupitermonde – für ihn kleine, neue Sterne, das Wort „Satellit" wird erst von Kepler geprägt – hatte für ihn sofort auch astrologische Fragen gestellt: Was bedeuten die neuen Sterne astrologisch? Sein Freund und Prälat im Vatikan, Piero Diri, hatte ihn dies im Mai 1611 gefragt, und Galilei hat sinngemäss geantwortet: So sicher die neuen Sterne existierten, so sicher hätten sie astrologische Wirkungen. Galilei war von der direkten, mechanistischen Korrelation zwischen Sternen und Erde so überzeugt, dass er sogar an empirische Analysen dachte, um die Wirkungen der neuen Sterne, je nach Position zum Jupiter, anhand des Beobachteten herauszubekommen (Campion 2009). Kepler hatte dagegen vermutet, dass die Monde des Jupiters nur für die Bewohner des Jupiters Wirkungen hätten, wie nach irdischer Astrologenansicht die Planeten für uns. Schliesslich blieben sie ja auch immer in der Nähe des Jupiters.

Für sein eigenes Geburtshoroskop hat Galilei tatsächlich eine derartige „Rückwärtsanalyse" oder, technisch gesprochen, ein Reverses Engineering vorgenommen, im astrologischen Sprachgebrauch eine „Rektifikation" des Horoskops.

Die Bedeutung der Astrologie für Galilei selbst sieht man auch daran, wie wichtig ihm sein eigenes Horoskop und die Horoskope seiner beiden unehelichen Töchter waren; er erstellte also auch Horoskope ohne Honorar (Kollerstrom 2004b). Die beiden Töchter erhielten jeweils ein Geburtshoroskop: im Jahr 1600 für die Tochter Virginia, ein Jahr später für seine Tochter Livia. Der Stil der Horoskope ist dabei eine Vermengung von Astrologie und der Beschreibung der Charaktere, hier für Virginia:

> *„Der Mond ist stark geschwächt und in einem untergeordneten Zeichen. Für sie ist die Familie dominant. Der Saturn bedeutet Unterordnung und ernsthaftes Verhalten, das sie traurig wirken lässt. Jupiter steht recht gut bei Merkur und mildert dies. Sie ist geduldig und arbeitet gerne und hart. Sie ist gerne allein, spricht nicht viel, isst wenig bei starkem Willen, aber sie ist nicht immer auf der Höhe und kann ihre Versprechen nicht immer erfüllen."*

Von Livia heisst es:

> *„Merkur steigt und verstärkt alles, Jupiter ist in Konjunktion und bringt Wissen und Belohnung, Schlichtheit, Menschlichkeit, Weisheit und Besonnenheit."*

Nick Kollerstrom sieht darin bei Virginia im „*schwachen Mond*" eine Absage an eine Mutterschaft (das heißt eine Bejahung des Klosterlebens), für Livia mit der Betonung der Stärke des Merkurs eine charakterliche Lebendigkeit und Extravertiertheit.

Dazu kommen sozusagen „höhere" astrologische Funktionen, nämlich „primäre Direktionen" und die erwähnte „Rektifikation". Physikalisch-mathematisch ausgedrückt erzeugt die Astrologie mit Hilfe der „Sterne" (Sonne, Mond, Planeten und Tierkreiszeichen) ein System von Pseudozufallszahlen. Den Werten der Zufallszahlen werden zum Beispiel Charaktereigenschaften zugeordnet. Ausgangspunkt für die Produktion der Zufallszahlen ist, wie bei Zufallszahlengeneratoren üblich, eine bestimmte Zahl (der sogenannte Samen, die Saat oder ‚seed' auf Englisch), aus dem alles weitere gefolgert wird. Es ist hier die Minute der Geburt.

Eine praktische Aufgabe stellt sich dem Astrologen, wenn er den Zeitpunkt der Geburt nicht genau weiss (wie in der Renaissance bei einfachen Leuten üblich). Schon der Tag ist manchmal zweifelhaft: Beginnt der neue Tag und die Zählung der Stunden am Abend (wie in Florenz üblich) oder um Mitternacht wie heute? Oder ist man schlicht mit seinem Horoskop nicht zufrieden? Wie verschiebt man den Ausgangspunkt des Horoskops so, dass man einverstanden ist? Man nennt dies eine Rektifikation, eine Berichtigung. Für den Astrologen Galilei war seine Geburtszeit nicht genau genug bekannt; gewünscht ist ein Wert mit Minutengenauigkeit. Die Zeitangaben waren nicht einmal stundengenau; „morgens", „abends", oder „nachts" dürften die normalerweise verfügbaren Angaben gelautet haben. Die Skizze in Abb. 3.3 dient genau für diese „Verbesserung". Zur möglichen nachträglichen Korrektur der Geburtszeit durch Rückwärtsrechnen aus den beobachteten Lebensereignissen hat Galilei vorbereitend die Koordinaten der Planeten eingetragen und eine halbe Stunde Zeitpuffer als Toleranzbereich angegeben (dafür steht „13:30" in der Skizze).

Die grosse und gefährliche Aufgabe der Astrologie ist natürlich die Prognose, mathematisch formuliert: Wie gewinnt man aus dem statischen Satz von Zufallszahlen bei der Geburt eine Zeitskala für das zugehörige Leben? Das astrologische Verfahren

Abb. 3.3 Zwei Skizzen von Galilei selbst zu seinem Geburtshoroskop aus *Astrologica Nonnulla*. (Bildquelle: Nick Kollerstrom/ Biblioteca Nazionale Centrale di Firenze, 1980, mit freundlicher Genehmigung)

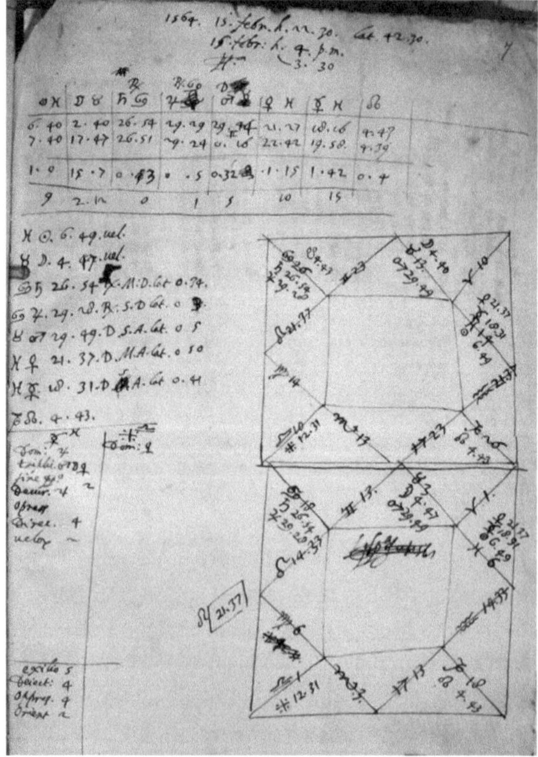

in der Renaissance heisst „primäre Direktionen": Der Astrologe nimmt dabei an, dass die Struktur und die Positionen des Geburtshimmels das Leben der Person widerspiegeln. Dazu werden die 360° des Geburtshimmels Grad für Grad auf das Leben abgebildet, ein Grad von der täglichen Drehung (der „primären") entsprechend einem vollem Jahr der jährlichen Drehung und die gefundenen Positionen werden als Lebensereignisse interpretiert. Diese Entsprechung ist wohl durch verschiedene alte Kalender numerisch suggeriert, die ein Jahr zu 360 Tagen annahmen. Damit wird aus der Drehung um 1° des Geburtstagshimmels (das sind vier Minuten des Tages) ein zukünftiger Lebenstag! Das rechnerische Vorgehen ist zwar 1500 Jahre alt, aber natürlich vollkommen willkürlich.

Besonders eindrucksvoll (und verwirrend) ist die astrologische Arbeit Galileis mit seinem eigenen Geburtshoroskop. Dies ist eng verknüpft mit der Frage nach dem wirklichen Geburtsdatum Galileis: Es gibt zur Feststellung nur sein Horoskop. Die Angabe des Geburtstags wurde 1984 danach um einen Tag korrigiert.

Ausgangspunkt ist die zweifache Horoskopzeichnung Galileis, die von der Nationalbibliothek Florenz 1980 veröffentlicht wurde (Abb. 3.3). Am oberen Rand der Arbeitsskizze sind deutlich sichtbar zwei Daten eingetragen:

1564, 15. Februar, h 22.30. lat 42.30 und *16. Februar, h 4 pm (h 3.30 pm)*

Die Grösse „lat 42.30" bedeutet die geografische Breite von Pisa (in Wirklichkeit 43°43′). Der Autor Nick Kollerstrom erläutert (oder vermutet?), dass in Pisa die Uhrzeit (und das Datum) vom Sonnenuntergang an gezählt wurden, in Padua die moderne französische Zählweise ab Mittag: Damit beträfen beide Angaben den gleichen Zeitpunkt, seine vermutete Geburtszeit, um etwa 16h lokale mittlere Ortszeit am 16.2.1564 julianisch (im Gegensatz zur üblichen Literaturangabe vom 15. Februar).

Hier das rektifizierte und pseudogenaue Geburtsdatum Galileis in einer modernen Version, gefunden auf der astrologischen Website *Astro-Databank*:

Name: Galileo Galilei
Geb. am Mittwoch, 16. Februar 1564 (julianisch), Uhrzeit: 15h 41m Lokale Mittlere Ortszeit
In Pisa, Italien   *14h 59m 28sec Weltzeit*
10°23′ Ost, 43°43′ Nord   *2h 02m 34sec Sternzeit*

Allerdings sagen Astrologen selbst dazu (Astro-Wiki, zugegriffen am 26.07.2016):

„Zusammenfassend lässt sich sagen, dass die Geburtszeitkorrektur ein Feld ist, auf dem enorm viel spekuliert wird. Und, wie der Astrologe Christoph Schubert-Weller vermerkt, einen Beweis für die richtige Geburtszeit kann eine Geburtszeitkorrektur ohnehin nicht erbringen."

Aus nichtastrologischer Sicht ist hier alles dubios: Der Zeitpunkt einer Geburt kann leicht um Tage schwanken und ist wachsweich, die Zuordnung eines Schicksals zum Geburtszeitpunkt ist willkürlich, die astrologischen Rechenmechanismen sind total zweifelhaft, der Einfluss der Planeten ist überhaupt aus der Luft gegriffen, und zwar im Allgemeinen

(„Venus gleich weiblich") wie in den speziellen Zuordnungen der Sterne zu Eigenschaften oder Ereignissen. Der Astrologe (und Wissenschaftler) Galilei betrachtet dies jedoch als eine präzise Maschinerie, die man vorwärts oder rückwärts laufen lassen kann!

Die Astrologie ist ein komplexes Gebäude einer (oder vieler) Pseudowissenschaften – es gibt westliche, indische und chinesische Astrologie, traditionelle und psychologisierende und vieles mehr. Einige Teilbereiche sind auf unsinniger Grundlage in sich absurd rational (wie die obige Geburtszeitkorrektur) mit anspruchsvoller Software. Das System als Ganzes hat aber keine physikalische Grundlage, sondern schwebt in der Luft wie die fiktive Insel Laputa in „*Gullivers Reisen*" von Jonathan Swift (1726) in Abb. 3.4.

Es gibt bei Pseudowissenschaften Beispiele, die keinerlei Verbindung zur physikalischen Natur haben – wie die Astrologie und *per Definition* auch die klassische Homöopathie –, oder Lehren, die wenigstens mit dünnen Seilen mit der physischen Realität verbunden sind, wie etwa die Akupunktur. Die Satire beschreibt zeitlos die Menschen im antiken Rom, im 18. Jahrhundert und wie heute:

> *„Oben findet er seltsame Leute, die alle den Kopf zur einen oder anderen Seite neigen und mit einem Auge nach innen, mit dem anderen nach oben blicken. Der Geist dieser Leute ist so von Spekulationen eingenommen, dass ..."*
> Wikipediaartikel *„Gullivers Reisen"*, zugegriffen 08/2016

Ein Schönheitsfehler der westlichen Astrologie im 21. Jahrhundert ist, dass die Tierkreiszeichen der Astrologie so verwendet werden, wie sie vor etwa 2000 Jahren in der ersten Blütezeit der Astrologie am Himmel standen. Aber die Erdachse dreht sich durch die

Abb. 3.4 Die Insel Laputa aus „Gullivers Reisen" von Jonathan Swift (1790). (Illustration von Grandville; Bildquelle: Wikimedia Commons, Sevela)

Präzession wie ein Kreisel in etwa 25.700 Jahren (einem platonischen Jahr) und die Tierkreiszeichen der Astrologie hätten sich „eigentlich" in den zwei Jahrtausenden um ein
Sternbild weiter schieben müssen, damit das Tierkreiszeichen Jungfrau wie damals mit
dem astronomischen Sternbild Jungfrau übereinstimmen würde. Aber erstaunlicherweise:

> *„Der Fixsternhintergrund wird von der abendländischen Astrologie weiter nicht berücksich*
> *tigt." Astro.com,* zugegriffen *08/2016*

Die fliegende Insel „Astrologie" der Abb. 3.4 ist noch weiter weggeflogen: Trotzdem verwendet wohl jede astrologische Website doch wunderbare astronomische Bilder und
Sternkarten als Ausschmückung. Wenn ein astrologischer „Löwe" bei sich Löweneigenschaften feststellt, dann ist er vielleicht eigentlich ein Krebs, und die „Jungfrau" ist ein
Löwe! Aber letztlich ist dies alles unwichtig – die Sternbilder sind doch nur willkürliche
historische Gruppierungen von Sternen am Himmel. Aus aufgeklärter Sicht (wie wir uns
Galilei als den „ersten modernen Physiker" ja vorstellen), wird die Planeten- und Mondbewegung nur als Erzeuger von (Pseudo-)Zufallszahlen verwendet.

Heute ist es astronomische Software. Das Weitere liegt in der Persönlichkeit des (oder
der) Astrologen/in und dessen oder deren willkürlicher Interpretation.

Ein weiterer, noch nahezu unbekannter Hinweis auf Galileis Astrologie-Aktivitäten
kommt von sozusagen amtlicher Seite, vom ersten Kontakt Galileis mit der Inquisition
bereits im Jahr 1604 (die anderen Male waren 1616 und 1633). Im Archiv von Padua hette
der Franziskaner und Lehrer Antonino Poppi 1992 überraschend eine unbekannte
Vorladung Galileis vor die Inquisition von Venedig gefunden (Padua gehörte zu Venedig)
und zusammen mit einer zweiten entdeckten Anklage veröffentlicht (Antonino Poppi
1993). Die Abb. 3.5 zeigt den entsprechenden Bucheinband; der zweite Angeklagte war
der Philosoph und Universitätskollege Cesare Cremonini (1550–1631), der die Unsterblichkeit der Seele und die Fleischwerdung Christi geleugnet hatte und dessen Werk
schliesslich 1623 auf den Index verbotener Bücher gesetzt wurde.

Gründe für die Anzeige gegen Galilei vom 21. April 1604 waren „Häresie und freizügiger Lebenswandel", vermutlich eingereicht von seinem Schreiber Silvestro Pagnoni.
Der freizügige Lebenswandel bezieht sich auf den Vorwurf, Galilei sei in Venedig an
Feiertagen statt zur Messe „lieber zu seiner Maitresse gegangen", zur Mutter seiner drei
unehelichen Kinder. Der Vorwurf der Häresie bezieht sich auf die Ausstellung von Horoskopen mit „fatalistischem" Inhalt, mit denen Galilei behauptete, den Willen Gottes zu
kennen oder ihn zu manipulieren. So hätte Galilei einem Kunden oder Bittsteller um ein
Horoskop versichert, dass er bestimmt noch 20 Jahre leben würde – ein verbotener Determinismus. Die Inquisition hatte die Anklage vorbereitet: Er habe vertreten, dass die Sterne,
Planeten und andere astronomisch-himmlische Einflüsse den Lauf der Ereignisse der Welt
bestimmen könnten, und dass er unchristlich lebe. Insgesamt seien es „Anklagepunkte von
schwerster Bedeutung". Galilei wurde verhört, die Anklageschrift vorbereitet, aber es kam
zu keinem Prozess. Die Regierung in Venedig hatte sich energisch für den Universitätsprofessor Galilei und für die Universität eingesetzt, die Anzeige als „von kranken Gemütern"
verfasst bezeichnet und vor Unruhen unter den Professoren gewarnt. Die Anklage wurde

Abb. 3.5 Die Veröffentlichung von Antonino Poppi zur ersten Anklage Galileis 1604. (Bildquelle: Buchdeckel, Centro Studi Antoniani, 1993)

nicht weiter verfolgt, kam nicht zur Inquisition in Rom und war bis 1992 vergessen. Diese Anklage war im Gegensatz zum späteren Prozess kein Ruhmesblatt!

Der Historiker Paolo Rossi (1997) zitiert den Mitangeklagten, den Philosophen Cesare Cremonini:

> *„Ach wie gut hätte auch Herr Galilei daran getan, sich nicht diesen Ränken auszusetzen, und die paduanische [venezianische] Freiheit nicht zu verlassen."*

Venedig war eine massvoll tolerante Republik, Toskana ein dem Papsttum näheres Herzogtum. In der Tat – vielleicht hätte es dann keinen Anlass für ein Drama von Brecht gegeben.

Eine Nebenbemerkung zur Rettung der Ehre von Cesare Cremonini:

Cesare Cremonini ging in die Geschichte der Wissenschaft ein, weil er sich weigerte, durch das Teleskop Galileis auf die Jupitermonde zu schauen. Er ist damit ungerechterweise in die Geschichte eingegangen als ein Dummkopf, sozusagen als Anti-Galilei. Aber Cremonini hätte wohl keine Bedenken gehabt, eine kritische Beobachtung zu berichten. Vermutlich hat er im schwankenden Bild des Teleskops aber einfach nichts gesehen, Näheres dazu weiter unten.

Nach all dem Gesagten kann an dem Astrologen Galilei nicht gezweifelt werden. Biografien von Galilei ohne Astrologie sind veraltet. Der Historiker Darrel Rutkin beschreibt detailliert die Astrologie Galileis (Rutkin 2008). Es ist heute geradezu peinlich, eine mehrhundertseitige Galilei-Biographie zu lesen ohne die Erwähnung der Astrologie zu finden. Es gibt keine oft behauptete Absage an die Astrologie durch Galilei.

Er hält an der himmlischen Besonderheit der Planetenbahnen (in Kreisform) fest. Eine Gravitationswirkung des Mondes auf die Meere hält er für lächerlich (und damit auch die Idee Keplers), aber die Einwirkung auf Menschen könnte ja etwas ganz anderes sein. Auch das bekannte Galilei-Zitat *„Die Natur ist in der Sprache der Mathematik geschrieben"* (s. u.) ist kein Widerspruch – schliesslich ist die Astrologie für Galilei auch *„in der Sprache der Mathematik"* geschrieben. Es bleibt die Frage nach dem reifen, auch wissenschaftlich gereiften Galilei: Wie hält es dann Galilei mit der Astrologie? Was bedeutet der Übergang vom geozentrischen und aristotelischen zum heliozentrischen Weltbild für die Astrologie im Allgemeinen und für „seine" Astrologie? Was verändert sich, wenn die Planeten körperlich sind wie die Erde und keine ganz anderen himmlische Objekte an Kristallsphären?

Betrachtet man moderne astrologische Kommentare zu einer geozentrischen versus einer heliozentrischen Astrologie, so stellt man eine Verunsicherung fest: Geozentrisch steht die Erde mit dem irdischen Mond und uns Menschen im Zentrum, heliozentrisch ist es die Sonne und die Erde ist nur ein Planet unter vielen (und der irdische Mond verschwindet nahezu). Kopernikus schreibt im *De revolutionibus* klar:

> *„In der Mitte von allen aber hat die Sonne ihren Sitz. Denn wer möchte sie in diesem herrlichen Tempel als Leuchte an einen anderen oder gar besseren Ort stellen als dorthin, von wo aus sie das Ganze zugleich beleuchten kann? Nennen doch einige sie ganz passend die Leuchte der Welt, andere den Weltengeist, wieder andere ihren Lenker, Trismegistos nennt sie den sichtbaren Gott, die Elektra des Sophokles den Allessehenden. So lenkt die Sonne gleichsam auf königlichem Thron sitzend, in der Tat die sie umkreisende Familie der Gestirne."*

Dazu kommt mit Galilei der Übergang von mathematischen Konstruktionen zum handfesten physikalischen Weltmodell – von abstrakten magischen Lichtpunkten an Kristallsphären in der Antike zu physikalischen Körpern im Raum. Dieser kaum beachtete Übergang ist ein grundlegender Paradigmenwechsel in der Astrophysik. Der Himmel wird irdisch oder „sublunar". Galilei hat dies durch die Fernrohrentdeckungen und Schriften darüber selbst hervorgerufen (etwa mit den Mondbergen und den Venusphasen). Dies ist nicht, wie oft behauptet, der Beweis des heliozentrischen Systems – den konnte Galilei nicht liefern. Auch ist das Weltmodell Galileis noch halb-aristotelisch: Die Planeten und der Mond sind wohl Körper, aber Galilei sieht sie noch auf ewig selbstlaufenden Kreisen. Es gab in Galileis Welt noch Raum für himmlische Mystik.

Manche heutige Astrologen (so etwa Saravana Kumar 2014) betonen, dass für die Astrologie die Sicht von der Erde aus ausschlaggebend sei und nicht, welches Gestirn im Zentrum stünde. Betrachtet man nur die Bewegung der Gestirne, so ist es in der Tat gleichgültig, ob die Erde um die Sonne läuft oder umgekehrt – und die Berechnungen der Bewegung hat die antike Astronomie gut gemeistert. Allerdings wäre es doch konsequent, dass sich die astrologischen Machtverhältnisse der Planeten in der heliozentrischen Welt ändern würden. Aber wäre nicht auch eine „echte" heliozentrische Astrologie möglich, jetzt mit den Positionen der Planeten, zum Beispiel Jupiter und Saturn in Konjunktion, von aussen, im Raumsystem beziehungsweise von der Sonne aus gesehen? Natürlich wäre die Erde dann einer der Planeten. Es gibt heute Vertreter einer heliozentrischen Astrologie, aber was hat Galilei gedacht?

Ein „heliozentrischer" Astrologe (magiastrology.com, 2001) schreibt:

„Beinahe alle traditionellen und populären Astrologen haben etwas gemeinsam: eine Abscheu vor heliozentrischer Astrologie und sie ignorieren sie einfach."

Dies war auch der Fall beim grössten Astrologen zur Lebenszeit Galileis, dem französischen Astronomen und Mathematiker Jean-Baptiste Morin (1583–1656). Morin hinterliess posthum ein astrologisches Werk von 26 Bänden mit 850 Seiten in komplexem Latein, die „französische Astrologie", die *Astrologia Gallica*. Morin attackierte Galilei ab 1630 und auch noch nach dem Urteilsspruch dafür heftig, dass er die Erde nicht fest stehen liess.

Nick Kollerstrom zitiert aus einem Brief des 69-jährigen Galilei und interpretiert „zweideutige" Anzeichen zur Haltung Galileis zur Astrologie am Ende seines Lebens, „zweideutig", da sie für den Leser sarkastisch bis bewundernd aussehen. Der Brief ist an seinen Schweizer Freund in Paris gerichtet, den Juristen Élie Diodati (1576–1661).

Galilei berichtet, vom Astrologen Jean-Baptiste Morin und vom Theologen Liberto Fromondo (Libert Froidmont) gerade neue Bücher erhalten zu haben, und *„er bedaure, diese Autoren nicht früher kennengelernt zu haben, denn dann hätte er ihnen vielfaches Lob aussprechen können"*. Weiter heisst es in diesem Brief:

„Ich bin erstaunt, dass Morin so eine hohe Meinung von der Astrologie hat und dass er denkt, mit seinen Vermutungen (die mir unsicher, sogar sehr unsicher erscheinen) eine sichere Astrologie errichten zu können. Es wäre wirklich grossartig, wenn er, wie er verspricht und so scharfsinnig er ist, die Astrologie an die Spitze der menschlichen Wissenschaften stellen könnte. Ich warte mit grosser Neugier darauf, seine wunderbaren Neuerungen zu sehen."

Für Galilei, sonst aggressiv und sarkastisch, ist dies eine recht zurückhaltende Stellungnahme zu einem ausgesprochenen Gegner. Wir sehen zwei Alternativen:

- Entweder hat Galilei weiter an Astrologie geglaubt; dann wäre es für ihn die naheliegende Aufgabe gewesen, Regeln für eine neue, heliozentrische Astrologie aufzustellen (oder von anderen zu erwarten),
- oder er hat die Idee einer mystischen Verbindung von jenseits des Mondes zur Erde wirklich im modernen Sinn aufgegeben. Allerdings hat er, um mit dem Kepler-Zitat zu sprechen, das Kind mit dem Bade ausgeschüttet. Er hat jedenfalls die Gezeitenwirkung durch den Mond geleugnet. Italien blieb allerdings bis 1688, als astrologische Bücher auf den Index gesetzt wurden, weiter ein Hort der Astrologie, bis danach England diese Rolle übernahm.

Die Antwort bleibt eine Aufgabe für die Historiker. Für den modernen Leser, dessen Bild von Galilei durch die Aufklärung geprägt wurde, scheint es unfassbar, dass Galilei an Astrologie und an die Wirkung der Sterne auf menschliche Schicksale, von Kriegen bis Krankheiten, geglaubt haben soll und sogar einer „von ihnen, den Astrologen" war.

Aber fassen wir die Argumente und Entschuldigungen zur Astrologie zusammen:

- Astrologie war noch im Zeitgeist, sogar im akademischen Zeitgeist, recht fest verankert. Sich vom Zeitgeist zu lösen braucht Zeit.
- Galilei betont zwar die Experimente, aber er akzeptiert auch viele gedankliche Experimente, und er kann die Astrologie auch, wie heute manche Astrologen, als erprobte Erfahrungswissenschaft gesehen haben.
- Galilei betont die Mathematik – Astrologie ist aus seiner akademischen Sicht Mathematik, die rechnende Astronomie ist dafür nur Hilfswissenschaft.

Es bleiben hier etliche Aufgaben für Historiker, auch diese Seiten von Galilei zu sehen und zu untersuchen, ob die Astrologie „sein innerer Feind" bis ins Alter war.

3.1   Auf den Punkt gebracht und Zusammenfassung des Kapitels

Galilei war mindestens für den grösseren Teil seines Lebens ein aktiver, gewiefter, gläubiger und gesuchter Astrologe. Astrologie war im Zeitgeist verankert und auch eine Geldquelle. Lange Zeit war diese Seite seines Lebens wenig bekannt und wurde sogar verschwiegen. Die Beweise sind vielfältig und erdrückend. Galilei stand deshalb sogar ein erstes Mal 1604 vor der Inquisition; auch dies ist wenig bekannt. Durch die Analyse seines Geburtshoroskops wurde sein Geburtsdatum um einen Tag verschoben. Die Astrologie gehört zum wahren Bilde von Galilei und es ist ein eklatanter Widerspruch zum Bild Galileis als modernem Wissenschaftler. Historisch unklar ist lediglich seine Haltung zur Astrologie im Alter. Das Gegenargument *„unmöglich, Galilei ist doch so rational"* gilt nicht, da er die Astrologie als rationale, mathematische Wissenschaft ansah.

Literatur

Biagioli, Mario. 1999. *Galilei, der Höfling*. Frankfurt a. M.: Fischer Verlag.
Campion, Nicholas. 2009. *A history of western astrology*. New York: Bloomsbury.
Foglia, Serena, und Grazia Mirti. 1992. *Gli Astrologia nonnulla di Galileo*. in: Linguaggio Astrale, Bd. 88, Herbstheft.
Kollerstrom, Nick. 2004a. *Galileo's astrology*. SKYSCRIPT.co.uk.
Kollerstrom, Nick. 2004b. *How Galileo dedicated the moons of Jupiter to Cosimo II de Medici*. Dioi.org.
Poppi, Antonio. 1993. *Cremonini, Galilei e gli inquisitori del Santo al Padova*. Padua: Centro Studi Antoniani.
Rossi, Paolo. 1997. *Die Geburt der modernen Wissenschaft*. München: Beck-Verlag.
Rutkin, Darrel. 2008. *Astrology (Cambridge history of science)*. academia.edu.
Scofield, Bruce. 1998. *Were they astrologers? Big league scientists and astrology*. mountainastrologer.com.
Seeger, Raymund. 1966. *Galileo Galilei, his life and his works*. Oxford: Pergamon.
Westman, Robert S. 2011. *The Copernican question*. Oakland: California University Press.

*„Galileis Mechanik ist oft mit der Entstehung der modernen
Wissenschaft gleichgesetzt worden – eine unzulässige
Vereinfachung, die sowohl Galilei als auch die Mechanik falsch
bewertet."*

*Johannes Bierbrodt, Philosoph, in:
Naturwissenschaft und Ästhetik, 2000*

4.1 Aristoteles und die Bewegungen

„Selbst im Hirn des weisesten Mannes gibt es einen törichten Winkel."
Aristoteles, griechischer Philosoph, 384–322 v. Chr.

„Meine Herren, der Glaube an die Autorität des Aristoteles ist eine Sache, Fakten, die mit
Händen zu greifen sind, eine andere."
Bertolt Brecht, in „Leben des Galilei", geschrieben 1939

Zur Zeit Galileis bestimmt Aristoteles (384 bis 322 v. Chr.) weitgehend das Bild von der
Welt. Es mag angesichts des schlechten Rufs von Aristoteles bei Physikern erstaunen:
Aristoteles wird auch als „Philosoph der Vernunft" bezeichnet, denn er leitet seine Naturphilosophie im Grundsatz aus den täglichen Erfahrungen und dem Offensichtlichen ab,
das eben manchmal trügt. Er baut daraus ein systematisches Verständnis der Welt auf.

Bewegung bedeutet für Aristoteles ein Grundprinzip der Natur; er sieht in der Bewegung
die Veränderung an sich. Aristoteles unterscheidet himmlische und irdische Bewegungen:

- Himmlische Bewegungen: Diese Bewegungen sind kreisförmig und ewig. Etwas anderes als die Kreisform ist bis Kepler für Himmelskörper nicht vorstellbar, auch nicht für
  Galilei. In heutiger Sprache ist es der Bereich der Gravitation und des Vakuums.

© Springer Fachmedien Wiesbaden GmbH 2017
W. Hehl, *Galileo Galilei kontrovers*, https://doi.org/10.1007/978-3-658-19295-2_4

Die irdischen Bewegungen teilt er in zwei Klassen ein:

- in „natürliche" und „erzwungene". Im geordneten Weltbild des Aristoteles hat jeder Körper die innere Tendenz, sich in natürlicher Bewegung dem ihm zukommenden natürlichen Ort zu nähern: Schwere Körper fallen wie ein Stein zur Erde. Leichte Körper wie Luftblasen in Wasser steigen nach oben, letztlich zur Mondsphäre. Erzwungen wird eine Bewegung durch eine äussere Einwirkung, durch einen externen „Beweger".
  Eine erzwungene Bewegung erfolgt nur, solange der Beweger aktiv ist. In heutiger Sprache sind die Hauptaspekte die Überlagerung von Gravitation und anderen Einwirkungen, insbesondere der Reibung.

Wir haben das Wort „Einwirkung" verwendet, denn den Begriff der „Kraft", der auch passen würde, gibt es erst sauber und wohldefiniert bei Isaac Newton, genauso wie die Begriffe „Impuls" und „(kinetische) Energie". Aus den aristotelischen Vorstellungen heraus ergibt sich eine „gefühlsmässige" Proportionalität:

> *„Eine Geschwindigkeit (als Folge einer andauernden „Kraft") ist umso grösser, je grösser die Kraft und umso kleiner der Widerstand."*

Im Begriff „Widerstand" steckt zwangsweise die Wechselwirkung mit einem Medium – ohne Medium gäbe es keinen Widerstand und die Geschwindigkeit des Körpers würde unendlich werden. Alle diese erwähnten Prinzipien klingen im Rahmen der alltäglichen Erfahrung durchaus vernünftig – fragen Sie Schulkinder (vor dem Physikunterricht)! Allerdings folgt daraus etwa auch *„schwere Körper fallen schneller als leichte Körper"*, und dieser Satz ist, wie man seit der Spätantike und der Kritik durch Johannes Philoponos (ca. 490–575) weiss, problematisch. Philoponos schrieb elf Jahrhunderte vor Galilei (nach Rabinowitz 1990):

> *„Aber dies ist vollkommen falsch. Unsere Ansicht wird durch die tatsächliche Beobachtung mehr bestätigt als durch irgendwelche verbale Argumente. Denn wenn man aus der gleichen Höhe zwei Gewichte fallen lässt, und das eine ist um ein Vielfaches schwerer als das andere, dass das Verhältnis der benötigten Zeiten nicht vom Verhältnis der Gewichte abhängt, sondern dass die zeitlichen Unterschiede nur sehr gering sind."*

Das ist die gleiche Aussage wie Galileis elf Jahrhunderte später. Wir haben damit widersprüchliche Beobachtungen; alle drei – Aristoteles, Philoponos und Galilei – können je nach Experiment recht haben (oder sogar alle unrecht). Dieses Paradoxon lösen wir unten. Dann lösen wir auch in zwei Schritten das Problem für Aristoteles: Warum fliegt ein Stein weiter, auch wenn die werfende Hand fort ist? Wir sehen dahinter den Begriff der Trägheit. Wir könnten nach Newton formulieren:

> *„Wirkt auf einen Körper keine Kraft, so behält er die Ruhe oder bewegt sich gleichförmig".*
> Trivialerweise also: *„wenn keine Beschleunigung, dann keine Geschwindigkeitsänderung".*

Aristoteles findet den Begriff der Beschleunigung (also der zweiten Ableitung des Wegs nach der Zeit) nicht, er formuliert das Trägheitsgesetz falsch mit Geschwindigkeiten (also der ersten Ableitung): *„Wirkt auf einen Körper keine Kraft, so bewegt er sich nicht.*" Wie bei anderen aristotelischen Aussagen klingt sie für sich genommen ganz vernünftig, aber wird problematisch beim Weiterfliegen des geworfenen Steines. Für Aristoteles ist es kurioserweise die Luft, die den Körper weiter treibt. Wenn es keine Luft gäbe, würde der Stein wohl nach dem Wurf stehenbleiben (nach Aristoteles). Im Gegensatz zu einem fallenden Stein im Vakuum, der nach Aristoteles unendlich schnell werden sollte – wenn es ein Vakuum gäbe. Ein Vakuum ist nach Aristoteles undenkbar.

Allerdings ist er mehr interessiert an den ewigen und reibungsfreien Himmelsbewegungen als am Steinwurf. Aristoteles wie Galilei versuchen, „mystische" Wechselwirkungen in ihrer Physik zu vermeiden. Dann gibt es unterhalb des Mondes (also irdisch und nicht-himmlisch) nur den Kontakt mit anderen Körpern, um Bewegung zu erzeugen:

> *„Dies verursacht die Bewegung der anderen Beweger, während sie wiederum die Ursachen sind für die Bewegung der anderen Dinge."*
> *Aristoteles, in „Metaphysik", Buch 12*

Die Analyse und ein Verständnis einfacher Bewegungen waren zentral für das Entstehen der modernen Physik; dieses Zitat umschreibt die Kinematik, den Zweig der klassischen Physik, der die Bewegung von starren Körpern beschreibt.

Eine (scheinbar) einfachere physikalische Situation zum Verständnis der Trägheit ergibt sich beim einfachen Loslassen eines Steins von einem bewegten Träger, etwa:

- Ein Reiter lässt in vollem Galopp einen Stein einfach los, oder
- ein Matrose lässt vom Mastkorb eines fahrenden Schiffes einen Stein los.

Das aristotelische falsche Verständnis – dass sich die Geschwindigkeit des Steins *„von selbst"* der Geschwindigkeit des Bodens annähert – rührt von der Anschauung her, die suggeriert, der Stein bleibt vom Reiter zurück oder der Stein auf dem Schiff entferne sich vom Mast. Dieses Beispiel – ein Gewicht fällt vom Mastkorb eines fahrenden Schiffs – ist zwar durch Galilei berühmt geworden, aber war wohl schon allgemeine Erfahrung. So erwähnt der Kosmograf Thomas Digges 1576 in seinem Werk über das kopernikanische Weltbild.

> *„Das ist so wie bei einem Matrosen, der ein Bleigewicht vorsichtig von der Mastspitze eines fahrenden Schiffs den Mast entlang aufs Deck fallen lässt. Das Gewicht geht immer dem geraden Mast nach..."*

In der Tat steckt in dieser Anschauung auch die scheinbare Erfahrung vieler „Experimente" – aber diese Experimente werden durch den Luftwiderstand verändert und sind ungenau. Bei einem richtigen Experiment begrenzt man kontrolliert alle Einflüsse. Diese Überlegung spielt unten bei der Drehung der Erde eine Rolle. Nach der Anekdote hat Galilei die Trägheit bei den venezianischen Trinkwasserschiffen erkannt, wenn das Wasser beim Anstossen an den Landungssteg im Tankbecken weiter schwappte; dabei spielt der

Luftwiderstand keine Rolle. Die alte aristotelische Ansicht, beim Loslassen des Steins wirke „irgendwie" sofort die Geschwindigkeit des Bodens, ist in sich unstetig und unphysikalisch; Galilei hatte hier das richtige physikalische Gespür.

Der erste grosse Schritt weg von Aristoteles wurde allerdings drei Jahrhunderte vor Galilei geleistet durch das Konzept des „Impetus", einer scholastische Vorform des Impulses bei Newton. Der Impetus legt das menschliche Konzept der Bewegung bei Aristoteles ab und geht in Richtung eigentlicher Physik; das ist die kaum bekannte grosse Paradigmenänderung lange vor Galilei. Dabei ist der Impetus eine gerichtete Grösse, die beim Wurf dem Körper eingeprägt wird und beim Abbremsen wieder verloren geht. Galilei steht begrifflich zwischen Aristoteles und dem Impetus einerseits und Newton andrerseits.

Die viel komplexere Realität des fallenden Steins im Vergleich zur Idealisierung sei hier angedeutet. In Wirklichkeit gibt es drei Geschwindigkeiten: die des Bodens, die der Luft (des Winds) und die des fallenden Körpers, dazu eine Anfangsgeschwindigkeit, die Schwerkraft und den Luftwiderstand, der von der Relativgeschwindigkeit des Körpers zur Luft abhängt. Beim Fall vom Turm kommt zur Schwerkraft noch eine virtuelle Kraft, die doch dafür sorgt, dass der Stein nicht ganz am Mast bleibt, ganz ohne Luftbewegung (s. u. die Ostabweichung).

Die Kinematik (altgriech. κίνημα *kinema* ‚Bewegung', von κινεῖν *kinein* ‚bewegen') ist die Lehre der Bewegung von Punkten und Körpern im Raum, ohne die Ursachen der Bewegung (Kräfte) explizit zu betrachten. Die betrachteten Körper sind starr – die Bewegung roher Eier gehört zum Beispiel nicht dazu. Es ist eine Art von Bewegungsgeometrie, mit der man die Positionen und Geschwindigkeiten von zusammengesetzten starren Körpern bestimmen kann. Moderne kinematische Anwendung ist die Steuerung der Bewegung von Robotern oder die Funktionsweise einer Radaufhängung beim Auto; klassisch und am Anfang jeglicher Physik waren es das Pendel und der freie Fall von Körpern (oder das Rollen von Kugeln auf schiefen Ebenen in der genialen Idee von Galilei). Die Ansichten des Aristoteles waren ein Anfang und eine im Geist der Zeit vernünftige Grundlage. Erst durch die Verwandlung in Dogmen durch die Theologie wurde Aristoteles zum Sinnbild des Blockierers des Fortschritts.

4.2   Mechanik auf dem Weg zu Galilei

„Einige leichtere Sätze hört man nennen: wie zum Beispiel, dass die natürliche Bewegung fallender schwerer Körper eine stetig beschleunigte sei."
„Some superficial observations have been made …"
„Se ne rilevano alcune più immediate …"
Galilei, der Beginn der Discorsi, Dritter Tag, auf Deutsch, Englisch und im Original

Diese Zitate sind der Beginn des Alterswerks Galileis, den *Discorsi* aus dem Jahr 1638 mit seinen Gedanken zur Festigkeitslehre und zur Kinematik. Bezeichnend ist die englische Übersetzung „*superficial observations*" – *oberflächliche Beobachtungen* für die Arbeiten aller Vorgänger. Galilei spielt darin Überlegungen aus der Zeit vor ihm, den Stand der Wissenschaft oder besser der Naturphilosophie, herunter. Es ist ja auch für viele heutige

Menschen undenkbar, dass im „finsteren Mittelalter" wertvolles wissenschaftliches Wissen vorhanden war und wissenschaftliche Arbeit geleistet wurde. Aber eine Vielzahl von wesentlichen Beiträgen und Ideen philosophischer und experimenteller Natur liegt vor Galilei, so etwa:

Johannes Philoponos, griechischer Philosoph, 6. Jahrhundert, auch Johannes der Grammatiker oder Johannes von Alexandria genannt:

- Impetus-Theorie, Luft wird zum Widerstand für einen Pfeil
- Vakuum ist möglich, er macht eventuell Fallversuche

Jordanus de Nemore, italienischer Mathematiker, 13. Jahrhundert:

- Schwerkraft auf schiefer Ebene

Jean Buridan, französischer Priester und Philosoph, * 1295, † 1363:

- Impetus-Theorie, Vorahnung des Impulses und der Trägheit

Albert von Sachsen, deutscher Bischof und Philosoph, * 1320, † 1390:

- Impetus-Theorie, „Die Endgeschwindigkeit ist proportional dem Weg"

„Oxford Calculators", Gruppe von Denkern an der Oxford Universität, um ca. 1350:

- „Das Merton Theorem der mittleren Geschwindigkeit" (äquivalent zum quadratischen Gesetz für beschleunigte Bewegungen)

Nicole Oresme, französischer Bischof und Naturwissenschaftler, *ca. 1323, † 1382:

- Er sieht zum Beispiel eine Rotation der Erde (anstelle der Sphäre) als möglich an.
- Er erkennt, dass es keinen schrecklichen Wind gäbe, weil sich alles (insbesondere die Luft) mit drehte.
- „Die Endgeschwindigkeit ist proportional der Zeit", das Gesetz des Wachsens der „ungeraden Zahlen" (s. u.)

Niccolò Tartaglia, italienischer Mathematiker, * 1499, † 1557:

- Gilt als Vater der Ballistik. Er erkennt und beweist experimentell, dass ein Geschoss die grösste Reichweite bei einem Schusswinkel von 45° hat.
- Ebenso zeigt er in seinem Spätwerk, dass beim Flug des Geschosses gleichzeitig Gewicht und Bremskraft wirken (natürliche und erzwungene Bewegung gleichzeitig) und die Flugbahn deshalb nie geradlinig ist (nur im vertikalen Fall) sondern eine Parabel. Seine Zeitgenossen glaubten es ihm nicht.

Giovanni Battista Benedetti, italienischer Physiker und Philosoph, * 1530, † 1590:

- Gedankenexperiment zur Addition von Massen beim freien Fall (1553) – Fall erfolgt mit konstanter Beschleunigung, ein losgelassener Körper bei einer Kreisbewegung fliegt gerade weiter (Trägheitsprinzip).

Giuseppe Moletti, italienischer Physiker und Astronom, *1531, † 1588, Vorgänger Galileis auf dem Lehrstuhl in Padua:

- Er versucht, die Mechanik als Wissenschaft zu etablieren.
- Er berichtet von vielen Fallversuchen, u. a. von der Unabhängigkeit der Fallzeit vom Gewicht bei gleicher Form.
- Sein unveröffentlichtes Werk über die Mechanik ist ein Dialog ähnlich wie bei Galilei.

Simon Stevin, flämischer Physiker und Ingenieur, * 1548, † 1620:

- Er findet das Kräfteparallelogramm, speziell die Kräftezerlegung auf einer schiefen Ebene, das hydrostatische Paradoxon.
- Er macht öffentliche Fallversuche (1586, 3 Jahre vor Galilei) mit verschiedenen Gewichten und findet Unabhängigkeit vom Gewicht.
- Er schliesst aus seinen Versuchen: Im Vakuum fallen alle Körper gleich.

Giambattista Benedetti hat eine Formulierung in Richtung modernes Trägheitskonzept beigetragen. Er geht (in teilweisem Gegensatz zu Galilei) weg von den so natürlich angesehenen Kreisbewegungen:

> *„Jeglicher Teil eines Körpers, der aus sich selbst bewegt und dem durch eine äussere bewegende Kraft ein Impetus eingeprägt wurde, hat die natürliche Tendenz, sich geradlinig weiter zu bewegen und nicht gekrümmt."*

Bis auf den Niederländer Stevin ist es wahrscheinlich, dass Galilei all diese Quellen kannte (die Niederlande fand er nach einer beiläufigen Bemerkung nicht wichtig). Aber wer kennt heute als normaler Gebildeter diese Namen? Vielleicht gerade Buridan – allerdings wegen des schönen Bildes vom Buridanschen Esel, der zwischen zwei gleichen Heuhaufen verhungert. Für die allgemeine Ansicht hat Galilei alle Vorgänger usurpiert und alle Prioritäten für sich aufgesogen. Sein Name steht für den Übergang von Aristoteles zu Newton als wäre es seine Einzelleistung.

Aus der heutigen Sicht und Kenntnis ist es natürlich (verhältnismässig) einfach, in der Vielfalt von Ideen die „richtigen" zu sehen. Zur Zeit Galileis und bei seinen Zeitgenossen gingen die verschiedensten Vorstellungen durcheinander. Es gab auch vollkommen unphysikalische Annahmen wie die der Platonisten, die die Bewegung als Streben nach „*dem Ähnlichen*" erklären wollten. Letztes Endes sind es die Experimente von Galilei, Stevin und anderen, die Ordnung schaffen, aber die Ideen sind vorbereitet. Allerdings ist es merkwürdig, wenn Galilei zum Beispiel nicht auf den Anti-Aristoteliker Benedetti eingeht, sondern nur seine Gedanken übernimmt.

Natürlich gehen auch bei Galilei noch die Ideen und Begriffe durcheinander: „Kreisförmige" Trägheit, Kräfte, Impuls und Energie sind zum Beispiel solche Problemfälle, die erst mit Newton klar werden. Neben den Experimenten sind es später auch vor allem exakte Formulierungen mit Gleichungen, die die physikalischen Verhältnisse klären werden – Galilei hat keine einzige Gleichung geschrieben, er verwendet barocke Scholastiksprache oder Euklid'sche Geometriekonstruktionen. Auch für Galileis Werk selbst gilt die obige Aussage: Was „richtig" ist, haben die Aufklärer übernommen, was falsch war wie seine Gezeitentheorie, wurde nahezu vergessen.

Eine historisch interessante und zu Galileis Zeit verbreitete Zwischenidee ist das Konzept des Impetus, einer Art von Schwung, das auf den spätantiken Philosophen Johannes Philoponos (ca. 490–575) zurückgeht. Der Hauptvertreter der Idee, Buridanus, und Präger des Begriffs „Impetus" schreibt im Jahr 1395:

„Wir müssen schließen, dass ein Beweger, wenn er einen Körper bewegt, diesem einen bestimmten Impetus aufdrückt, eine bestimmte Kraft, die diesen Körper in der Richtung weiterzubewegen vermag, die ihm der Beweger gegeben hat, sei es nach oben, nach unten, seitwärts oder im Kreis. Der mitgeteilte Impetus ist in dem gleichen Maße kraftvoller, je größer der Aufwand an Kraft ist, mit dem der Beweger dem Körper Geschwindigkeit verleiht. Durch diesen Impetus wird der Stein weiterbewegt, nachdem der Werfer aufgehört hat, ihn zu bewegen." Durch die Reibung mit der Luft verbraucht sich schliesslich der Impetus. Buridan bemerkt, dass die Luft den geworfenen Speer natürlich hindert und nicht antreibt, wie es Aristoteles recht künstlich behauptet. Die Reibung mit der Luft bremst, ja es entsteht sogar eine Wirbelstrasse hinter dem Körper, und diese Wirbel nehmen Impuls (und Energie) weg.

Natürlich gehen die physikalischen Begriffe, wie etwa hier der vage Kraftbegriff, durcheinander, bei Buridanus wie auch bei Galilei. Im modernen Sinn kann man den Impetus aber als einen eingeprägten physikalischen Impuls gut verstehen, eine gerichtete Grösse (ein Vektor), die umso stärker ist, je grösser die Masse des Körpers und seine Geschwindigkeit sind („der Aufwand"). Der Drehimpuls gehört in diesem Sinn entsprechend zu einem zirkulären Schwung, in moderner Sprechweise als Trägheitsmoment mal Winkelgeschwindigkeit.

Der junge Galilei schreibt etwa in diesem Sinne in *De Motu* (um 1590):

„Die eingeprägte Kraft wird allmählich vom geworfenen Körper abgegeben, wenn der Beweger weg ist, so wie Hitze abgegeben wird von einem Eisenkörper, den man vom Feuer nimmt."

Der Vergleich mit der Abkühlung eines heissen Stücks Eisen ist zwiespältig: Eisen kühlt sich durch Kontakt mit der Luft ab, aber auch ohne Körperkontakt, sogar im Vakuum, durch Strahlung. Das Letztere wäre der falsche Vergleich, dann würde der Impetus von selbst zerfallen – auch dieses Konzept ist in der Geschichte der Mechanik vertreten worden.

Nach Wolfgang Kullmann, 2014, ist die Geschwindigkeit nach Aristoteles beim freien Fall proportional zur Schwere (Masse des Körpers) und umgekehrt proportional zur Dichte des umgebenden Mediums. Damit müsste sich im Vakuum eine unendlich grosse Geschwindigkeit ergeben – Aristoteles verneint deshalb überhaupt, dass es ein Vakuum geben könne, denn dann *„wäre niemand in der Lage, einen Grund anzugeben, weshalb dasjenige, das in Bewegung gesetzt worden ist, irgendwo einmal stehen bleiben sollte. Denn wieso sollte dies eher hier als dort geschehen? Also wird (im Vakuum) alles entweder immer in Ruhe bleiben oder notwendigerweise ins Unbegrenzte weiterbewegt werden.“*

Dies ist kurioserweise wieder korrekt: Bei konstanter Beschleunigung gäbe es keine Grenzgeschwindigkeit, sie wäre unendlich.

Hier noch eine historisch-philosophische Notiz zum Fall im Vakuum. Der römische Dichter Lukrez (* zwischen 99 und 94 v. Chr., † um 55 oder 53 v. Chr.) schreibt poetisch und vorausschauend:

> „Denn was immer im Wasser herabfällt oder im Luftreich,
> *Muß, je schwerer es ist, umso mehr sein Fallen beeilen,*
> *Deshalb müssen die Körper mit gleicher Geschwindigkeit alle*
> *Trotz ungleichem Gewicht durch das ruhende Leere sich stürzen“,*
> *Aus: De rerum natura, zeno.org*

Im Vakuum fallen alle Körper gleich schnell: Der Atomist Lukrez folgert dies philosophisch. Er will damit das Zusammenklumpen der fallenden Atome vermeiden. Galilei wird 1600 Jahre später ähnlich philosophisch (und unphysikalisch) argumentieren und vergeblich versuchen, den Satz „Im Vakuum fallen alle Körper gleich“ zu beweisen.

Ein überraschendes Gedankenexperiment der Scholastiker um und nach Buridanus zeigt schon implizites Verständnis für die Erhaltung des Impulses (und/oder der Energie, das wird ja noch nicht unterschieden) und der linearen Trägheit. Es ist das Tunnelexperiment: Eine Kanonenkugel fällt in einen Tunnel, der senkrecht durch die ganze Erde geht, durch den Erdmittelpunkt. Nach Aristoteles wäre der Erdmittelpunkt der natürlich Ort für die Kugel und sie sollte dort stehen bleiben. Nach der Impetustheorie steigt sie wieder auf. Das scholastische Gedankenexperiment ist das erste Beispiel einer Oszillation. Ein Pendel – eine schwingende Masse an einem Gelenk oder Seil – ist die reale, kleine Version dazu. Aristoteles kann das Durchschwingen des Pendels nicht erklären; es ist für ihn ein unwichtiger Ausnahmefall. Der Grund dafür ist die Reibung, die in den Gedanken des Aristoteles implizit immer vorhanden ist: Mit Reibung im Tunnel würde die Kugel nicht ganz wieder hochsteigen, die Amplitude der Tunnelschwingung laufend abnehmen bis zum Stillstand im Erdmittelpunkt – jetzt wäre die Kugel am natürlichen Ort und Aristoteles hätte Recht.

Der französische Scholastiker Nicole Oresme versteht dies zwei Jahrhunderte vor Galilei:

> *„ … wenn es das Zentrum erreicht, würde es darüber hinausgehen und aufsteigen mit Hilfe dieser besonderen erworbenen Eigenschaft [den Impetus]; dann wieder zurückfallen und mehrere Male kommen und gehen, gerade so wie man es an einem schweren Gegenstand, der an einem Seil hängt [also einem Pendel], beobachtet.“*
> *Nicole Oresme, Le Livre du ciel et du monde, 1377*

Galilei verwendet auch mehrfach den Gedanken eines Tunnels durch die Erde, aber es ist kein neuer Einfall und kein neues Argument. Galilei hat bei der Besprechung des Pendels zwei Jahrhunderte später damit keinen Grund, gegen den „alten Aristoteles" anzugehen – das Verständnis ist vorbereitet und weiter geschritten. Oresme ist es offensichtlich auch klar, dass die Pendelbewegung ohne Hindernis ewig fortdauern würde.

Galilei beschäftigt sich mit einem dem Tunnelexperiment verwandten Problem, wenn er versucht, die Gezeiten als eine Art Pendelschwingung der Weltmeere zu berechnen.

Dazu stellt er sich ein Pendel vor, dessen Länge dem Erdradius entspricht. Aus physikalischer heutiger Sicht ist dessen Schwingungsdauer die sogenannte Schuler-Periode, benannt nach einem Ingenieur für Kreiselkompasstechnologie. Drei Vorgänge führen erstaunlicherweise auf die gleiche Zeit:

- Die Schwingungsdauer eines fiktiven Pendels von der Länge des Erdradius,
- die volle Rückkehrzeit eines Objektes, das im fiktiven Tunnel durch die Erde fällt,
- die Umlaufzeit eines fiktiven Erdsatelliten unmittelbar über der Erdoberfläche.

Allerdings ist diese Vermutung Galileis für eine Erklärung der Gezeiten falsch – sie wird auch als „Galileis grosser Fehler" bezeichnet: Die Schulerperiode beträgt 84 Minuten. Galilei war zur Erklärung der Gezeiten auf der Suche nach einer Periode von sechs, zwölf (oder 24) Stunden; 84 Minuten bzw. 42 Minuten für eine Halbschwingung sind viel zu kurz.

Das scholastische Tunnelexperiment hat als erstes in der Geschichte eine Schwingung analysiert und gedanklich mit den Eigenschaften vertraut gemacht, sogar versteckt mit einem Erhaltungssatz. Physikalisch ist es bei homogener Erde (theoretisch) eine rein harmonische Schwingung – eine Pendelschwingung ist dies nur für kleine Ausschläge.

Wir werden unten sehen, dass auch die Aussagen des Aristoteles zur Kinematik physikalisch sinnvoll sein können, wenn sie auch üblicherweise als unsinnig vorgeführt werden.

4.3   Galilei und das Pendel

„Wir kommen nun zu den anderen Fragen, zum Pendel. Das ist ein Thema, das vielen trocken erscheinen mag, insbesondere den Philosophen, die immer mit tieferen Fragen der Natur beschäftigt sind."
Galilei als Salviati in den: Discorsi e Dimostrazioni Matematiche Intorno a Due Nuove Scienze, 1638

Galilei hat recht mit der fundamentalen Bedeutung des Pendels in der Physik. Es ist ein erster, klar definierter Oszillator, es verbindet die träge Masse (i. e. den Widerstand gegen Beschleunigung) mit der schweren Masse (der Einprägung von Schwerkraft) bei einem Körper, es zeigt die Arbeitsweise des Energiesatzes und es ist eine der einfachsten mechanischen Vorrichtungen mit einer Zwangsbedingung: Das Seil der Aufhängung zwingt das

Pendel auf seinen Kreisbogen an Stelle des natürlichen Falls. Mit der Verknüpfung von träger Masse und schwerer Masse in der Pendelbewegung besteht sogar eine Verbindung mit der Allgemeinen Relativitätstheorie.

Galilei hat sich mit dem Pendel in zwei Epochen seines Lebens beschäftigt, um 1602 als Professor in Padua und als über Siebzigjähriger. Am Anfang steht aber die bildhafte Geschichte von der pendelnden „Lampe des Galilei" im Dom zu Pisa. Sie stammt von seinem ersten Biografen, dem Mathematiker und Physiker Lorenzo Viviani (1622–1703). Danach hatte ein Messdiener im Dom von Pisa gerade den schweren Leuchter (an langer Kette) angezündet, und der neunzehnjährige Galilei beobachtete das Nachschwingen. Anhand seines Pulses fand er heraus, dass die Dauer der Schwingungen konstant blieb, auch als die Amplitude der Schwingung abnahm. Diese Anekdote gehört zwar zum allgemeinen Wissen des „Gebildeten", aber es gibt keine Erwähnung der anschaulichen Geschichte bei Galilei selbst.

Im Dom zu Pisa wird ein schwerer Leuchter (Abb. 4.1a) in der Tat als die „Lampada di Galilei" bezeichnet. Allerdings wurde dieser prachtvolle zwölfarmige Leuchter erst 1587 installiert; die Beobachtung Galileis soll aber 1583 erfolgt sein. Dies führt zur nächsten Stufe der Anekdote, die der Wahrheit vielleicht näher ist. Die Abb. 4.1b) zeigt einen

Abb. 4.1 a, b Sogenannter Galilei-Leuchter im Dom zu Pisa. Galilei-Lampe in der Grabkapelle Aulla in Pisa. (Bildquellen: Wikimedia Commons, JoJan; Wikimedia Commons, Lonewolf 76)

bescheidenen Leuchter in der Friedhofskapelle, der von der Art des wahren Leuchters im Dom von 1583 sein soll und ebenfalls Lampada di Galilei genannt wird.

Es ist erstaunlich und leicht suspekt, dass Galilei, der ausgesprochen geniale Publizist, nicht selbst diese wunderbare Episode erwähnt, sondern dass sie erst 72 Jahre nach dem Ereignis auftaucht. Sie erinnert an die berühmte und dubiose Legende des Chemikers August Kekulé, der die Formel des Benzols als sich selbst in den Schwanz beissende Schlange in den Flammen des Kaminfeuers gesehen haben will.

Um 1602 führte Galilei Experimente mit Pendeln durch, um die Eigenschaften zu verstehen, insbesondere um die Konstanz der Schwingungsdauer („Isochronizität") bei Pendeln gleicher Länge zu beweisen. Dies sollte die Grundlage für Zeitmessungen mit Hilfe des Pendels werden (und wurde es im Jahr 1686 mit der ersten Penduluhr des Physikers und Astronomen Christiaan Huygens, 1629–1695). Aber die Periode bleibt nicht ganz gleich!

Die Experimente Galileis gelten als Musterbeispiel für frühe wissenschaftliche Experimente. Ungefähr zur gleichen Zeit (um 1600) hatte der englische Arzt William Gilbert grossartige Experimente mit Magneten durchgeführt, so mit einer kleinen magnetischen Modellerdkugel „Terrella" aus Magnetit.

Galileo Galilei führt bei Pendel und Fallversuchen richtige Reihen von Messungen durch (s. u.) und wird deshalb häufig als „Vater des Experiments" angesehen. Damit überstrahlt Galileo in der Geschichte mit seiner Popularität vor allem seinen Lehrmeister in Sachen Experiment – seinen Vater Vincenzo Galilei (1520–1591). Der Musiker (in Theorie und in der Praxis, vor allem als Virtuose auf der Laute) war in dieser Hinsicht ein Pionier, der es verdient, bekannter zu sein. Vincenzo war nach 2000 Jahren der Diskussion um Musik und um die Behauptungen von Pythagoras von Samos (570–510 v. Chr.) der erste, der die Thesen des Pythagoras zur Musik prüfte, nämlich dass Konsonanzen, also angenehm zusammenklingende Tone, einfachen Brüchen der Tonhöhen entsprachen. Die Tonhöhen entsprachen den Längen der Saiten. Die Frequenzen waren bis ins 19. Jahrhundert hinein nur relativ messbar; erst dann konnte man mit einem mechanischen Stroboskop – einer rotierenden Lochscheibe – die Schwingung wirklich sehen und die Frequenz absolut bestimmen.

Nach den Experimenten des Pythagoras galt bei gespannten Saiten:

- Verdoppeln der Länge bei gleicher Spannung gibt halbe Tonhöhe oder eine Oktave tiefer,
- und falsch: Verdoppeln der Zugkraft an der Saite sollte einen eine Oktave höheren Ton ergeben.

Vincenzo baute (1588, in Gegenwart von Galileo, der in dieser Zeit noch beim Vater wohnte) einen experimentellen Monochord und stellte mit Messreihen den Irrtum des Pythagoras fest:

- Um eine Oktave höher zu erhalten, muss man die Zugkraft vervierfachen.

Die Tonhöhe hängt dabei (in gewissen Grenzen) nicht von der Stärke der Auslenkung der Saite ab (sogenannte Isochronizität der Schwingung). Es ist frappierend, wie sich Methode und Ergebnisse beim Sohn Galileo wiederfinden: Pendel und Saite sind näherungsweise „harmonische Oszillatoren" und zugänglich für einfache, aber systematische Experimente mit Hypothesen, Widerlegungen oder Bestätigungen. Galileo hatte ein vorbereitendes Praktikum bei seinem Vater gehabt.

Um das Problem des Schwerependels anzugehen, idealisieren wir (und Galilei) das echte, physikalische Pendel des Leuchters in der Hoffnung, einfache Ergebnisse zu erhalten. Hierbei wird die Masse als punktförmig gedacht (die besondere Gestalt des Pendelkörpers verschwindet) und an einem Seil oder besser einer masselosen Stange aufgehängt. Sie darf nur in einer vertikalen Ebene schwingen. Dann gelten idealisiert die Sätze wie von Galilei gefunden:

- Bei kleinen Auslenkungen ist die Schwingungsdauer eines bestimmten Pendels gleich, ob 1° oder 5°, oder „isochron".
- Die Schwingungsdauer hängt nicht vom Stoff ab, ob Blei oder Kork, sondern
- nur von der Wurzel der Länge des Fadens (oder Stange). Diese Abhängigkeit hatte allerdings vier Jahre vor ihm der französische Theologe und Mathematiker Marin Mersenne publiziert.

Eine Idealisierung ist der sinnvolle Anfang, einen Problemkreis zu analysieren; der britische Astrophysiker Arthur Eddington schreibt humorvoll über die Natur der physikalischen Welt (1927):

> *„Wenn der Prüfling in Physik eine Aufgabe erhält wie: ‚Ein Elefant rutscht einen Grasabhang hinunter und …‘, dann achtet er nicht sehr darauf, das soll nur den Eindruck der Realität geben. Er liest ‚die Masse des Elefanten ist 2 Tonnen‘."*

Reale Experimente sind mühsam und heikel, selbst beim simplen Pendel. So ist es praktisch schon schwierig, Pendel der gleichen Länge herzustellen. Was ist die reale Länge des Pendels, wo ist der Mittelpunkt der schwingenden Masse? Es ist eher umgekehrt: Man kann die Pendeldauer verwenden, um die Pendellänge zu justieren. Es ist deshalb nicht verwunderlich, dass Galileis Behauptung der Isochronizität von seinen Zeitgenossen angefeindet wurde: Es waren, wie später bei seinem grossen Disput um das Weltsystem, gerade die besten Fachleute, die ihn bekämpften.

Eine umfassende moderne und sehr wohlwollende Analyse der Grenzen der experimentellen Möglichkeiten gibt der Ingenieur und Historiker Paolo Palmieri (Palmieri 2007). Er bezeichnet das Pendel als „schwer fassbar" (*„open-ended and elusive"*). Schon eine ganze Reihe von Autoren hat sich im Nachbau und Nachexperimentieren versucht (Alexandre Koyré 1966; Ronald Naylor 1974).

Das Fazit der Nach-Experimente ist unbefriedigend: Einstimmig bestätigt man die mangelnde Robustheit der Experimente, das heißt die Reproduzierbarkeit ist schwierig, es gibt subtile, kaum fassbare Effekte:

„Das Messingpendel ist etwas schneller bei kleinen Ausschlägen, das Korkpendel bei grossen" (Ronald Naylor 1974).

Galilei behauptet, nicht sehr glaubhaft, Synchronizität (Gleichlauf zweier Pendel) über Hunderte, ja Tausende von Schwingungen zu beobachten; er schreibt in den *„Discorsi"* (1638):

„Diese freie Schwingung, hunderte Mal wiederholt, zeigte klar, dass der schwere Körper so genau die Schwingungsdauer des leichten einhielt, dass weder in hundert oder gar in tausend Schwingungen der eine dem anderen vorhergeht."

Da die Pendelschwingungen, einmal angestossen, unweigerlich und offensichtlich abklingen bis zum Stillstand, ergibt sich die Frage: Wie verträgt sich dies mit der konstanten Schwingungszeit? Schwingt das Pendel unsichtbar weiter? Hält es abrupt an?

Im Jahr 1636 entdeckten Marin Mersenne und René Descartes, dass sich Galilei geirrt hatte: Das normale Kreispendel ist nicht isochron, allerdings für kleine Amplitude recht genau. Die Tab. 4.1 zeigt die Abweichungen in Abhängigkeit von der Auslenkung. Bei etwa 22° ist es nur ein Prozent – aber das bedeutet schon nach zehn Schwingungen ein Zurückbleiben um 36° zu einem Pendel mit geringer Auslenkung!

Die Berechnung benötigt Mathematik, die erst über hundert Jahre später entwickelt wurde („elliptische Integrale", etwa vom italienischen Mathematiker Giulio Carlo Fagnano dei Toschi um 1750). Der Wert 180° (also „ganz oben") entspricht einem labilen Gleichgewichtspunkt, an dem das Pendel nach oben steht. Andrerseits können sich nach Christiaan Huygens zwei Pendel an der gleichen Aufhängung über winzige Schwingungen im Rahmen der Aufhängung synchronisieren und aneinander binden.

Beim üblichen Pendel bewegt sich der Pendelkörper (oder idealisiert der Massenpunkt) auf einem Kreisbogen: Aber es gibt eine Kurve, so dass die Abrollzeit von jedem Startpunkt aus gleich ist. Wenn man auf dieser Kurve höher startet, dann bewegt er sich von

Tab. 4.1 Die Verlängerungsfaktoren der Schwingungsdauer eines Kreispendels bei grossen Auslenkungen. Auslenkungen über 90° sind nur für Pendelstangen (nicht für Fäden) physikalisch sinnvoll. (Quelle: PH München Infoblatt Mathematisches Pendel)

Maximaler Auslenkungs- winkel	0°	20°	40°	60°	90°	120°	150°	178°	180°
Verlängerungs-faktor T/T_0	1	1,008	1,031	1,073	1,180	1,373	1,762	3,460	–

Anfang an schneller. Diese Abrollkurve heisst Isochrone – Christiaan Huygens hat 1659 eine bestimmte Zykloidenkurve berechnet, mit der sich ein Pendel mit wirklich konstanter Periode bauen liess.

Seit Newton und Leibniz weiss man, dass selbst das idealisierte mathematische Pendel einer nicht linearen (und nichttrivialen) Differenzialgleichung entspricht. Galilei versuchte, die grossen Kreisbögen bei grossen Ausschlägen durch (lineare) Kreissegmente zu ersetzen, die jeweils eine schiefe Ebene bedeuten, die die Kugel herunterrollen würde. Er entdeckt einen schönen mathematischen Satz (s. u., der Kreissehnensatz zum Fall auf schiefen Ebenen), aber er konnte nicht zu einer exakten Lösung kommen. Auch denkt er, dass der Kreisbogen die Kurve ist, auf der eine Kugel am schnellsten herabrollt von allen denkbaren Kurven, die zwei Punkte (die Endpunkte des Bogens) verbinden können. Galilei versucht es mit dem Satz von Abb. 4.14 zu beweisen; er vermutet, er habe es bewiesen – ist sich jedoch nicht sicher.

Aber er irrt sich: Diese sogenannte Brachistochrone ist eine kompliziertere Figur, eine Zykloide. Erst der Schweizer Mathematiker Johann Bernoulli wird 1696 die richtige Kurve finden und beweisen. Es ist gleichzeitig die schon erwähnte Isochrone. Es gilt, dass die Verbindung von zwei Punkten auf der Isochrone auch die im Schwerefeld mögliche zeitlich kürzeste Verbindung ist. Vornehm ausgedrückt: Die Brachistochrone liegt auf der Isochrone! Aber die zugehörige Mathematik übersteigt die Euklid'sche Geometrie, die Galilei verwendet und kennt, bei weitem. Huygens und Bernoulli werden Vorformen der Differenzial- und der Variationsrechnung verwenden.

Das Fazit zu „Galilei und das Pendel":

- Die Experimente sind übertrieben geschildert, es wird nicht unterschieden zwischen „echter" Erfahrung und Überlegung beziehungsweise Gedankenexperiment.
  Es fehlt den Versuchen insgesamt die Robustheit, das heißt es gibt sehr leicht Ungereimtheiten und Verwirrendes, wie viele moderne Nachprüfer der Experimente selbst erfahren haben.
- Mathematisch ist er auf antikem Niveau (Euklid). Mit der späteren Infinitesimalrechnung durch Newton und Leibniz wird alles klarer. Galilei macht wunderbare, aber komplexe geometrische Hilfskonstruktionen, wenn er versucht, das Kreispendel mit kleinen Sekantenstücken zu verstehen. Er hat keine Chance, auch nur das einfache mathematische Pendel zu erfassen.
- Heute versteht man unter Pendelgesetz nicht nur die Proportionalität für die Dauer einer Schwingung mit der Wurzel der Länge des Pendels, sondern dazu den bestimmenden Faktor $2\,\pi/\sqrt{g}$ mit der Erdbeschleunigung g. Galilei kannte natürlich diesen Faktor nicht.
- Was er macht, sind (wichtige) Vorversuche (beim Pendel zum Beispiel für Huygens, allgemein für die Arbeit von Newton). Die Genauigkeit reicht gut aus, um seine gefundenen Gesetze plausibel zu zeigen und um Unwichtiges und Störendes zu unterdrücken. Den Mut dazu hatte Galilei!

- Philosophisch ist es bedeutsam, dass er die Naturbeschreibung von Aristoteles und das
  gedankliche Tunnelpendel des Oresme durch Experimente auflöst. Aristoteles kann das
  Pendel nicht erklären, nur den Abschwung als „natürliche Bewegung". Oresme erklärt
  das Pendel mit dem Auf- und Abbau des Impetus (Impulses), aber nur im Prinzip.

Wir können das Pendel auch als eines der ersten mechanischen Systeme mit Zwangsbedingungen auffassen und noch das Begriffspaar natürlich/erzwungen des Aristoteles im Sinne der Physik beibehalten: Das Seil (oder die Kette oder die Stange) zwingen den Pendelkörper auf seine Kreisbahn. Die natürliche Bewegung ohne den Zwang wäre der freie Fall des Körpers, siehe nächsten Abschnitt. In diesem Sinn erhalten diese aristotelischen Begriffe eine neue, sinnvoll übertragene Bedeutung.

Im Rückblick der Wissenschaftsgeschichte haftet an den Pendelversuchen und an der Beschäftigung Galileis mit dem Pendel eine Tragik: Er hatte den so verzweifelt gesuchten Beweis für die tägliche Drehung der Erde direkt vor sich; er hätte nur seine grossen Themen Pendel, Trägheit und heliozentrische Astronomie verbinden müssen. Während seine Gezeitentheorie und sein versuchter Beweis für die Bewegungen der Erde grob fehlerhaft sind, hatte er vor sich, was heute nach Léon Foucault (1851) das „*Foucault'sche Pendel*" heisst und anschaulich die Erddrehung beweist (siehe Abschn. 6.3.1). Ein Pendel, möglichst schwer, mit möglichst langer Aufhängung, möglichst reibungsfrei aufgehängt und vibrationsfrei aufgelassen, schwingt in einer raumfesten Ebene – und die Erde als Ganzes dreht sich darunter weiter. An den Polen würde sich ein Pendel genau in einem Sterntag von 23 h 56 min anscheinend um sich drehen (nach rechts, nach Westen), in Florenz hätte eine volle Drehung etwa 34 Stunden gebraucht.

Noch näher an der Entdeckung war (eventuell) Galileis Schüler und Biograf Vincenzo Viviani im Jahr 1661 (Foucault Pendulum Archive/2, 2007). In einem Manuskript, gefunden im Jahr 1841, wird Viviani aus dem Jahr 1661 zitiert:

> „*Wir beobachten, dass alle Pendel, die an einem einzelnen Faden aufgehängt sind, von der Anfangsrichtung der vertikalen Ebene wegdrehen, immer in dieselbe Richtung.*"

Er konnte es sich nicht erklären! Eine historisch-wissenschaftliche Bestätigung der Echtheit des Zitats steht aus; der hohe emotionale Gehalt der Beinahe-Entdeckung macht eine Internet-Ente durchaus denkbar.

Aber es gibt doch ein „Galilei-Pendel", wenigstens in der deutschsprachigen Literatur so genannt. Es ist das Hemmpendel, im Englischen das gestoppte Pendel, das Galilei in den „*Discorsi*", den Gesprächen des dritten Tags, beschreibt. In der Originalskizze (Abb. 4.2) ist die Schnur des Pendels im Punkt A befestigt; das Pendel (eine kleine Bleikugel) schwingt von C nach D. Die Hemmung ist ein Nagel, eingeschlagen in E oder F: Der Kontakt mit der Hemmung verkürzt schlagartig die Pendellänge. Die Bleikugel steigt dann, nach dem Auftreffen auf die Hemmung, trotzdem wieder hoch bis zur Horizontlinie. Es ist in heutiger Terminologie eine hübsche Demonstration des Energiesatzes, noch

Abb. 4.2 Schema des
Hemmpendels. Der Punkt A
ist die Aufhängung, an den
Punkten E oder F befindet sich
je ein hemmender Stift. (Aus:
Galilei, Discorsi, dritter und
vierter Tag; Bildquelle:Online
Library of Liberty)

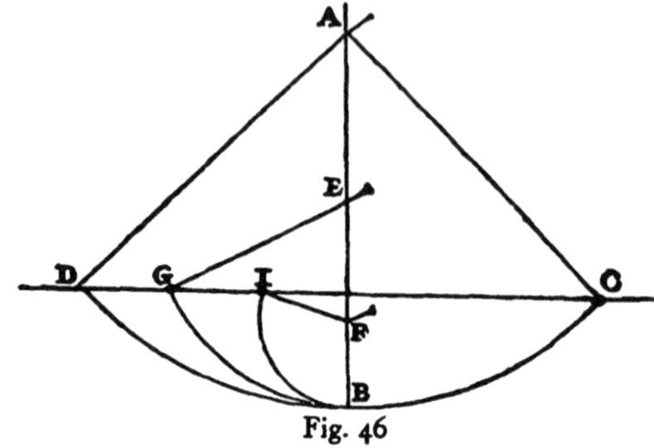

deutlicher als beim einfachen Pendel. Galilei spricht von „den Momenten", die erhalten
bleiben und das Steigen auf die Horizontlinie verursachen – die Begriffe Moment, Impuls
und Energie werden erst ab Newton geklärt.

4.4 Galilei „und" Aristoteles, nicht „oder"

„Entlässt man einen Körper im Gravitationsfeld, so beginnt ein Drama in drei Akten, von der
Ruhe zur Bewegung, die anscheinend grenzenlose Beschleunigung und das plötzliche, oft
gewaltsame Ende in einer Kollision."
Radial Arts, Amsterdam

Wir können Aristoteles und Moderne zusammenbringen in einem Vorgang in drei Akten,
indem wir die Fallbewegung eines Körpers in einem Medium betrachten, wie sie wirklich
ist, das heißt mit modernem Kenntnisstand der Physik. Die physikalischen „Akte" sind:

0) Start und Loslassen in die Gravitation,
1) eine freie Beschleunigungsphase,
2) der Übergang zur schleichenden Bewegung,
3) eine schleichende Bewegung für (beinahe) immer.

Die erste Phase nach dem Loslassen ist eine Phase der Beschleunigung, beginnend direkt
mit der gleichförmigen Erdbeschleunigung als Beschleunigung: Die Geschwindigkeit
nimmt linear mit der Zeit zu, der zurückgelegte Weg langsam und nach einem Quadratgesetz. Mit wachsender Geschwindigkeit des Körpers baut sich Widerstand auf als eine
Kraft, die der Gravitation entgegenwirkt. Es ist die Kraft, die den Fallschirmspringer in
Abb. 4.3 nicht schneller werden lässt als eine bestimmte Grenzgeschwindigkeit.
  Wir unterscheiden nun zwei Grenzfälle 2 a und 2 b: Das Medium (Luft oder Wasser)
umströmt den Körper in ruhigen Bahnen (laminar) oder es gibt eine unruhige Strömung,
etwa mit Wirbeln (turbulent). Diese Gegenkraft heisst im Falle 2 a Stokes'sche Reibung
(und wächst linear mit der Fallgeschwindigkeit an), im Falle 2 b sprechen wir von

Abb. 4.3 Eine schleichende
Bewegung

Newtonscher Reibung (die etwa quadratisch mit der Geschwindigkeit zunimmt). In beiden Fällen schwächt sich der Geschwindigkeitszuwachs ab und nähert sich allmählich (asymptotisch) einem Grenzwert. Dies nennen wir dann schleichende Bewegung.

Der Anfangsbereich (siehe Abb. 4.5) entspricht auch den normalen Fallversuchen – etwa Blei-, Messing- oder Holzkugeln von einem Turm wie dem schiefen Turm von Pisa mit 54 m Höhe fallen gelassen. In diesem Höhenbereich eines Falls dominiert die Schwerkraft, jedenfalls für Metallkugeln. Es gilt damit in guter Näherung das Gesetz einer gleichförmigen Beschleunigung: Die Fallgeschwindigkeit nimmt linear mit der Zeit zu, der zurückgelegte Weg (der Fallweg) mit dem Quadrat. Exakt gelten diese einfachen Beziehungen, wie Galilei vorhergesagt hat, im Vakuum – und dann gibt es keine Sättigung, jedenfalls nicht in einem konstanten Gravitationsfeld. Hier trifft sich Galilei mit Aristoteles, der für ein Vakuum unendliche Grenzgeschwindigkeit annimmt (und daraus fälschlicherweise schliesst, dass es kein Vakuum geben kann). Die Abb. 4.4 erinnert an den legendären Beweis mit dem „Hammer-Falkenfeder-Fallversuch" des Apollo 15-Astronauten David Scott im Vakuum auf dem Mond. Scott macht den Versuch für die galileische Figur des (dummen) Simplicio vor, den Galilei in den Discorsi sagen lässt:

„Das ist eine gewagte Behauptung. Ich meinerseits werde es nie glauben, dass in ein und demselben Vakuum, wenn es in demselben eine Bewegung gibt, eine Wollenflocke ebenso schnell wie Blei fallen würde."

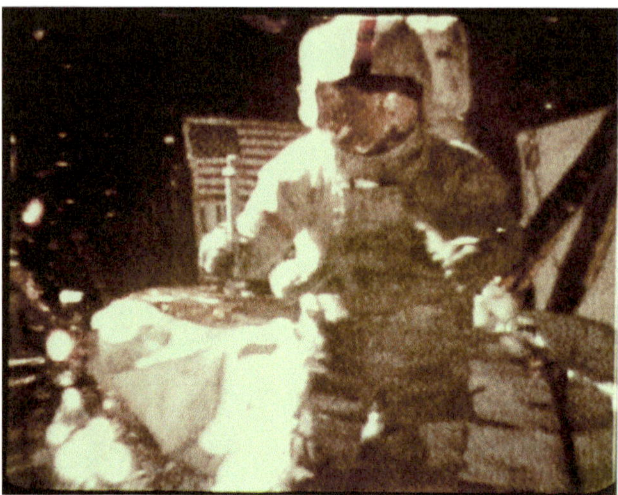

Abb. 4.4 Ein freier Fall: Der Hammer-Feder-Fall. Das historische Bild von Apollo 15. (Bildquellen: US Army, Sgt. Bryan Schnell.; nasa.gov. Gemeinfrei Wikimedia, Commons)

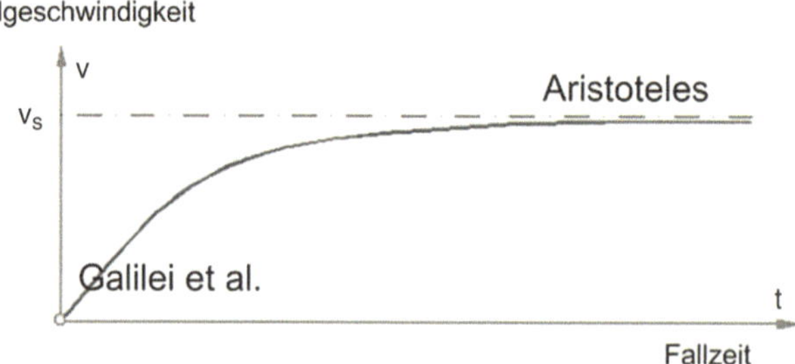

Abb. 4.5 Die Zunahme der Geschwindigkeit beim Fall eines Körpers in einem Medium. Der Anfangsbereich entspricht der Diskussion durch Galilei et al., der asymptotische Bereich der Physik des Aristoteles. (Bildquelle: Eigene Erstellung)

Ganz anders im Bereich der Sättigung nach hinreichender Zeit: Die Endgeschwindigkeit ist umso grösser, je dünner das Medium ist, je grösser der Körper ist und je grösser der Dichteunterschied zwischen dem Körper und dem Medium ist. Damit wird die Endgeschwindigkeit dieser „schleichenden Bewegung", der sich der Körper asymptotisch nähert, abhängig von der Art der beteiligten Stoffe, des fallenden Körpers wie die des umgebenden Mediums, und insbesondere auch von der Form. Bei einer „Stromlinienform" ist der Widerstand gering und die Endgeschwindigkeit hoch. Ist der Körper eine halbe Hohlkugel und fällt mit der hohlen Seite voraus, wird es umgekehrt sein: Der Widerstand ist maximal. Die Abb. 4.3 illustriert dies am Beispiel von Springern, die in Luft eine Grenzgeschwindigkeit von etwa 200 km/h erreichen.

Für Kugeln in ruhiger (laminarer) Umströmung lässt sich diese Endgeschwindigkeit wunderbarerweise direkt berechnen durch das sogenannte Stokessche Gesetz und man sieht es der Stokessche Gleichung an: Es gelten sinngemäss exakt die Abhängigkeiten wie von Aristoteles geschildert! Der irische Physiker Sir George Gabriel Stokes hat es 1851 hergeleitet und konnte exakt zeigen, dass die Endgeschwindigkeit mit dem Quadrat des Radius der Kugel zunimmt.

Damit haben wir in den beiden Bereichen – dem Trägheitsbereich „Galilei et al." einerseits und dem Widerstandsbereich „Aristoteles" andrerseits – anscheinend verschiedene physikalische Gesetze. In Wirklichkeit dominieren nur jeweils verschiedene Kräfte: links in Phase 1 die Schwerkraft, rechts in Phase 3 der Strömungswiderstand, und es gibt den fliessenden Übergang (Phase 2).

Stellen wir die charakteristischen Eigenschaften und Grundgedanken einander gegenüber:

Trägheits-Bereich (Galilei)	Widerstands-Bereich (Aristoteles)
einfache physikalische Verhältnisse (Schulphysik)	verwickelte physikalische Verhältnisse (moderne Physik)
im Vakuum eindeutig	im Vakuum nicht gültig
wenig alltagsnah, damals schwierig zu bestätigen	naturnah (Blatt, Regentropfen), für jedermann sichtbar
Galilei nimmt die Ursache (die Schwere) hin, ohne zu fragen	Aristoteles versucht die Ursache (falsch) mit zu erklären

Die dualistische Situation Galilei versus Aristoteles erinnert an die Physik des Lichts und den (tieferen) Dualismus in der Quantentheorie zwischen dem Korpuskelbild von Newton gegen das Wellenbild von Huygens; hierzu hat passenderweise Wolfgang Pauli in einem Brief an Werner Heisenberg geschrieben:

> *„Man kann die Welt mit einem p-Auge [Galilei] oder einem q-Auge [Aristoteles] ansehen, wenn man beide Augen aufmachen will, dann wird man irre."*

Natürlich haben beide, Galilei wie Aristoteles, die ganze Kurve im Prinzip gesehen; aber für Galilei war nur die Trägheits-Seite wichtig (und mathematisch zugänglich), für Aristoteles nur die schleichende Bewegung. Galilei ist sich durchaus bewusst, dass es auch einen Widerstandsbereich gibt; er bringt in den *„Discorsi"* sogar eine Überlegung zur Abhängigkeit der Grenzgeschwindigkeit vom Dichteunterschied zwischen Körper und Medium. Um die Bewegung in einem Medium insgesamt zu verstehen, braucht es die ganze Kurve (Abb. 4.5).

Noch eine Bemerkung zu einem berühmten logischen „scharfsinnigen Beweis" gegen Aristoteles durch Giovanni Battista Benedetti im Jahr 1553 – er ist sogar für manchen modernen Physiker peinlich.

So schrieb der gewiefte und nüchtern denkende Physiker Ernst Mach (1912):

> *„Galilei trieb Aristoteles auch logisch in die Enge"* und er schildert Galileis „Beweis":
> *„Der größere Körper fällt schneller, sagen die Aristoteliker, weil die oberen Teile auf den untern lasten und deren Fall beschleunigen. Dann, meint Galilei, muss wohl ein kleinerer Körper, mit einem grössern verbunden, wenn ersterer an sich die Eigenschaft hat, langsamer zu fallen, den grössern verzögern. Es fällt also dann ein größerer Körper langsamer als der kleine."*

Damit haben wir einen Widerspruch, und Aristoteles ist durch reines Denken (von Galilei) anscheinend widerlegt. Galilei ist sich sicher, er habe das physikalische Gesetz durch Rückführung auf Absurdes, eine *reductio ad absurdum,* wie einen Satz der Mathematik bewiesen. Galileis Schlussfolgerung ist damit: Nur wenn im Vakuum alle Körper gleich schnell fallen, gibt es keinen Widerspruch. Diese Aussage ist richtig, aber die Herleitung ist unsinnig. Der Zirkelschluss Galileis ist etwas deutlicher in dieser Form:

> *„Man nehme zwei gleiche Backsteine und lasse sie fallen: Sie fallen mit einer gewissen Beschleunigung. Jetzt klebe man sie zusammen. Nach Aristoteles müssen sie jetzt schneller fallen: Es ist evident, dies ist absurd – was soll der Klebstoff ändern?"*

Genau dies ist das Problem: Wenn man annimmt, dass der Klebstoff nichts ändert, hat man schon angenommen, dass Aristoteles falsch ist (Schrenk 2004). Die gleiche Argumentation gilt natürlich auch umgekehrt: Würde ein vereinigtes Paar von Backsteinen langsamer fallen als einzeln, so läge es auch an einer wunderbaren, aber unglaublichen Eigenschaft des „Klebstoffs". Damit sieht es Galilei als erwiesen an: Alle Körper fallen gleich, wenn man sie ungestört (wie im Vakuum) fallen lässt.

Widerspruch an den Experimentator Galilei – Physik lässt sich nicht durch reines Denken widerlegen, wir brauchen Experimente! Die oberen Sätze bewegen sich nicht in einem abgeschlossenen und widerspruchsfreien System. Auch Mach irrt sich doppelt: Der Gedanke ist nicht von Galilei, und es ist kein Beweis. Allerdings lässt es Mach im Text ein wenig offen, ob er den Beweis akzeptiert oder nur als Beweis zitiert. Aber Tausende von Physikern und Laien haben Galilei schon für „seinen" scharfsinnigen Beweis bewundert!

Galilei schildert seinen Beweis 34 Jahre nach seinem venezianischen Vorläufer Benedetti. Natürlich ist er nur unter Galileis Namen bekannt. Aber der Beweis ist ein Zirkelschluss – in der sogenannten Intuition steckt nur die unbewiesene Information, die man beweisen will. Die aristotelische (und eigentlich auch intuitive) Annahme ist gleichbedeutend mit dem Additionstheorem: Vereinigen sich zwei Körper zu einem, so fällt die Summe schneller. Wenn die Summe zweier Körper schneller fiele, dann würde eine dazustossende Masse den Körper beschleunigen müssen ohne logischen Widerspruch. Und genauso ist es auch. Das Ganze ist kein Beweis, sondern ein Denkfehler seit nahezu fünf Jahrhunderten bis in moderne Lehrbücher hinein.

Ein hübscher physikalischer Beweis für die Ungültigkeit des „Beweises" ist, dass die Vorhersage von Aristotles in bestimmten Fällen stimmen kann, ja dass der Leser das Experiment der Vereinigung von fallenden Massen schon selbst beobachtet hat, nämlich an Regentropfen auf einer Glasscheibe. Kleine Regentropfen (vergleiche Abb. 4.6) koagulieren zu grösseren, die dann schneller an der Scheibe ablaufen. Und zwischen nahen Tropfen gibt es in der Tat einen Klebestoff, der alles ändert, nämlich die Oberflächenspannung des Wassers.

Für Kugeln in einer ruhigen (laminaren) Strömung lässt sich dies wieder exakt berechnen: Vereinigt man zwei Kugeln des gleichen Gewichts (und Materials) zu einer grösseren Kugel, so erhöht sich nach dem erwähnten schottischen Physiker Gabriel Stokes die Grenzgeschwindigkeit um das 1,587-fache. Natürlich gilt dieses Additionstheorem gegen oder

Abb. 4.6 Zwei Tropfen bei der Vereinigung unter dem Einfluss minimaler Gravitation. (Mikrogravitation; Bildquelle: NASA, Wikimedia Commons)

doch nach der Intuition nur im Widerstandsbereich 3). Im Trägheits-Bereich 1) und erst recht im Vakuum ist alles trivial gleich. Aber sagt doch unsere Intuition nicht eher, dass Schwereres schneller fällt? Dass zwei Springer an einem Fallschirm schneller fallen als *ein* Springer allein am gleichen Fallschirm? Gerade so wie oben geschrieben und lächerlich gemacht von Galilei? Die meisten Schüler geben jedenfalls zunächst Aristoteles Recht.

Wir bemerken, dass die beiden alternativen und wahren Aussagen „*ein Körper fällt mit im Quadrat der Zeit wachsender Geschwindigkei*t" und „*ein Körper fällt mit konstanter Geschwindigkeit, die umso höher ist je schwerer der Körper*" ganz verschiedene innere Strukturen haben. Die erste Aussage will sagen: „*Im Vakuum wirkt auf jeden Körper die Schwerkraft und sonst nichts*", die zweite: „*Fällt ein Körper in einer Atmosphäre, so wird die Bewegung zu einem Gleichgewichtszustand zweier Kräfte*". Wenn man dies abkürzt zu einem „entweder – oder", dann entsteht ein naiver Streit.

Galilei übernimmt das Gedankenexperiment des Landsmanns Benedetti (wie gesagt, ohne Benedetti, den er sicher gelesen hat, dabei zu erwähnen), wenn er in den „*Discorsi*" den klugen Salviati sagen lässt:

> „*Ohne viel Versuche können wir durch eine kurze, bindende Schlussfolgerung nachweisen, dass …*"

Das hätte der Experimentator Galilei eigentlich lieber nicht sagen sollen. Ansonsten hat ja schon Philoponos elf Jahrhunderte früher beinahe alles verstanden: Lässt man Kugeln fallen, so „*sind die zeitlichen Unterschiede nur sehr gering*". Dieses Problem – die kurzen Fallzeiten – hat Galilei jedoch experimentell und genial gelöst durch „Verdünnung der Gravitation". Dies ist die physikalische Charakterisierung der schiefen Ebene und der Fallrinne (s. u.), bei denen die Schwerkraft durch den Einstellwinkel beliebig abge-schwächt werden kann und alle Bewegungen dadurch verlangsamt.

Geht man übrigens genauer in die Physik fallender Körper, besonders mit Relativi-tätstheorie und Quantentheorie, so wird die Lage selbst für den einfachen freien Fall im Vakuum kompliziert, selbst in der einfachen klassischen Physik (Rabinowitz 1990).

Ein einfaches Beispiel ist ein Fall betrachtet als Zweikörperproblem: Zwei Körper allein im All werden in einer Entfernung losgelassen und fallen durch die gegenseitige Gravitation frei aufeinander zu. Die klassische Physik sagt dazu, dass

- die wechselseitige Kraft auf beide Körper den gleich grossen Betrag hat,
- beide Körper zum gemeinsamen Schwerpunkt aufeinander zufallen,
- die Beschleunigungen, die Geschwindigkeiten und die Wege, die beide Körper bis zum Treffen zurücklegen, sich umgekehrt wie ihre Massen verhalten.

Im üblichen Fall des Fallexperiments auf der Erde ist die eine Masse viel grösser als die andere: Der fallende Körper sei zum Beispiel 10 kg, der andere – die Erde – hat dagegen 6×10^{24} kg. Damit ist die Bewegung der grossen Masse nicht merklich. Wiederholt man das Experiment mit 20 kg, so erhält man *de facto* die gleichen Messwerte. Anders wenn die beiden Massen von ähnlicher Grössenordnung wären, wenn zum Beispiel die kleine Masse ein Zehntel der grossen Masse wäre: Dann bewegt sich die kleine Masse zehnmal so schnell zum Treffpunkt wie die grosse; sie legt dazu auch einen zehnmal längeren Weg zurück bis zum Zusammentreffen. Wenn man den Versuch wiederholt mit einer noch kleineren Masse, dann wäre diese noch schneller. Im Gegensatz zu Aristoteles, Philoponos und zu Galilei ist die kleinere Masse die schnellere! Wenn ein Leser dies selbst berechnen will: Eine geniale Methode der Berechnung ist das dritte Kepler'sche Gesetz – die Bewegung auf einer geraden Strecke aufeinander zu ist der Grenzfall der Bewegung auf Ellipsen, die zu „Schnüren" entartet sind. Die Fallzeit ist die halbe Umlaufzeit, wie sie das Kepler'sche Gesetz ergibt.

4.5   Freier Fall, „verdünnter" Fall und Wurf

4.5.1   Der freie Fall

> „Eine Kugel aus Holz fällt zu Beginn schneller als die aus Blei, aber ein wenig später wird das Blei so schnell, dass es das Holz hinter sich lässt. Und wenn man sie zusammen von einem hohen Turm fallen lässt, zieht das Blei weit davon. Das habe ich oft getestet."
> Galileo Galilei, frühe Version von „De Motu", 1590, nach Israel Edward Drabkin, 1960

Die Wissenschaftsgeschichte berichtet von einer Reihe von Fallversuchen vor Galilei, um das Prinzip des Aristoteles zu prüfen oder vor allem zu widerlegen: Im 6. Jahrhundert durch den Philosophen Johann Philoponos, 1544 vom Historiker Benedetto Varchi, 1575 durch den Philosophen Girolamo Borro, 1579 vom Mathematiker Guiseppe Moretti und 1586 durch den Physiker und Ingenieur Simon Stevin. Der niederländische Ingenieur Stevin hat wohl die sauberste Versuchsanordnung; er liess vom Kirchturm der Neuen Kirche Delft aus 30 Fuss Höhe Kugeln auf eine hölzerne Plattform fallen und hörte damit den Aufschlag. Er berichtet von einem Versuch mit Kugeln verschiedenen Materials und einem Versuch mit Kugeln gleichen Materials, aber verschiedenen Gewichts: Beide Male fiel der Aufprall auf die Holzbretter hörbar zusammen. Seine Versuche waren *vor* Galilei und sicher genauer als die von Galilei – wenn Galilei überhaupt Versuche durchführte.

An dieser Stelle ein Zitat, das demonstriert, wie Galilei alles überstrahlt und wie naiv Menschen (Physiker) zur realen Geschichte sein können:

> *„Nach aristotelischer Tradition war man davon überzeugt, dass man alle Gesetze, die das Universum bestimmen, allein durch das Denken ausfindig machen könne und dass es nicht notwendig sei, sie durch Beobachtungen zu überprüfen."*

Den weiteren Text haben wir schon erwähnt:

> *„So war vor Galilei niemand daran interessiert festzustellen, ob Körper verschiedenen Gewichts tatsächlich mit verschiedener Geschwindigkeit fallen."*
> *Stephen Hawking, Physiker, in „Kleine Geschichte der Zeit", 1988/1991*

Der berühmte Kollege irrt, historisch schlimmer geht es beinahe nicht! Im Gegenteil, schon viele hatten daran gedacht, einige hatten experimentiert. In späteren Jahren dachte Galilei wahrscheinlich, dass kein Experiment nötig wäre. Er hatte ja einen Beweis durch reines Denken (s. o.) und damit ohne verunsichernde Messfehler. Aber Galilei hat eben den populären Ruf des Genies des 17. Jahrhunderts und des grossen Experimentators.

Aristoteles hat die Erfahrung umgekehrt vor das reine Denken gesetzt und gelenkte Untersuchungen gefordert und durchgeführt, vor allem in der Zoologie. So schreibt er ausdrücklich:

> *„Wenn man die Fakten hinreichend verstanden hat, müssen sie der Theorie vorgezogen werden. Die Theorie bestimmt nur, soweit sie nicht den Fakten widerspricht."*
> *Aristoteles in „De generatione animalium", 4. Jahrhundert v. Chr.*

Dieser Satz könnte von Stephen Hawking wie von Galileo Galilei stammen! In seiner Mechanik hat Aristoteles das praktische Wissen verarbeitet, insbesondere den Fakt, dass alles auf der Erde sich gegen Reibung bewegt. Auf der Erde gibt es immer Reibung und kein Vakuum. Dies entspricht übrigens auch der Einteilung des Kosmos nach Aristoteles: Der Himmel der Planeten und Sterne ist ohne Reibung, der irdische Bereich („sublunar") ist mit Reibung. Berühmt und berüchtigt ist sein Beispiel von falschem antiken „Wissen": „*Männer haben 32 Zähne, Frauen 30 Zähne.*" Dies hat ihm viel Häme beschert, aber es ist schlicht ein Fehler in seiner Beschreibung der Natur *Historia Animalium* (Tierkunde) und hat nichts mit reinem Denken zu tun.

Meistens widerlegten die Ergebnisse der historischen Fallexperimente zur Zeit Galileis die Aristoteles-Hypothese „*je schwerer, desto schneller*" – aber nicht immer. Die damalige Schwierigkeit lag in der kurzen Fallzeit und der erreichten Geschwindigkeit: Bei 20 m Fallhöhe dauert der Fall nur 2 sec, bei 54 m (der Höhe des schiefen Turms von Pisa) ganze 3,3 sec; die zugehörigen Endgeschwindigkeiten sind bereits 71 km/h bzw. 117 km/h. Der junge Galilei machte wohl unspektakuläre Fallversuche; er begann mit der aristotelischen Teilhypothese, dass die Geschwindigkeit vom spezifischen Gewicht der Stoffe

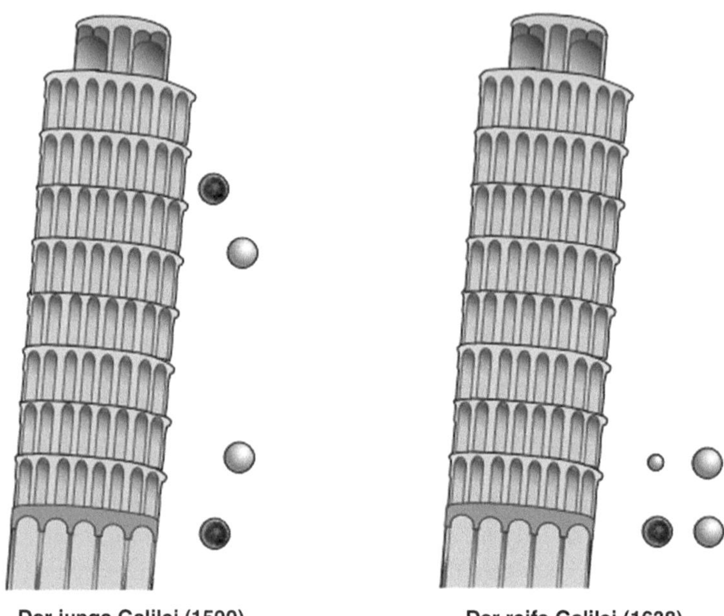

Abb. 4.7 Illustration der Versuche (oder Hypothesen) Galileis zum Fall von Körpern verschiedenen Materials und Gewichts. Die „echten" Resultate von 1590 waren verwirrend, der Gedankenversuch in den „*Discorsi*" von 1638 spricht nur vom einfachen und richtigen „*Im Vakuum fallen alle Körper gleich*". Die helle Kugel symbolisiert den Stoff Holz, die dunkle Kugel Blei. (Bildquelle: Erweitert nach Wikimedia Commons, Theresa Knott)

abhinge – und bestätigt sie als junger Wissenschaftler, s. o. die detaillierte Aussage im Zitat. Die Zeichnung der Abb. 4.7 illustriert seine Ergebnisse beziehungsweise seine Behauptungen (und die seine Biografenen Viviani) von durchgeführten Versuchen und deren Schlussfolgerungen.

Der Bericht des jungen Galilei zeigt, dass die Phase 0 des Fallversuchs (das Loslassen) nicht trivial ist. Eine moderne Erklärung für den bizarren Bericht (zuerst soll Holz schneller fallen, später das Blei deutlich überholen) ist, dass sich der Griff der Hand um die leichte Kugel schneller löst als der Griff der schweren Kugel (Thomas Settle 1983). Der wohlmeinende Biograf Vincenzo Viviani schreibt dagegen nach etwa 65 Jahren:

> „*Galilei fand, dass sich alle Körper mit der gleichen Geschwindigkeit bewegten, und zeigte dies mit vielen Experimenten vom Glockenturm in Pisa vor vielen Studenten und Professoren.*"

Ein solcher Akt würde wunderbar zu Galileis Sinn für effektive Kommunikation passen und gleichzeitig Forschung, Lehre und Eigenwerbung sein; aber Galilei schweigt. Die

Methode wäre auch perfekt für einen modernen Auftritt – dann weltweit verbreitet als Event, den jeder philosophisch-physikalisch Interessierte gesehen haben muss. Und der Event dauert immer noch an, wie die weltweite Popularität der urbanen Legende „*Galilei wirft Kugeln vom schiefen Turm in Pisa*" beweist. Die Tradition der Galilei-Historiker betrachtet den Viviani-Bericht als Erfindung, geschrieben „*im Geiste grenzenloser Bewunderung*" des Lehrers und im Stile einer „*flexiblen*" Renaissance-Biografie. Aber der Text wurde immer weiter ausgeschmückt, selbst das genaue Gewicht der Kugeln kam ohne jeden Bezug zur Geschichtsschreibung dazu. Der Philosoph Bertrand Russell beeindruckt so seine Leser noch intensiver:

> „*So stieg Galilei eines Morgens auf den Schiefen Turm von Pisa mit einer Zehnpfund-Kanonenkugel und einer Einpfund-Kugel, und gerade als die Professoren würdevoll zu ihren Vorlesungsräumen gingen, da machte er sie auf sich aufmerksam und liess die beiden Gewichte fallen. Die Gewichte kamen praktisch gleichzeitig an.*"

Nach dem italienischen Historiker Michael Segre (1989) gibt es im Manuskript von Vivianits Galilei-Biografie mehrere Veränderungen in Richtung einer Hagiografie, einer Heiligenverehrung.

Die Ablehnung jeglicher Turmexperimente ist vielleicht zu skeptisch, denn

- Pro:
  Das Experiment passt zu Galileis Forschungsstil, und Galilei berichtet von bizarren Details, die nicht erfunden aussehen, er hat also wohl von einem Turm aus Kugeln geworfen.
- Contra:
  Der Event vom schiefen Turm wird nirgends sonst berichtet, und er hat in späten Jahren geglaubt, Fallexperimente seien nicht notwendig, weil die Überlegung von Benedetti schon alles bewiesen hätte, oder, heute überzeugender, dass seine besser messbaren Versuche mit Kugeln in der Fallrinne ausreichen würden.

Damit ergibt sich als wahrscheinliche Vermutung: Galilei hat einfache Fallversuche ohne Publikum gemacht, sich aber überzeugt, dass er keine Chance hat, dabei etwas Aussagekräftiges zu messen. Die rhetorische Verstärkung, er habe „viele Experimente", oder an anderer Stelle „hunderte Mal" den Versuch gemacht, erscheint dagegen nicht glaubhaft. Es entspricht nicht dem Stile Galileis, über das Notwendige hinauszugehen; dies könnte eher eine barocke Floskel sein. Die Anekdote könnte also wenigstens teilweise wahr sein (in der Jugendform), wenn auch nicht als akademisches Ereignis am berühmten schiefen Turm.

Es gibt Berichte über andere Fallversuche vom schiefen Turm in Pisa in dieser Zeit: 1612 durch den Griechischprofessor Giorgio Coresio und 1641 vom Mathematiker Vincentio Reinieri: beide bestätigen Aristoteles …

4.5.2 Die Fallrinne – der „verdünnte" Fall

„Auf einem Lineale, oder sagen wir auf einem Holzbrette von 12 Ellen Länge, bei einer halben Elle Breite und drei Zoll Dicke, war auf dieser letzten schmalen Seite eine Rinne von etwas mehr als einem Zoll Breite eingegraben. Dieselbe war sehr gerade gezogen, und um die Fläche recht glatt zu haben, war inwendig ein sehr glattes und reines Pergament aufgeklebt. In dieser Rinne liess man eine sehr harte, völlig runde und glatt polierte Messingkugel laufen. Nach Aufstellung des Brettes wurde dasselbe einerseits gehoben, bald eine, bald zwei Ellen hoch; ..."
Salviati alias Galilei in den „Discorsi"

Galilei hatte gesehen, dass es für ihn unmöglich war, die zwei oder drei Sekunden freien Falls von einem Turm zu messen. Er hatte noch eine Methode versucht, die Endgeschwindigkeit über den Aufprall zu messen, nämlich durch den erzeugten Eindruck in Wachs. Die Frage der Kräfte beim Aufschlag hat Galilei bis an sein Lebensende beschäftigt, ohne befriedigende Lösung (es hätte das letzte Kapitel der *zwei neuen Wissenschaften* werden sollen). Aber dieses Verfahren ist zu ungenau und schwer beherrschbar. Heute wird die Grösse des bleibenden Eindrucks einer Kugel in standardisierter Form zur Messung der Härte von Stoffen verwendet.

Es war zunächst sogar nicht klar (trotz Oresme et al.), ob die Geschwindigkeit nicht schlagartig beim Loslassen entstand und dann gleich blieb! Auch dies war eine antike Hypothese: Das Loslassen wäre dann eine kurze erzwungene Bewegung, der Rest die natürliche Bewegung. Die kontinuierliche Aktion der Gravitation (und die ja unsichtbare Beschleunigung) waren nicht selbstverständlich.

Galilei brauchte eine Möglichkeit, die Schwerkraft effektiv zu reduzieren; derartige Techniken gab es seit der Antike, seit Archimedes, in der Form einfacher „Maschinen", etwa die schiefe Ebene, Hebel mit verschiedener Armlänge oder Rollenaufzüge mit losen Rollen: Führt man ein Seil über n lose Rollen, so wird die benötigte Kraft auf ein n-tel reduziert. Derartige Maschinen verringern die Kraft, verlängern aber den Weg (und damit wie erwünscht auch die Zeiten); Leonardo da Vinci und vor allem der holländische Ingenieur Simon Stevin hatten sich darüber Gedanken gemacht. Simon Stevin hatte dabei eine Vorform des Kräfteparallelogramms entwickelt. Auch der junge Galilei hatte sich ausführlich mit einfachen Maschinen beschäftigt, wie die nach seinem Tod veröffentlichten Manuskripte „*de motu*" und „*mecaniche*" zeigen (Roux und Festa 2008).

Die Verwendung einer schiefen Ebene (Abb. 4.8) ist ein genialer Trick Galileis zur Verlangsamung des Falls, der wie eine Art Verdünnung der Schwerkraft wirkt. Er nimmt die schiefe Ebene und die Verringerung der Gravitation nicht zum Heben, sondern zum Herabrollen. Dabei nimmt er nach dem Augenschein an, dass das Gesetz der Mechanik für eine fallende Kugel wie für die rollende Kugel gleich wären – was nicht der Fall ist: Die rollende Kugel macht gleichzeitig zwei Bewegungen, die fallende nur eine, und jede Bewegung nimmt Energie auf. Aber Galilei hat Glück!

Im Eingangszitat ist der Aufbau beschrieben: Bei einer Ellenlänge von 60 cm wäre die Rinne 7,20 m lang, 30 cm breit und etwa 5 cm dick. Wenn man die eine Seite um eine Elle

Abb. 4.8 Fallrinne mit angebrachten Klingeln zur akustischen Demonstration des Fallgesetzes. Nachbau, Anfang des 19. Jahrhunderts. (Bildquelle: Museo Galileo, Florenz, mit freundlicher Genehmigung)

anhebt, dann reduziert sich die effektive Beschleunigung in Hangrichtung auf 1/12 entsprechend dem Neigungswinkel von 4,8°. Es ergibt sich eine maximale Laufzeit für die Kugel von etwa 5 sec mit einer Endgeschwindigkeit von etwa 10 km/h. Zwar ist die Laufzeit nicht wesentlich grösser als die Fallzeit vom Turm, aber die Distanzen lassen sich direkt messen und die Fallzeiten hinreichend gut mit einem Trick, einer Wasseruhr. Galilei lässt während des Kugellaufs Wasser aus einem Eimer laufen und wägt es nach dem Versuch ab. Es ist gut möglich, dass er auch dazu Takte eines Liedes gezählt hat oder Pulsschläge – für den Bericht im Buch hat er als bestes und seriösestes Verfahren das Wägen des ausgelaufenen Wassers gewählt.

Wieder hat das Experiment viele Möglichkeiten zur Ungenauigkeit: Das Loslassen, den Wasserlauf starten, Wasserlauf beenden, die Reibung. Zur Glättung ist die Bahn mit vermutlich dicken Pergamentbögen beklebt (wohl aus Ziegenhaut gemacht), deren Übergänge Unregelmässigkeiten verursachen. Wieder gibt es – wie beim Fall vom schiefen Turm – Zweifler, die auch die Durchführung dieses Experiment gänzlich bestreiten. Der bekannteste dieser Zweifler war der russisch-französische Wissenschaftshistoriker Alexandre Koyré (1892–1964). Ein Grund sind die perfekten, zu guten Protokolle, und welcher Schüler kennt nicht die Versuchung zu schönen, wenn man das Ergebnis weiss. Diese Skepsis ist wohl übertrieben; das Experiment war genau genug, um das Prinzip festzustellen und seine erste, falsche Annahme zu korrigieren. Er dachte zunächst, die Geschwindigkeit wachse proportional mit dem zurückgelegten Weg – das entspräche einem exponentiellen Fallgesetz.

Galilei hat mit den Rollversuchen Glück. Er erwartet fälschlicherweise, dass der freie Fall der Grenzfall der Rinne ist für den Neigungswinkel 90°. Rollen ist durch die Haftung aber etwas anderes. Insbesondere verlangsamt das Rollen der Kugel die Bewegung gegenüber dem Gleiten. Es bleibt zum Glück bei der gleichen Gesetzmässigkeit: Der Zuwachs an Rotationsenergie geht genauso linear vor sich wie der Zuwachs der kinetischen (Translations-)Energie. Wir wissen heute: Die effektive Beschleunigung bei einer vollen Kugel ist noch 5/7 der Fallbeschleunigung, bei einer Hohlkugel noch 2/3. Damit übernimmt die rollende Kugel 2/7 der umgewandelten Schwereenergie, die Hohlkugel sogar zwei Fünftel. Galilei merkt dies nicht.

In einem Brief an den venezianischen Prälaten Paolo Sarpi 1604 nennt er seinen Erfolg und zeigt dabei eine leicht peinliche mathematische Schwäche auf:

> *„… dass die Räume, die eine natürliche Bewegung hinter sich bringt, zur Zeit doppelt proportional sind, und folglich die Räume, die in gleichen Zeiten zurückgelegt werden, so wie die ungeraden Zahlen sind von eins und weiter. Und das Grundprinzip ist, dass das natürlich bewegte seine Geschwindigkeit so erhöht im Masse wie es sich vom Anfang der Bewegung entfernt."*

Die Formulierung *„doppelt proportional"* umschreibt eine quadratische Abhängigkeit. Hier hat er das richtige Quadratgesetz gefunden mit der eigentümlichen Zahlenformulierung *„wie die Folge der ungeraden Zahlen"*. Dies ersetzt die moderne Gleichung *„der Weg ist halbe Beschleunigung mal Quadrat der Zeit"*, die Galilei nicht kennt. Die Differenzenfolge (Tab. 4.2) ist eine lineare Reihe entsprechend der Tatsache (in moderner Formulierung), dass die Ableitung einer Quadratfunktion eine lineare Funktion ist.

Aber die Geschwindigkeit erhöht sich nicht *im Masse des zurückgelegten Wegs*. Dies ist die erste Peinlichkeit. In klarer Formulierung: Es ist falsch, dass die erreichte Geschwindigkeit proportional zum Weg ist und damit exponentiell wächst. Die Geschwindigkeit wächst in der Realität schwächer, nämlich mit der Quadratwurzel des Wegs. Auf der Suche nach einem einfachen Gesetz (das ist ein an sich vernünftiges wissenschaftliches Prinzip) hat Galilei hier zunächst die falsche Wahl getroffen. Dieser Widerspruch liesse sich auch geometrisch zeigen.

Dies ist die zweite Peinlichkeit: Die geometrische Formulierung der Aufgabe einer gleichförmig beschleunigten Bewegung existiert seit über zwei Jahrhunderten, genauso wie die zugehörige Differenzenfolge der Tab. 4.2, die Galilei beschreibt. Der Theologe, Bischof und Philosoph Nikolaus von Oresme (ca. 1323–1382) gibt den Zusammenhang zwischen einer gleichförmig beschleunigten Bewegung und einer Bewegung mit konstanter Geschwindigkeit im Theorem von der mittleren Geschwindigkeit oder der Regel von Merton.

Tab. 4.2 Die Folge der ungeraden Zahlen als Differenzenfolge der Quadratzahlen

Ausgangsfolge		1	2	3	4	5	6	
Quadratfolge		1	4	9	16	25	36	
Differenz	1	3	5	7	9	11	13	

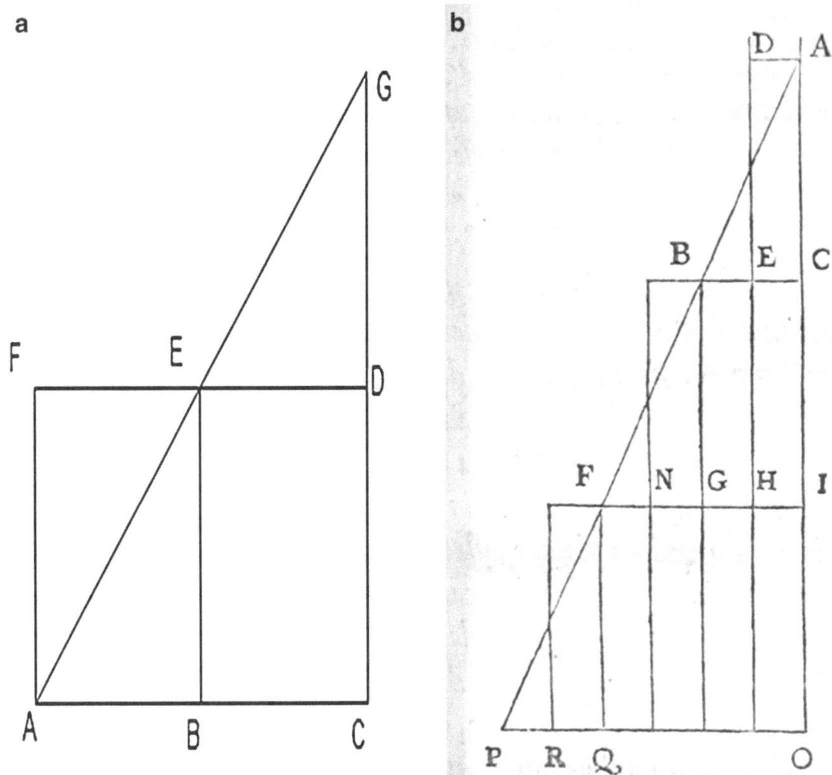

Abb. 4.9 Das Theorem der mittleren Geschwindigkeit. **a** bei Nicole Oresme (ca. 1350). **b** bei Galileo Galilei (ca. 1632). (Bildquelle: Wikimedia Commons, University of Oklahoma Libraries)

In den Abb. 4.9a und b ist jeweils senkrecht die momentane Geschwindigkeit aufgetragen, die linear nach rechts wächst. Diese Darstellungsweise einer Funktion (nahezu im modernen Sinn) hat Nikolaus von Oresme wohl erfunden. Der zurückgelegte Weg ist definitionsgemäss die Fläche unter der Geschwindigkeitskurve, oder vornehm und allgemein ausgedrückt, das Integral. Aber es war damals nicht verständlich, wie aus der Summe von Geschwindigkeiten etwas anderes werden sollte wie wieder eine Geschwindigkeit! Die Kette der Ableitungen oder Integrationen, heute so einfach,

Weg – Geschwindigkeit – Beschleunigung,

war vollkommen unklar. Galilei korrigiert seinen Fehler auf Grund der Experimente sinngemäss zu „*die Geschwindigkeit erhöht sich in dem Masse wie die Zeit abläuft*".

Die Regel ergibt eine einfache und einsichtige Bestimmung der Dreiecksfläche über den Mittelwert. Galilei kannte die Methode und Differenzenfolge des Oresme offensichtlich nicht oder verschweigt sie, denn er schreibt stolz im *Dialog*:

„*... das ist etwas, was keiner der Philosophen bis zur heutigen Zeit wusste*."

Der Formalismus ist von mittelalterlich-scholastischem Stil und, aus heutiger Sicht, trivial. In der Tat sind die gleichförmig beschleunigte Bewegung und der Rinnenversuch heute wunderbarer Schulstoff. Der Versuch im Physikunterricht kann dabei Galilei nachempfunden sein ohne Technik, historisierend mühsam und ungenau, oder mit modernen Mitteln mit Relais, Lichtschranken und Computer. Gedanke und Durchführung des Versuchs an sich sind der grosse Verdienst Galileis.

Es ist beeindruckend, an dieser Stelle an den mathematischen Formalismus zu denken, den der rechnende Astronom Johannes Kepler (1571–1630) etwa zur gleichen Zeit erarbeitet auf der Grundlage der Messwerte des Tycho Brahe vom grossen Experiment der Marsbahn. Kepler musste zur Berechnung der Ellipsenbahnen eine transzendente Gleichung aufstellen und lösen (die sich nicht mit üblichen Potenzen ausdrücken lässt und die heute nach ihm Kepler-Gleichung heisst), musste gewandt mit trigonometrischen Funktionen umgehen und die damals ganz neuen Logarithmen in grossem Stile verwenden. Das entspricht im Niveau doch schon heutigen Bachelor- oder Vordiplomarbeiten. Dies geschah dazu in unsicherer äusserer Umgebung und gegen die allgemeine Meinung, dass Ellipsen am Himmel unsinnig und blasphemisch seien, es könne nur Kreise geben (wie auch Galilei denkt). Der Vergleich zeigt verschiedene mathematische Welten.

Was sind die eigentlichen Verdienste Galileis? Es ist nicht der Formalismus, sondern

- die Verbindung der Natur mit dem Formalismus durch das Experiment,
- der Gedanke, die Gravitation im Experiment zu „verdünnen" und damit zum besseren Studium zu verlangsamen. Dies ist vermutlich eine der wenigen grösseren „Galilei-Ideen", für die kein Vorläufer bekannt ist.
  Die Schwere wird „verdünnt", aber nicht die Trägheit!
- Die unsichtbare (allerdings noch nicht fassbare) Beschleunigung wird die zentrale Grösse, nicht mehr die sichtbare Geschwindigkeit,
- die Beschleunigung ist beständig und die Bewegung ist kontinuierlich, nicht unstetig. Die Bewegung auf der geneigten Ebene ist gleichzeitig natürlich (durch die Schwerkraft) wie erzwungen (durch die Rinne).

Die Leistung ist nicht das Aufstellen des Formalismus für beschleunigte Bewegungen — der existiert ja seit Jahrhunderten — sondern der Beweis, dass die Natur dem Formalismus wirklich folgt, etwa dass die Gravitation an einem Ort eine solche konstante Beschleunigung hervorruft, die für alle Körper gleich ist. Eine Beobachtung hier aus den „*Discorsi*", 4. Tag: Galilei nimmt stillschweigend an, dass die Erdbeschleunigung an allen Orten der Welt gleich ist, wenn er schreibt:

„*... weil überall auf der Erde die Geschwindigkeiten in gleicher Weise wachsen.*"

Das wäre erst experimentell zu beweisen gewesen. Erst im Jahr 1671 hat der Astronom Jean Richer den Unterschied an verschiedenen Orten festgestellt. Dazu verglich er die Zahl der Pendelschwingungen im Laufe eines Tages einmal in Paris und dann in Guayana in der Nähe des Äquators.

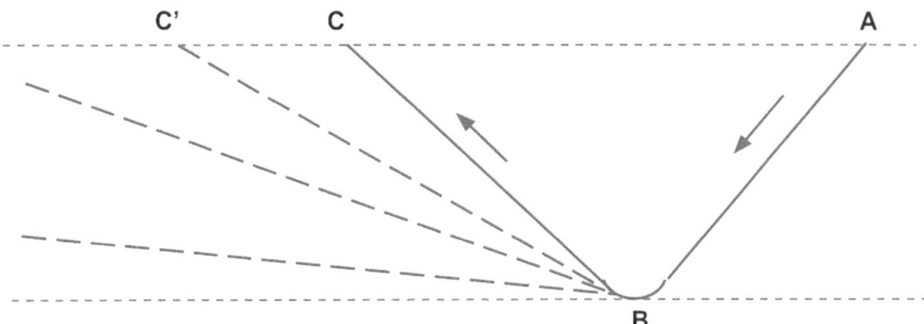

Abb. 4.10 Zur Galilei-Mach'schen Herleitung des Trägheitsgesetzes. (Bildquelle: Nach Ernst Mach, Die Mechanik in ihrer Entwicklung, 1912)

Im Zusammenhang mit der Fallrinne legt 1912 der Physiker Ernst Mach Galilei eine hübsche physikalische Überlegung sozusagen in den Mund (oder den Kopf), die eine Form des Trägheitsgesetzes anschaulich ableitet. In der Abb. 4.10 beobachtet Galilei in heutiger Terminologie die Wirkung des Energiesatzes.

Für ein reales Experiment werden die beiden Fallrinnen AB und CB durch ein gebogenes Knie verbunden. Lässt man nun eine Kugel vom Punkt A aus los, so steigt sie auf der anderen Seite in der linken Kugelrinne nahezu bis zur gleichen Höhe C hoch. Dies ist für Galilei naheliegend eine Art asymmetrische Verallgemeinerung des schwingenden Pendels.

Legt man nun das Brett auf der Seite C immer tiefer (und macht es dazu passend immer länger), so erhält man im Grenzfall eine horizontale Ebene, und die Kugel läuft ohne Reibung unbegrenzt nach links. Wenn man die Skizze sieht und den Steigwinkel in Gedanken verändert, so ist dieser Grenzübergang für einen Physiker nahezu zwangsläufig. Galilei hat keine Scheu vor solchen Grenzübergängen. Dies zeigt auch sein (vergeblicher) Versuch, das Pendelgesetz aus vielen kleinen, aneinander gefügten schiefen Ebenen herzuleiten. Er ahnt hier die Infinitesimalrechnung voraus.

Allerdings darf die horizontale Ebene nicht zu gross sein – es ist ja nur die Näherung, in der die horizontale Ebene die Äquipotenzialfläche ist. Wenn sie sehr gross wäre und die Erdkrümmung merklich, dann ginge die Ebene ja immer stärker bergauf.

Das ist die moderne physikalische Illustration zur Trägheit. Aber Galilei behält andrerseits Zeit seines Lebens seine antik-philosophische Trägheitsvorstellung („*alles bewegt sich kräftelos auf Kreisen*") der natürlichen selbstständigen Bewegung in Kreisen bei; dazu mehr im Kap. 6 zur Himmelsmechanik und den Weltmodellen. Wir werden sehen, dass diese aristotelische Vorstellung im kosmischen Bereich durchaus (nahezu) sinnvoll ist. Mit der linearen Trägheit bereitet Galilei hier den Begriff Newtons vor, bei der natürlichen Kreisbewegung ist er noch antik. Aber er braucht die Kreisbewegungen ohne Antrieb (sozusagen eine zirkuläre Trägheit) für die Erklärung der vielfachen Rotationen im kopernikanischen Weltmodell, für die tägliche Drehung der Erde sowie für die Planetenbewegungen.

Ein anderes einfaches Verfahren zur „Verdünnung" der Schwerkraft ersinnt der englische Physiker und Erfinder George Atwood (1745–1807) im Jahr 1784 – es hätte auch schon in der Antike erfunden werden können: Zwei Gewichte M1 und M2 sind über eine Schnur und eine Umlenkrolle verbunden. Als beschleunigende Kraft wirkt nur die Differenz der beiden Gewichte. Es ist physikalisch einfacher als die Fallrinne mit rollenden und damit rotierenden Kugeln, allerdings werden die beiden Gewichte gemeinsam beschleunigt. Dass die permanente Einwirkung der Schwerkraft und die gleichzeitige Einwirkung mehrerer Kräfte gedankliche Probleme waren, das sehen wir unten an der Vorstellung von der (kräftemässig) gestückelten Flugkurve eines Geschosses nach dem Ballistiker Niccolò Tartaglia.

4.5.3 Der Wurf (oder Schuss) und die Kette

„Ich habe mich kurz mit Projektilen beschäftigt und gezeigt, dass die Flugbahn, wenn man den Luftwiderstand weglässt, eine Parabel ist, vorausgesetzt, Euer Gesetz der ungeraden Zahlen ist richtig."
Brief von Bonaventura Cavalieri an Galilei, 1632

Der Jesuit und Mathematiker Bonaventura Cavalieri (1598–1647) hatte die Parabelflugbahn von Geschossen 1632 zum Entsetzen Galileis *vor* ihm veröffentlicht in seinem Buch *„Lo Specchio Ustorio" (Der Brennspiegel oder Abhandlung über die Kegelschnitte)*, in dem er Parabolspiegel und andere Spiegel mit Kegelschnitten als Brennflächen beschrieb. Galilei war empört und schrieb „blumenreich":

„.... Das ist überhaupt nicht erfreulich ... es sind die ersten Früchte meiner Arbeit von vierzig Jahren und es wird eine Blume abgebrochen vom Strauss des Ruhmes, den ich für die lange Mühe bekommen wollte ..."

Er hatte seine Erkenntnis oder Vermutung aber geheim gehalten; vielleicht um so den (militärischen) Wert der Entdeckung und seinen Ruhm zu erhöhen. Aber so ist die historische Priorität an der Entdeckung der richtigen Geschossbahn an seinen Briefpartner Bonaventura Cavalieri gegangen.

Ausgangspunkt ist das mittelalterliche Modell des Fluges einer Kanonenkugel. Es stammt von Albert von Sachsen (weniger grossartig genannt Albert von Rickmersdorf), 1316–1392, einem deutschen Mathematiker und Rektor der Universitäten zunächst der Sorbonne und dann Wien. Das Modell beruht auf Aristoteles und auf der Impetuslehre des Buridanus: Danach ist jede Bewegung entweder geradlinig oder kreisförmig oder aus beiden Bewegungen gemischt. Albert von Sachsen macht daraus ein dreiteiliges Modell der Flugbahn (Abb. 4.11). In Phase I fliegt das Geschoss geradlinig unter dem Anstellwinkel bis der Impetus verzehrt ist (oder sich verzehrt hat) und biegt in Phase II in einem Kreisbogen zum senkrechten Fall (der Phase III) ab. Aus heutiger Sicht ist das Modell nahezu unverständlich und weit weg von unserer Vorstellung: Ein Wasserstrahl, ein sanft

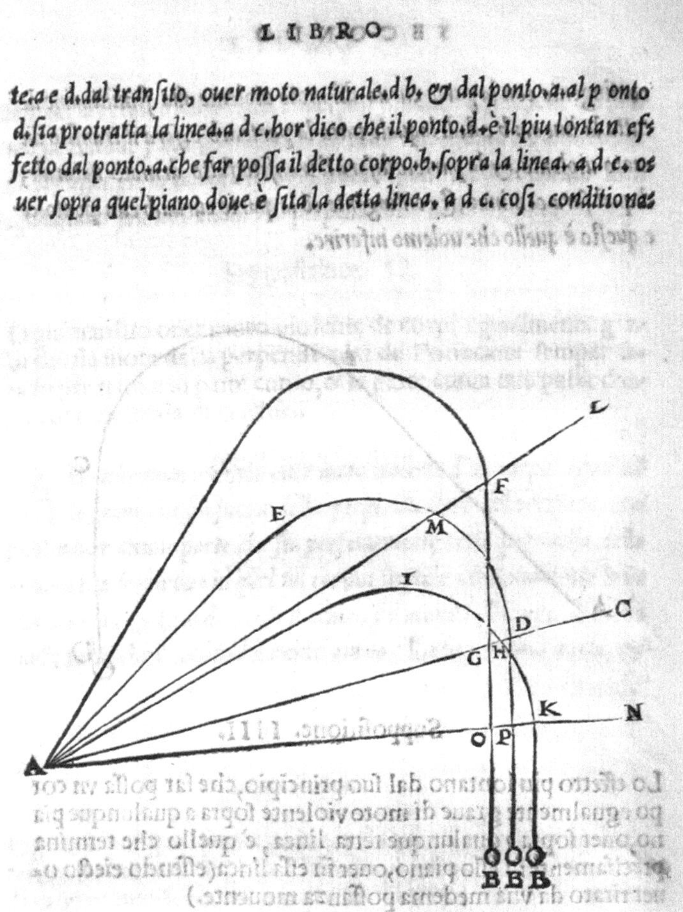

Abb. 4.11 Ballistische Kurven bei verschiedenen Abschusswinkeln bei Niccolò Tartaglia. (Aus: Nuova scientia, 1558; Bildquelle: Wikimedia Commons, Universität von Oklahoma Library)

geworfener Ball – es sind offensichtlich kontinuierliche Parabelstücke. Die gestückelte Kurve erscheint absurd. Dies so zu sehen ist wohl ein Präsentismus; hier eine verständnisvolle anonyme heutige Stimme eines Golfspielers:

> *„Wenn Sie jemals einen Ball geschlagen haben, dann sehen Sie auch, dass es überhaupt nicht wie eine Parabel aussieht; es sieht aus, als flöge er weg und dann einfach herunter."*

Das moderne Physikgefühl stört sich sofort an verschiedenen Eigenschaften:

- Die Unstetigkeit der Kurvenstruktur sieht künstlich aus und widerspricht der kontinuierlichen Bewegung und den kontinuierlichen Einflüssen (ausser dem Schuss selbst),
- die Asymmetrie zwischen Aufstieg und Abstieg erscheint unpassend und unbegründet.

Es ist nicht eindeutig klar, ob das Modell dem Kanonier half, das Ziel zu treffen (aber dies gilt auch noch für die Theorie Galileis, die den Luftwiderstand nicht berücksichtigte).

Im heutigen Verständnis der Dynamik würden die Übergänge der Phasen Stellen mit Unstetigkeiten in der Beschleunigung und plötzliche Änderungen der äusseren Kräfte in moderner Sprechweise bedeuten. Wir haben das Bedürfnis, dafür Erklärungen zu bekommen (der Impetus ist eine innere Eigenschaft und kann dies nicht bieten).

Galilei hatte den Übergang zur modernen Physik in der Hand mit dem Erkennen des Fallgesetzes: Heute sehen wir mit Galilei die Wurfbewegung an als die direkte Zusammensetzung eines freien Falls mit einer geradlinigen Bewegung. Damit konnte Galilei das Parabelgesetz der Wurfbahn mathematisch ableiten. Horizontale und vertikale Geschwindigkeit addieren sich (eine vektorielle Addition); der Luftwiderstand allerdings hängt vom Betrag der augenblicklichen Geschwindigkeit ab. Galilei stösst auf diese physikalische Situation, als er versucht, die Endgeschwindigkeiten der Kugeln beim Verlassen der Fallrinne zu messen. Dazu bringt er an der Rampe eine Krümmung an, so dass die Geschwindigkeit in die Horizontale umgelenkt wird, und lässt die Kugel über eine Rampe vom Tisch fallen und frei fliegen. Er beobachtet die Fallkurve und misst die Fallweite: Die Fallkurven sind offensichtlich Parabelstücke (Abb. 4.12).

Ein physikalisches Detail: Auf der Fallrinne beträgt die lineare Beschleunigung der rollenden Kugel 5/7 der Erdbeschleunigung (mal dem Kosinus des Winkels der Fallrinne), nach dem Verlassen der Rampe 7/7, die übliche, volle Erdbeschleunigung. Aber dies weiss Galilei nicht.

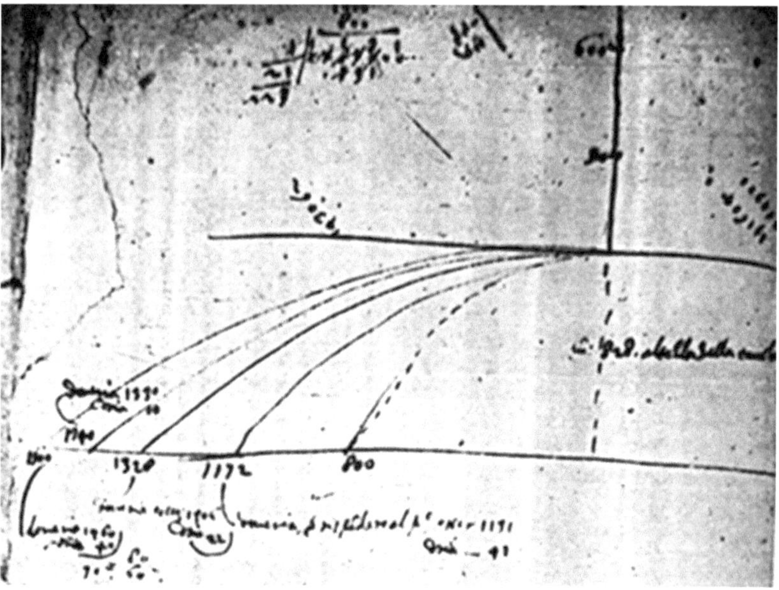

Abb. 4.12 Die Flugbahnen ab der Rampe bei verschiedenen Endgeschwindigkeiten, gegeben durch verschiedene Fallhöhen. Handskizze Galileis in seinem Notizbuch, um 1609. (Bildquelle: Biblioteca Nazionale di Firenze, Galilean Manuscripts, Folio 116v, Vol. 72, mit freundlicher Genehmigung)

Für praktische, das heißt hier militärische Zwecke der Artillerie, genügt die Genauigkeit der Parabelgleichung nicht. Der Kanonier Vincenzo Renieri schreibt 1647:

„Wenn es die Autorität Galilei nicht gäbe, dessen Anhänger ich bin, so würde ich zweifeln, ob die Bewegung der Projektile wirklich parabolisch ist."

Die Probleme der praktischen Ungenauigkeit lagen zum einen in der Ungenauigkeit der Kanonen, zum Beispiel der Läufe, und der Kanonenkugeln mit ihrer Unwucht, in der Erschütterung der Kanone beim Abschuss und besonders im Einfluss des Luftwiderstands, den Galilei nicht fassen konnte und dessen Bedeutung er vergeblich herunterspielte (nach William Hackborn 2008):

„Der exzessive Impetus heftiger Schüsse kann den Pfad der Projektile deformieren … aber dies kann unseren Autor [Galilei] wenig oder gar nicht in der Praxis beeinflussen."

Ohne Luftwiderstand wird die Schussweite wesentlich überschätzt; in grober Abschätzung wächst der Luftwiderstand mit dem Quadrat der Geschossgeschwindigkeit und ist nochmals verstärkt, wenn das Geschoss schneller als der Schall fliegt.

Galilei hat neben dem Fallrinnenversuch und den wahrscheinlichen Fallexperimenten von einem unbekannten Turm noch ein weiteres Experiment von grosser Anschaulichkeit durchgeführt, das weitgehend unbekannt geblieben ist. Der Grund dafür ist, dass es einen physikalischen Fehlschluss beinhaltet: Galilei hat die Kettenlinie, das heißt die Kurve, die ein horizontal aufgehängtes Seil oder eine dünne Kette bildet, für identisch mit der Parabel des freien Falls gehalten. Er hat aus diesem Grund dünne Ketten aufgehängt, bis zu mehreren Metern lang, sie abgezeichnet und schliesslich gespiegelt, um sie mit Fallkurven zu vergleichen:

„Wir empfinden Staunen und Freude, wenn das stark oder schwach gespannte Seil sich der parabolischen Form nähert und die Ähnlichkeit so gross ist, … so dass in Parabeln von 45° Neigung die Kette fast ganz genau (quasi ad unguem) jene deckt."
Discorsi, 4. Tag 1638

Der Biograf Vincenzo Viviani schreibt:

„… er beabsichtigte mit ganz dünnen Ketten, die aussen über eine ebene Fläche hingen, aus ihren jeweiligen verschiedenen Spannungen die Regeln und die Praxis für Artillerieschüsse auf ein gegebenes Ziel abzuleiten."

Galilei vermutete mehr als eine äusserliche Ähnlichkeit zwischen den Kurven, er sieht eine physikalische Korrespondenz. Für ihn bewegt sich ein Geschoss durch die Wirkung zweier „Kräfte": Horizontal durch die lineare Bewegung, vertikal durch die Schwerkraft; und für ein Kettenglied (entsprechend Abb. 4.13) horizontal durch die Spannung des Nachbars, vertikal wieder durch die Schwerkraft.

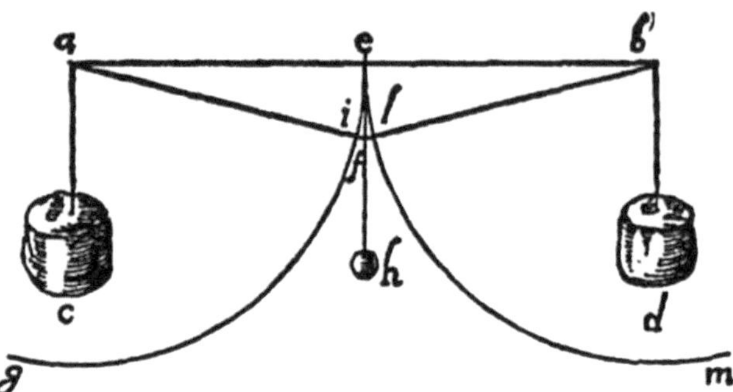

Abb. 4.13 Teil der Grafik Galileis „Fig. 126" zur Erläuterung der Kettenlinie. Die beiden Gewichte C und D spannen das masselose Seil zwischen A und B. Bei H ist ein Gewicht angebracht; beim realen Seil oder Kette ist das Gewicht verteilt. (Discorsi, vierter Tag, 1638; Bildquelle: Online Library of Liberty)

Aber hier gilt die Aussage von Einstein:

„Es kann kaum geleugnet werden, dass es das höchste Ziel aller Theorie ist, ihre irreduziblen Grundelemente so einfach und ihre Zahl so gering zu halten wie möglich, ohne die mögliche Wiedergabe einer Erfahrung aufzugeben."
Oxford Lecture 1933, zitiert im Quoteinvestigator (2011), eigene Übersetzung

Diese Aussage wird oft popularisiert in nicht-wissenschaftlicher Sprache:

„Man muss die Dinge so einfach wie möglich machen. Aber nicht einfacher."

Galilei hat beim Pendel und bei der Fallrinne den Grad der Vereinfachung genau richtig getroffen, bei der Kette ist die Schlussfolgerung pragmatisch, aber gilt nur oberflächlich: Die lineare Bewegung ist keine Kraft, und horizontal liegt damit auch kein Kräftegleichgewicht vor. In der Tat ist die Parabel eine quadratische Kurve und die Kettenlinie eine exponentielle Form (der Kosinus hyperbolicus), die nur für kleine Argumente eine quadratische Näherung ergibt. Die Bewegung ist in moderner Sprache durch eine einfache Differenzialgleichung in der Zeit bestimmt, die Kettenkurve durch eine recht verschiedene Differenzialgleichung im Raum. Die Form der Kettenlinie hängt erstaunlicherweise nicht einmal von der Erdbeschleunigung ab und nicht von der Schwere der Kette:

„Ein schweres Seil nimmt somit dieselbe Form an wie ein leichtes, und auf dem Mond ergibt sich trotz anderer Fallbeschleunigung dieselbe Form wie auf der Erde."
Deutschsprachige Wikipedia, Artikel Kettenlinie

Der junge Christiaan Huygens hat 1646 bewiesen, dass Parabel und Kettenkurve nicht identisch sind. Die ausführliche mathematisch-physikalische Behandlung der Ballistik erfolgte erst hundert Jahre später durch den Schweizer Mathematiker Leonhard Euler (1707–1783).

4.6 Schlussfolgerungen: Galilei als Physiker und Geometer

„Wer die Geometrie begreift, begreift die Welt."
Galileo Galilei, oft zitiert ohne genaue Quellenangabe und unbestätigt

Bestätigt, aber weniger elegant und vielleicht der Ursprung des obigen Zitats:

„Wer die Fragen der Natur ohne Geometrie behandeln will, der versucht etwas Unmögliches
zu machen."
Galileo Galilei, Dialogo sopra i due sistemi, 1632

Galilei hat zwei Zugänge zur Mechanik: Einfache Experimente und Euklid'sche Geometrie. Die Experimente Pendel, Fall und Wurf sind fundamental und von ihm so (glücklich) vereinfacht, dass sie Ausgangspunkt sein können für tiefer gehende Untersuchungen, etwa von Huygens und schliesslich Newton. Er verzichtet (zum Glück) darauf, sich allzu sehr Gedanken über Ursachen zu machen; dies passt zur geometrischen Beschreibung der Welt. Seine Schriften sind vor allem geometrische Aufgaben, Sätze und Hilfssätze mit verwickelten geometrischen Schlüssen. Auch Zeiten sind bei ihm geometrische Strecken!

Die Abb. 4.14 ist als grafischer Eindruck des galileischen Schreibstils für den Leser gedacht; es ist ein Ausschnitt des nichttrivialen Beweises eines Satzes von Galilei. Mit den Bezeichnungen aus der historischen Skizze in dieser Abbildung ergibt sich: „*Ein Körper gleitet insgesamt schneller auf den zwei Sekantenstücken DB und BC als auf der (kürzeren) einen grossen Sekante DC.*"

Danach folgt der schon mehrfach erwähnte und für die geometrische Betrachtungsweise typische Kreissehnensatz von Galilei oder „das kinematische Paradox" (Abb. 4.15):

„*Die Fallzeiten von Körpern sind auf allen schiefen Ebenen der Abb. 4.15 gleich: Auf dem Durchmesser BA wie auf den Sehnen C-, D-, E , S und I-A.*"

Es ist nur zu beachten, dass es einen Unterschied macht, wenn Körper fallen oder rollen würden. Für das Paradoxon müssen sie entweder immer fallen oder immer rollen (sogar senkrecht).

Den zugehörigen Versuch zu sehen, ist verblüffend. Die Abb. 4.16 ist einem Schulversuch entnommen und demonstriert schön geometrisch die Wirkungsweise über ähnliche Dreiecke. Die Fallzeit im Kreis ist nur abhängig von der Wurzel des Kreisdurchmessers und der Erdbeschleunigung. Galilei beweist diesen Satz mit Hilfe von Strecken und Kreisen (und Hilfsstrecken und Hilfskreisen), auf die er die mechanischen Beziehungen abbildet (Babb und Currie 2008). Die moderne physikalische Lösung überträgt umgekehrt die Gesetze der Physik auf die reale Geometrie. Der Beweis wird damit zu einer trivialen Übungsaufgabe für Physikbegeisterte. Zur Rechnung, siehe zum Beispiel Paolo Freguglia und Mariano Giaquinta 2016.

Ironischerweise meint Galilei selbst zu seiner geometrischen Methodik, wie er den klugen Sagredo sagen lässt:

„*Ein sehr hübscher Beweis und scharfsinnig. Aber wohin sind wir geraten, tief in die Geometrie.*"
Discorsi, 1. Tag, 1638

neigte Ebene; von D und C lege man nach dem Peripheriepunkte B zwei geneigte Ebenen, so behaupte ich, die Fallzeit längs DBC sei kleiner als die für DC und auch kleiner als die für BC, von B aus. Durch D ziehe man die Horizontale MDA, der die verlängerte Linie CB in A begegne. Man ziehe DN, MC senkrecht zum Horizont und BN senkrecht zu BD. Ueber dem rechtwinkligen Dreieck DBN beschreibe man den Halbkreis $DFBN$, der DC in F schneide; ferner sei DO die mittlere Proportionale zu CD und DF und AV die mittlere Proportionale zu CA, AB. Es sei nun PS die Fallzeit für die Strecke DC, sowie die für BC (da bekanntlich diese gleich sind); alsdann mache man PR zu PS, wie OD zu CD; alsdann wird PR die Fallzeit für DF, von D aus, sein; RS

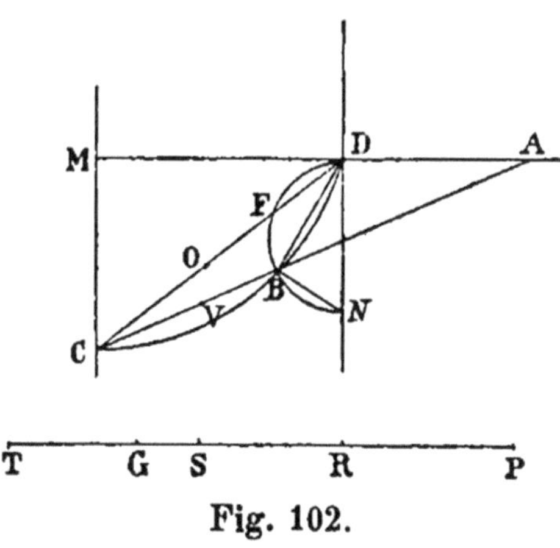

Fig. 102.

Abb. 4.14 Grafischer Ausschnitt aus den *Discorsi*, vierter Tag, 1638, in der Ausgabe von Arthur von Oettingen, Leipzig, 1891, S. 75. Der Ausschnitt soll den Stil der Arbeit Galileis zeigen. (Bildquelle: Internet Archive, archive.org)

Abb. 4.15 Zeichnung Galileis zum Kreissehnensatz in einem Brief an seinen Gönner Guidobaldo de Monte, 1602. (Bildquelle: Epistolarium Guidobaldo de Monte)

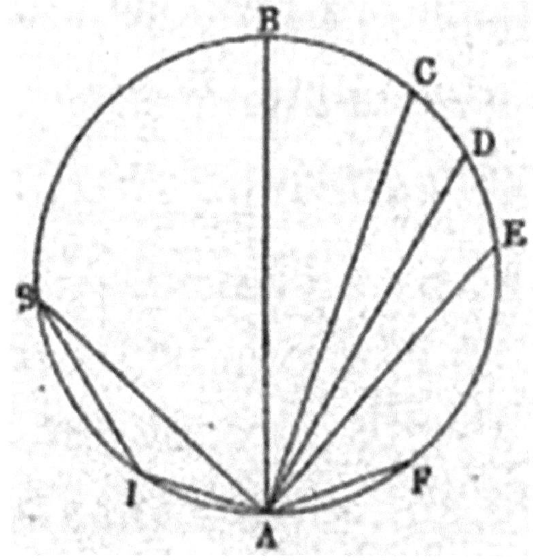

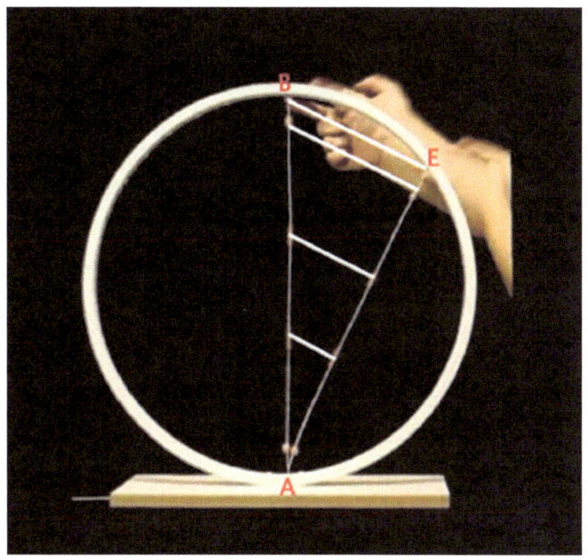

Abb. 4.16 Geometrisch-kinematische Visualisierung des Falls am Durchmesser und an einer Sehne. (Bildquelle: M. F. B. Francisquini et al., Rev. Bras. Ensino Fís. vol. 36 no. 1, 2014)

Es fehlt die zentrale Grösse der (physikalischen) Mechanik, die unmittelbar mit den Kräften zusammenhängt – die Beschleunigung.

Die geometrischen Arbeiten Galileis sind insgesamt eine eindrucksvolle Leistung; der französische Physiker Lagrange sagt *„es gehöre ein ausserordentliches Genie dazu, sie zu verfassen, man werde dieselben nie genug bewundern können."*

Aber es gibt andrerseits für Galilei keinen Grund, sich über die Formalismen der vorangegangen Scholastiker wie den erwähnten Nikolaus von Oresme und die Oxford Calculators zu erheben. Die Mechanik Galileis ist die Mechanik der Scholastiker des 14. Jahrhunderts etwas weiter getrieben, aber in der nahezu gleichen Begriffswelt.

Der folgende Satz in den *Discorsi*, 3. Tag, ist zum Beispiel im Tonfall und im Inhalt identisch mit dem Theorem der mittleren Geschwindigkeit der Oxford Calculators:

„Die Zeit, in welcher irgend eine Strecke von einem Körper von der Ruhelage aus mittelst einer gleichförmig beschleunigten Bewegung zurückgelegt wird, ist gleich der Zeit, in welcher dieselbe Strecke von demselben Körper zurückgelegt würde mittelst einer gleichförmigen Bewegung, deren Geschwindigkeit gleich wäre dem halben Betrage des höchsten und letzten Geschwindigkeitswertes bei jener ersten gleichförmig beschleunigten Bewegung."

Die zugehörige identische Grafik haben wir schon erwähnt. Die verbalen Formulierungen sind ebenfalls umfangreich; man kann dem Herausgeber der Galilei-Übersetzung des v. Oettingen nur zustimmen, wenn er 1890 schreibt:

„... dass Beweise, die im Texte [Galileis] eine ganze Seite einnehmen, heutzutage mit zwei Zeilen abgethan sind, wobei durch jene alte Beweismethode der innere Zusammenhang des Resultats mit den Prämissen keineswegs klarer wird, ..."

Dazu kommt, dass sich Galilei auf Verhältnisse (auf *proporzion*i) beschränkt, etwa von Längen oder Zeiten, und nicht mit absoluten Werten arbeitet. Es wäre doch ein Leichtes gewesen, die Geschwindigkeit der Kugeln – gemessen in der Laufzeit im Auslauf einer horizontalen Verlängerung der Rinne – durch die Fallzeit zu dividieren und direkt (bis auf den Faktor 7/5) die Erdbeschleunigung zum ersten Mal numerisch zu erhalten. Galilei spricht zwar von „Beschleunigung", aber er denkt in Geschwindigkeiten. Seit Newton ist für uns die Erdbeschleunigung eigentlich die Schwerkraft pro Masse, und last but not least, der Kern der verwendeten Mathematik ist trivial, es ist Schulmathematik.

Die beschriebenen Prinzipien beim Galilei der späten Jahre sind weitgehend korrekt (die Kette als Parabel ausgenommen und auch sein Versuch, das Pendelgesetz durch viele Sehnenstücke und kleine geneigte Ebenen zu beweisen – aber in beiden Fällen hat Galilei die Probleme geahnt). Durch die geometrischen Betrachtungen bleibt die Struktur Statik und Kinematik, eben bewegte Geometrie. Eine physikalische Dynamik im modernen Sinn wird erst mit einem sauberen Kraftbegriff möglich und vor allem mit Formulierungen von Systemen durch Differenzialgleichungen: Eine Differenzialgleichung gibt in ihren Termen direkt die Dynamik wieder, was im Augenblick wirkt und wie es sich ändert; aber dies wird erst mit und nach Newton und Leibniz möglich. In diesem Sinn ist Galilei noch antiker Mathematiker und Scholastiker.

Sicherheit erhält Galilei durch seine verdienstvollen, einfachen Experimente: Er glaubt an die Einfachheit der Naturgesetze:

> „… *Warum soll ich nicht glauben, dass solche Zuwächse in allereinfachster, für Jedermann plausibler Weise, zu Stande kommen.*"
> *Beginn der Discorsi, 3. Tag, 1638*

Auch die Fallrinne und das Pendel sind nicht ganz so einfach, wie es sich Galilei vorstellt (Isochronizität beim Pendel ist nur Näherung, die Fallrinne hat einen systematischen Fehler durch die rollende Kugel). Dazu ist die Komplexität ganz nahe: Man nehme nur ein zweites Pendel und hänge es an das erste Pendel an – und man erhält ein verrücktes, chaotisches System. Ein wissenschaftshistorisches Beispiel einer kleinen Komplikation war die Entwicklung der Grundkonzepte der Elektrizität im 17. und 18. Jahrhundert. So gab es nicht einfach „eine" Elektrizität, sondern verwirrenderweise zwei „Elektrizitäten" – und erst nach dieser Entdeckung waren die elektrischen Experimente plötzlich verständlich. Wenn „*verständlich*" aber heissen soll, das Phänomen sei mit Alltagsvorstellungen erklärbar, so gilt dies eben nicht allgemein: So ist zum Beispiel die Verlangsamung des Laufs der Zeit durch die Erhöhung der Geschwindigkeit nicht mit der Alltagsanschauung fassbar. Dazu kommt in der modernen Physik der Verdacht, dass überhaupt nur ein Bruchteil der Naturvorgänge menschlich fassbar ist (etwa mit analytischen Gleichungen) – der grösste Teil der Abläufe in der Natur ist wohl nur für den Computer und Computersimulationen zugänglich.

Galilei weiss einerseits um die Schwierigkeiten des Experimentierens und andrerseits übertreibt er immer wieder barockerweise den Bericht von der Präzisionsarbeit, die er beim Experimentieren leistet. Dazu hat er Glück in der Interpretation. Wir vergleichen dies mit jemandem, der den Sternenhimmel ansieht und die traditionellen Sternnamen und Sternbilder kennenlernen möchte. Das Erkennen der Konstellationen ist bei einem mässig „klaren" Nachthimmel in der Stadt leichter als beim überwältigenden Anblick des Sternenmeers in der Wüste oder im Hochgebirge. Die Sterne der Helligkeit bis zweiter oder dritter Grössenklasse sind besser zum Erkennen von Strukturen geeignet als die geballte Menge der mit dem Auge überhaupt sichtbaren Sterne auf einmal.

Angesichts der Neuheit der Experimente und der Einfachheit der Mittel, die zur Verfügung stehen, ist es nicht diffamierend, Galilei ein Vorgehen zu unterstellen ähnlich einem Schüler oder Studenten, der einen Praktikumsversuch durchführt, aber das erwartete Ergebnis in etwa kennt:

Nach der Idee, Auswahl und Durchführung eines Experiments kommt

a) die Idee einer möglichst einfachen Hypothese zur Interpretation
   (aus der Vorgeschichte oder unmittelbar),
b) die Prüfung anhand der Ergebnisse:
   Feststellung der Abweichungen und Probleme,
c) Abstraktion von den Problemen (zum Beispiel Unterdrückung von Ausreissern)
   oder neue Hypothese und zurück zu a),
d) Das Ausschmücken des Ergebnisses.

Leitfaden für die Auswahl und Konstruktion von Experimenten ist es, die Zahl der Freiheitsgrade möglichst zu reduzieren und alle Umstände zu kontrollieren. Dazu kommt in den verschiedenen Stufen eine Portion Glück, manchmal sogar eine grössere Portion in der Form von „Serendipity", dem Finden von etwas Unerwartetem, Positivem. Aber Galilei hat auch „Zemblanity", das Gegenteil des Glücks: Er geht an grossen Entdeckungen vorbei (siehe Abschn. 8.4).

Galilei ist trotz seines Rufs als der grosse Experimentator doch auch noch Scholastiker, und er ist dazu sehr selbstbewusst: Wo man ein mühsames Experiment vermeiden oder einem unsicheren Messergebnis nicht völlig trauen kann, zieht er das Gedankenexperiment einem geometrischen Beweis und einer eigenen Überlegung vor. Positiv gewertet und ganz unscholastisch ist er sich der Bedeutung von Messfehlern bewusst. Der Wissenschaftsphilosoph Thomas S. Kuhn schreibt 1976:

> *„Bei einigen Gelegenheiten behauptete er, dass die Macht seines Geistes es unnötig machte, die Experimente wirklich zu machen, die er beschrieb. Bei anderen beschrieb er ohne Kommentar Vorrichtungen, die er unmöglich mit damaliger Technologie hätte bauen können."*

Galilei hat doch experimentiert – viele einfache und einige sehr wichtige Versuche.

4.7   Anhang zur Mechanik: Galilei und die Festigkeitslehre

„Habe ich nun eingesehen, dass in diesen und anderen ähnlichen Fällen man nicht ohne Weiteres vom kleinen Massstab auf den grossen schliessen dürfe; manche Maschine gelingt im Kleinen, die im Grossen nicht bestehen könnte. Indes alle Begründung der Mechanik basiert auf Geometrie."
Galileo Galilei, Unterredungen und Mathematische Demonstrationen über zwei neue Wissenszweige, die Mechanik und die Fallgesetze betreffend, 1638

Im „formellen Gefängnis" ab 1632 hat Galilei Zeit und fasst in den zitierten *Discorsi* (Unterredungen und mathematische Demonstrationen über zwei neue Wissenschaften) die physikalischen Gedanken und Ergebnisse seines Lebens zusammen mit seinen realen und den gedanklichen Experimenten. Es sind wohl vor allem Resultate aus seiner besten Zeit, in Padua an der Universität, und noch vor den Umtrieben mit Fernrohrentdeckungen und Kirchenzwist. Die zweite Wissenschaft (die erste ist die besprochene Kinematik) ist neu: Es ist der Beginn einer Festigkeitslehre oder Materialwissenschaft für Ingenieure. Galilei beschäftigt sich damit, weil er zuerst das Material der Objekte klären will, bevor er sie sich bewegen, fallen, steigen lassen und werfen will. Deshalb ist dieses Unterkapitel eine Ergänzung oder ein Anhang.

Das Eingangszitat umschreibt eine von zwei Hauptfragen seiner Materialkunde: Wie ändern sich die auftretenden Kräfte, wenn man Körper ähnlich vergrössert oder verkleinert, etwa wenn man vom Bau eines kleinen Boots zur Konstruktion eines grossen Schiffs übergeht (das sieht Galilei in der Arsenalwerft in Venedig, in der Fischerboote und die Flotte Venedigs gebaut werden)? Er diskutiert im Prinzip richtig (und originell), wie Gewichtskräfte mit der Grösse rascher zunehmen als eingeprägte Kräfte und zeigt an vielen Beispielen die Probleme der Skalierung in Natur und Technik, etwa am Pferd, das sich beim Fall von drei Ellen das Bein bricht, während Hund, Katze, Grille, Ameise von immer höher herabfallen können ohne Schaden zu nehmen – die Grille vom Kirchturm, die Ameise vom Mond.

Galilei führt die Fragestellung in der Form eines Paradoxons ein durch eine kluge Frage des Sagredo:

„Nun ist doch die Geometrie die Grundlage der Mechanik, wo die Grösse nichts ändert, und da sehe ich nicht, wie sich die Eigenschaften von Kreisen, Dreiecken, Zylindern, Kegeln und anderen festen Figuren mit der Grösse ändern."

Aber die physikalischen Körper sind mit Materie gefüllt, mit Atomen fester Grössenordnung. Die Beziehung verschiedener Kräfte in Festkörpern und Flüssigkeiten zueinander ändern sich beim Vergrössern oder Verkleinern. Galilei bemerkt insbesondere, dass sich die Relation des Volumens zur Oberfläche dabei verschiebt.

Wir definieren Skaliergesetze (Scaling Laws) als die Regeln, wie man die Dimensionen eines Bauelements wechselseitig verändern muss, um die Funktion des Elements beim Vergrössern oder Verkleinern zu erhalten. Eine grosse Rolle spielen Skalierungsgesetze

Abb. 4.17 Beispiel einer
Skalierung in der Natur nach
Galilei. (Aus: *Discorsi a due
nuove scienze, 2. Tag,
1638/174;* Bildquelle: Opere
de Galilei, 1744;e-rara/ETH
Zürich 10.3931/e-rara-49850)

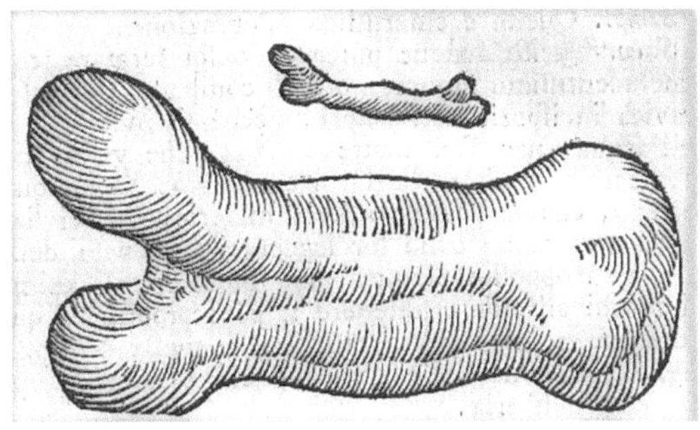

zum Beispiel in der Dynamik von Flüssigkeiten. Hier hat man sogar eine besondere
Grösse, die Gravitationskräfte mit Reibungskräften in Flüssigkeiten „skaliert", zu Ehren
Galileis als Galilei-Zahl (Ga) benannt.

Die Abb. 4.17 (seine Figur 27) demonstriert drastisch ein Beispiel Galileis zur Natur,
nämlich die nichtproportionale Skalierung eines Knochens, wenn der Knochen grösseres
Gewicht ertragen soll (wir haben die Zeichnung schon als Abb. 2.5 verwendet).

Er schliesst aus seinen Überlegungen:

*„Hieraus erkennen wir nun, wie weder Kunst noch Natur ihre Werke unermesslich vergrös-
sern können."*

Genau dies hatte der junge Galilei bei seinem Höllengewölbe machen wollen!

Es gibt Physiker und Ingenieure, die diese Abschnitte in den *Discorsi* für die wichtigsten authentischen Beiträge Galileis zur Physik erachten (Mark Petersen 2008), auch weil
er etwas Klarheit bringt in die verschwommene Kinetik und Dynamik zu seiner Zeit.

Galileis Hauptanliegen in der Festigkeitslehre ist die Untersuchung der Bruchfestigkcit
eines waagrecht eingespannten Balkens (Abb. 4.18). Zwar sagt er ohne Gleichung, allein
mit verbalen Argumenten, voraus, dass der Biegungswiderstand (und die Belastbarkeit)
eines Balkens mit dem Quadrat der Höhe zunimmt, aber er setzt zum Beispiel die Bruch-
kraft einfach im Schwerpunkt des Balkens an und er kann im Balken gedehnte und
gestauchte Bereiche nicht unterscheiden.

Der Historiker der Bautechnik Hans-Eugen Kurrer (geb. 1952) schreibt, dass die
Discorsi nicht als Auftakt zur kommenden Balkentheorie aufgefasst werden können:

*„Seine Festigkeitsbetrachtungen verbleiben im embryonalen Stadium, können aber dennoch
als Anfänge – ja sogar als Gründungsdokument – der Festigkeitslehre gelten."*

In der Bautechnik wird je nach den zugelassenen Näherungen von der „Balkentheorie der
ersten, zweiten oder dritten Ordnung" gesprochen: Die Überlegungen Galileis sind sozusagen die nullte Ordnung (Kurrer 2014, 2015).

Die *Discorsi* sind eine lange Reihe von physikalischen Überlegungen und Gedanke-
nexperimenten, voller Überraschungen in den Gegenständen, die Galileis physikalisches Interesse finden. So diskutiert Galilei auf mehreren Seiten die Physik von Seilen.

Abb. 4.18 Der einseitige
Balken mit Last. (Sog.
Kragbalken; Aus: *Discorsi a
due nuove scienze (1638)*;
Bildquelle: Online Library of
Liberty)

Das erscheint zunächst seltsam, aber es sind gültige physikalische Probleme: Wieso
verrutscht ein Seil nicht mehr, wenn es mit einigen „Schlägen" (Windungen) um einen
Kern gelegt wird? Wie kommt es, dass ein Hanfseil lang und haltbar sein kann obwohl
die einzelnen Fasern nur kurz sind? Wie lang kann ein Kupferdraht sein, bis er unter
seinem Gewicht zerreisst?

Seine überraschende Erklärung für die Festigkeit von Festkörpern ist der Widerstand
gegen das Entstehen eines Vakuums beim Zerreissen – wenn man es als Widerstand der
Atome und Moleküle gegen das Trennen voneinander versteht, wird es durchaus sinnvoll.
Die *Discorsi* sind ein Gang durch die Physik zu Beginn des 17. Jahrhunderts, allerdings
ohne Elektrizität und Magnetismus, dafür mit, wo immer möglich, Euklid'scher Geomet-
rie. Galileis wesentlicher Beitrag ist die Diskussion der Fragestellungen selbst und die
Abstraktion von technischen Objekten als geometrische Modelle. Galilei verbindet als
Renaissance-Ingenieur Technik und Wissenschaft in beide Richtungen; er erinnert an den
Leonardo da Vinci aus dem 16. Jahrhundert.

4.8 Auf den Punkt gebracht und Zusammenfassung des Kapitels

Die vergangenen vier Jahrhunderte haben parallel zur Verklärung Galileis eine Verteu-
felung des Aristoteles gebracht als Blockierer der modernen Physik, ganz besonders die
Ideen von Aristoteles zur Bewegung. Wir zeigen, dass es besonders beim Fall keinen

Grund für einen Konflikt gibt: Schwerer kann schneller fallen als leichter und der alte logische Beweis gegen Aristoteles ist ein böser Zirkelschluss: Galilei und viele nach ihm irrten sich, man kann nicht mit Gedanken beweisen, dass alle Körper gleich fallen. Wir zeigten mehrere Gegenbeispiele. Aristoteles steht auf der Seite des Alltäglichen und damit näher am Leben als Galilei mit zum Beispiel dem künstlichen Vakuum als Fallmedium.

Das Pendel im Dom von Pisa ist wie der Fallversuch vom Turm von Pisa eine Legende. Aber Galilei hat entsprechende Versuche wirklich gemacht. Galileis Experimente sind einfach und zentral und waren für sein eigenes Verständnis absolut notwendig. Die „Verdünnung der Gravitation" in der Fallrinne ist ein genialer Kniff, um ungefähre Messbarkeit zu erreichen. Theoretisch war schon viel mechanisches Wissen vorhanden, auch das Quadratgesetz der beschleunigten Bewegung und der näherungsweise gleiche Fall verschiedener Körper; das war lange Zeit nicht bewusst und läuft in der populären Geschichte immer noch als Entdeckungen Galileis. Galilei baut zum Teil auf diesem Wissen auf, zum Teil kennt er es wohl nicht. Die Experimente geben sicheren Zusammenhang der Formalismen mit der Realität (das ist neu); Galilei interpretiert sie idealisiert, selbstbewusst und mit etwas Glück. Sein Verdienst ist es, ganz verschiedenes Wissen in der Mechanik kohärent und populär zusammenzubringen mit seinen eigenen Arbeiten. Allerdings ist es Geometrie und Kinematik, noch nicht Dynamik, und es ist physikalisch und mathematisch nahezu elementar. Er vertieft die drei Jahrhunderte alte scholastische geometrische Kinematik – in den Hauptwerken schreibt er damit vor allem grosse Literatur. Sein Standpunkt ist zwischen Scholastik und Moderne, eben in der späten Renaissance.

Viele Begriffe der Mechanik, wie Trägheit, Geschwindigkeit und quadratisches Fallgesetz, waren bei den Naturphilosophen der Scholastik und Renaissance schon im Ansatz vorhanden gewesen; andere Begriffe gehen wirr durcheinander oder fehlen noch, wie zum Beispiel *träge Masse, Kraft, Beschleunigung und Energie*. Galilei hat

- die Kinematik und etliche Konzepte zusammengebracht und als losen Systemintegrator publiziert
- und mit den gezielten und bewusst eingeschränkten Experimenten die philosophischen Prinzipien bei wohlwollender Betrachtung in Physik verwandelt.

In der Festigkeitslehre hat Galilei einige technische Bereiche wie den Balken als Fragestellung in die Physik eingeführt.

Literatur

Babb, Jeff, und James Currie. 2008. The brachistochrone problem: Mathematics for a broad audience via a large context problem. *The Mathematics Enthusiast* 5:169–181.
Bruskiewich, Patrick. 2006. *Leonardo, Galilei and the pendulum clock*. archive.org.
Eddington, Arthur. 1927. *The nature of the physical world*. Ed. 2014, New Castle: Cambridge Scholars.
Freguglia, Paolo, und Mariano Giaquinta. 2016. *The early period of the variational calculus*. Cham: Springer International.

Galilei, Galileo. 1638. *Unterredungen und mathematische Demonstrationen über zwei neue Wissenszweige.* Ostwalds Klassiker No. 11, 24 und 25. Engelmann 1907. archive.org.

Hackborn, William, 2008. The science of ballistics: Mathematics serving the dark side. http://augustana.ualberta.ca.

Koyrè, Alexandre. 1966. Etudes Galiléennes, 2. Aufl., Paris: Hermann.

Kuhn, Thomas S. 1976. Mathematical vs experimental traditions of physical science. *Journal of Interdisciplinary History* 7 (1): 1–31.

Kullmann, Wolfgang. 2014. *Aristoteles als Naturwissenschaftler* (Philosophie der Antike, Band 38). Berlin: De Gruyter.

Kurrer, Karl-Eugen. 2014. Die Anfänge der Festigkeitslehre bei Galilei. *Momentum Magazin.*

Kurrer, Karl-Eugen. 2015. *Geschichte der Baustatik. Auf der Suche nach dem Gleichgewicht.* Berlin: Ernst und Sohn.

Naylor, Ronald. 1974. Galileo: Real experiment and didactic demonstration. *Isis* 67(3): 398–419.

Palmieri, Paolo. 2007. *Galileo's experiments with pendulums: Then and now.* Philsci-archive.pitt.edu.

Petersen, Mark. 2008. Galileo's discovery of scaling laws. http://www.mtholyoke.edu.

Quoteinvestigator. 2011. Quoteinvestigator.com/2011/05/13/einstein-simple/.

Rabinowitz, Mario. 1990. Falling bodies: The obvious, the subtle, and the wrong. *IEEE Power Engineering Review* 10 and arXiv.org.

Roux, Sophie, und Egidio Festa. 2008. *The Enigma of the inclined plane from hero to Galileo.* In *Mechanics and natural philosophy before the scientific revolution.* Dordrecht: Kluwer Academics.

Schrenk, Markus A. 2004. Galileo vs. Aristotle on free falling bodies. *Logical Analysis and History of Philosophy* 7 (1): 1–11.

Segre, Michael. 1989. Galilei, Viviani and the tower of Pisa. *Studies in History and Philosophy of Science Part A.* 20(4): 435–451.

*„Oh, du viel wissendes Rohr, kostbarer als jegliches Zepter! Wer
dich in seiner Rechten hält, ist der nicht zum König, nicht zum
Herrn über die Werke Gottes gesetzt!"*
Johannes Kepler, deutscher Astronom, 1571–1630

*Das Fernrohr eröffnet neue Welten, angefangen vom Renaissance-
Fernrohr bis zum Hubble-Teleskop. Beinahe alle sind von der
Erfindung begeistert; hier eine überraschende Gegenstimme:*

*„[Galilei hätte] dieses sein edles Instrument nicht auf den Himmel
richten dürfen, denn da er durch selbiges da oben Wunder entdeckt,
setzt er dem Erstaunen über die irdischen Dinge ... ein Ende."*
Giovan Battista Manso, Zeitgenosse und Bewunderer Galileis

In der Tat: Mit dem Fernrohr (und entsprechend mit dem Mikroskop) überschreitet der
Mensch eine Grenze.

Um die Arbeiten und Schriften Galileis einordnen zu können, betrachten wir die
Geschichte des Fernrohrs und die wichtigsten ersten wissenschaftlichen Nutzer des neuen
Instruments.

5.1   Das holländische Fernrohr

„Beobachtet man durch die Gläser, auf welche ich als neue Erfindung einen Patentanspruch
erhebe, weit entfernte Dinge, so können Sie gesehen werden, als wenn Sie ganz nahe wären."
Hans Lippershey, deutsch-niederländischer Brillenmacher, Brief 1608

© Springer Fachmedien Wiesbaden GmbH 2017   87
W. Hehl, *Galileo Galilei kontrovers*, https://doi.org/10.1007/978-3-658-19295-2_5

Die ersten Lesegläser oder Brillen wurden in der Toskana aus Halbedelsteinen geschliffen; das Wort Brille rührt vom Mineral Beryll her. Die Erfindung des Buchdrucks ist wohl schuld. Seit der Verbreitung gedruckter Schriften im 16. Jahrhundert war der Bedarf an Lesegläsern stark angestiegen und es kamen Brillenmacher auf. Für Weitsichtige waren konvexe Gläser als Lösung bekannt, für Kurzsichtige ab dem 16. Jahrhundert auch konkave Linsen. Zwei europäische Zentren der Glasschleifkunst waren zum einen Venedig in Italien und die Stadt Middelburg in den Niederlanden. Es war nur eine Frage der Zeit, bis aus den vielfach vorhandenen Einzelkomponenten ein passendes Paar kombiniert wurde und dabei die Vergrösserungswirkung für entfernte Gegenstände in die Ferne bemerkt werden würde. Angesichts der geringen benötigten Erfindungshöhe (der intellektuellen Leistung, um aus Bekanntem die Erfindung abzuleiten), können es spielende Kinder oder beobachtende Brillenmacher gewesen sein. Typisch für eine derartige Ausgangssituation ist das mehrfache Entstehen der Erfindung.

Am 2. Oktober 1608 beantragte der deutsche Einwanderer und Brillenmacher Hans Lippershey *(*um 1570, † 1619, auch Lippersheim)* beim Rat von Zeeland in den Niederlanden ein Patent für ein *„Instrument zum Sehen in die Ferne"*. Die Erfindung fand bei der Handels- und Seemacht der Generalstaaten Niederlande grosses Interesse, und der Grosse Ständerat beschloss, es auf einem Turm auszuprobieren und einer Kommission von Vertretern der sieben Provinzen vorzulegen. Dazu hatte der Rat den Wunsch oder Vorschlag nach einem beidäugigen Instrument, das er ebenfalls lieferte. Der Rat fand seine Erfindung gut – aber sie wurde trotzdem abgeschlagen: Es hatten sich weitere Brillenmacher als Erfinder gemeldet. Konkurrenten um den Anspruch waren Jacob Adriaanszon, genannt Metius aus Alkmaar (1571–1631) und der Bruder des Mathematikers Adriaan Metius, und Sacharias Janssen (1588–1632). Dem Rat wurde die Frage der Priorität zu unklar; zumindest Lippershey erhielt eine Belohnung und einen Auftrag für drei Instrumente aus Bergkristall (zu 300 Gulden; er hatte allerdings je 1000 Gulden verlangt).

Der Streit über die Priorität hat sich noch fortgesetzt, um 1655 gab es dazu eine gerichtliche Sitzung und im selben Jahr hat der französische Arzt und Sammler Pierre Borel (1620–1671) ein Buch *De vero telescopii inventore* publiziert, *„Über den wahren Erfinder der Teleskope"*. Die Abb. 5.1 zeigt die Titelseite; Borel nennt das Instrument Conspiciliorum; es wird auf Deutsch zu dieser Zeit auch Perspektiv oder Fernröhre bezeichnet. Kurioserweise war der Autor Pierre Borel der Leibarzt von Ludwig dem XIV. – ein holländischer Namensvetter Willem Boreel aus Middelburg hatte ihn zum Schreiben des Buchs aufgefordert. Er bezeichnet Hans Lippershey als „secundus conspiciliorum inventor", Sacharias Jansen als „primus conspiciliorum inventor".

Im Jahr 1831 wurden Protokolle des Grossen Rates veröffentlicht, die das Primat des Hans Lippershey festigen.

Der Optiker und Wissenschaftshistoriker Rolf Riekher (*1922) betont in seiner Geschichte des Fernrohrs (Riekher 1959/1990), dass in den Niederlanden als Seefahrtsnation die Erfindung des Fernrohrs sofort als kommerziell und besonders auch als militärisch wertvoll angesehen wurde. Man hatte in den Protokollen 1608 Hans Lippershey ausdrücklich aufgefordert, seine Erfindung vertraulich zu behandeln.

Abb. 5.1 Vom wahren Erfinder der Teleskope, Titelblatt des Buchs. Der Titel enthält bereits das neue Wort „Teleskop". (Petro Borello (Pierre Borel), 1655; Bildquelle: Wikimedia Commons, Let. A 92)

Wir werden bei Galilei eine Wiederholung der Vorgänge sehen mit Belohnung und der Einschätzung des Wertes der Erfindung – allerdings ist die galileische Präsentation an den venezianischen Rat ungleich populärcr!

Das holländische Fernrohr (oft auch Galilei'sches Fernrohr genannt, da es durch Galileo Galilei populär wurde und blieb) ist ausserordentlich einfach aufgebaut. Es besteht aus einem Rohr mit zwei Linsen, eine konvexe Linse dem Objekt zugewandt, als Objektiv, und eine üblicherweise kleinere konkave Linse als Okular. Das gesehene Bild ist seiten- und höhenrichtig.

Beobachter im Umfeld des Prinzen Moritz von Nassau berichten (zitiert nach Rolf Riekher): „*Dinge, die von uns drei bis vier Meilen entfernt sind, sieht man so deutlich, als ob wir sie 100 Schritte vor uns sähen.*" Diese Beobachtung kommt von der allerersten Publikumsvorführung des Fernrohrs, kurz vor dem Ende einer grossen niederländisch-spanischen Friedenskonferenz am 30. September 1608. Der Gastgeber Moritz von Nassau hatte dazu einige prominente Teilnehmer zur Vorführung von Hans Lippershey auf den Moritz-Turm geladen. Es wird berichtet (Zuidervaart 2010):

> *„Man kann vom Turm von Haag aus die Turmuhr von Delft und die Fenster der Kirche zu Leiden deutlich erkennen, obwohl sie eineinhalb bzw. dreieinhalb Wegstunden entfernt sind.*"

Die Teilnehmer müssen beeindruckt gewesen sein; von Ambrogio de Spinola, dem Befehlshaber der spanischen Truppen in den Niederlanden, wird berichtet, dass er zu Moritz von Nassau sagte:

„Von nun an werde ich nie mehr sicher sein, Ihr könnt mich ja von Fern sehen."
Die Antwort des Niederländers: *„Wir werden unseren Männern verbieten, auf Euch zu schiessen."*

Ein erstaunlicher Zusatz ist dies:

„Diese Gläser sind sehr nützlich bei Belagerungen und ähnlichem … aus mehr als einer Meile oder mehr kann man die Dinge entdecken als wären sie in der Nähe. Und sogar die Sterne, die man mit blossem Auge nicht sehen kann, weil sie zu klein und zu lichtschwach sind, kann man mit diesem Instrument sehen."

Obwohl derartige Berichte sicher vorsichtig zu nehmen sind, es muss eine drastische und eindrucksvolle Vergrösserung oder ein „Heranziehen" der Objekte gewesen sein. Auch Ungeübte haben offenbar durch das Fernrohr erfolgreich sehen können. Interessant ist der Hinweis auf die Sterne: Das könnte die erste Nachricht einer teleskopischen Beobachtung am Nachthimmel sein, sogar mit einem ersten wissenschaftlichen Ergebnis: Es gibt viel mehr Sterne, als man mit dem blossen Auge sehen kann! Es ist eine Vorahnung des wissenschaftlichen Teleskops, aber anscheinend ohne weitere Folgen.

Der Wert des Instruments muss für die wohl nüchternen niederländischen Kaufleute unmittelbar einsichtig gewesen sein, sonst hätte man nicht den hohen Kaufpreis und die Belohnung bezahlt.

Aus dem Handelsland der Niederlande hat sich die Kunde der Erfindung schnell verbreitet und auch das Produkt: Bereits auf der Michaelismesse Frankfurt in 1608 wird es angeboten und 1609 in Paris. Im gleichen Jahr kommt ein holländisches Fernrohr nach Italien zum Grafen Fuentes und Galilei erfährt zunächst durch Gerüchte und dann durch einen Brief von der Erfindung.

Im Theaterstück *„Leben des Galilei"* von Bertolt Brecht aus dem Jahr 1939 berichtet der fiktive Ludovica Marsili, der Schüler Galileis, seinem Lehrer von der Neuigkeit aus Holland:

LUDOVICA: *„… man sieht alles fünfmal so gross durch das Ding. Das ist ihre Wissenschaft."*
GALILEI: *„Was sieht man fünfmal so gross?"*
LUDOVICA: *„Kirchturmspitzen. Tauben, alles was weit weg ist."*

Dazu passt die holländische Szene mit Fernrohr der Abb. 5.2, auch der Wert der bei Brecht genannten Vergrösserung *fünffach* klingt vernünftig.

Der amerikanisch-niederländische Historiker Engel Sluijter (1906–2001) beschreibt den Siegeszug der Idee des Fernrohrs in Europa vor dem Auftritt Galileis auf der Bühne (Sluijter 1997). Er zeigt, dass Galileos Freund und Vertrauter, der venezianische Theologe Paolo Sarpi, schon im November 1608 Kunde von der Vorführung des Fernrohrs vom Moritzturm in Den Haag hatte, ohne noch optische Einzelheiten vom Rohr zu wissen.

Abb. 5.2 Eine holländische Szene mit Fernrohr aus einem holländischen Bildband (Emblemat) von 1624, gedruckt in Middelburg. (Bildquelle: Wikimedia Commons, Adrian van de Venne)

Er vermutet sogar, dass Jesuiten um den bayrischen Astronomen Christopher Clavius (1538–1612, latinisiert von „Schlüssel") am Kollegium Romanum zunächst mit einem Klone aus den Niederlanden (ab Mai 1609) und später mit eigenen Fernrohren den Nachthimmel beobachtet haben, und zumindest die Vielfalt der Sterne im Sternhaufen der Plejaden und in der Milchstrasse gesehen haben.

Wir betrachten das Trio genauer, das als erstes das Fernrohr bekanntermassen wissenschaftlich angewendet hat: Es sind neben Galileo Galilei (1564–1641, Abb. 5.3) der Engländer Thomas Harriot (1560–1621, Abb. 5.4) und der Deutsche Simon Marius (1573–1625, Abb. 5.5).

Es ist eine besondere Zeit in der Geschichte der Menschheit – das Überschreiten der Grenze des mit blossem Auge Sichtbaren. Es gilt auch das Zitat, das eigentlich auf den Beginn der Raumfahrt gemünzt ist:

„In der gesamten Geschichte der Menschheit wird es nur eine Generation geben, die als erste das Sonnensystem erforscht, eine Generation, für die die Planeten in ihrer Jugend Lichtpunkte sind, die über den Nachthimmel ziehen, und für die, wenn sie älter geworden ist, die gleichen Planeten im Verlauf ihrer Erforschung zu neuen Welten werden ..."
Carl Sagan, in „Nachbarn im Kosmos", 1975

Aber folgen wir den chronologischen Ereignissen und sehen wir uns den wahrscheinlich ersten wissenschaftlichen Beobachter mit dem Fernrohr an, den Engländer Thomas Harriot.

Abb. 5.3 Galileo Galilei,
gemalt von Justus Sustermans
1636. (Bildquelle: Wikimedia
Commons, Adrian Pingstone)

Abb. 5.4 Thomas Harriot Im
Jahr 1602. Unbekannter Maler.
Das Bild befindet sich heute im
Trinity College, Oxford. (Die
Zuordnung dieses Porträts zu
Thomas Harriot ist nicht
gesichert; Bildquelle:
Wikimedia Commons, Eastern
Carolina University)

Abb. 5.5 Simon Marius,
eigentlich Simon Mayr.
(Bildquelle: Wikimedia
Commons, GC6 M4552 614m,
Houghton Library, Harvard
University)

5.2   Thomas Harriot, der „englische Galilei"

„Die Lage hier ist so, dass es für mich immer noch nicht möglich ist, frei zu philosophieren.
Wir stecken noch im Schlamm. Ich hoffe, Gott macht dem bald ein Ende."
Thomas Harriot in einem Brief an Kepler, Juli 1608

Thomas Harriot (1560–1621) hatte ein bewegtes Leben als Astronom, Mathematiker, Völ-
kerkundler und Sprachforscher; hier Beiträge von ihm in einigen Arbeitsgebieten, um
seine renaissancehafte Universalität zu zeigen:

- Fernrohr: als Instrument und viele Beobachtungen damit
  (*„perspective trunke"*, dem ‚Schau-Stamm' heisst es bei ihm), mehr unten,
- Mathematik: Beiträge zur Algebra (zum Beispiel das Sammeln von Termen auf einer
  Seite der Gleichung ähnlich wie wir heute Gleichungen lösen, einschliesslich des
  Umgangs mit allen Lösungen, positiv, negativ, reell oder imaginär) und die Inhaltsfor-
  mel für ein sphärisches Dreieck, etwa am Himmel,
- Navigation und Kartographie: Beiträge zur Mercator-Projektion und die Loxodrome
  (die Geraden in der Mercatorkarte),
- Physik: das optische Brechungsgesetz, das heute Gesetz nach Snellius heisst, und eine
  frühe Formulierung des Trägheitsgesetzes (geradliniger Flug von Geschossen ohne
  Luftwiderstand und bei Abwesenheit der Schwerkraft),
- Ethnologie: Studien zu den nordamerikanischen Indianern und
- Sprachforschung: ein Sprachführer für die Indianersprache Algonkin.

Mit der Vielfalt seiner Arbeiten verdient er sicher auch den Beinamen „Galilei" wie im Abschnittstitel. Die Zeichen „>" und „<" für grösser beziehungsweise kleiner werden ihm ebenfalls zugeschrieben, sind aber von seinem Verleger nach seinem Tod hinzugefügt worden.

Schliesslich soll er die Kartoffel nach England gebracht haben und er war makabrerweise das vielleicht erste Tabakopfer in Europa, denn er starb an Nasenkrebs.

Thomas Harriot wurde vermögend, zum einen durch seine Tätigkeit für den Seefahrer Sir Walter Raleigh (1554–1618) und zum anderen für den 9. Earl von Northumberland, Henry Percy (1564–1632, genannt der Graf Hexenmeister). Bei Sir Raleigh war er Lehrer für Navigation und „begleitender Wissenschaftler" (‚chief scientist') auf einer britischen Expedition nach Virginia. Danach wurde er für den Grafen von Northumberland der Hauslehrer, Hausphilosoph und Hauswissenschaftler.

Aber seine beiden Förderer – und für kurze Zeit auch Harriot – kamen für viele Jahre ins Tower-Gefängnis wegen Verbindungen zur sogenannten Schiesspulververschwörung.

Die Gefahr für Harriot kam auch von anderer Seite: Er war – wie auch Galilei – Atomist, das heißt er glaubte aus heutiger Sicht seherisch, dass viele (er sagte sogar alle) Geheimnisse der Natur durch die Muster und Zusammenballungen von Atomen zu erklären seien. Die Atome sind ewig und unteilbar und bewegen sich unter einem aktiven Prinzip. Diese Lehre wurde als „stark atheistisch" angesehen – in England genauso wie in Italien. Wir kommen bei Galilei auf die Bedeutung des Atomismus noch zurück. Der englische König war ja auch Oberhaupt der Kirche, damit war Atheismus auch immer in der Nähe von Hochverrat.

Seine komfortable finanzielle Situation und seine Furcht vor Verfolgung liessen ihn eine folgenschwere Entscheidung treffen: nicht zu publizieren. Er hatte nur rege mit den Wissenschaftlern seiner Zeit korrespondiert und bewusst Tausende von Notizblättern hinterlassen. Erst in den letzten Jahrzehnten wurden seine Arbeiten gewürdigt (Chapman 2009). Deshalb gibt es auch kein Harriot-Gerät, keinen Harriot-Effekt und kein Harriot-Gesetz, die seinen Namen der Nachwelt bekannt gemacht hätten.

In der Nacht des 26. Juli 1609 hat Thomas Harriot zum ersten Mal mit seinem gerade erworbenen holländischen Fernrohr (es hiess in England zunächst *trunk* oder *cylinder*) den Mond beobachtet und um 21 h eine (sehr) einfache Zeichnung gemacht (Abb. 5.6).

Die Abbildung ist um 90° gedreht, um die Orientierung am Himmel zu zeigen. Das Bild ist vermutlich in Stücken zusammengesetzt, da das damalige Fernrohr nur ein sehr kleines brauchbares Gesichtsfeld hatte. Man kann dies nach dem Knick in der Schattengrenze, dem Terminator, vermuten. Die nächste erhaltene Mondskizze von ihm ist ein Jahr später entstanden mit einem Fernrohr mit zehnfacher Vergrösserung. Im gleichen Jahr baute er mit seinem Techniker Christopher Tooke ein Fernrohr mit zwanzigfacher, in 1611 eines mit zweiunddreissigfacher Vergrösserung. Erwähnt wird sogar ein Instrument mit fünfzigfacher Vergrösserung. Er verteilte auch Fernrohre an seine Freunde, zum Beispiel an den Landbesitzer und Amateurmathematiker Sir William Lower.

Allan Chapman schreibt 2009:

„Lower ist vielleicht der erste Mensch gewesen, der ein Fernrohr zu Weihnachten geschenkt bekommen hat."

Abb. 5.6 Einfache Skizze des zunehmenden Mondes mit zerfranstem Terminator. (Thomas Harriot, datiert 26.07.1609; Bildquelle: Lord Egremont/Galaxy)

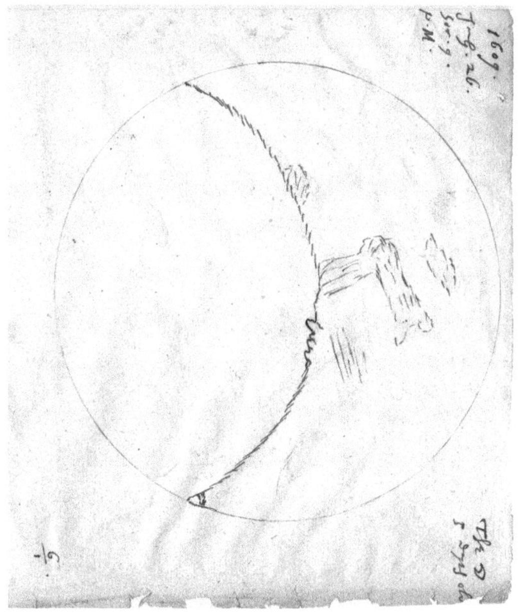

Ein Fernrohr ist ein wunderbares Geschenk. Hier ein passendes modernes Zitat:

„Zu meiner Konfirmation habe ich keine Uhr bekommen und meine ersten langen Hosen, wie die meisten evangelischen Jungen, sondern ein Fernrohr. Meine Mutter dachte, dies sei das beste Geschenk."
Wernher von Braun, Raketeningenieur, im Time-Magazin, 1958

Aber die schönen numerischen Werte der Vergrösserung der historischen Instrumente vom holländischen („galileischen") Typ sind nicht im Sinne moderner Teleskope zu verstehen. Die prinzipiellen Schwächen dieses Fernrohrtyps diskutieren wir später. Auch liest man immer wieder von historischen Vergrösserungen wie zum Beispiel 900-fach: Gemeint ist dann die Vergrösserung der Fläche, also das Quadrat der heute üblich genannten linearen (hier dreissigfachen) Vergrösserung.

Ab der zweiten Jahreshälfte von 1610 hat Harriot den *Sternenboten*, den Bericht Galileis von seinen Fernrohrbeobachtungen, gekannt und wurde wohl von Galilei beeinflusst – aber seine Mondkarten sind ganz anders als die Zeichnungen Galileis. Abb. 5.7 ist eine richtige abbildungstreue Karte, entstanden durch mehrere Beobachtungen bei verschiedener Mondphase und damit Beleuchtung, mit vielen Details und einer Legende. Harriot zeichnet die Karte, als wären es unbekannte Küsten und Länder. Die Positionen der topologischen Einzelheiten sind recht präzise und machen ihn zum ersten Selenografen (nach der Mondgöttin *Selene* der griechischen Mythologie und dem griechischen Wort für „zeichnen" *grafein*).

Beim wenig später erfundenen Kepler'schen Fernrohr wird dies wesentlich einfacher. Das Gesichtsfeld wird merklich grösser und man kann eine Messskala in den Strahlengang einblenden. Es wird mehr als zwanzig Jahre dauern, bis Mondkarten von besserer

Abb. 5.7 Detaillierte
Mondkarte von Thomas
Harriot mit Legende. Im
Original etwa 15 cm
Seitenlänge. Geschaffen
zwischen 1610 und 1613.
(Bildquelle: Wikimedia
Commons, mit freundlicher
Genehmigung von Robert
Scagell/Galaxy)

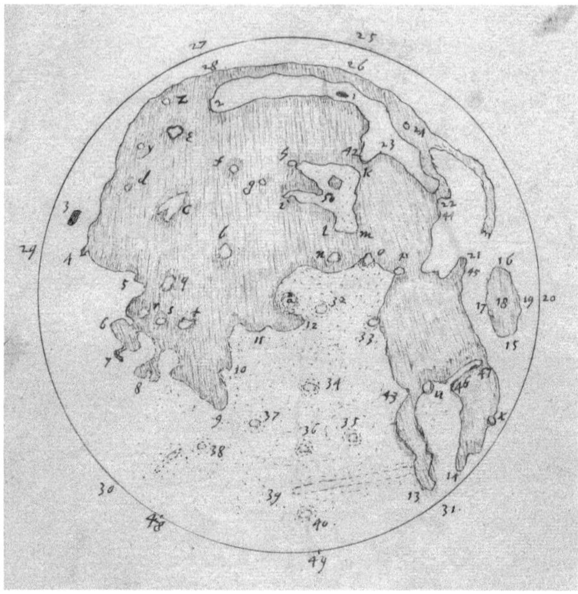

kartographischer Qualität gezeichnet werden als die von Harriot. Der französische Maler und
Grafiker Claude Mellan (1598–1688) liefert um 1636 die künstlerisch schönsten Stiche vom
Mond in der Kunstgeschichte. Der deutsche Bierbrauer und Astronom Johannes Hevelius
(1611–1687) veröffentlicht 1647 dann ein grosses Kartenwerk mit Ansichten des Mondes.

Eine erfolgreiche Anwendung der kartographischen Methodik von Harriot war die Entdeckung oder wenigstens Erahnung der sogenannten Libration des Mondes. Der Mond
bewegt sich um die Erde in gebundener Rotation, das heißt die Umlaufzeit des Mondes um
die Erde (der siderische Monat) ist gleich der Rotationsperiode um sich selbst. Heute spricht
man von Spin-Bahn-Resonanz; die meisten Monde im Sonnensystem sind mit ihren Eigen-
rotationen gekoppelt an ihre Umlaufszeit um ihren Planeten. Harriot bemerkte am 14.
Dezember 1611, dass die dunklen Details No. 28 und 26 näher an der Scheibenkante lagen
als gezeichnet; er hatte damit die Libration des Mondes 21 Jahre vor Galilei beobachtet. Die
Libration des Mondes ist ein weiteres gewichtiges Argument gegen die aristotelische Welt
der Kristallsphären, an denen die Himmelskörper befestigt sind und sich starr mitbewegen.
Wie soll der Mond an seiner Sphäre befestigt sein und dabei im Monatsrhythmus wanken?

Der Stil der galileischen Mondzeichnungen (s. u.) ist ganz anders. Sie sind künstlerische Lehrstücke zu den neuen Objekten auf dem Mond, den Bergen, Tälern, Meeren und
Kratern (s. u.).

Unterschwellig sagen Galileis Zeichnungen: „Seht diese Strukturen auf dem Mond
an – Aristoteles hat unrecht, wenn er behauptet, der Mond sei eine makellose Silberkugel,
vor der Wolken liegen, sondern der Mond ist nicht ideal." Durch die Neuheit waren die
Zeichnungen Galileis für jedermann sensationell, und er verdeutlicht seine Botschaft
jeweils bis hin zur Verzerrung der Wahrheit.

Harriot hat noch mehr astronomische Beobachtungen gemacht, so hat er etwa 200mal
die Sonne und Sonnenflecken beobachtet. Das erste Mal am 18. Dezember 1610 bei

tiefstehender Sonne, aber er publiziert es nicht. Für Harriot waren dies interessante Naturphänomene, für Galilei werden dies aufregende Beweise gegen das Gesamtbild der Welt nach Aristoteles und wertvolle Bausteine für seinen Ruhm.

Auffallend ist der Unterschied in der Sichtweise von Galilei und Harriot zur neuen Idee der elliptischen Planetenbahnen und damit zu Kepler. Galilei löste sich niemals von der aristotelischen Kreisform für die Bahnen der Gestirne; ihm war der Gedanke an Ellipsen ein Gräuel und damit waren es auch die Arbeiten Keplers, von dessen *Astronomia Nova* (1609) er nie mehr als die Einleitung gelesen haben soll. Anders bei Thomas Harriot und seinem mathematischen Freundeskreis. Sie hielten die neue Analyse der Himmelsmechanik für mindestens so aufregend wie die Abweichung der Mondgestalt von der blanken Kugel und der, wie Harriot es nannte, *„strange spottiness"*, der seltsamen Fleckigkeit. Harriot sieht die intellektuelle Herausforderung der neuen Himmelsmechanik ohne selbstlaufende Kreisbahnen und starre Sphären: Welche Kräfte wirken am Himmel? Die nächste Antwort wird erst Isaac Newton geben.

Thomas Harriot hatte ein friedliches und produktives intellektuelles Leben, das ihm (leider) auch ohne Ruhm genügte. Seine Freunde haben ihn wegen seiner Reserviertheit gerügt und bedauert, dass andere ihm den Ruhm stehlen würden (vor allem in der Mathematik). Er hatte als einzige Pflicht gegenüber seinem Sponsor die Aufgabe, der private weise Mann und Gesprächspartner zu sein. Zu astronomischen Themen hätte er wohl unbesorgt publizieren können. Die These des Kopernikus galt in England wohl eher als eine Kuriosität als eine Blasphemie – im Gegensatz zum Atomismus, der als atheistisch galt und etwa als Angriff auf die Eucharistie (siehe Kap. 7). Harriot blieb unbekannt. Erst 1784 hat der deutsche Astronom Franz Xavier von Zach aus einem Teil des Nachlasses einige Arbeiten von Harriot veröffentlicht.

Er ist der schlagende Beweis für die Gültigkeit des modernen Spruchs *„publish or perish"*, „Veröffentliche oder gehe unter", bereits im 17. Jahrhundert. Erst 1974 schreibt der Biograph John William Shirley über ihn:

„Für ihn war, wie für Bacon, alles Wissen sein Zuhause. Harriot hat sich in Theorie und Praxis als ein echter Wissenschaftler der Renaissance erwiesen."

5.3 Galileo Galilei, sein Fernrohr und seine Beobachtungen

„All dies wurde in den vergangenen Tagen mit dem ‚Perspillus' entdeckt und beobachtet, das ich erfunden habe, nachdem mich göttliche Gnade erleuchtet hat."
(… a me excogitati divina prius illuminante gratia)
Galilei im Sidereus Nuncius (Sternenboten), 1610

„Mein lieber Kepler, was sagen Sie über die führenden Philosophen hier, denen ich schon Tausend Mal angeboten habe, sich meine Studien anzusehen, und die mit der Trägheit einer satten Schlange, vollgefressen, sich nicht einmal die Mühe machten, die Sterne zu betrachten oder den Mond, ja noch nicht mal, mein Teleskop zu betrachten?"
Brief von Galileo Galilei an Johannes Kepler, 1630

5.3.1 Galilei und das Fernrohr

Seit 1592 war Galilei ein mässig bezahlter Professor in Padua mit Vorlesungen in Geometrie, Mechanik, Astronomie und Astrologie, der sein Salär durch Privatunterricht aufbesserte. Seine privaten Studenten waren vor allem Offiziere, die mit ihren Bediensteten bei ihm einzogen – auch zwei spätere Päpste. Geometrie und technisches Zeichnen, Militärtechnik wie Geschützvermessen und Festungsbau waren seine militärischen Fächer. Sein technischer Assistent Marc'Antonio Mazzoleni stellte für ihn verschiedene Instrumente her wie die unten erläuterten Sektoren (zum Beispiel für die Justage von Artilleriegeschützen) zum Verkauf oder als Geschenk für Freunde oder wichtige Personen.

Die Nachricht vom holländischen Fernrohr im April oder Mai 1609 war für Galilei als wissenschaftlicher Instrumentenbauer ein Glücksfall. Er baute mit käuflichen Brillenlinsen ein kleines Rohr mit zwei- bis dreifacher Vergrösserung und behauptete, es wäre ihm nur durch die tiefe Kenntnis der „Gesetze der Brechkraft" gelungen – aber es ist offensichtlich, dass er keine Gesetze der Optik kennt, sondern mit Versuchen die richtige Entfernungskombination findet. Dieses Finden ist allerdings nicht trivial; die Linsenkombination mit konvexem Objektiv und konkavem Okular ist etwas trickreich.

Die Abb. 5.8 zeigt die Skizze Galileis zum „Erläutern" des Gesichtsfelds des Fernrohrs. Der Optiker und Ingenieur Rolf Riekher schreibt in „Fernrohre und ihre Meister" (Riekher 1990):

> *„Von einer geometrisch-optischen Konstruktion des Strahlengangs und einer quantitativen Betrachtung kann man kaum sprechen. Er [Galilei] verliert kein Wort über die Wirkung des Okulars, über das Zusammenwirken der beiden Linsen, über die Erzielung einer Vergrößerung, über die unscharfe Begrenzung des Gesichtsfelds. Seine Erklärung des Vorgangs durch Sehstrahlen, die vom Auge ausgehen, mutet an wie ein Rückfall in die Zeiten der Antike."*

Abb. 5.9 demonstriert am Beispiel von zwei zur Fernrohrachse parallelen Laserstrahlen den Lichtweg im Fernrohr mit konkavem Okular: Aus dem breiten Strahlenbündel wird ein engeres. Die linke Linse entspricht dem konkaven Okular, erkenntlich an der negativen Brennweite: Bei dieser Zerstreuungslinse liegt der virtuelle Brennpunkt vor der Linse, bei der Sammellinse dahinter (in Richtung des Lichtstrahls gesehen). Die Vergrösserung ist das Verhältnis der Beträge der Brennweiten, in Abb. 5.9 also dreifach.

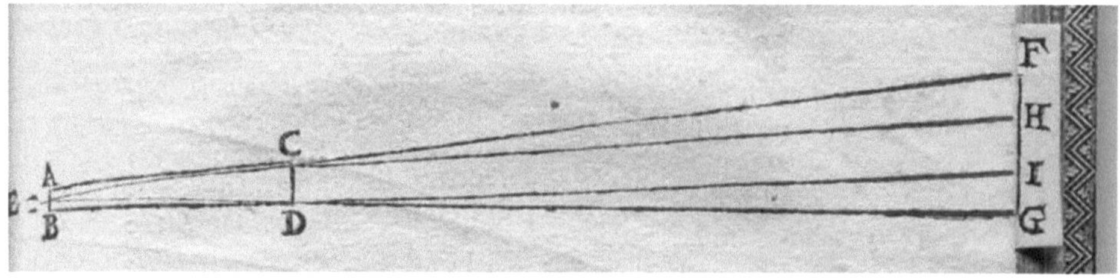

Abb. 5.8 Grafik zur Gesichtsfeldbestimmung des holländischen oder Galilei'schen Fernrohrs im Sternenboten von Galilei, 1610. Die Sequenz ist von links nach rechts Okular, Objektiv, Gegenstand. Physikalisch ist es eine nichtssagende Zeichnung. (Mit freundlicher Genehmigung von John Warnock)

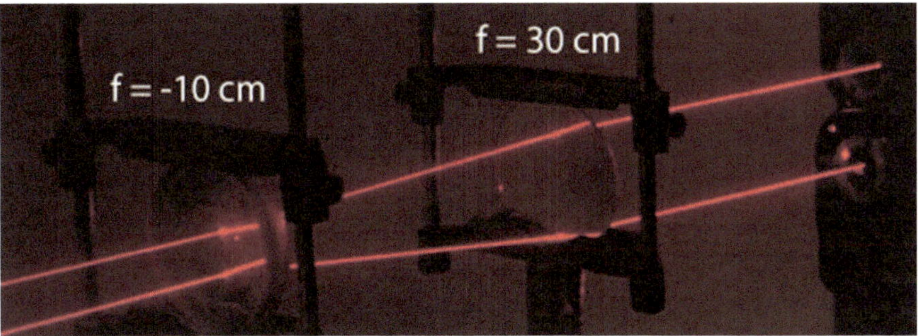

Abb. 5.9 Der echte Strahlengang in einem holländischen oder galileischen Fernrohrs, visualisiert mit Laserstrahlen. Die linke Linse ist das Okular. (mit freundlicher Genehmigung, Hyperphysics, Rod Nave)

Die Probleme mit dem holländischen Fernrohr (einer konvex/konkaven Kombination) hatten naturgemäss alle Beobachter der ersten Runde von Harriot bis Marius. In der Literatur über Galilei wird als dessen Leistung die Verbesserung des Fernrohrs genannt; dies ist leicht übertrieben. Die zunächst greifbaren kommerziellen Linsen waren für Brillen gemacht und damit viel zu „stark", das heißt zu kurzbrennweitig. Die Verbesserung bestand bei allen Anwendern und Fernrohrbauern im erzwungenen Übergang zu Objektivlinsen mit langer Brennweite. Am Bauprinzip des holländischen Fernrohrs oder am physikalischen Verständnis hat Galilei nichts geändert oder gar verbessert.

Das geschieht erst mit der Erfindung des astronomischen Fernrohrs durch Kepler inklusive der dazugehörigen geometrisch-optischen Theorie in seiner *Dioptrice*, der *Dioptrik* (1611). Aber dieses Werk hat Galilei nach eigenem Bekunden nie verstanden (wie vermutlich auch nicht die Kepler'schen Gesetze, auf die er nie eingeht). Er antwortet auf die Anfrage eines Besuchers aus Frankreich, dem Astronomen und Kartographen Jean Tarde, wie man ein Teleskop berechnen könnte, dass *„niemand die Wissenschaft [Optik] bisher behandelt habe"*, nur der Mathematiker des Kaisers habe ein Buch geschrieben, das sei aber (Biagioli 2001)

„so dunkel (cosi oscuro), daß wohl noch niemand es verstanden hat, selbst der Verfasser nicht".
Jean Tarde, Tagebuch einer Italienreise, 1614

Aber Kepler hatte sich schon 1604, Jahre vor der Erfindung des Fernrohrs, mit Optik und Licht und dem Strahlengang in Glaslinsen auseinandergesetzt und konnte das Teleskop schnell verstehen. In diesen Werken – *Astronomiae pars optica* und *Dioptrice* – hat Kepler eine zur antiken Optik revolutionäre und moderne Ansicht vorgebracht: Das Licht und das Sehen gehe nicht vom Auge aus, sondern umgekehrt senden beleuchtete oder strahlende Objekte Licht aus, das ins Auge fällt. Das dichtere Medium der Glaslinsen bricht das Licht und erzeugt im Auge die Bilder. Er erklärt die Wirkung von Linsen, den Fokus und die Brennweiten und die Entstehung von Bildern. Das neue „keplersche" Fernrohr mit konvexen Linsen war dabei ein rein theoretisches Nebenergebnis. Diese optischen Arbeiten

Keplers sind wissenschaftliche Leistungen ersten Ranges, aber kaum bekannt. Ein erstaunlicher moderner Gedanke Keplers betrifft die Optik des Auges. Seine Theorie des Auges als Linse hat ein Problem: Das physikalische Bild müsste – wie bei der Camera obscura – seiten- und höhenverkehrt sein. Aber wir sehen die Welt korrekt. Kepler versteht, dass unser Gehirn die Korrektur automatisch macht!

Kurioserweise ist sich Galilei sicher, dass nur eine konvex/konkave Kombination von Linsen ein Fernrohr ergeben kann – er hat keinen Beweis dafür, er hält dies für selbstverständlich.

Die wirkliche Leistungsfähigkeit dieser ersten Fernrohre vom holländischen Typ ist eine wichtige Grundlage zur Beurteilung der Möglichkeit von astronomischen Beobachtungen überhaupt und der Korrektheit von Berichten. Diese Kenntnis liefert das Verständnis dafür, warum es zum Beispiel bei Galilei so viele seriöse und gutwillige Beobachter gab, die nichts Vernünftiges im Fernrohr sahen. Eingehende pragmatische Untersuchungen stammen von Jim und Rhoda Morris, Spezialisten für den Nachbau historischer Experimente für verschiedene Museen (Morris und Morris 2017, nur Website). Die Webveröffentlichungen haben Titel wie

> *„Ernsthafte Fehler in der Literatur bei Optik und Dimensionen von Galileis Teleskop",*
> *„Das Teleskop Galileis: Wie es wirklich ist, wenn man durchschaut".*

Was man wirklich sieht, wenn man hineinschaut, beschreiben Jim und Rhoda Morris drastisch so:

> *„Das erste Bild ist ein winziger gesprenkelter Lichtfleck am Ende des Tubus, umgeben von Dunkelheit. Die wenigen Einzelheiten, die man in diesem Fleck sieht, tanzen bei jeder kleinsten Bewegung des Fernrohrs herum. Dann langsam, wenn man sich konzentriert, scheint der Fleck grösser zu werden und man sieht mehr Details."*

Die ersten Fernrohrbeobachter mussten offensichtlich geschickt und geduldig sein.

Jim und Rhoda Morris demonstrieren in Abb. 5.10 die verschiedenen Gesichtsfelder beim holländischen und beim Kepler'schen Fernrohr. Die beiden Instrumente haben die gleichen optischen Daten, nur einmal hat das Okular eine negative Brennweite oder eine positive des gleichen Betrags. Das Bildfeld im holländischen Fernrohr ist mehr ein Bild am Ende eines Tunnels, eine Art kleiner Öffnung, durch die man durch Bewegen des Auges nach links und rechts, nach unten und oben sehen kann – mit Übung allerdings erst.

Zwei Professoren-Kollegen Galileis sind der Ursprung der Anekdote von *„den Gelehrten, die sich weigerten, durch das Fernrohr zu sehen".* Es sind zwei Professoren der Philosophie und beide Anhänger des Aristoteles.

Giulio Libri, mit Galilei verfeindet, soll sich vollkommen geweigert haben, durch das Rohr auf Jupiter zu schauen. Galilei straft ihn bei der Nachricht von seinem Tod mit dem ätzenden Witz

> *„… jetzt könne er die Mediceischen Sterne auf dem Weg zum Himmel anschauen". Galilei in einem Brief an Markus Welser, 17. Dezember 1610*

Abb. 5.10 Demonstration des Gesichtsfelds im holländischen (galileischen) Fernrohr und im astronomischen (Kepler'schen) Fernrohr bei vergleichbaren optischen Daten. Das rechte Bild ist seiten- und höhenverkehrt. (Bildquellen: mit freundlicher Genehmigung, Scitechantiques.com, Jim und Rhoda Morris)

Cesare Cremonini war ein Freund Galileis und hatte schon durch das Rohr geschaut und einfach nichts gesehen – deshalb wollte er nicht weiter oder wieder durchsehen, *„es mache ihm Kopfweh"*. Cremonini war ein Rebell an der Universität, der sich mit Thesen wie der Leugnung der Erschaffung der Welt oder der Unsterblichkeit der Seele unbeliebt gemacht hatte und damit wohl gegenüber Neuem offen war. Wenn man die praktischen Schwierigkeiten der Beobachtung durch das Rohr Galileis und den schlechten Ruf optischer Phänomene berücksichtigt (als Täuschungen), werden die Reaktionen etwas verständlicher. Zudem rührt der Bericht über den Galilei-Feind Libri nur von Galilei selbst her.

Das Bild im astronomischen Fernrohr rechts ist seitenverkehrt und auf dem Kopf: Auch hier lernt man durch Übung rasch, damit umzugehen, bis man es bei astronomischen Objekten nicht mehr bemerkt. Bis vor wenigen Jahrzehnten waren nahezu alle astronomischen Fotoaufnahmen verkehrt – erst jetzt im Raumfahrtzeitalter und mit digitalen Bildern werden auch astronomische Aufnahmen seitenrichtig wiedergegeben. Das astronomische Fernrohr hat einen Vorteil für Messungen: Da es intern ein reelles Bild erzeugt, kann man an dieser Ebene eine Messskala anbringen, die scharf ins Bild eingeblendet erscheint.

An den Massen und optischen Daten sieht man, dass Galilei seine Objektive stark abgeblendet hat, das heißt die freie Öffnung verkleinert. Hier die beiden Originalfernrohre nach B. Edison Pettit Morris und Morris 2017:

Museum Galilei in Florenz:
Teleskop V.1
Objektiv bikonvex, 51 mm Durchmesser abgedeckt auf Apertur 37 mm, f= 1330 mm,
Okular plankonkav, f= −94 mm Vergrösserung 14x, Gesichtsfeld 15′.
Teleskop V.2:
Objektiv plankonvex, Durchmesser 37 mm, Apertur 15 mm, f= 980 mm
Neues Okular plankonkav f= −47 mm Vergrösserung 21x, Gesichtsfeld 15′.
Die Länge eines zweilinsigen Fernrohrs ist bei Einstellung auf unendlich gleich der Summe der beiden Brennweiten, also hier 1236 mm bzw. 933 mm.

Der Experte für die Geschichte des Fernrohrs Rolf Riekher fasst unerbittlich zusammen:

> *„Als Erfinder scheidet er [Galilei] aus. Prinzipielle Veränderungen oder Verbesserungen der aus den Niederlanden bekannt gewordenen Fernrohre hat er nicht vorgenommen. Durch geschickte Linsenauswahl – bei Ausschöpfung der ihm in Venedig gebotenen günstigen Möglichkeiten – konnte er Vergrößerung und Abbildungsgüte steigern, aber theoretisch fundiert war dieser Fortschritt sicher nicht."*

Galilei hatte jedoch eine ausgezeichnete und kommerziell erfolgreiche Fernrohrwerkstatt aufgebaut; der Historiker Matteo Valleriani beschreibt den Beginn der Produktion (Valleriani 2010) mit Kanonenkugeln zum Schleifen konkaver Linsen, mit Stahlschüsseln für konvexe Linsen und Orgelpfeifen für die Tuben. Allerdings ist der Bau schwierig und die Qualität unterschiedlich; Galilei schreibt an den Florentiner Senator Belisario Vinta im März 1610:

> *„Unter den hundert Linsen, die ich mit grossem Aufwand und Kosten gemacht habe, habe ich heute gerade zehn, mit denen sich die neuen Planeten und Sterne beobachten lassen."*

Allerdings sieht man anhand der Ergebnisse der Beobachtungen der Zeitgenossen Harriot und Marius, dass der Bau von brauchbaren holländischen Fernrohren auch anderen guten Handwerkern möglich war: Alle drei hatten keinen Einblick in die Theorie der geometrischen Optik und arbeiteten mit Trial and Error; alle drei lernten es, mit den Tücken der Instrumente umzugehen.

Das Gesichtsfeld ist also etwa einen halben Monddurchmesser gross. Der Grund für das Abblenden ist wahrscheinlich der Versuch, die Linsenfehler zu reduzieren, die umso stärker auftreten, je grösser der Winkel der Strahlen zur Achse ist. Der Preis für das Abblenden ist hoch, die Lichtstärke nimmt ab, das Bild wird dunkler. Auch fand man an den Linsen Unregelmässigkeiten durch die mangelnde Qualität des Glases.

Dafür haben die Teleskope Galileis eine besondere grossartige Eigenschaft: Es sind wunderbare Kunstwerke (Abb. 5.11). Die ersten niederländischen Fernrohre waren dagegen wenig attraktive Eisenröhren, die heute weitgehend verschollen sind.

Vier Monate nach dem Erhalt der Nachricht von der holländischen Erfindung, am 21. August 1609, führt Galilei sein Instrument acht Vertretern der venezianischen Signoria, der Stadtregierung, auf dem Glockenturm von San Marco in Venedig vor, am 24. August dann dem ganzen Senat. Sein Freund und venezianischer Staatstheologe Paolo Sarpi hat die Vorführung zu Wege gebracht. Es ist ein knappes Jahr, nachdem Hans Lippershey schon ganz ähnlich den Gesandten der Friedensverhandlungen in den Niederlanden vom Moritz-(Maurits)-Turm gezeigt hatte, wie ferne Objekte durch das Fernrohr scheinbar näher kamen, und danach den Ständen. Vom Campanile des San Marco-Doms aus sah man mit dem Fernrohr die türkischen Schiffe auf offener See. Niemand denkt an Wissenschaft, es geht um Seefahrt und um militärische Anwendungen – und für den 46-jährigen Galilei um ein neues Unternehmen mit grossem Marktpotential und um seine finanzielle Zukunft.

Abb. 5.11 Die Teleskope Galileis im Kasten des Museums der Geschichte der Wissenschaften. Die Länge der Fernrohre ist etwa 1 m. (Bildquelle: Museo Galilei, Florenz)

Im Brief an den Dogen Leonardo Donato schreibt er am 24. August 1609 explizit:

„… Euer Durchlauchtigkeit untertänigster Knecht wird bei Eurer Durchlauchtigkeit vorstellig mit einem neuen Instrument, einem Fernglas, das eine grosse Hilfe sein wird zu Wasser und zu Lande … welches die Gegenstände so nahe ans Auge heranführt, dass ein Gegenstand, welcher beispielsweise neun Meilen entfernt ist, so erscheint als wäre es lediglich eine Meile. Ich versichere Ihnen, dass ich diese neue Erfindung wie ein grosses Geheimnis behandeln werde und nur Ihrer Durchlaucht zeigen.“

Das Schmierblatt Galileis mit dem Entwurf des Briefes ist das Juwel der Sammlung der Universität von Michigan.

Galilei formuliert gewagt „ein neues Instrument" und „neue Erfindung", denn das kommerzielle holländische Rohr ist recht bekannt. Aber für die Preisgabe seines besonderen „Geheimnisses" wird sein Gehalt auf 1000 Florentiner verdoppelt und er wird auf Lebenszeit an der Universität Padua angestellt – er ist jetzt Patrizier. Hier setzt ein Gerücht ein, das vielleicht wahr ist:

Der Grund für die Gehaltserhöhung sei die Überlassung des Rechts an die Signoria gewesen, allein das Super-Fernrohr galileischer Bauart zu vertreiben. Als man herausfand, dass der Unterschied zu den handelsüblichen Rohren minimal war, habe man ihm die Gehaltserhöhung nicht ausbezahlt, nur die lebenslange Anstellung belassen.

Wir betrachten nun die wichtigsten Beobachtungen Galileis, seine Leistungen, aber auch seine Irrtümer. Die Bedeutung der Entdeckungen für die Alternative „geozentrisch oder heliozentrisch" diskutieren wir dann im nächsten Kapitel. Es gibt ein paar Überraschungen!

5.3.2 Galilei, die Anfänge und der Mond

„Die Mitte des Mondes scheint von einer Höhlung eingenommen zu sein grösser als der
ganze Rest und dazu perfekt kreisrund."
Galilei im „Sternenboten" über seine Beobachtung Anfang 1610

Später erwähnt er diesen Krater nicht mehr und er ist auf keiner späteren Mondzeichnung
Galileis mehr zu finden.

Ab Ende November 1609 richtet er das Rohr gegen den Nachthimmel – ein unsinniges
Unterfangen, schien es, was soll es im Dunklen zu sehen geben? Aber es öffnen sich, wie
es die Tafel der Abb. 5.12 nahe legt, neue Horizonte. Die Leistung Galileis ist es dabei,
nicht nur das Interesse für die zu sehenden Objekte zu haben, sondern die neuen Erkenntnisse effektiv zu popularisieren. Die Entdeckungen sind zwei Monate später das Gesprächs-
thema Europas und sein Name ist berühmt bis heute.

Jeder, der einmal ein auch nur kleines Fernrohr zum Himmel gerichtet hat, weiss, dass
es „leichte" Objekte gibt, Objekte die sofort beeindrucken – vor allem der Mond um die
Zeit der Mondviertel herum, und offene Sternhaufen wie die Plejaden. Wie erwähnt hat
man insbesondere beim Fernrohr des holländischen Typs als erstes das Problem, das
Objekt der Begierde überhaupt im Fernrohr zu finden! Ein anderes praktisches Problem,
das Galilei sicher hatte, war eine stabile Montierung, das heißt eine verstellbare Befesti-
gung des Rohres ohne Wackeln durch Wind oder Berührung.

Der Mond ist auch für Galilei das wichtigste Objekt: Er sieht sofort Berge und Täler,
Gebirge und Gräben, die er zeichnet und malt. Er findet und beobachtet eine Reihe von
interessanten astronomischen Objekten für Besitzer kleiner Fernrohre: neben dem Mond

Abb. 5.12 Gedenktafel für die erste Präsentation des Teleskops vor offiziellen Vertretern der Republik Venedig durch Galilei am 21. August 1609

offene Sternhaufen und die Milchstrasse mit Sternen, die für das blosse Auge unsichtbar sind, die Venus mit ihren mondähnlichen Phasen, den Saturn in sonderbarer Gestalt und die Sonne mit den Flecken.

All diese Beobachtungen haben vor ihm oder gleichzeitig andere Zeitgenossen gemacht. Das weiss er zum Teil nicht (etwa bei Thomas Harriot und den Mondbeobachtungen), er ahnt es zum Teil (wie bei den Sonnenflecken und Johannes Fabricius) oder er will es nicht wahrhaben (wie bei den Jupitermonden und Simon Marius). Galilei hat einen starken Sinn für Priorität und die Sicherung „seiner" Entdeckungen. Als er am Planeten Venus die Phasen entdeckte und beim Planeten Saturn eine merkwürdige ovale Form, kommunizierte er dies verschlüsselt als Anagramm, das heißt mit umgestellten Buchstaben. Der Sinn der Verschlüsselung war, damit zu gegebener Zeit *a posteriori* seine Priorität nachweisen zu können.

Für den Saturn zum Beispiel, den er als seltsame Scheibe mit Henkeln sah, schrieb er an Kepler: *s.m.a.i.s.m.i.l.m.e.p.o.e.t.a.l. e.u.m.i.b.u.n.e.n.u.g.t.t.a.u.i.r.a.s.* mit der Auflösung: *Altissimum planetam tergeminum observavi.*

„Ich habe den höchsten Planeten (also den Saturn) in dreifacher Gestalt beobachtet."

Er hatte den Ring des Saturn entdeckt, aber noch nicht als Ring auflösen und verstehen können. Er hielt ihn für zwei Henkel (*ansae*). Die Ringgestalt wurde erst 45 Jahre später von Christiaan Huygens erkannt.

Kepler konnte das Anagramm nicht erraten, aber er hatte eine kuriose, zukunftsträchtige Lösung vermutet: *„Den beiden Freunden, Kinder des Mars, zum Gruß."* In der Tat hat der Mars zwei Monde, aber die hat der amerikanische Astronom Asaph Hall erst 1877 entdeckt. Über das Wortspiel bei und nach der Entdeckung der Venusphasen berichten wir unten.

Priorität (lateinisch prior, der Vordere) bezeichnet im Allgemeinen den Vorrang einer Sache. Wissenschaftlich ist die zeitliche Reihenfolge einer Entdeckung durch verschiedene Personen im Allgemeinen nicht relevant, vor allem wenn „die Zeit reif ist" für die Entdeckung und diese sozusagen „in der Luft liegt". Die Beobachtungen mit Teleskopen niedriger Vergrösserung lagen in der Zeit von 1609 bis 1611 wirklich in der Luft.

Der Soziologe Robert K. Merton (1910–2003) hat das Verhalten von Wissenschaftlern in solchen Situationen untersucht. In der Tat gibt es in der Geschichte der Wissenschaft hunderte von Streitfällen, von Galilei versus Simon Stevin, Galilei versus Simon Marius und Galilei versus Johann Fabrizius angefangen bis zu den wohl berühmtesten Fällen, Isaac Newton versus Gottfried Leibniz (Differential- und Integralrechnung) und Charles Darwin versus Alfred Russel Wallace (Evolution). Wissenschaftlich absurd wird die Priorität durch den Arago-Effekt: Der Erste gewinnt, auch wenn es nur um Tage geht. Der Physiker François Arago schrieb 1834 explizit:

„… die Priorität mag von Wochen abhängen, von Tagen, von Stunden, Minuten."

Wir sehen in dem Wert und dem Bewerten der Priorität einer Entdeckung (oder Erfindung) diese sinnvollen Stufen:

0. das Erleben des Augenblicks der Entdeckung für den Entdecker selbst,
1. das Erfahren des neuen Wissens,
2. die Analyse des Neuen,
3. die Kommunikation des Gefundenen,
4. den Ruhm beziehungsweise Gewinn.

Galilei ist zu beneiden für die vielfältige Stufe Null, das Erleben der Sternennächte mit dem Gefühl, etwas Unerhörtes als Erster zu sehen, wie ein Raumfahrer im Weltall! Das Erleben ist ja unabhängig davon, ob jemand in England, Deutschland oder Italien unbekannterweise das Gleiche sieht und empfindet. Galilei ist dazu vielseitig in seinem Wissensdrang; es ist eine ganze Welt, die er am Nachthimmel vorfindet. Die Entdeckungen selbst sind keine wissenschaftliche Leistung; etwas überspitzt gilt der Satz von Hans Conrad Zander (Zander 2008), wenn man im Zitat die falsche Zeitangabe 1633 auf das Jahr 1610 korrigiert:

> *„Denn im Grunde ist Galileo Galilei im Jahr 1633 [1610] mit seinem holländischen Fernrohr so umgegangen wie Erich von Däniken im 20. Jahrhundert mit den Spuren der Außerirdischen im Urwald von Peru.“*

Robert Merton unterscheidet zwischen dem Bild des „wissenschaftlichen Helden“ einerseits und der „multiplen Entdeckung“ andrerseits: Bei den teleskopischen Entdeckungen handelt es sich sachlich um multiple Entdeckungen. Im Bewusstsein der Menschen der Aufklärung ist es die Tat eines einsamen Helden, schon lange vor dem „Helden“ des Inquisitionsprozesses.

Galilei versucht auch die Analyse des Neuen, vor allem unter dem Gesichtspunkt: Wie verhält sich dies zur Ansicht des Aristoteles? Was bedeutet dies für Kopernikus? Am stärksten ist Galilei wieder hier bei der Kommunikation: Aus Angst um seine Prioritäten (die er genaugenommen meistens ja nicht hat) produziert er, während er noch beobachtet, ein Büchlein über seine Beobachtungen, den *Nuncius Sidereus* oder *Sternenboten* (Abb. 5.13). Es ist ein Büchlein mit 29 Seiten, geschrieben in neuem Latein, dem Latein der Renaissance. Galilei schreibt einen lockeren Bericht seiner persönlichen Entdeckungen nicht wissenschaftlicher als ein Reisebericht.

Das lateinische Wort *Nuncius* bedeutet den Boten, aber auch die Botschaft; der Titel lässt sich also mit *Sternenbote* oder auch als *Nachricht von den Sternen* übersetzen.

Er schreibt es innerhalb von 8 Wochen, um sich die Priorität der Entdeckung zu sichern, schliesslich gibt es immer mehr ähnliche Fernrohre, und die Mondberge und die Jupitermonde sieht man schon in den einfachsten Instrumenten.

Am 1. März 1610 erhält er von der venezianischen Behörde die Druckerlaubnis, am 2. März macht er die letzte Beobachtung dafür, und am 13. März 1610 kann er ein druckfrisches, noch ungebundenes Exemplar nach Florenz schicken.

Abb. 5.13 Die Titelseite des „Sternenboten" (oder „die Nachricht von den Sternen"). Galileo Galilei, Mai 1610. (Bildquelle: Wikimedia Commons, Houghton Library, Harvard)

Er beschreibt

- den Mond mit den Bergen und Ebenen,
- Sterne, die mit blossem Auge unsichtbar sind,
- die Monde des Jupiters als „die neuen Planeten".

Seine Entdeckung der Phasen der Venus und der Sonnenflecken kommen zu spät: Der erste Teil wird in der Druckerei schon gesetzt, während die Inhalte des zweiten Teils erst entstehen. Das Ergebnis ist eine Broschüre, die eines der wichtigsten Dokumente der Wissenschafts- und Kulturgeschichte geworden ist. Dazu kommt die besondere Fähigkeit Galileis als Künstler, literarisch und malerisch/zeichnerisch, die den Sternenboten zu einem historischen Kunstwerk macht (Bredekamp 2015). Im Jahr 2005 tauchte ein gefälschtes, besonderes Exemplar des Sternenboten auf, das in der Kunstwelt unter der Führung des deutschen

Kunsthistorikers Horst Bredekamp viel Furore machte – bis es 2013 als Fälschung entlarvt wurde (aber noch heute viele Webbeiträge zum Thema „Galilei" liefert).

Das Büchlein ist grossartig zu lesen und anzusehen und gibt den Eindruck der ersten Stunde, des Erlebens des Mondes: Wie die Beleuchtung sich ändert und die Schattengrenze (der Terminator) sich verschiebt, wie Berggipfel als helle Spitzen im Schatten erscheinen, wie die Schatten wachsen. Dazu kommen einige Kuriositäten der ersten Stunde, einiges zum skeptisch sein. So hat Galilei im Sternenboten mehrfach einen Riesenkrater (Abb. 5.14) gezeichnet, deutlich perspektivisch herausgearbeitet und wunderbar beschrieben:

> *„.. ich habe es so gut wie ich kann schon heraus gearbeitet. Der Eindruck mit Licht und Schatten ist gerade so, wie es ein Gebilde wie Böhmen auf der Erde machen würde, wenn es ringsum von hohen Gebirgen in einem vollkommenen Kreis eingeschlossen wäre."*

Der Astronom Giambatista Riccioli, der 1651 die grössten Krater benannte, hätte diesen Krater später Bohemia nennen können! Aber die Zeichnung Galileis ist so absurd verzerrt, dass es nicht einmal einfach ist, zu entscheiden, welchen Krater Galilei wirklich gemeint

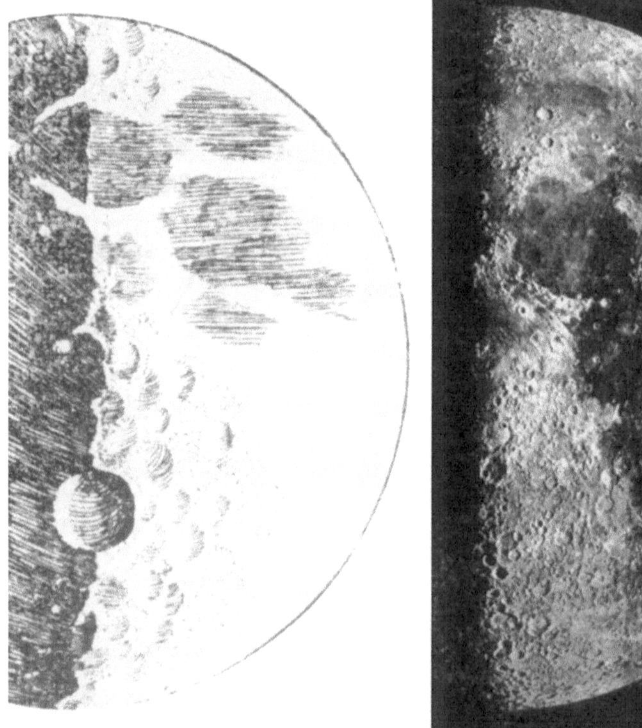

Abb. 5.14 Mond, erstes Viertel. Radierung Galileis vom Mond aus dem Nuncius Sidereus und Vergleich mit einer modernen Teleskopaufnahme. (Bildquelle: Wikimedia Commons, ECeDee)

hat: Ist es Tycho, Ptolemäus oder Walther? Wahrscheinlich ist es der Krater Albategnius gewesen, den Galilei so hervorhob – und den er mit dem nächstbesseren Fernrohr dann nicht mehr gefunden hat. In der Tat ist Albategnius bei einem bestimmten Licht, wenige Stunden nach dem ersten Viertel, recht deutlich zu sehen (auch in Abb. 5.14 rechts), aber nur dann. Albategnius ist ein Krater von 131 km Durchmesser und mit 3300 m Tiefe – im Bild dargestellt mit 420 km Durchmesser und einem plastischen, deutlichen Abgrund; zum Vergleich sind die bekannten und auffallenden Krater Tycho und Copernicus etwa 100 km gross.

Auf Mondzeichnungen ab November 1610 ist der Krater einfach nicht mehr da! Das wird Galilei so peinlich gewesen sein, dass er zu den 550 gedruckten Exemplaren keine Neuauflage des Nuncius mehr zuliess. Galilei hat auch die dunklen Gebiete, die Maria, grosszügig im Bild verschoben – das mag auch daran liegen, dass sein Gesichtsfeld so klein war und er stückeln musste. Erst in der Zeichnung kommen die Einzelteile zusammen. Galilei handelt eben nicht als Kartograph und unbestechlicher Wissenschaftler, sondern als Künstler mit der anti-aristotelischen Botschaft: Der Mond ist keine makellose Kugel, sondern voller Berge und Täler, sogar mit einem perfekt runden Gebilde wie Böhmen in Form eines Amphitheaters. Es ist Galilei als Künstler und Lehrmeister, der zugunsten einer Aussage nachbessert. Die mit dem blossen Auge sichtbaren dunklen Flecken hatten zwar weltweit zu den verschiedenen Mythen Anlass gegeben („*dem Mann im Mond*"), aber sie hatten dem Glauben an die perfekte Kugel als dominierende Ansicht keinen Abbruch getan: Es seien nur Dichteschwankungen im Mondkörper, die an der Philosophie nichts änderten.

Der Mondrand führt Galilei zu einer neuen Beobachtung und (falschen) These im Zusammenhang mit der Gebirgigkeit des Mondes: Warum sieht (für ihn) der optische Rand des Mondes so glatt aus, warum ist es nicht eine grobe Zackenlinie? Seine These ist, dass der Mond eine dünne Atmosphäre habe (Abb. 5.16a). Unten wird er eine ähnliche These vorbringen von einer ausgedehnten Atmosphäre in der Umgebung des Jupiters (Abb. 5.16b).

Am Mondrand sei der Weg der Lichtstrahlen länger durch diese Hülle und es verschwömmen damit die Konturen. Aber in Wirklichkeit ist der Mond ohne jede Atmosphäre und der Rand ist durchaus auch zackig, nur sind die Erhebungen des Mondes nicht so extrem wie von Galilei überschlagen (nach seiner Konstruktionsskizze in der Abb. 5.15 wäre die Höhe der Mondberge etwa 5 % des Mondradius, also ungefähr 80 km hoch)!

Dass der Mond keine Atmosphäre hat, lässt sich ganz trivial beweisen, wenn man beobachtet, dass der Mond durch die Fixsterne wandert und dabei einen Stern bedeckt: Diese Bedeckung geht für das Auge schlagartig im Bruchteil einer Sekunde. Es ändert sich vorher auch nicht die Farbe des Sterns. Das hat eigentlich schon Nikolaus Kopernikus 1497 gesehen, als er die Bedeckung des Aldebaran durch den Mond beobachtete: Aldebaran im Sternbild Stier wurde einfach vom Mond ausgeknipst! Allerdings gibt es nur 4 Sterne der ersten Grössenklasse, bei denen man Bedeckungen beobachten kann: Aldebaran im Stier, Antares im Skorpion, Regulus im Löwen und Spica in der Jungfrau. Dadurch gibt es im Schnitt nur etwa einmal im Jahr eine Gelegenheit zur Beobachtung. Viele der

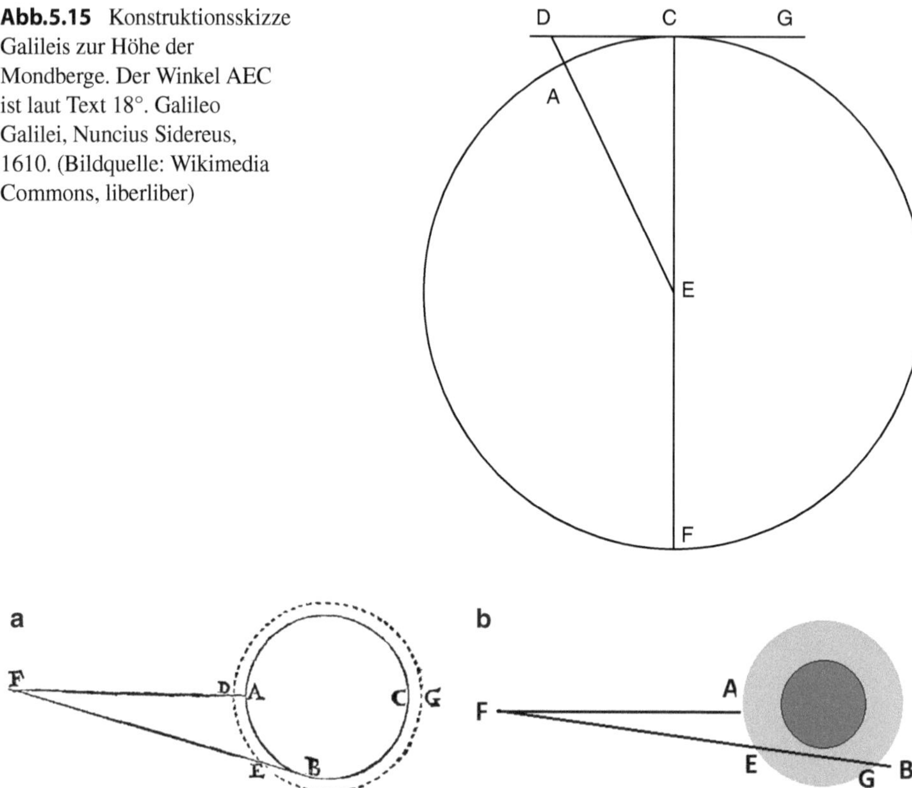

Abb. 5.15 Konstruktionsskizze Galileis zur Höhe der Mondberge. Der Winkel AEC ist laut Text 18°. Galileo Galilei, Nuncius Sidereus, 1610. (Bildquelle: Wikimedia Commons, liberliber)

Abb. 5.16 **a** Der Effekt der von Galilei vermuteten dünnen Atmosphäre um den Mond. Zeichnung Galileis im Sternenboten, 1610. (Bildquelle: Wikipedia Commons, liberliber). **b** Der Effekt der von Galilei vermuteten dünnen Atmosphäre um den Jupiter. Zeichnung des Autors nach dem Text des Sternenboten, 1610

Bedeckungen finden allerdings am Tag statt oder sind nur auf einem Teil der Erde sichtbar. Heute werden sie für Sternfreunde natürlich angekündigt.

5.3.3   Das trügerische Fernrohr und die Sterne

„Ich war von der gewaltigen Menge an Sternen überwältigt",
„… andere Sterne in Myriaden, die nie vorher gesehen wurden, und die die alten, schon vorher gekannten, in der Zahl um mehr als das zehnfache übertreffen."
Galilei im Sternenboten (1610)

Mit dem blossen Auge kann man etwa 5000 Sterne insgesamt am Firmament sehen, etwa 2000 auf einmal. Galilei schätzt 1610, dass er mit seinem Teleskop zehnmal mehr sehen kann. Theologisch muss er sich die Frage gefallen lassen, wozu es überhaupt Sterne geben sollte, die so lichtschwach sind, dass man sie nicht von Natur aus, also mit blossem

Auge, sieht. Wozu sollte Gott sie geschaffen haben? Aus einer anthropozentrischen Sicht, die den (natürlichen) Menschen über alles stellt, eine berechtigte Frage. Allerdings eine Frage, die man zum ganzen riesigen Universum stellen kann, da wir Menschen doch nur einen winzigen Teil bereisen (das heißt besitzen) können. Unsere Vorstellung vom Universum ist in den vergangenen vier Jahrhunderten noch um Hundert Milliarden Mal grösser geworden bei gleicher Erde!

Man kann die Schlussfolgerung auch im Sinne des Homo Faber, des schaffenden Menschen, umkehren:

Da es diese Vielzahl von Sternen gibt, die man nur durch Technologie entdecken kann, ist es von Gott vorgesehen, dass wir Menschen Technologie entwickeln und anwenden.

Galilei ist vom erweiterten Sternenhimmel fasziniert – es ist die Idee des Unendlichen, hier in der realen Welt ebenso wie in der virtuellen Welt der Mathematik mit den unendlich vielen Zahlen. In der Mathematik verursacht das Unendliche logische Probleme, in der Astronomie wird es im Italien der Renaissance zur Lebensgefahr. Es war eines der Verbrechen des Giordano Bruno, der behauptete, es gebe unendlich viele Welten bei nur einem Erlöser! Hier ist Galilei mit seinen Ansichten nahe an der Ketzerei des unglückseligen Giordano Bruno, verbrannt am 17. Februar 1600.

Im Sternenboten zeichnet Galilei am Fernrohr verschiedene, repräsentative Sternengebiete, Stern für Stern: die Gürtelregion des Orion bis zum Schwert, den „Kopf" des Orion und die offenen Sternhaufen Praesepe im Sternbild Krebs und die Plejaden im Stier. Die Abb. 5.18 zeigt seine recht präzise Skizze, Abb. 5.17 die ? Galilei ist wohl überwältigt von der Menge an Neuem. So übersieht er völlig eines der auffallendsten Objekte am nördlichen Himmel, obwohl er gerade diese Himmelsgegend mit dem Schwert zusammen kartografiert:

Abb. 5.17 Der offene Sternhaufen der Plejaden (das Siebengestirn) als moderne Teleskopaufnahme mit dem Hubble-Teleskop. (Bildquelle: NASA, ESA und AURA)

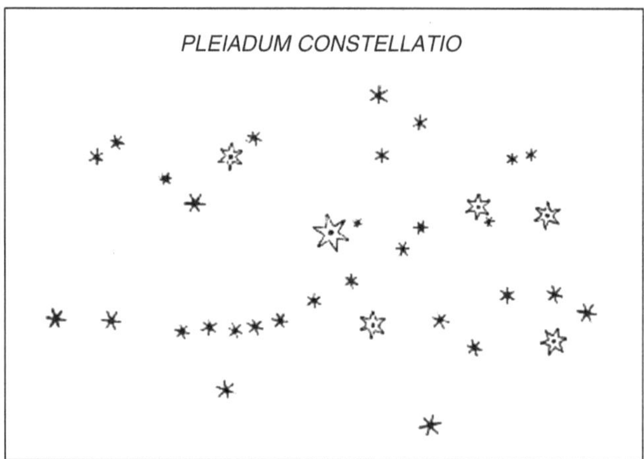

Abb. 5.18 Der offene Sternhaufen der Plejaden (das Siebengestirn) als Holzschnitt im Sternenboten von Galilei (1610). (Bildquelle: Wikimedia Commons, liberliber.it)

den Orionnebel. Er ist stolz auf seine Entdeckung, dass Nebel wie die ganze Milchstrasse eigentlich Ansammlungen von Sternen sind, und übersieht den „echten" Gasnebel, den man schon nahezu mit blossem Auge sehen kann. Es gab später sogar die Vermutung, der Orionnebel müsse schwächer gewesen sein, weil ihn Galilei übersah. Aber der französische Astronom Nicole-Claude Fabri de Peiresc beobachtet ihn noch im gleichen Jahr 1610, und der jesuitische Astronom Johann Baptist Cysat beschreibt den Orionnebel im Jahr 1619 in einem Buch über Kometen.

Galilei entscheidet sich offensichtlich aus Zeitgründen, wie er andeutet, keine systematische Durchmusterung des Nachthimmels zu machen, selbst der ganze Orion, den er zeichnen wollte, ist ihm zu viel an wertvoller Zeit. Systematisch wird dies etwa hundertundfünfzig Jahre später ab 1758 der französische Marineastronom Charles Messier machen und 110 „leichte" Objekte katalogisieren: Nach Messier gehören dazu etwa der Orionnebel M42 mit der Helligkeit 4^m total (ein Gasnebel, im Fernrohr entdeckt von Fabri de Peiresc), der Andromedanebel M31 mit 3.5^m (eine Galaxis, im Fernrohr zuerst beobachtet von Simon Marius), M44 Praesepe (die Krippe) mit $3{,}7^m$ und M45, die Plejaden (das Siebengestirn, von Galilei beobachtet) mit $1{,}6^m$. Zur Erinnerung: Gestirne heller als 5^m bis 6^m (das heißt kleineren Zahlenwerten) sind mit blossem Auge sichtbar. In den Abb. 5.17 und 5.18 stehen sich Modernes und Beginnendes gegenüber. Er zeichnet die „alten Sterne" (wie er sagt) grösser und mit offenem Körper, die „neuen" Sterne als einfache Liniensternchen. Trotz des Namens „Siebengestirn" hat Galilei Recht – man sieht vor allem sechs Sterne.

Wissenschaftlich interessieren Galilei die physikalischen Grössen der Sterne. Das erwähnte plötzliche Verlöschen eines Sterns am Mondrand, wenn sich der Mond vor ihn schiebt, gibt auch einen Hinweis zur Grösse (oder scheinbaren Kleinheit) der Sterne. Heute kann man die Lichtkurven bei der Bedeckung messen und damit zum Beispiel feststellen, ob es sich um einen einzelnen Stern oder um ein Mehrfachsystem handelt. Allerdings sind Mondbedeckungen mit helleren Stellen wie erwähnt sehr selten – Galilei hat wahrscheinlich nie eine beobachten können.

Der Anblick eines Sterns täuscht sowohl mit dem blossen Auge wie im Fernrohr. Das Fernrohr zeigt zwar korrekt die Mondberge, aber die (Fix-)Sterne sind eine erkenntnistheoretische Falle. Die Fixsterne sind für uns zunächst eigentlich nur Lichtpunkte. Was man optisch sieht, wird erst 1835 vom englischen Physiker George Airy als Beugungsphänomen verstanden (Abb. 5.19).

Historisch kurios ist es, dass manche zeitgenössischen Gegner Galileis *alle* teleskopischen Beobachtungen als Trug ansahen, etwa der Astronom Scipione Chiaramonti (1565–1652) noch 1633:

> *„[Galilei] schreibt dem Teleskop Wahrheit und Perfektion zu und die Verstärkung der Sehkraft. Das Gegenteil ist der Fall. Das Instrument beruht auf Lichtbeugung und das erzeugt zwangsläufig Täuschungen und dazu grosse Verzerrungen.“*

Bei den Sternbildchen hat der Skeptiker vollkommen seherisch Recht; eine andere Täuschung erkennt Galilei selbst, die Irradiation (Überstrahlung) sehr heller Objekte wie etwa der Venus, die zu falschen Eindrücken führt. Aber sonst ist das Teleskop ein zuverlässiges Gottesgeschenk.

Galilei beobachtet einen Unterschied bei der teleskopischen Beobachtung von flächenhaften Objekten (wie dem Mond) und von punktförmigen (wie den Fixsternen). Im Sternenboten und mit Galilei beginnt ein wissenschaftlicher Irrweg für etwa ein Jahrhundert und ein wunderbares Beispiel für Irrtümer in der Wissenschaft: Die Geschichte der falschen Messungen der Sterngrössen.

Abb. 5.19 Airy-Scheibe (Beugungsbild) eines künstlichen Sterns, erzeugt mit einem grünen Laserstrahl. (Bildquelle: Wikimedia Commons, Anaqreon)

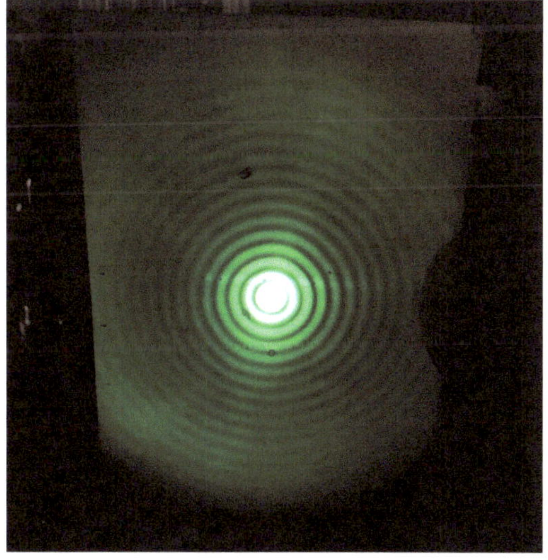

Galilei schreibt zunächst recht wirklichkeitsnah, dass die Fähigkeit des Fernrohrs zur Vergrösserung auf sternförmige Objekte viel weniger wirkt:

> *„… ein Fernrohr, das den Mond hundertfach vergrössert, vergrössert Fixsterne nur vier- bis fünffach."* Zur Erinnerung: Er meint damit ein zehnfach vergrösserndes Instrument.
> *„… sie zeigen sich uns nicht in ihrer nackten, echten Gestalt, sondern strahlen lebendig und von Funken umgeben."*

Hier beschreibt Galilei sehr schön die Scintillation, die Unruhe des Bilds durch die Unruhe der Luft. Das Fernrohr streift dieses Funkeln zum Teil ab, deshalb erscheinen die Sterne im Fernrohr grösser, aber nicht im gleichen Masse grösser wie flächenhafte Objekte. Ein gutes Fernrohr (und ruhige Luft) lässt letztlich ideale Sternscheibchen übrig. Später ist sich Galilei sicher, dass die Sterne Scheiben am Himmel und selbstleuchtende Kugeln in Wirklichkeit sind.

Das Funkeln der Sterne, die nicht eliminierbare Szintillation, erklärt Galilei höchst poetisch

> *„durch die Vibration des Glanzes, der der Sternensubstanz eigen ist".*
> *Brief vom 26. März 1611 an Kepler*

Er verlässt sich auf das Fernrohr als ein Instrument, das zeigt, was wirklich ist – aber bei punktförmigen Objekten zeigt das Fernrohr in Wirklichkeit das Bild des gebeugten Lichts am Objektivrand. Galilei unterliegt hier (wie seine Zeitgenossen) einem für die Wissenschaftstheorie interessanten grundlegenden Irrtum: Was ist, wenn die Ergebnisse eines Messinstruments vollkommen falsch interpretiert werden? Besonders schwierig wird es, wenn getreue Ergebnisse (bei den flächenhaften Objekten wie Mond und Planeten) mit illusorischen Objekten (den nicht auflösbaren Fixsternen) gemischt werden. Die klar zu sehenden Mondberge beweisen doch anscheinend den Wahrheitsgehalt des Gesehenen. Das Ergebnis sind bis zur Korrektur widersprüchliche Interpretationen. Es ist eine Ironie der Wissenschaftsgeschichte, dass anfänglich viele Philosophen alles im Fernrohr Gesehene für Lug und Trug hielten, Galilei dagegen alles für Realität und beide sich irrten.

Die Abb. 5.19 zeigt ein Beugungsbild (eine Airy-Scheibe) am Beispiel eines künstlichen Sterns und einer kleinen Kreisblende. Galilei stellt eine präzise, aber von heute aus gesehen vollkommen fiktive Skala auf, wie die Sternhelligkeit (die Magnitude), der Durchmesser der Sternscheibe und die Entfernung zusammenhängen

Galilei nimmt, ganz im Sinn seiner Maxime „so einfach wie möglich", Folgendes an:

- Alle Sterne haben die gleichen Parameter wie die Sonne, insbesondere die gleiche Grösse und die absolute Helligkeit der Sonne.
- Das Bild in seinem Fernrohr gibt den geometrischen Sterndurchmesser wieder.

Hier hat Galilei eine eigene wissenschaftstheoretische Strategie zum Handeln mit minimalem Wissen: Seine Annahme *„alle Sterne sind gleich und wie die Sonne"* ist vollkommen falsch – es gibt Sterne der verschiedensten Grössen, Typen und absoluter Helligkeiten, von

Zwergen bis zu Riesen. Die Astronomie ist so vereinfacht, dass beinahe nur Unsinn gefolgert werden konnte.

Dabei denkt er, dass er es als geübter Beobachter gelernt hat, den äusseren Glanz und das Funkeln wegzunehmen (er nennt den Überschein „die Irradiation") und die echte Scheibe zu identifizieren. Hier ist sein Lehrbeispiel das Bild der Venus, die am dunklen Abendhimmel prächtig funkelt, aber am Taghimmel (an dem sie im Teleskop auch sichtbar ist) eine saubere Sichel zeigt. Aber hier hat er das falsche Objekt gewählt – die Venus als Planet ist flächenhaft und ihr Bildchen lässt sich real vergrössern, die Fixsterne nicht. Dazu ist das subjektive Bild des Sternscheibchens vom Fernrohr abhängig, vom Objektiv, von der Vergrösserung und von der Luftqualität.

Ohne weiteres Wissen und damit aus der Zeit heraus ist die Aussage „*alle Sterne sind gleich*" als erster Ansatz vielleicht sinnvoll, im Vertrauen darauf, dass die Naturgesetze auch hier der Einfachheit folgen; aber man denke dabei an das erwähnte Einsteinzitat zur Einfachheit! Die Genauigkeit seiner Messung im Fernrohrbild für kleine Relativentfernungen – also innerhalb des Gesichtsfelds – ist dabei ein bis zwei Bogensekunden; dies lässt sich zum Beispiel an der Genauigkeit seiner Skizzen von Sterngruppen ablesen. Das ist sehr gut für seine Optik. Es bedeutet auch, dass er ein guter Beobachter sein kann. Galilei verwendet für die Winkel die Einteilung Grad, Minute, Sekunde und die heute unübliche Sechzigstelsekunde. Er wendet einfache Verhältnisrechnung an: Die Entfernungen wachsen proportional zur Abnahme der Durchmesser der „Sternscheiben". Mit der Sonnenscheibe am Himmel mit 30′ Durchmesser ergeben sich die Entfernungen der Tab. 5.1 (s. a. Graney 2008). In der Tabelle sind die Entfernungen in der zeitlosen Einheit der mittleren Entfernung Erde – Sonne ausgedrückt, der Astronomischen Einheit AE. Zur Zeit Galileis war ein guter Wert für ein AE die Messung von Tycho Brahe zu 1150 Erdradien. Das wären allerdings nur etwa 7,3 Millionen Kilometer gewesen an Stelle des wahren Sonnenabstands von 149,6 Millionen km.

Die galileischen Entfernungen der Fixsterne sind damit etwa um einen Faktor 1000 zu klein: Für Sirius misst er 5 16/60 Bogensekunden, das entspricht 338 AE oder etwa 5/1000 eines Lichtjahres bei wirklichen 8.60 Lichtjahren. Von den etwa 5000 Sternen, die von der Grösse 6 oder heller sind, ist nur eine Handvoll etwa so hell und gross wie die Sonne, alle

Tab. 5.1 Fiktive Zuordnung von Entfernungen (in astronomischen Einheiten AE) zu Sterngrössen nach Galilei im „*Dialog der beiden Weltsysteme*" (1632). Ein Lichtjahr entspricht 63235 Einheiten AE

Sternklasse	Scheiben-Durchmesser in Sechzigstelsekunden	Scheiben Durchmesser in Bogensekunden	Galileische Entfernung in AE
1^m	300	5,00	358
2^m	250	4,17	430
3^m	200	3,33	537
4^m	150	2,50	717
5^m	100	1,67	1074
6^m	50	0,83	2160

übrigen sind grösser und heller. Es sind auch Riesensterne darunter! Der galileische Ansatz ist nahezu sinnlos, die beiden Annahmen sind falsch: Die sichtbaren Sterne sind einige wenige bis tausende von Lichtjahren entfernt, von etwa Sonnengrösse bis zur Grösse der gesamten Erdbahn. Über den Unsinn einer solchen Möglichkeit von Riesensternen macht er sich im *Dialogo* ironischerweise richtig lustig. Besonders kurios ist die Anwendung des Konzepts auf Supernovae: Da die Supernovae die Position am Himmel nicht ändern, müssten sie zum Beispiel aus grosser Entfernung herangefahren werden (auf einer Art Schiene) und wieder zurück – wie Theatermaschinerie. Eine andere Möglichkeit wäre ein Vorhang, der kurzzeitig vor dem Stern aufgeht, um sich nach wenigen Wochen wieder zu schliessen. Es ist eine Epoche der Spekulationen.

Die Anhänger des heliozentrischen Systems wie Galilei brauchten aber als Nachweis der Bewegung der Erde (im Laufe des Jahres eine Verschiebung über den Durchmesser der Erdbahn mit 300 Millionen km) die Beobachtung einer scheinbaren Ortsverschiebung, eine Sternparallaxe. Diese Messung war für Galilei unmöglich, erst 1838 gelang dem Astronomen Friedrich Wilhelm Bessel die erste knifflige Messung am schwachen Stern 61 Cygni. Der Winkel der Parallaxe ist dort etwa $0,3''$, die Entfernung etwa 11 Lichtjahre oder 721.000 AE.

Wir kommen bei der Diskussion der Weltsysteme darauf zurück; hier nur die Bemerkung, dass Galilei die falschen Rechnungen verschweigt, um das kopernikanische Bild nicht zu gefährden. Aber letzten Endes steht er doch wieder glücklich auf der richtigen, der heliozentrischen Seite (Graney 2008).

5.3.4 Der Galilei'sche Balken

„Gebt mir einen Hebel, der lang genug, und einen Angelpunkt, der stark genug ist, dann kann ich die Welt mit einer Hand bewegen."
Archimedes, 285–212 v. Chr.

Galilei schildert am 3. Tag des *Dialogo* eine Idee, wie er die Sternbewegungen und die Sterndurchmesser noch anders messen könnte; wir nennen es den Galilei'schen Balken. Er sei auf die Idee bei der Beobachtung mehrerer Sonnenuntergänge von seinem Sommerhaus aus gekommen. Der Ort des Untergangs am Horizont habe sich von Tag zu Tag an der Silhouette der entfernten Berge deutlich verschoben. Für die Messung eines Sterndurchmessers habe er schon *im Stillen* den Ort ausgesucht: Eine kleine Kirche auf einem Berggrat und davor (im Süden des Bergs) eine weite Ebene. Auf dem Dach der Kirche werde er ein Gerüst mit einem etwa 10 cm starken Balken montieren. Dazu wählt Galilei einen passenden hellen Stern, der gerade so aufgeht, dass er von einer entfernten Stelle in der Ebene gesehen dann beim Aufgang gerade diese Stange kreuzt. Die Abb. 5.20 illustriert einen Sternaufgang in mittleren Breiten (wie Florenz) über die Zackenlinie eines Gebirgszugs.

Natürlich muss man diese Stelle in der Ebene suchen und präzise festlegen. Wahrscheinlich wären ein heller Stern im Grossen Bären (Grossen Wagen) oder die Wega in der

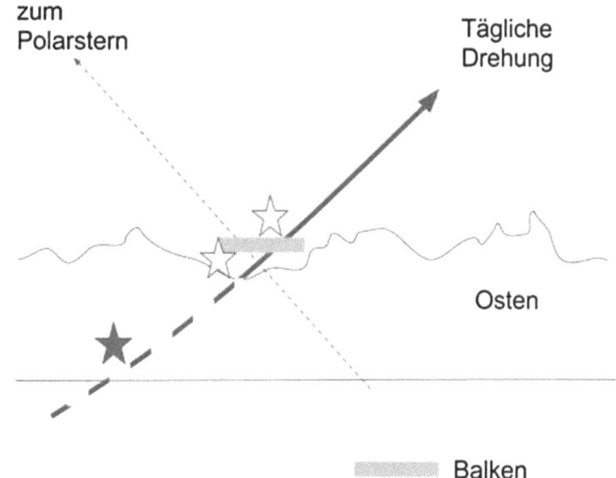

Abb. 5.20 Das Prinzip des Galilei'schen Balkens zur Sternmessung. Die Skizze symbolisiert den Aufgang eines Sterns im Gebirge. Der Balken soll den Stern gezielt kurz verdecken. Der Pfeil zeigt den Weg des Sterns am Himmel

Leier gut geeignet. Der Balken muss vom Beobachtungsort aus gesehen etwa so stark erscheinen wie der Sterndurchmesser. Die grosse Entfernung vom Beobachterort zur Kirche – zum Beispiel 10 km – gäbe eine scheinbare Balkendicke von 2 Bogensekunden von der fernen Stelle aus gesehen und damit eine beinahe mühelos grosse Genauigkeit. Der lange Weg des Lichtstrahls wirkt wie der grosse mechanische Hebel des Archimedes im Eingangszitat. Umgekehrt bedeutet dies die Schwierigkeit, in der Ferne den genau dazu passenden Ort für die Beobachtung zu finden.

Galilei ist sich sicher, dass ein heller Stern ein Scheibchen von etwa 5 Bogensekunden ist. Er hat schon mit einer herabhängenden Seidenschnur als Balkenersatz Vorversuche gemacht. Galilei berichtet, er habe die Schnur vor dem Stern positioniert und sich dann so weit von der Schnur entfernt, bis er dachte, jetzt würde die Schnur den Stern Wega gerade noch bedecken. Er berechnet daraus 5 Bogensekunden scheinbaren Sterndurchmesser, genauso wie schon im Fernrohr als Beugungsbild „gemessen". Er nimmt dies als Bestätigung dafür, dass er gelernt hat, den Strahlenkranz des Sternbildchens im Fernrohr (die Irradiation) richtig zu korrigieren.

Galilei reduziert mit diesen Messungen die bisherige übliche Annahme der Sterndurchmesser im Bogenminuten-Bereich um zwei Grössenordnungen. Stolz schreibt er:

„Ich bin in der That höchlist verwundert, dass so viele Astronomen, auch solche von bedeutendem Rufe, kurzum alle Vorgänger [Galileis] sich so bedeutend in der Bestimmung der scheinbaren Grösse sowohl der Fixsterne als der Planeten geirrt haben." (Dialogo, Übersetzung Emil Strauss, 1891)

Querliegend zur Sternbewegung durch die Rotation der Erde würde der Balken für etwa eine Sekunde über dem Stern liegen (bei dem angenommenen Durchmesser 5"). Galilei erwartet, im Fernrohr deutlich den Durchgang des Sterns zu sehen (oder wenigstens eine merkliche Veränderung) – aber die Wirklichkeit wäre anders. Wega ist am irdischen Himmel um den Faktor 1500 kleiner als er erwartet, nämlich nur ein Scheibchen von 0,00324" oder 3,24 mas im Durchmesser. Dabei ist Wega eigentlich nahezu dreimal grösser als die Sonne, aber sie befindet sich in der Entfernung von 25 Lichtjahren!

Das konnte Galilei nicht wissen. Es ist eine Ironie der Wissenschaftsgeschichte, dass er triumphiert, weil er gezeigt hat, wie klein die Sternscheibchen sind – aber immer noch weit von der Wahrheit entfernt ist. Der „Balken" müsste bei dieser Messung eine Nadel mit etwa 0,2 mm Durchmesser sein, beobachtet aus 10 km Distanz. Die Zeiten für den Durchgang eines Sterns unter dem Balken (oder Nadel) sind damit viel zu kurz und liessen sich nur elektronisch messen. So geht etwa die Wega in nur 0,5 msec hinter der erwähnten Nadel vorbei.

Damit ist der galileische Balken eher eine eindrückliche Demonstration der Entfernungen im All als ein Messverfahren. Aber es ist eine grossartige Idee.

Der Balken ist nicht brauchbar für den Effekt der (zu schnellen) täglichen Umdrehung der Erde, aber das Konzept wäre für die einfache Messung jährlicher Effekte wie Parallaxe und Aberration durchaus brauchbar gewesen. Dazu müsste man den Balken in Richtung der täglichen Sternbewegung orientieren (oder einen geeignet geneigten Berggrat finden) und genau beobachten, wann im Laufe des Jahres ein Stern verschwindet oder auftaucht. Damit könnte man im Prinzip Verschiebungen von Sternpositionen in Richtung der Himmelspole (in der Deklination) feststellen. Diese Experimente hätten sehr viel Geduld erfordert. Aber es wäre, wie Galilei triumphiert, wesentlich billiger als die teuren Apparate und Bauten des von ihm nicht sehr geschätzten Tycho Brahe.

5.3.5   Jupiter und die neuen „Planeten"

> „… besonders betreffend die vier Planeten, die den Stern Jupiter umkreisen mit ungleichen Abständen und Perioden, mit wunderbarer Eile, bis heute von niemandem gekannt, die der Autor [Galileo Galilei] kürzlich und zum ersten Mal entdeckt hat und der ihren Namen zu „die Mediceischen Sterne" bestimmt hat."
> Titelblatt des Sternenboten von Galilei (1610)

Die Entdeckung der „Planeten", die um Jupiter kreisen, betrachtet Galilei als seine grösste astronomische Entdeckung. Am 7. Januar 1610 dominiert Jupiter den Nachthimmel. Galilei richtet „zur ersten Abendstunde" sein Fernrohr auf Jupiter und bemerkt unmittelbar bei Jupiter drei Sterne; er beschreibt im Sternenboten in leicht lesbarer Prosa die Entdeckung „drei helle Sterne, in einer Linie aufgereiht, parallel zur Ekliptik, zwei östlich vom Jupiter, einer westlich". Der deutsche Astronom Simon Marius (s. u.) hat wohl auf nahezu den Tag genau ebenfalls zum Jupiter geschaut mit einem Fernrohr und ebenfalls diese „Sterne" gesehen. Galilei beschreibt die Entdeckung im Detail:

Am 8. Januar waren es jedoch drei helle Sternchen, die alle drei westlich vom Jupiter standen. Wie konnte das sein? Die Nacht des 9. Januar war bewölkt, aber am 10. Januar konnte er wieder beobachten (er war schon gespannt): Es waren nur zwei Sterne, östlich von Jupiter, und kein anderes Sternchen weit und breit. Am 13. Januar waren es sogar vier Sternchen, drei westlich, eines östlich vom grossen Planeten. Die Bewegungsrichtung des Jupiters war eindeutig – er konnte nicht von einer Seite der Sternchen zur andern gehen.

Am 10. Januar versteht Galilei, dass es immer die gleichen Sternchen sind, die Jupiter umschwärmen, es sind „Planeten" wie Venus und Mars. Es fallen allerdings damals noch die Sonne und der Mond in die Kategorie „Planet", dem griechischen Wort für „Wanderer". Am 13. Januar sind es sogar vier „Planeten", die Jupiter begleiten. *„Niemand kann noch bezweifeln, dass sie den Planeten [Jupiter] umkreisen, während sie zusammen in zwölf Jahren um das Zentrum der Welt laufen."* Die Abb. 5.21 zeigt die vier „Planeten" in näherer Ansicht, wie sie Raumsonden fotografiert haben. Als Galilei die Bedeutung der Entdeckung realisiert, wechselt er in seinen Aufzeichnungen von italienisch auf Latein, auf die damalige Lingua Franca der Wissenschaft. Er spricht von den vier neuen Sternen oder Planeten. Er scheut sich, den Plural des Wortes „Mond" zu verwenden. Der Begriff Mond ist damals für den Erdenmond reserviert und eine Erweiterung oder ein Plural waren zunächst nicht denkbar. Heute nennt man diese vier Satelliten insgesamt die „Galilei'schen Monde".

Auf elf Seiten beschreibt Galilei unermüdlich die nächtlichen Konstellationen der Monde, wenn beobachtbar, bis zum 1. März. Dazu fertigt er Skizzen an, die versuchen, die Positionen der Monde (er sagt Planeten) zum Jupiter so getreu wie möglich wiederzugeben. Die Abb. 5.22 zeigt vier Beispiele; *Ori* bedeutet östlich, *Occ* westlich. Jupiter selbst

Abb. 5.21 Die vier grossen Monde des Jupiters, die „Galilei'schen Monde". Die Eigennamen Io, Europa, Ganymed und Kallisto wurden vom Konkurrenten um die Priorität der Entdeckung, Simon Marius, auf Anregung von Johannes Kepler, gegeben. (Bildquelle: Wikimedia Commons, NASA)

Abb. 5.22 Skizzen Galileis zu den Positionen der neuen Sterne relativ zum Jupiter (dem grossen quergestellten O) bei vier Beobachtungen: am 07.01.1610, 08.01.1610, 13.10.1610 und am 15.01.1610. (Galilei im Sternenboten, 1610.; Bildquelle: Wikimedia Commons, liberliber.it)

Abb. 5.23 Eine Konstellation der „Galilei'schen Monde" mit Jupiter in einem modernen kleineren Fernrohr. (Bildquelle: mit freundlicher Genehmigung von Robert Scagell/Galaxy)

wird durch ein gedrehtes grosses O aus dem Setzkasten dargestellt. Die Grösse der gezeichneten Sternchen entspricht der beobachteten Helligkeit. Abb. 5.23 zeigt die aufgereihten Monde in einem modernen Fernrohr mit etwa achtzigfacher Vergrösserung; damit sieht man auch die Wolkenbänder in der Jupiteratmosphäre (die Galilei natürlich nicht sehen konnte).

Die benötigte optische Fernrohrleistung, um die Monde zu sehen, ist eigentlich gering: Alle vier Monde sind nahezu mit blossem Auge sichtbar, Ganymed sogar bei klarem Himmel recht zuverlässig; das Problem ist der geringe Abstand zum relativ überstrahlenden Jupiter mit dem scheinbarem Durchmesser 30" bis 48" und der Grösse heller als -1^{m}, bis $-2{,}9^{\mathrm{m}}$. Die Helligkeiten der Monde sind:

Io bis $5{,}0^{\mathrm{m}}$, Europa bis $5{,}3^{\mathrm{m}}$, Ganymed bis $4{,}6^{\mathrm{m}}$ und Kallisto bis $5{,}7^{\mathrm{m}}$ (Johnson 1978).

Zur Erinnerung: Mit blossem Auge lassen sich unter sehr günstigen Umständen Sterne bis zur Helligkeit 6^{m} und kleiner erkennen; eine Erhöhung um $+1^{\mathrm{m}}$ bedeutet eine Abschwächung der Sternhelligkeit um den Faktor 2,512. Fünf solcher Abschwächungen ergeben definitionsgemäss die Abnahme auf ein Hundertstel.

Die maximalen Abstände von der Mitte der Jupiterscheibe sind: 2,4′, 3,7′, 6,0′ und 10,5′. Man benötigt wenigstens eine geringe Vergrösserung zur Trennung und Vermeidung von Überstrahlung (Irradiation) – ein modernes Opernglas macht die Beobachtung schon möglich. Bei guter Luft (gutem „Seeing") wäre Kallisto gerade noch mit blossem Auge sichtbar; zum Vergleich ist der Abstand des bekannten Doppelsternpaares Mizar und Alkor 12′ mit den einzelnen Helligkeiten $2{,}2^{\mathrm{m}}$ und $4{,}0^{\mathrm{m}}$; das schafft ein gutes Auge bei normalen Sichtverhältnissen problemlos. Bei den Galilei'schen Monden ist der grosse Helligkeitsunterschied Jupiter-Mond von etwa 300:1 das Problem. Galilei baut sich einen kleinen Zusatz ans Fernrohr, um die Abstände (das heißt Winkel) zu messen. Er vergleicht zur Messung der scheinbaren Entfernung im Blickfeld die im Objektiv gesehene Distanz mit der direkt abgelesenen Distanz auf der Skala neben dem Tubus ohne Optik (Abb. 5.24): Das keplersche Fernrohr wird eine professionelle Lösung erlauben; man kann bei dieser Bauart die Skala im Fernrohr in eine Bildebene positionieren und damit gleichzeitig mit dem Objekt sehen.

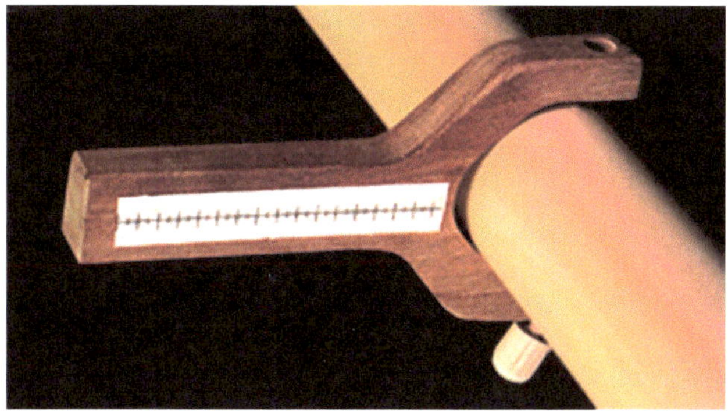

Abb. 5.24 Nachbau einer galileischen Messhilfe am Teleskop um Abstände (Winkel) im Fernrohr ausserhalb des Rohrs zu messen. (Bildquelle: mit freundlicher Genehmigung, Jim & Rhoda Morris. scitechantiques.com.)

Galilei versinnbildlicht verschiedene Helligkeiten durch die Grösse und Form der Kreuzchen. Aber er schildert auch, dass *„die Mediceischen Sterne, die sehr enge Umläufe um Jupiter machen, manchmal mehr als zweimal so gross zu sein scheinen als sonst.“*

Die Helligkeiten der Galilei'schen Monde schwanken in Wirklichkeit nur wenig (Io, Europa und Kallisto um $\pm 0{,}1^{m}$, Ganymed um $\pm 0{,}2^{m}$ nach Johnson 1978), das entspricht bis zu 30 % Helligkeitsänderung. Es ist nicht klar, was Galilei hier sieht – aber er hat eine falsche Erklärung dafür. Er vermutet, wie beim Mond, eine Atmosphäre in der Umgebung des Jupiters jenseits der sichtbaren Scheibe (Abb. 5.16b): Er interpretiert eine geringe Helligkeit als ein „Apogäum“, eine Erdferne der Mondbahn, das heißt eine rückwärtige Position von der Erde gesehen und damit ein längerer Lichtweg mit mehr Absorption durch diese fiktive Jupiterumgebungs-Atmosphäre. Jupiter hat zwar keine feste Oberfläche, nur eine immer dichter werdende Atmosphäre, aber die hält er durch seine grosse Schwerkraft besser zusammen als die Erde: Die Fluchtgeschwindigkeit auf Jupiter (das ist die notwendige Geschwindigkeit, um das Schwerefeld des Jupiters zu verlassen) ist mehr als fünfmal so gross wie auf der Erde. Damit wird der Übergang von der Atmosphäre zum Weltall viel schärfer als im Fall der Erde. Galilei liegt hier falsch.

Was es wirklich gibt, ist das Spiel der Verfinsterungen, wenn ein Mond in den Schatten (oder Halbschatten) Jupiters tritt; dies wird als erster Simon Marius schildern.

Bizarrerweise hält sich die Ansicht der variablen Jupitermond-Helligkeiten bis zum Ende des 19. Jahrhunderts. Der kanadische Astronom Simon Newcomb (1835–1909) schreibt noch 1878 in seiner *Populären Astronomie: „Das Licht dieser Satelliten variiert so stark, dass es schwierig ist, sich einen Grund dafür vorzustellen, ausser ganz heftigen Veränderungen auf der Oberfläche.“* Wenige Jahre später findet sein Kollege Pickering diese heftigen Veränderungen nicht mehr: Pickering hatte ein neues Messgerät zur objektiven Messung von Sternhelligkeiten entwickelt, einen dimmbaren Photometer, mit dem man losgelöst von subjektiven Einflüssen und von der grossen Helligkeit Jupiters messen kann.

Heute (2017) kennt man insgesamt 69 Monde des Jupiters mit einigermassen stabilen Bahnen. Die vier Galilei'schen Monde (von Galilei und [nahezu] gleichzeitig von Simon Marius entdeckt, s. u.) sind die weitaus grössten darunter. Schon mit den vier Monden ist es ein eindrucksvolles System und kosmisches Uhrwerk, das in der Akzeptanz des heliozentrischen Systems eine zumindest emotionale Rolle gespielt hat (s. u.).

5.3.6   Galilei, die Jupitermonde und die Astrologie

Die Entdeckung der Jupitermonde (er nennt sie ja die neuen Planeten) bekommt für Galilei eine besondere Bedeutung – sie verändert sein Leben. Er hat eine geniale Idee: Er sieht sich als Entdecker (auch noch nach dem Anspruch des Simon Marius aus Bayern, s. u.) und damit berechtigt zur Namensgebung. Er schreibt, sogar für den Zeitgeist sehr byzantinisch und unterwürfig, im Begleitschreiben zur Übersendung des Sternenboten:

„Ich bin aufs tiefste überzeugt, dass Gott, der meine heisse Liebe und Ergebenheit gegen meinen allergnädigsten Herrn kennt, da er aus mir keinen Virgil und keinen Homer gemacht hat, mir ein anderes nicht minder außerordentliches und treffliches Mittel, seinen Namen zu verherrlichen, hat verleihen wollen, indem er mir vergönnt, ihn in jene ewigen Annalen einzutragen."

Das Ziel des Patriziers Galilei ist die feudale Welt, deshalb denkt er an einen Wechsel an den Hof des Fürsten der Toskana, Cosimo II., Grossherzog der Toskana, seinem früheren Privatschüler. Er weiss die relative Freiheit und Sicherheit der Republik Venedig und seiner Stellung als Professor in Padua nicht zu schätzen, obwohl ihn Freunde vorausschauend davor warnen, sie aufzugeben. Er fragt den Sekretär des Grossherzogs Belisario Vinta direkt nach dem richtigen Namen, den er für seine entdeckten Planeten wählen soll:

Sollen es *„kos(i)mische"* Sterne oder *„Mediceische"* Sterne werden, das heißt für Cosimo II. allein oder für die vier Cosimo-Brüder; passenderweise sind es ja vier neue Planeten. Dem Sekretär ist *„kosmisch"* zu stark; die Monde werden damit zu den Mediceischen Sternen und das Büchlein des Sternenboten wird Cosimo II. gewidmet. Galilei hat die grossartige Macht, die Herrscher zu den unsterblichen griechischen Sagengestalten an den Himmel zu setzen! Er spricht dies im Vorwort des Sternenboten so aus:

„Aber der Schöpfer der Sterne selbst schien mich klar zu leiten, diese neuen Sterne dem berühmten Namen Ihrer Durchlaucht zuzuweisen vor allen anderen."

Dazu sagt er dem Minister des Grossherzogs im Brief unverblümt seinen Wunsch zur Belohnung, nämlich dass etwas nicht zur Erhabenheit der himmlischen Begebenheit passe:

„Das ist der unadelige Stand und die Niedrigkeit des Registrierenden. Aber ihn zu adeln, steht nicht minder in der Hand Seiner Durchlauchtigsten Hoheit, wie es in der meinen gestanden hat, ein Zeichen meiner unbegrenzten Ehrerbietung zu geben."

Er gibt noch eine weitere Argumentationsebene, warum das Geschlecht der Medici und die neuen Sterne des Jupiters zusammenpassen: Die Astrologie. Galilei wie das Fürstenhaus (und viele in der Epoche) sind Astrologie-Gläubige; der obige Satz „*aber der Schöpfer der Sterne selbst schien mich klar zu leiten*" erhält damit eine andere Bedeutung. Der Autor Nick Kollerstrom zeigt auf, wie gut die Geschichte des Hauses der Medici, die astrologische Interpretation des Jupiters, das Horoskop von Cosimo dem Zweiten und die Entdeckung der Trabanten Jupiters zusammenpassen.

Die beiden Zeichnungen in der einen Abb. 5.25 a verbinden die beiden Welten Galileis, Astronomie und Astrologie, sichtbar auf einem Skizzenblatt. Es ist zum einen der Mond am Morgen des 19. Januars 1610, zum anderen der erste Entwurf des Horoskops von Cosimo dem II. zum 12. Mai 1590. Ein Stern ist neben dem Mond zu sehen, der wohl kurz vor dem Zeichnen am Mondrand aufgetaucht ist, Theta in der Waage (θ Librae), der eine sichere Datierung der Mondskizze erlaubt. Die beiden wenig bekannten Zeichnungen befinden sich auf der Rückseite eines sehr bekannten Blattes mit sechs Aquarellbildchen vom Mond, die Galilei am Teleskop im November/Dezember 1609 gezeichnet hat

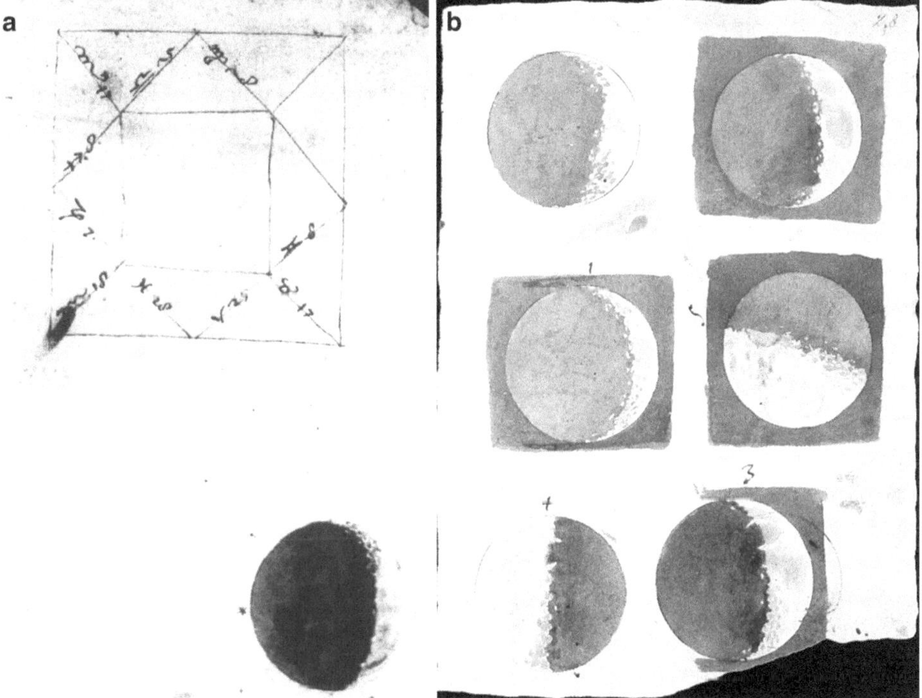

Abb. 5.25 **a** Blatt Galileis, das Astronomie und Astrologie verbindet. Mond mit Stern am 19.01.1610 sowie Teil des Horoskops von Cosimo II. (Bildquelle: Nick Kollerstrom und Ewen Whitaker. Galileoyh, Biblioteca Nazionale di Firenze, mit freundlicher Genehmigung). **b** Vorderseite des Blatts mit sechs Mondaquarellen, direkt am Fernrohr gezeichnet. November/Dezember 1609. (Bildquelle: Wikimedia Commons, Biblioteca Nazionale di Firenze, mit freundlicher Genehmigung)

(Abb. 5.25b). Diese Mondzeichnungen sind ihrerseits eine Verbindung von Astronomie mit Kunst im Sinne der Auffassung von Horst Bredekamp von Galilei als Künstler (Bredekamp 2015).

Das Vorwort Galileis im *Sternenboten* beschreibt an Cosimo die typischen Jupiter-Eigenschaften, dazu sein Horoskop und die Logik der Astrologie. Er schildert, wie die wunderbaren Eigenschaften des jungen Cosimo von der Verbindung mit Jupiter herrühren, wie *„diese Qualitäten, entsprechend der göttlichen Vorhersehung, aus der alle Dinge kommen, dem höchst wohltätigen Jupiter entspringen"* (siehe Kap. 3). Im Weiteren umschreibt er das Geburtshoroskop in Worten:

> *„Jupiter, Jupiter, sage ich, hatte zum Zeitpunkt Ihrer hochwohlgeborenen Geburt bereits die langsamen, wabernden Nebel des Horizonts verlassen und besetzte die Himmelsmitte, von der aus er östlichen Aufgang bestrahlt; von diesem erhabenen Thron wurde die höchst glückliche Geburt und all die Herrlichkeit und Pracht des Neugeborenen in die höchst reine Luft ergossen."*

Kollerstrom übersetzt das *Orientalemque angulum sua Regia* im Originaltext in *„den aufgehenden Jupiter, der den Schützen beherrscht"*. Galilei deutet sogar an, wie er die Wirkungsweise der Astrologie versteht: *„Man atmet oder saugt mit dem erstem Atemzug den Einfluss und die Macht ein"*, wie vorgegeben durch die Stellung der Sterne.

Glaubt man an Astrologie, so hat die Entdeckung der Jupitermonde ein Problem geschaffen: Wohin mit den Neulingen im astrologischen System? Galilei wird von Astrologen gedrängt, etwas zur Bedeutung der neuen Planeten zu sagen. Die neuen Planeten seien so „klein" (lichtschwach) – ein Astrologe schreibt ihm, er beachte in seinen Vorhersagen nur Sterne *„heller als 3. Grösse"*. Galilei schreibt ironisch:

> *„Finde jemand die Planeten überflüssig und ohne Nutzen für die Welt, so möge er der Natur den Prozess machen und nicht ihm, der bisher nichts anderes gewollt habe, als zeigen, dass sie am Himmel sind und mit eigenen Bewegungen den Jupiter umkreisen."*

Seine astrologische Antwort ist die eines Experimentalphysikers als Astrologe:

> *„Alles, was man bisher als Einfluss des Jupiters allein betrachtet hat, ist ebenso wohl von den Trabanten wie vom Jupiter ausgegangen; so dass man geglaubt hat, es sei nur Jupiter, der wirke, und dass man von seinen vier Begleitern nichts gewusst, hat nicht verhindern können, dass sie in Wirklichkeit dem Jupiter zur Seite gestanden und mit ihm zusammen ihre Wirkung ausgeübt haben."* Das bedeutet, dass die zukünftige Astrologie nach Galilei bessere und feinere Vorhersagen wird erstellen können!

Die Identifikation mit Jupiter und dessen Tugenden ist eine Tradition der Medici Dynastie. Cosimo I., der Grossvater von Cosimo II., hatte seinen Regierungssitz, den Palazzo della Signoria, mit Fresken mit olympischen Motiven verziert. Er benützte das Bild des Jupiters zur Stärkung seiner Position, aber er liess sich auch astrologisch beraten und galt als vom Glück begünstigt.

Für den astrologiegläubigen Cosimo II. (wie wohl auch für Galilei) ergibt sich für die Entdeckung der vier neuen Sterne eine inverse Argumentation (Biagioli 1990): Auch die

Entdeckung war vorherbestimmt, die vier neuen Sterne haben gewartet, bis Cosimo II. den Thron bestiegen hatte und es mussten gerade vier Brüder für die vier Sterne existieren. Die Entdeckung war für Galilei sozusagen die wissenschaftliche Bestätigung, dass das Horoskop für Cosimo mit der Herrschaft Jupiters korrekt war. Auch dass der junge Cosimo Schüler von Galilei gewesen war, gehörte in diesen „Plan der Sterne".

Im Juli 1610 erhält Galilei den Vertrag als Hofphilosoph der Medici mit einem Gehalt höher als der Sekretär des Grossherzogs. Er ist kein Mathematicus mehr und er hat keine Verpflichtungen zu Vorlesungen; er ist Berater und freier Forscher, nahezu freier Forscher! Heute würde man ihn wohl den Chief Scientist des Hofs nennen. Die Mediceischen Gestirne wurden am Hof fester Bestandteil der Hofkultur mit Gedichten, Bildern und Theaterstücken. Eventuelle theologische Bedenken zur Existenz und Interpretation des Systems der Jupitersterne als ein System, das nicht die Erde im Zentrum hat, spielen noch eine untergeordnete Rolle. Dazu mehr im Kap. 6.

5.3.7   Das unastronomische Planetenmodell und die Phasen der Venus

„Es ist sicher, dass Venus und Merkur um die Sonne umlaufen, denn sie bewegen sich nie weit fort von ihr, und weil man sie einmal jenseits und dann auf dieser Seite von ihr sieht, so wie die Änderungen der Gestalt der Venus eindeutig beweisen."
Galilei im Dialog über die beiden hauptsächlichen Weltsysteme, 3. Tag, 1632

Eine grosse Ungereimtheit steckt in nahezu allen Darstellungen des aristotelischen geozentrischen Systems: Kein Astronom (oder Astrologe) konnte es eigentlich je so akzeptieren, wie es gezeichnet wurde, kein griechischer, babylonischer oder mittelalterlicher Astronom oder Sternbeobachter.

Dies zeigt die technisch wunderbare Grafik von Ralf Roletschek (Abb. 5.26) in aller Unschuld:

- Der Merkur steht niemals der Sonne vis-à-vis (das wäre in Opposition und er wäre um Mitternacht sichtbar), sein grösster Abstand von der Sonne ist 28°,
- die Venus steht niemals 90° weg von der Sonne (sie kommt niemals in Quadratur zur Sonne); ihr grösster Abstand am Himmel ist 47° (grösste östliche oder westliche Elongation).

Jeder, aber auch jeder, der Sterne beobachtet, weiss dies oder wusste dies. Noch eine Bemerkung zur Venus: Mythisch wird der „Abendstern" (westliche Elongation) als Phosphoros unterschieden vom „Morgenstern" (östliche Elongation). Schon die Babylonier wussten (ca. 1700 v. Chr.), dass es sich um den gleichen Planeten handelte – um die Venus (römisch) beziehungsweise die Aphrodite (griechisch). „Hesperos ist Phosphoros" wurde durch Gottlob Frege zum linguistischen Paradebeispiel *eines* Objekts mit *zwei* Aspekten.

All diese einfachen geozentrischen Grafiken sind nicht physikalisch gemeint, sondern philosophisch oder „machtpolitisch" im Sinne: Wer ist der Meister? Oder umgekehrt

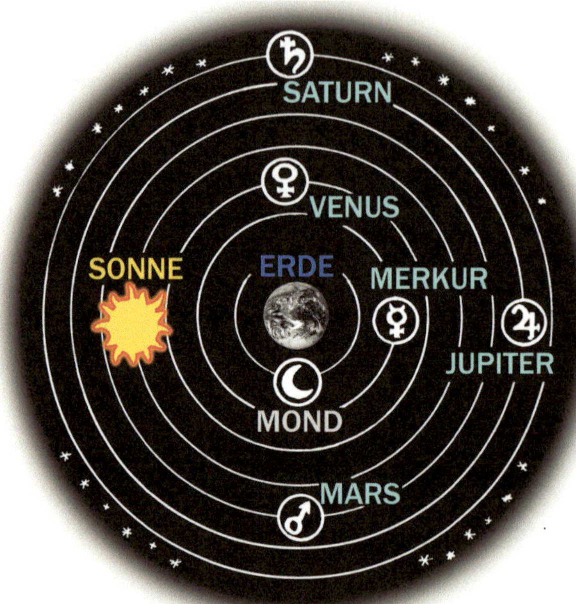

Abb. 5.26 „Unastronomisches" Weltmodell nach Aristoteles. (Bildquelle: Wikimedia Commons, Ralf Roletschek)

astrologisch: Auf wen beziehen sich die Kräfte der Sterne (natürlich auf uns Menschen, ja auf einen bestimmten Menschen unter Milliarden). Das Bild in der naiven Form ist naturphilosophisch gemeint und gibt eine Rangordnung wieder und die radiale Anordnung der fiktiven Sphären.

Ganz anders beim griechischen Mathematiker, Astronomen und Astrologen Claudius Ptolemäus (* um 100, † nach 160): Sein Ziel ist die Berechnung der Bewegung der Objekte am Himmel (Planeten, Mond und Sonne) und die Ereignisse, wie Mond- und Sonnenfinsternisse. Im nächsten grossen Kapitel mehr dazu, hier nur die Folgerungen:

- Ptolemäus kann recht genau die (wirklichen) Bahnen der Planeten am Himmel, an der Sphäre, bestimmen,
- für ihn sind es nur abstrakte (aber selbstleuchtende) mathematische Lichtpunkte auf der Himmelskugel.

Mathematisch gesehen hat Ptolemäus eine ganz gut funktionierende Theorie in Polarkoordinaten. Bei Kepler bekommen wir dann das erste Mal eine sinnvolle Theorie in dreidimensionalen Koordinaten. Galilei steht dazwischen, wenn er Kügelchen sieht (oder ahnt) und über die Änderungen der Scheibchengrössen eine Art relative Vermessung machen kann im Sinne von „wenn das Scheibchen von Venus sechsmal so gross ist wie vor zwei

Monaten, dann ist sie jetzt sechsmal näher". Da man die Richtung des Planeten am Himmel kennt, ist dies eine ungefähre relative Kartierung.

Die grosse Kluft zwischen der „handfesten" Erde einerseits und den fiktiven, abstrakten Planetenpunkten (und der perfekten Mondkugel) andrerseits verschwindet mit der Erfindung des Fernrohrs schlagartig oder wird wenigstens verringert. Der Mond wird erdähnlich, die Planeten werden von der Sonne beleuchtete Kugeln. Mit dem Fernrohr werden zumindest für Venus, Mars, Jupiter und Saturn aus Lichtpunkten zweidimensionale kreisrunde Scheibchen (Abb. 5.27) und aus der Venus durch die Entdeckung von Phasen ähnlich dem Mond sogar offensichtlich eine dreidimensionale beleuchtete Kugel. Auch die letzte Bemerkung ist nicht trivial: Wieso Kugel? Wieso fest? Wieso undurchsichtig? Warum dunkel, woher kommt das Licht? Bevor man an Phasen der Venus denken konnte, mussten erst diese Fragen geklärt sein.

Es gab vor der Erfindung des Fernrohrs sowohl die Ansicht, dass die Planeten selbst leuchteten, wie auch, dass sie als Ganzes von der Sonne mit Licht „imprägniert" würden, das sie dann ihrerseits ausstrahlten. Und dies waren sogar die dominierenden Meinungen.

Das ist das wunderbare Erlebnis in der Geschichte der Wissenschaft, die krummen Wege zur Erkenntnis zu sehen: Wie viele vergessene Optionen des Denkens, die aus heutiger Sicht absurd erscheinen, mussten abgelegt werden, um zum modernen Weltbild zu kommen? Es ist eine Besonderheit der astronomischen Irrtümer und Irrlehren, dass sie im Allgemeinen durch bessere Teleskope oder durch die Raumfahrt aufgelöst werden – seien

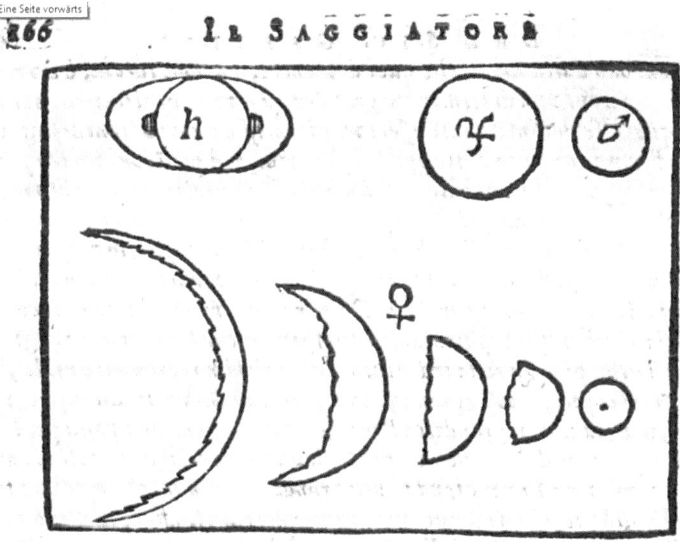

Abb. 5.27 Skizzen Galileis zu den Scheibchen der Planeten (Venus, Mars, Jupiter und Saturn) im Fernrohr mit den Phasen der Venus. (Il *Saggiatore*, 1623; Bildquelle: e-rara.ch/ETH Zürich 10.3931/e-rara-2084)

es die Henkel des Saturns (wie von Galilei gesehen) oder die Hohlwelttheorie (wir leben im Innern einer Hohlkugel) oder das Marsgesicht (eine Formation auf dem Mars, die Rätsel aufgab). Allein die Astrologie überlebt, wie sich im obigen Zitat im Kapitel Astrologie schon Einstein gewundert hat.

Die folgenden gehörten oder gelesenen Sätze sind in diesem Sinn präsentistisch (also fälschlich aus der Gegenwart interpretiert) und falsch:

„Das kopernikanische System sagt Venusphasen voraus. Deshalb ist es richtig",
oder *„Kopernikus hat die Phasen der Venus vorhergesagt".*

Die erste Aussage suggeriert, dass das ptolemäische System dies nicht tun würde – das ist Unsinn. Wenn man die Venus als festen, undurchsichtigen, kugelförmigen Körper denkt und akzeptiert, dann wird sie immer von der Sonne beleuchtet und es ergeben sich Phasen. Nur der Grad der Phasen und ihr Ablauf wären je nach Weltmodell anders.

Galilei lässt den klugen Salviati im *Dialog der beiden Weltsysteme* die kopernikanische Ausgangssituation schildern:

„… deshalb erklärte Kopernikus, dass Venus entweder selbstleuchtend ist oder aus einer Substanz besteht, die Sonnenlicht aufsaugt und über ihren ganzen Körper aussendet, so dass sie uns leuchtend erscheint."

Die Argumentation zu den Venusphasen lief nach der Formulierung von Kopernikus 1543 bis zur Beobachtung der Venus mit dem Fernrohr also umgekehrt:

- Vor dem Fernrohr: Man sieht mit dem blossen Auge keine Phasen. Man sollte aber welche bemerken, für Kopernikus wie für Ptolemäus.
  Lösung ist das Hilfsargument: Die Venus ist entweder selbstleuchtend oder strahlt als Ganzes Sonnenlicht ab, das sie wie ein Schwamm aufgesogen hat.
- Mit dem Fernrohr: Man sieht Phasen. Aber auch das ptolemäische System gäbe Phasen; es kommt auf die Details an.
  Sichere und wichtige neue Folgerung: Die Venus muss jedenfalls eine undurchsichtige, reflektierende Kugel sein.

Der australische Geschichtsphilosoph Neil Thomason hat die Frage der Venusphasen als Beispiel eines Arguments für eine neue Theorie skeptisch analysiert und deren Irrungen zusammengetragen (Thomason 2000). Dazu gehört insbesondere die Legende, dass Kopernikus die Entdeckung der Venusphasen vorhergesagt hat, die in vielen Fassungen durch die Literatur als Urban Legend geistert: Aber es ist nur historischer Klatsch.

Mehrere Beobachter haben etwa gleichzeitig mit Galilei Ende 1610/Anfang 1611 die Venus und ihre Phasen beobachtet – die jesuitischen Astronomen Christopher Clavius, Odo van Maelcote und Giovanni Paolo Lembo, der Engländer Thomas Harriot und der deutsche Simon Marius. Galilei war wohl der erste und der systematischste Beobachter.

Ein Zeitgenosse Galileis und Kopernikaner hatte die Venusphasen wirklich vorhergesagt und Galilei darauf gestossen: Benedetto Castelli (1577–1643), ein Schüler und Freund Galileis und Mathematikprofessor in Pisa. Er schreibt an Galilei:

*„Da (wie ich glaube) die Position des Kopernikus richtig ist, dass Venus um die Sonne kreist,
ist klar, dass sie von uns manchmal mit Hörnern und manchmal ohne gesehen würde ... wenn
nicht sowohl die Kleinheit der Hörner als auch die Effusion der Strahlen die Beobachtung
dieses Unterschieds verhinderten."*
Benetto Castelli, Brief an Galileo Galilei, 5. Dezember 1610

Mit „Hörnern" ist eine Sichelform wie die der Mondsichel gemeint; „Effusion" soll eine
Überstrahlung bedeuten, die eventuell die Struktur überblendet und unerkennbar macht
(Galilei nennt es „Irradiation"; wir betrachten seine Thesen dazu unten genauer).

Galilei schreibt in seiner Antwort, dass er die Venus schon seit drei Monaten beobachte.
Es ist die Zeit vom ersten Quadranten der Venusbahn (der Winkel Venus-Sonne-Erde misst
90°) über die grösste östliche Elongation (der grösste Winkelabstand von der Sonne) bis zu
einem Zeitpunkt, an dem die Sichelform (einigermassen) deutlich wird. Dazu möchte er
sich die Priorität der Entdeckung sichern, aber den Gegenstand noch nicht publizieren: Am
11. Dezember 1610 schickt er eine verschlüsselte Nachricht an Kepler, ein Anagramm:

„Haec immatura a me iam frustra leguntur o.y." mit der direkten Bedeutung
„Dieses noch Unreife wird von mir bisher vergeblich vorgetragen"
(die Buchstaben o und y am Schluss waren nicht unterzubringende Reste).

Selbst der Kopernikaner Kepler denkt nicht an die möglichen Phasen der Venus, aus den
erwähnten Gründen: Es ist noch nicht das allgemeine Paradigma, dass die Planeten
schlichte, dunkle Kugeln sind. Aber Kepler hat (wie beim Anagramm zum Saturn) eine
sachlich falsche, aber prophetisch richtige Deutung in schlechtem Latein:

„Macula rufa in Jove est gyratur mathem ..."
„Es hat einen roten Fleck auf dem Jupiter, der mathem ... rotiert."

Der rote Fleck auf Jupiter wurde erst 1665 entdeckt und ist ein riesiger Wirbelsturm, der
noch heute mit eindrucksvollen Bildern zu sehen ist – Kepler konnte es nicht wissen. Am
Neujahrstag 1611 schickt Galilei die Auflösung an den toskanischen Gesandten in Prag:

„Cynthiae figuras aemulatur Mater Amorum",
„Die Mutter der Liebe (das heißt der Planet Venus) ahmt die Gestalten der Mondgöttin (das
heißt die Mondphasen) nach."

Kepler ist überrascht und schreibt an Galilei:

*„Deine Beobachtung war für mich in jeder Hinsicht unerwartet. Wegen ihrer grossen Leucht-
kraft hatte ich gedacht, dass Venus selbst auch leuchtet. Erstaunlich, schliesslich ist die Venus
ja golden, oder, wie ich in meinen Grundlagen der Astrologie gesagt habe, wie Bernstein."*

Wer die Venus am dunklen Himmel leuchten sieht, wird Kepler zustimmen – sie ist
unglaublich hell.

Die Beobachtung Galileis ist auch beobachtungstechnisch erstaunlich: Als Galilei sich
sicher glaubt, die Hörner einer Sichel zu sehen, ist die Sichel noch kaum ausgeprägt
(Abb. 5.28). Er schreibt selbst, dass er immer längere Zeit keine Veränderung bemerkt:

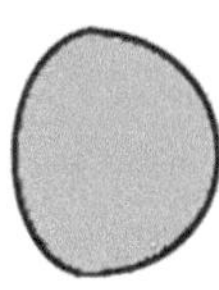

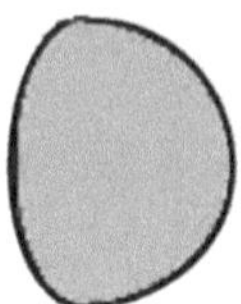
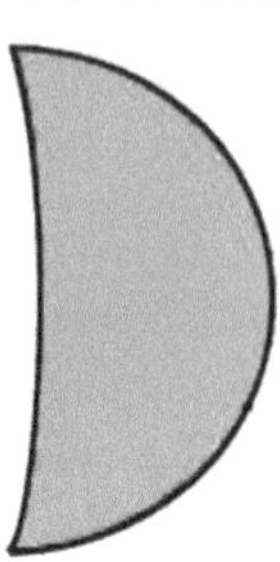

Abb. 5.28 Relative Grössen des Venusbildchens zur Zeit der ersten Beobachtungen nach Paolo Palmieri, *Galilei und die Entdeckung der Phasen der Venus* (2001)

Zunächst kreisförmig, dann längere Zeit Halbvenus. Angesichts des Strahlens der Venus und der geringen Vergrösserung war die Aussage Galileis mutig: Eine astronomische Gruppe an der Rice University in Texas versuchte mit nachgebauten Teleskopen, die Beobachtungen nachzuvollziehen – es gelang nicht, die Phasen der Venus deutlich zu erkennen (Astronomy Group 1996, Venus).

Die Gruppe schildert drei Probleme beim Nachbau: Die Optik ist schlechter als bei einem modernen Fernrohr mit gleichen Daten, die Vergrösserung ist zu niedrig und damit die Lichtstärke zu hoch. Da Planeten flächenhafte Objekte sind, wird die Helligkeit sowohl der Planetenscheibe wie des Himmeluntergrunds umso schwächer, je höher die Vergrösserung – das würde bei der Venus ein Vorteil sein.

„Wir haben durch das ganze Semester die Venus gesehen, aber wir konnten nicht feststellen, was es für eine Phase war."

Damit ist die Beobachterleistung Galileis umso mehr zu würdigen. Der bekannte amerikanische Wissenschaftshistoriker Richard Westfall (1924–1996) hatte zur Beobachtung Galileis einen Verdacht. Nach Westfall (berichtet bei Palmieri 2001) habe Galilei die Idee gestohlen:

- Galilei hat den Brief von Castelli vom 5. Dezember 1610 erhalten mit der Idee der Venusphasen,
- hat aber selber noch nie bewusst die Venus im Fernrohr angesehen, aber
- sofort den Brief mit dem Anagramm an Kepler geschickt (der die Vermutung enthält und ihm die Priorität sichert),
- ab jetzt beobachtet er und sieht eine Abweichung von der kreisförmigen Scheibe,
- er antwortet am 30. Dezember an Castelli, er habe Venus bereits seit September aus diesem Grund beobachtet,
- und am 1. Januar 1611 schickt er die Lösung an Kepler.

Dazu lässt sich sagen, dass die galileische Schilderung seiner Venusbeobachtungen ab September echt klingt, gerade durch seinen Bericht von den Schwierigkeiten, eine Änderung der Form überhaupt zu sehen. Er hatte ja keine Erfahrung, wie alle Formen der Venus im Fernrohr im Laufe eines Venusjahres aussehen würden, es war die erste Beobachtungsperiode überhaupt. Eine weitere Besonderheit des Venusbildes sind die verlängerten „Hörner", die bei einer schmalen Venussichel weiter greifen als es nach der Kugelgeometrie sein sollte. Der Bogen der Sichel wird durch das Überstrahlen der Venusatmosphäre dadurch weiter als 180° wie bei einer soliden Kugel, ja er wird ganz nahe an der Sonne (vor der unteren Konjunktion) sogar zu einem Ring. Dadurch wird das Erkennen der Phasen nicht erleichtert. Allerdings zeichnet Galilei genaue (theoretische) 180°-Sicheln.

Der amerikanisch-italienische Historiker Paolo Palmieri vertritt vehement die Hypothese der Ehrlichkeit Galileis (Palmieri 2001).

Es gibt noch ein wissenschaftliches Aber: Die Beobachtungen nach Abb. 5.28 bis zum Jahresende 1610 bewiesen nur die Existenz von Venusphasen und widerlegten damit die exotischen Selbstleuchtungstheorien, konnten aber noch nicht deutlich zwischen Ptolemäus und Kopernikus entscheiden. Zwischen Kopernikus, dem tychonischen Weltsystem und dem keplerschen Modell mit Ellipsen (s. u.) können die Phasen der Venus sowieso keinen Unterschied ergeben – in allen diesen Fällen umläuft die Venus ja voll die Sonne. Zum Beweis muss man auch einen vollen Zyklus beobachten; Venus muss zur Unterscheidung einmal vor der Sonne sein („unter") und einmal hinter der Sonne („über") – nach Ptolemäus ist die Venus auf ihrem Epizykel entweder immer vor oder alternativ immer hinter der Sonne. Aber das tychonische Modell, obwohl bei den Astronomen seinerzeit beliebt, unterdrückt Galilei in seinen Schriften vollkommen.

Die quantitative Beurteilung der Phase ist in den kleinen Fernrohren mit der gleissenden Helligkeit der Venus recht schwierig. Dagegen enthält die spätere galileische Skizze der Abb. 5.28 mit der dünnen Sichel einen besseren Beweis gegen Ptolemäus. Die eigentlich wichtigere und sicherere Information kommt nämlich von der Grösse der Scheiben – diese sind ein direkter Hinweis auf die Entfernungsänderungen während des Umlaufs. Ein Unterschied von 1 : 6 in der Grösse der Venus zu verschiedenen Zeiten wie in der Skizze Abb. 5.28 ist nur mit einer grossen Bahn vorstellbar, die die Sonne mit umschliesst. Es ist eine Art von „planetarer Parallaxe" an Stelle der noch zwei Jahrhunderte lang unerreichbaren winzigen Fixsternparallaxe. Aber Galilei sieht als Beweis für das heliozentrische System seine Theorie für die Erklärung der Gezeiten vor.

5.3.8 Die Sonne und die Sonnenflecken

> „… war er doch trotz der bedeutenden Entdeckungen, die ihm als erstem mit dem Teleskop gelangen, nicht bereit, auch nur eine einzige zu teilen, was sich im Fall der Sonnenflecken zeigte. … In dem lebenslangen Streit, der sich daraus entspann, gaben selbst Galileis Freunde ihm nicht immer Recht."
> Harald Siebert, deutscher Philosoph, in „Die grosse kosmologische Kontroverse", 2006

Galilei hat seinen grössten Rivalen in den Entdeckungen, den Engländer Thomas Harriot, nicht gekannt und den Konkurrenten Simon Marius verleumdet und weggedrängt, aber bei der Entdeckung der Sonnenflecken hat er und spürt er Konkurrenz, sowohl was die zeitliche Priorität betrifft als auch die Publizierung und Dokumentierung.

Das Objekt Sonne sollte als Himmelskörper nach Aristoteles eine ideale Kugel sein, aber sie ist es nicht: In Wirklichkeit ist sie ein Fusionsreaktor mit wilden Energieströmen und verquirlten Magnetfeldern in sich und einer körnigen, etwa 6000 Grad heissen Oberfläche, auf der sich immer wieder durch Magnetfelder um etwa 1500 Grad kühlere Inseln bilden, die sporadisch als Sonnenflecken sichtbar sind. Es sind manchmal ganze Gruppen, manchmal einzelne oder gar keine Sonnenflecken; sie können so gross werden, dass sie mit blossem Auge zu sehen sind. Nur etwa die Hälfte der Flecken besteht länger als zwei Tage und nur 10 % der Flecken wird älter als elf Tage.

Beobachtung mit dem blossen Auge

Grosse Sonnenflecken sind schon mit blossem Auge sichtbar, wegen der Helligkeit der Sonne am besten bei der aufgehenden oder untergehenden Sonne. Es gab lange vor der europäischen Astronomie systematische Beobachtungen von Sonnenflecken in China, Japan und Korea, interpretiert als astrologische Zeichen, etwa hier:

„In der Sonne waren so etwas wie fliegende Schwalben, die nach ein paar Tagen verschwanden. Wang Yin hat dies als Vorzeichen der Abdankung und des Todes der beiden Kaiser Min und Huai angesehen."
17. Februar bis 18. März 299 n. Chr., Huidi/Yuankiang, China

Dies führte auch zu den weniger glaubhaften Berichten, man habe die Venus oder den Merkur auf der Sonnenscheibe vorbeiziehen gesehen.

Dabei gab es schon vor der Erfindung des Teleskops, ja schon in der Antike bei Aristoteles eine hochqualitative optische Technologie zur Beobachtung der Sonne, weniger flüchtig als der Eindruck mit dem blossen Auge: die Camera Obscura. Am 24. Januar 1544 beobachtet zum Beispiel der holländische Mathematiker Reinerus Frisius Gemma damit eine Sonnenfinsternis. Die Abb. 5.29 zeigt die einfache Technik:

Ein kleines Guckloch projiziert das leuchtende Objekt, hier die Sonne, durch diese Öffnung und entwirft auf der gegenüberliegenden Wand ein auf dem Kopf stehendes und seitenverkehrtes Bild.

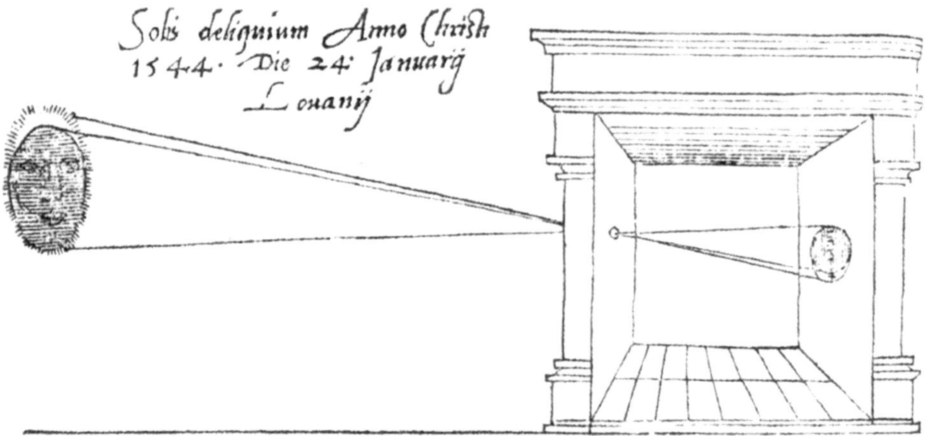

Abb. 5.29 Die Beobachtung einer Sonnenfinsternis mit einer Camera Obscura, 1544. Beobachtung und Illustration von Reinerus Frisius Gemma. (*De Radio astronomico et geometrico liber*, Frisius-Gemma, 1545; Bildquelle: Wikimedia Commons, Opticalengineering.spiedigitallibrary.org)

Die erste Schilderung der Beobachtung von Sonnenflecken mit dieser Technologie stammt überraschenderweise vom Mathematiker und grossen Theoretiker Johannes Kepler (1607); er hat auch das Wort „Camera Obscura" geprägt.

Johannes Kepler hatte allerdings einen Vorübergang des Merkurs vor der Sonnenscheibe erwartet und für den 28. Mai 1607 berechnet. Die Bahn des Merkur zu bestimmen war schwierig, da der Merkur sich nur maximal 23,5° von der Sonne entfernt, und man nur wenige Messpunkte hatte. Ein Vorübergang vor der Sonne wäre eine grossartige Kontrolle der Rechnungen und wertvolle Zusatzinformation gewesen. Auf dem Dachboden seines Hauses in Prag wurde eine Ritze zur Lochblende der Camera Obscura und projizierte das Sonnenbild auf ein Stück Papier, etwa 2 cm gross: Er sah *„einen dunklen Fleck, so gross wie eine kleine Fliege, etwas verschmiert wie eine Wolke."* Der Fleck war im Sonnenbild und blieb da, selbst an einer anderen Dachritze, und er konnte ihn auch anderen zeigen (Galileo Project (2017a), Sunspots). Leider hat er die Beobachtung nicht am nächsten Tag wiederholt: Er wäre überrascht gewesen, dass sein „Merkur" immer noch da war! Für den Merkurvorübergang hätte er nur etwa sechs Stunden Dauer erwartet. Später projiziert Kepler auch den Mond mit Hilfe einer Linse in der Öffnung, die das Licht verstärkt.

Beobachtung mit dem Fernrohr

Galilei und die wissenschaftliche Entdeckungsgeschichte der Sonnenflecken hat zwei Dimensionen: Zum einen die merkwürdige Frage der Priorität der eigentlichen Entdeckung und zum andern die ersten Schritte zum Verstehen des Phänomens.

Die Priorität der Fernrohrentdeckung ist wissenschaftlich nicht wichtig, noch dazu angesichts der schon erwähnten geringen „Entdeckungshöhe" seit der breiten Verfügbarkeit von Teleskopen. Dazu eine Anekdote:

Der Florentiner Maler Domenico Passignano (1559–1638) hatte von den Sonnenflecken erfahren und im September 1611 selbst mit einem Fernrohr begonnen, die Sonnenflecken zu beobachten. Er glaubte merkwürdige Spiralbewegungen der Flecken entdeckt zu haben. Galilei liess ihm sarkastisch ausrichten, *„er solle aber beachten, dass der Teil der Sonne, der beim Aufgang zu unterst steht, beim Untergang der höchststehende ist"*. Dieser Rat ist sinnvoll, denn bei einer reinen Kugel, wie bisher gedacht (oder wie auch wir heute im Alltag denken), müsste man darauf nicht achten beziehungsweise man würde gar nicht an ein scheinbares Kippen der Sonne von Morgen zum Abend denken. Passignano hatte wohl nicht daran gedacht.

Hier einige Daten und Meilensteine der Sonnenfleckenbeobachtung:

18. Dezember 1610	Thomas Harriot (1560–1621): Erste grobe Sonnenzeichnung.
09. März 1611	David und Johannes Fabricius: Beobachtung von Sonnenflecken.
21. März 1611	Christoph Scheiner und Johann Baptist Cysat: Beobachtung von Sonnenflecken nach eigener Aussage.
April oder Mai 1611	Galileo Galilei zeigt in Rom einer grösseren Zahl von Gelehrten und anderen Bürgern Sonnenflecken; Galilei will aber schon im Herbst 1610 selbst Sonnenflecken beobachtet haben. Ein Freund bestätigt dies 20 Jahre später.

15. Juni 1611	Johannes Fabricius veröffentlicht das Büchlein *De Maculis in Sole observatis et Apparente earum cum Sole Conversione Narratio* (Bericht über die auf der Sonne beobachteten Flecken und ihre scheinbare Rotation mit der Sonne).
21. September 1611	Buch *De Maculis* auf der Frankfurter Buchmesse.
21. Oktober 1611	Christoph Scheiner beginnt systematische Sonnenbeobachtung.
Januar 1612	Briefe Scheiners *Tres epistolae de maculis solaribus*. Beginn des Streits um die Priorität mit Galilei.
12. Februar 1612	Galileo Galilei beginnt systematische Sonnenbeobachtungen.
Mai 1612	Galilei fügt einige astronomische Zeilen in seine Schrift von den schwimmenden Körpern (!) ein (*il Discorso intorno alle cose che stanno in su l'acqua*), ohne Scheiner zu erwähnen.
März 1613	Galilei veröffentlicht seine Sonnenbeobachtungen und Theorien als *Istoria e dimostrazioni intorno alle macchie solari e loro accidenti* (Geschichte und Demonstrationen zu den Sonnenflecken und ihre Eigenschaften).

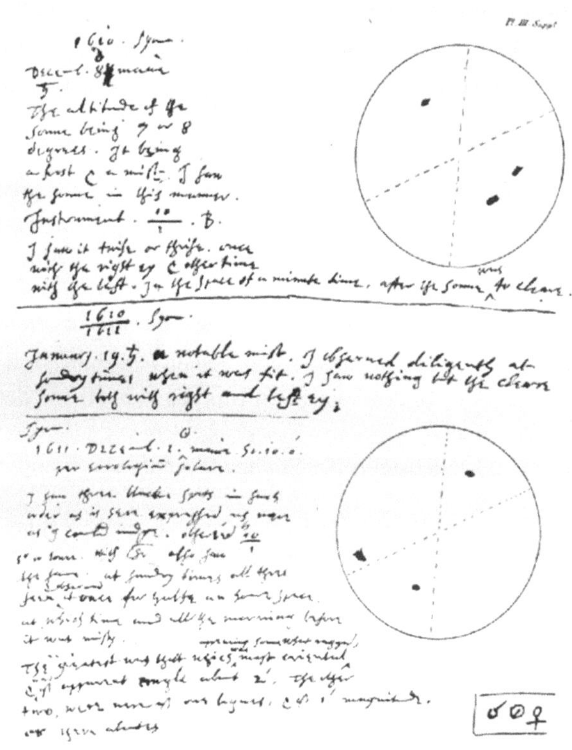

Abb. 5.30 Notizbuchseite der Sonnenbeobachtung von Thomas Harriot vom 8. (18. im New Style) Dezember 1610 (Bildquelle: Lord Egremont/Galaxy)

Wir haben Thomas Harriot als Universalgelehrten und universellen astronomischen Beobachter schon gewürdigt. Die Abb. 5.30 hält die erste teleskopische Zeichnung von Sonnenflecken der Geschichte fest. Der beschreibende Text lautet:

„Höhe der Sonne 7 bis 8°. Instrument ist 10/1B. Es hat Frost und Nebel. So habe ich die Sonne gesehen. Einmal mit dem rechten Auge, dann links. Zwei oder drei Mal. Innerhalb einer Minute. Dann stand die Sonne zu hoch.“
Zusätzlich an einem anderen Tag: *„Meine Sicht war für eine Stunde gestört.“*

Der Ostfriese Johannes Fabricius (1587–1617, latinisiert von dt. Schmied) beschrieb die Sonnenflecken auf der kugelförmigen und festen Sonne haftend und mit der Sonne rotierend; er entdeckt die Eigendrehung der Sonne und betrachtet sie als Ursprung der Bewegung des ganzen Planetensystems. Zusammen mit seinem Vater sieht er Sonnenflecken über die Sonne wandern, am westlichen Rand der Sonnenscheibe verschwinden und nach etwa zwei Wochen am Ostrand wieder erscheinen.

Er hält sich in Bezug auf weitere revolutionäre Ideen zurück, wohl aus Rücksicht auf seinen Vater, einen lutherischen Pfarrer. Allerdings hat auch sein Vater, Pfarrer, Astrologe und Astronom, an der aristotelischen Unveränderlichkeit des Himmels gerüttelt: Er hat den ersten veränderlichen Stern überhaupt entdeckt (und benannt) und ist damit in die Geschichte der Astronomie eingegangen. Es ist Mira, der Wunderbare, o Ceti, omikron im Sternbild Walfisch – manchmal ein heller Stern zweiter Grösse, manchmal mit blossem Auge nicht mehr zu sehen. Johannes Fabricius gelingt es, in der lutherischen Universität

Abb. 5.31 Titelseite des Büchleins von Johannes Fabricius über die beobachteten Sonnenflecken. Datum der Würdigung ist der 13. Juni 1611. (Bildquelle: Wikimedia Commons. www. hao.ucar.edu)

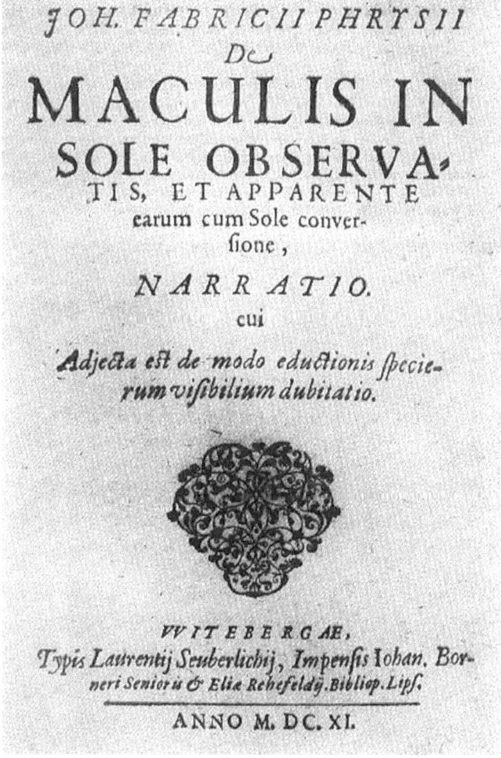

Wittenberg, wo er weiter studiert, ein Traktat darüber drucken zu lassen (Abb. 5.31), gerade richtig für die herbstliche Buchmesse in Frankfurt. Es ist die erste Veröffentlichung über Sonnenflecken. Er stirbt bereits im Alter von 29 Jahren auf der Reise nach Basel zum weiteren Studium unter mysteriösen Umständen. Johannes Kepler hat den frühen Tod des Johannes Fabricius sehr bedauert – er hat in ihm trotz der Bewunderung für Galilei den Entdecker der Sonnenflecken gesehen.

Ein weiterer Konkurrent Galileis in der Untersuchung der Sonnenflecken ist der Jesuit Christoph Scheiner (1573–1650) aus Bayerisch-Schwaben. Scheiner muss besondere Rücksicht nehmen – er muss ja alle seine Veröffentlichungen seinem Ordensoberen vorlegen. Dazu passt seine erste, heute merkwürdig erscheinende Interpretation der Sonnenflecken als „Planeten, die vor der Sonnenscheibe vorüberziehen". Da die Planeten leicht verschiedene Umlaufzeiten haben, kämen sie manchmal in Gruppen zusammen, die sich wieder zerstreuen. Eventuell hatte er gehofft, ähnlich wie Galilei bei den Jupitermonden, hier Namensrechte vergeben zu können. Entsprechend hatte der französische Astronom Jean Tarde die Sonnenflecken als neue Planeten dem französischen König Louis XIII. als *„Astres de Bourbon"* widmen wollen. Königtum und Sonne passen gut zusammen, aber nicht, wenn sich die Sonnenflecken als eine Art von dunklen Wolken herausstellen, die die Sonne besudeln.

Der Kirchenmann Scheiner veröffentlicht seine Beobachtungen unter einem Pseudonym als *Apelles latens post tabulam* (Apelles verborgen hinter dem Gemälde). Apelles war ein Maler des antiken Griechenlands im 4. Jahrhundert v. Chr., der sich gerne hinter der Leinwand seiner Bilder versteckte, um die Reaktion des Publikums zu sehen.

Privat sieht Scheiner die Probleme der alten aristotelischen Lehre immer deutlicher. So zum Beispiel die Hypothese von festen Kristallsphären. Er formuliert, aus heutiger Sicht für das Weltall als Vakuum mit einem überraschenden Bild (vermutlich nach Tycho): *„Das All ist flüssig"*, das heißt es gibt keine harten Kristallkugeln. Ein schöner Ausdruck,, der zum sehr eindrücklichen Bild führt:

> *„Die Himmelskörper bewegen sich wie Fische im Wasser und nicht wie Nägel an einem Rad"*.

Die Nägel am Rad stehen für Planeten, die an festen Kristallsphären festverhaftet sind und sich starr mitdrehen, so wie sie Kopernikus verstanden hat (s. u. die „dritte Drehung" des Kopernikus).

Scheiner war bereits durch die Erfindung des Storchschnabels (er nannte es Pantographen) ein berühmter Mann; mit dem Storchschnabel konnte man Zeichnungen kopieren und dabei den Massstab verändern. Er hatte die zu seiner Zeit beste astronomische Ausrüstung zur Sonnenbeobachtung: Er baute 1613 selbst ein astronomisches (umkehrendes) Fernrohr mit zunächst zwei konvexen Linsen nach Kepler, das er ein Jahr später mit einer dritten Linse zu einem terrestrischen Fernrohr erweiterte. Die Sonne wurde in Projektion beobachtet (wie nach einiger Zeit aus naheliegenden Gründen von allen Sonnenbeobachtern) und dazu verfügte sein Fernrohr über eine spezielle (äquatoriale) Montierung, so dass das ganze Instrument nur einmal auf die Sonne gerichtet werden musste und mit einer einzigen Bewegung dem Lauf der Sonne nachgeführt werden konnte. Diese sogenannte Parallaktische Montierung war vom Tiroler Mathematik- und Ordenskollegen Christoph Grienberger (1561–1636) erdacht worden und wurde zum Standard in der Astronomie.

Die erste Entdeckung von Sonnenflecken war einfach, mehr herauszufinden schwierig: Jetzt erst begann die wissenschaftlichen Arbeit. Galilei hat nach 1613 praktisch nicht mehr teleskopisch beobachtet. Scheiner hat die Sonne 18 Jahre lang studiert. Die Abb. 5.32 zeigt die beiden jesuitischen Astronomen, den Bayern Scheiner und den Schweizer Cysat, bei der Arbeit. Ein Höhepunkt seiner Messkunst war die korrekte Bestimmung der Neigung der Sonnenachse um etwa 7°. Es wird mehr als 200 Jahre dauern, bis ein besserer Wert bestimmt werden wird. Scheiner entdeckt auch, dass die Sonne in der Äquatorregion schneller rotiert als weiter weg vom Sonnenäquator, das heißt kein starrer Körper sein kann.

Scheiner kritisiert Galileis Ansichten mehrfach, etwa dass ein Fernrohr notwendig eine konvexe und eine konkave Linse haben müsse oder dass *„die Sonnenflecken sich parallel zur Ebene der Ekliptik bewegten"*. Sonnenflecken entstehen, wie Scheiner herausfand, in Wirklichkeit in mittleren heliografischen Breiten und wandern dann zum Sonnenäquator, um sich aufzulösen. Im späteren Werk stimmt er Galilei auch öffentlich zu, dass die Sonnenflecken auf der Sonnenoberfläche sein müssen.

Die Abb. 5.32 und 5.33 sind seinem Hauptwerk entnommen mit dem zunächst erstaunlichen Titel *„Rosa Ursina sive Sol"*. Das Buch ist Paolo Giordano Ursini gewidmet und spielt auf den Bären im italienischen Namen an – es ist eine „astronomische Rose" für diesen Adligen, in dessen Druckerei das aufwendige Werk erschien. Es ist wie Keplers Werke schwierig zu lesen (wieder ein Nachteil gegenüber Galilei). Es blieb für ein Jahrhundert das Standardwerk über Sonnenflecken und Sonnenfackeln, allerdings auch weil kurz nach dem Erscheinen des Buchs bis ins 18. Jahrhundert hinein die Sonnenflecken selten auftraten (das Maunder-Minimum).

Galileo Galilei hat nach seinen Worten schon im Herbst 1610 Sonnenflecken gesehen, sicher im April 1611: Warum hat er bis März 1613 mit der Veröffentlichung seiner

Abb. 5.32 Die Jesuiten Christoph Scheiner und Johann Baptist Cysat beobachten die Sonne. Kupferstich aus *„Rosa Ursina sive sol"*, gewidmet Paolo Giordano Ursini, 1626–1630. (Bildquelle: Wikimedia Commons, Houghton Library, Harvard)

Abb. 5.33 Form und Bewegung der Sonnenflecken in Oktober/Dezember 1611 nach Christoph Scheiner. Aus „Rosa Ursina sive sol", gewidmet Paolo Giordano Ursini, 1626–1630. (Bildquelle: e-rara.ch/ETH Zürich Bibliothek., 10.3931/e-rara-556)

Beobachtungen und Gedanken gewartet, mindestens zwei Jahre lang? Nach der Entdeckung der Jupitermonde hatte es bis zur Drucklegung des Sternenboten nur zwei Monate gedauert. Im Mai 1612 veröffentlicht er etwas ganz anderes, nämlich eine hübsche einfache Physikarbeit zur Hydrostatik.

So schildert er das Schwimmen von Eis im Wasser und die Abhängigkeit des Auftriebs vom Unterschied des spezifischen Gewichts von Eis und Wasser (nicht, wie Aristoteles behauptet, dass Eis eigentlich schwerer sei als Wasser und nur wegen der flachen Form schwimme) und das hydrostatische Paradoxon (das der Niederländer Simon Stevin allerdings schon zwanzig Jahre vorher formuliert hatte), nämlich dass der Auftrieb unabhängig von der Grösse des Wasserbeckens ist.

Offensichtlich kann Galilei damit viele aus heutiger Sicht kuriose Gedanken klären; das Büchlein ist ein grosser Erfolg. Der Gedanke, dass ein Brocken Eis (insbesondere ein Eisberg) nicht schwimmen kann, weil er ja nicht flach sei, erscheint heute absurd. Dazu hatte der Grieche Archimedes von Syrakus (287 v. Chr. –212 v. Chr.) schon das Prinzip des Auftriebs als Gewicht des verdrängten Wassers verstanden – aber Archimedes war ja kein Philosoph, sondern Ingenieur, und galt wenig oder gar nichts.

In dieses Büchlein über Hydrostatik fügt Galilei 1613 unmotiviert, sozusagen „aus blauem Himmel" ein:

„Ich erwähne ferner die Beobachtung einiger dunklen Flecken, die am Sonnenkörper wahr genommen werden und durch die Veränderung ihrer Lage an demselben sehr wahrscheinlich machen, dass entweder die Sonne sich um sich selbst dreht oder dass vielleicht andere Sterne sich in der Weise wie Venus und Merkur um sie bewegen, die zu anderen Zeiten unsichtbar bleiben, weil sie sich noch weniger als Merkur von der Sonne entfernen und nur dann gesehen werden, wenn sie zwischen die Sonne und unser Auge treten; vielleicht bekunden die Flecken auch, dass sowohl das eine wie das andere zutrifft."
nach Emil Wohlwill, Galilei und sein Kampf für die kopernikanische Lehre. S. 439

Galilei betont die Bedeutung der Sonnenflecken für den Abbau alter Vorstellungen, insbesondere der aristotelischen Reinheit und Perfektion des Himmels. Hier in Briefen:

„Ich sehe nicht, wo die Unveränderlichkeit der Himmel noch Rettung und Zuflucht finden soll, wenn selbst die Sonne so sichtlich und unverkennbar Wandel und Wechsel zeigt" oder in einem grossartigen Bild, das die bisherige Rezeption der Teleskopentdeckungen durch die Peripatetiker, die Anhänger des Aristoteles, schildert:
„Diese neuen Entdeckungen sollen mir trefflich dienen, eine Pfeife an der großen verstimmten Orgel unserer Philosophie zu stimmen; denn umsonst scheinen mir viele Organisten sich abzumühen, ihr die rechte Stimmung zu geben, weil sie drei oder vier der Hauptpfeifen fort dauernd verstimmt lassen, mit denen dann die andern unmöglich zur Harmonie zu bringen sind."

Galileis Sprache und Beschreibung der Sonne und der Sonnenflecken ist sehr menschlich: So beschreibt er die Veränderlichkeit der Sonne in einem Brief:

„Nun zeigt sie [die Natur] uns endlich mit unauslöschlichen Zeichen [den Sonnenflecken], wer sie ist und wie sie Nichtstun hasst. Sie will arbeiten, erzeugen und wieder auflösen, immer und überall."
Brief Galileis an Paolo Gualdo (1553–1621), Priester und Gelehrter, Freund Galileis

Galilei ist Physiker, aber hier vor allem auch Künstler, in Sprache (in Latein wie in der Volkssprache Italienisch, die er bewusst verwendet) wie in bildender Kunst, mit Stift, Stichel und Pinsel. Dies zeigen alle seine Schriften, die sich heute noch gut lesen lassen, aber auch die Mondbilder und die Sonnenskizzen. Seine künstlerischen Fähigkeiten standen für wenige Jahre ganz besonders im Rampenlicht, als 2007 ein gefälschter Sternenbote auftauchte mit scheinbar direkt von Galilei eingefügten Aquarellen. Die Kunstwelt, besonders der Kunsthistoriker Horst Bredekamp, fiel damit aus höchster Begeisterung und Bewunderung in den Alptraum der Blamage. Aber in der Renaissance ist die Wissenschaft nicht weit von der Kunst entfernt, besonders zu Beginn etwa mit Leonardo da Vinci. Aber keine Angst – auch in der heutigen Wissenschaft, und gerade in der Astronomie, gibt es noch viel Künstlerisches und Spirituelles! Nach den ersten oberflächlichen Entdeckungen kommt die schwierige Aufgabe,

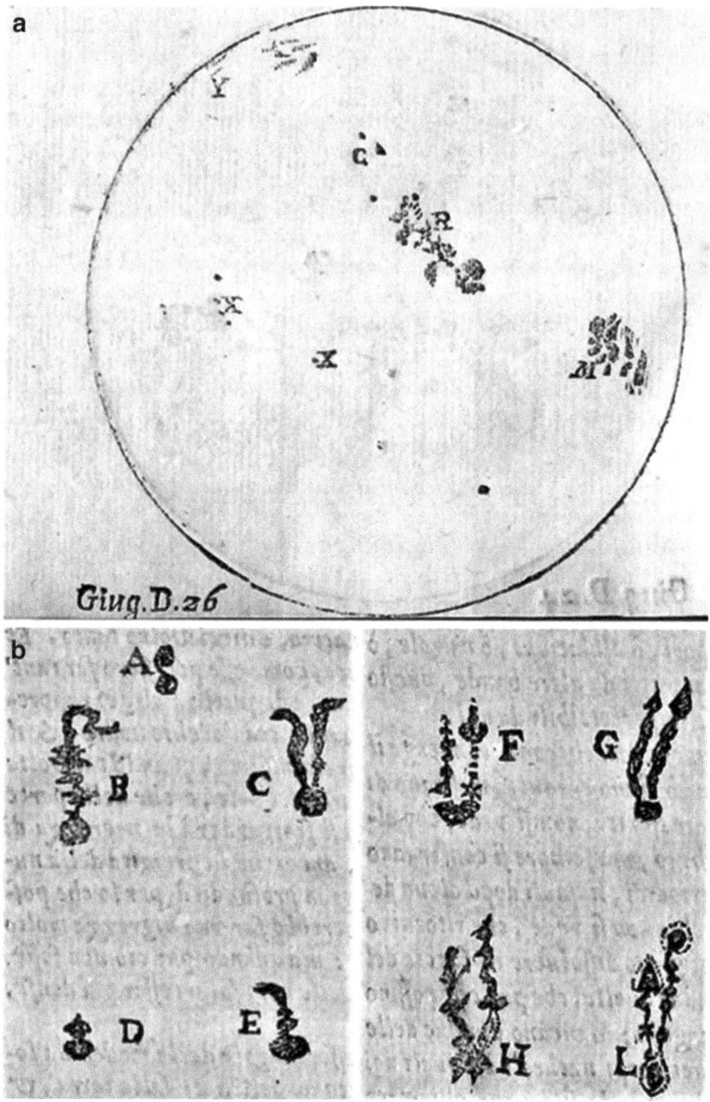

Abb. 5.34 Sonnenzeichnungen Galileis. (Aus: *Istoria e Dimostrazioni Intorno Alle Macchie Solari e Loro Accidenti, 1613;* Bildquelle: mit freundlicher Genehmigung von Owen Gingerich und e-rara. ch/ETH Zürich 10.3931e-rara-325). **a** Die Skizze vom 26. Juni 1613. **b** Galileis Systematik der Sonnenfleck-Formen

darüber hinauszugehen. Die Abb. 5.34 ist ein Beispiel aus einer gleichartigen Serie von Sonnenskizzen Galileis, die im Sommer 1612 entstanden sind, ungefähr zur gleichen Tageszeit. Im Rahmen des Galileo-Projekts der Rice Universität lassen sich die Bilder auch als eindrucksvolle Animation sehen (Galileo Project (2017b), Sunspots). Die Abb. 5.34b) zeigt Beispiele Galileis zu den auftretenden unregelmässigen Formen. So beginnt eine Wissenschaft!

In einem anderen Brief spekuliert Galilei über die Sonnenflecken noch elementarer, nämlich als „Exkremente der Sonne":

„Sie [die Sonnenflecken] könnten vielleicht als Teil der Nahrung der Sonne betrachtet werden, vielleicht sogar als ihre Exkremente, die sie, wie einige alte Philosophen es vermuteten, braucht."
Brief an Kardinal Piero Dini, 1615

In den Veröffentlichungen ist er im Stil wissenschaftlicher. Seinem Wissen und der Zeit entsprechend interpretiert er beispielsweise die Flecken wie dunkle Flecken auf Papier, das erhitzt wird und sich bräunt, bevor es in Flammen aufgeht, oder als Wolken, ganz dicht über der Oberfläche und nicht etwa als Vertiefungen. Er findet, dass

„nur Wolken so ausgedehnt sein können, in kurzer Zeit entstehen und vergehen, einmal für längere Zeit, dann kürzer, sich ausdehnen und zusammenziehen, die Gestalt ändern, einmal dichter sein an einer Stelle, einmal dünner an einer anderen."

Galilei argumentiert hier phänomenologisch korrekt. Die Sonnenoberfläche zeigt eine Dynamik, die vergleichbar ist mit der von Wolken. Dies zeigen moderne Zeitrafferaufnahmen von der Sonnenoberfläche eindrucksvoll. Die Wiederkehr eines charakteristischen Sonnenfleckens auf der anderen Seite der Sonnenscheibe zeigt zwanglos die Rotation des Sonnenkörpers an. Die Umgebung der Flecken beschreibt Galilei als dünn und leicht zu zerteilen, die Wurzeln der Flecken seien in einem festen, beständigen Körper.

Aber er hat auch eine weitere ausgefallene Theorie (aus heutiger Sicht) zur Entstehung und zum Zusammenhang der Sonnenflecken mit den Planeten und dem ausgestrahlten Licht. Er beobachtet, dass die Flecken vor allem in niedrigen Sonnenbreiten auftreten, das heißt nahe der Ebene der Ekliptik, in der sich die Planeten bewegen. Er schreibt:

„... dies scheint mir darauf hinzudeuten, dass die Planeten auch bei dieser Erscheinung [den Sonnenflecken] wirksam beteiligt sind. Und wenn nach der Meinung eines berühmten Alten, der großen Leuchte das viele Licht, das von ihr ausströmt, von den Planeten, die um sie kreisen, zurück erstattet wird, so könnte es sicher, insofern es auf den kürzesten Wegen ihr zuströmen muss, keine anderen Teile der Sonnenoberfläche treffen."

Die Sonnenflecken sind nach diesem frühen Gedankengang Galileis die Punkte auf der Sonne, an denen Sonnenlicht von den Planeten zur Sonne zurückkommt! Dieser Gedanke passt wieder zum Vergleich mit dem Papier, das durch Erhitzen braun wird.

Der „Prioritätenstreit" Galileis mit den Jesuiten um die Entdeckung der Sonnenflecken war äusserst unglücklich und sowieso unsinnig – Johannes Fabricius hatte die schriftliche Bestätigung seiner Entdeckung bereits bekommen.

Christoph Scheiner war mit Sicherheit der bessere professionelle Sonnenbeobachter. Es war unsinnig von Galilei, den jesuitischen Astronomen des Plagiats zu bezichtigen. Der Wissenschaftshistoriker Anthony Christie resümiert (2013):

„Scheiner war ein erstklassiger Astronom und Optiker, der unter der Arroganz und Boshaftigkeit [spitefulness] Galileis sehr gelitten hat. Er würde es verdienen, viel bekannter zu sein, als er es ist."

Die Abwärtsspirale der Beziehungen Galileis zur Kirche hatte den Anfang genommen, ausgerechnet mit der Gruppe der Wissenschaftler auf gleicher wissenschaftlicher Höhe wie Galilei, die seine Verbündeten hätten sein können, wenn auch ideologisch gebunden oder wenigstens belastet. Alle vier Ko-Entdecker hatten dazu astronomisches Glück mit ihrem Jahrzehnt gehabt: Es wechseln sich Epochen ab mit häufigen und mit seltener auftretenden Sonnenflecken. Galilei hatte sich noch gefreut, dass Sonnenflecken zuverlässig jeden Tag zeigen, dass die Himmelskörper nicht perfekt sind, und nicht, wie die Novae, irgendwann auftauchen und wieder verschwinden. In den 70 Jahren von 1645 bis 1715 gab es nahezu keine Flecken (das sogenannte Maunder-Minimum); es wäre recht uninteressant gewesen, in dieser Zeit das Fernrohr das erste Mal auf die Sonne zu richten.

Die Kontroverse über die Erklärung der Sonnenflecken verebbte. Die Theorie von neuen sonnennahen Planeten wurde als unsinnig abgelegt – nur als der Astronom Urbain Le Verrier 1856 die Existenz eines solchen Planeten „Vulkan" vermutete, wurde das Thema noch einmal für kurze Zeit aktuell. Galilei lag mit seiner Intuition richtig, dass die Flecken Strukturen auf der Sonne sind. Sein Bild als eine Art von Wolken auf der Sonnenoberfläche war passend.

Galilei war nach der ersten grossen Runde der Entdeckungen mit dem Fernrohr (Mondberge, Jupitermonde, viele neue Sterne und Sonnenflecken) auf der Höhe seines Ruhms. Nichtsdestotrotz (oder gerade deshalb) hatte er Gegner. Unter den Philosophen waren es die Aristoteliker, bis hin zu denjenigen, die gar nicht durchs Fernrohr sehen wollten und alles für Trug und Täuschung hielten, unter den Mathematikern und Kollegen diejenigen, die ihm den Ruhm und die Nebenverdienste durch Geräteverkauf und Privatschüler missgönnten. Berühmt ist der giftige Brief von Georg Fugger, des kaiserlichen Gesandten in Venedig, an Johann Kepler vom 16. April 1611:

> *„Es versteht und pflegt dieser Mensch sich wie der Rabe bei Aesop mit fremden Federn, die er hier und dorther nimmt, zu schmücken, sowie er auch für den Erfinder jenes kunstvollen Perspicills [Teleskops] gehalten werden will …"*

Galilei nennt seine Vorläufer nicht, was in der modernen Forschung eine Todsünde ist und heute umgekehrt sehr ernst genommen wird. Im Gegenteil, Galilei betont seine Rolle als der Erfinder und Entdecker von absolut Neuem, nie Dagewesenem. Fugger hat zwei Beispiele im Brief:

- das Fernrohr (noch heisst es Perspicills, also etwa Schaurohr), für das Galilei den Eindruck vermittle, er habe es erfunden und obwohl es doch schon „*in Belgien und Gallien*" verkauft werde,
- der Proportionalzirkel, den Galilei nicht nur verkauft, sondern auch erfunden haben will. Der Reduktionszirkel oder Proportionalzirkel ist ein einfaches Gerät, mit dem man Strecken oder den Kreisumfang teilen kann. Er ist seit der Antike bekannt (man hat eine spezielle Version in Pompeji gefunden). Fugger hält den Flamen Michel Coignet (1549–1623) und den Italiener Fabrizio Mordente (1532–1608) für die Erfinder. In der Schweiz gilt der geniale Gerätebauer Jost Bürgi (1552–1632) als Erfinder.

Galilei reist im April 1611 mit Genehmigung seines Fürsten Cosimo nach Rom um seine Bekanntheit zu erhöhen und sein Netzwerk zu festigen. Er wird als wichtige Person behandelt, er ist jetzt in ganz Europa berühmt. Noch vor kurzem ein unbekannter Mathematikprofessor ist Galilei jetzt ein Star, ein Star der Wissenschaft, aber auch der Naturphilosophie. Federico Cesi, der Marchese von Montecelli, Graf (später Fürst) von Acquasparta, bietet ihm am 14. April 1611 eine Plattform mit ausgewählten Gästen: Galilei kann tagsüber das Fernrohr vom Hügel des Gianicolo auf die Gebäude Roms richten, am Abend auf den Himmel.

An diesem Abend erfindet der griechische Theologe und Mathematiker Giovanni Demisiadi das neue Wort für das Fernrohr: Teleskop aus *tele* „fern" und σκοπεῖν, *skopein* „sehen"; bisher war es im Italienischen ein „*occhiale*" (Augenglas) oder ein „*perspicill*" (Schaurohr). Der Höhepunkt der Reise ist der 25. April mit der Aufnahme in die „Akademie der Luchsäugigen", der Lincei (Abb. 5.35).

Das war kein Festakt im Kreise einer grösseren Zahl von Honoratioren Roms, wie man denken könnte. Die Akademie bestand seit der Gründung aus gerade vier Personen, einer davon der Gründer Marquis Francisco Cesi. Cesi hatte 1603 als Achtzehnjähriger diese Gruppe gegründet zur „allseitigen Förderung naturwissenschaftlicher Erkenntnis". Da die anderen drei Mitglieder nicht in Rom weilten, war der Vorgang der Aufnahme eine Angelegenheit mit Francesco Cesi. Trotz der kleinen Zahl der Mitglieder (ihre Zahl wuchs danach bis auf 32) war die Gesellschaft recht aktiv, nun mit Galilei als wissenschaftlichem Zentrum. Mit dem Tode des Gründers Cesi 1630 verfällt die Bedeutung der Vereinigung. Galilei, der keinen akademischen Titel hatte, nannte sich von nun an stolz Linceo (Luchsäugiger).

Abb. 5.35 Das Emblem der Akademie der Luchsäugigen (Accademia dei Lincei) auf einer Briefmarke. Galilei war das prominenteste Mitglied ab dem 25. April 1611. (Bildquelle: Wikipedia, Rita Morena)

5.4   Simon Marius (und Galileo Galilei)

„Nach eingehender Untersuchung war das Urteil von J.A.C. Oudemans, H.G. van de Sande Bakhuyzen und Jacobus C. Kapteyn einmütig: Die Anschuldigungen [Galileis] entbehren jeglicher Grundlage.“
Pierre Leich, in „400 Jahre Mundus Iovialis von Simon Marius“,
über das Ergebnis der Untersuchung der Niederländischen Akademie der Wissenschaften, 1900.

5.4.1   Simon Mayr – Lehrzeit

„Die an der Altmühl gelegene ehemals markgräflich Ansbach'sche Stadt Gunzenhausen kann sich rühmen, die Geburtsstätte zweier Männer zu sein, deren Wirken mit weltbewegenden wissenschaftlichen Ereignissen in theils mittelbarer theils unmittelbarer Beziehung steht. Derselbst sind geboren Andreas Osiander (geb. 1498) und Simon Marius (geb. 1570 oder 1572, die Geburtsregister sind während des 30jährigen Krieges verbrannt).“
Aus dem 44. Jahresbericht des historischen Vereins Mittelfranken, 1892 (über das Marius-Portal simon-marius.net)

Andreas Osiander ist in die Geschichte der Astronomie eingegangen als der Geist, der das Werk des Kopernikus posthum zum Druck brachte. Er hatte dazu ein Vorwort geschrieben und das Werk, ohne seinen Namen zu nennen, damit veröffentlicht. In diesem Zusatz stellte er die kopernikanische Theorie als blosses Rechenmodell ohne Anspruch auf Realität dar. Dies war eine Vorahnung der Probleme, die auf die kopernikanische Theorie (und ihre Anhänger) zukommen sollten. Osiander hatte auch den Titel entschärft, indem er zu *„De Revolutionibus“* hinzusetzte *„orbium coelestium“*, also nur eine Revolution der Bahnen der Himmelskörper.

Simon Marius ist der im Stil der Zeit latinisierte Name für Simon Mayr (1573 [s. o.]– 1625, Abb. 5.36), geboren in Gunzenhausen, einer alten Kleinstadt bei Nürnberg in

Abb. 5.36 Gedenkmarke für Simon Marius zum 400-jährigen Jubiläum der Herausgabe der Mundus Iovialis in 1614. (Bildquelle: Marius-Portal (simon-marius.net))

Mittelfranken. Galilei akzeptiert die latinisierte Form für ihn, sondern nennt ihn immer Mayr, den Häretiker.

Im damaligen deutschen Flickenteppich von Fürstentümern gehörte Gunzenhausen zum Markgraftum Brandenburg-Ansbach, einem reichsunmittelbaren Territorium des Heiligen Römischen Reiches, das von einer Nebenlinie des Hauses Hohenzollern regiert wurde.

Simon Marius ging mit einem Stipendium des Markgrafen auf die Fürstenschule zu Heilsbronn bei Ansbach, einer fürstlichen lutheranischen Knabenschule, die 1582 an Stelle des aufgelösten Klosters gegründet worden war. Im Jahr 1594 begann Marius mit meteorologischen Aufzeichnungen und er wurde zu einem geübten astronomischen Beobachter ohne Teleskop. In einer kleinen Veröffentlichung beschreibt er den Kometen von 1596 noch im gleichen Jahr und widmet das Bändchen seinem Markgrafen Georg Friedrich (Abb. 5.37). Das Buch enthält astrologische Spekulationen über die Bedeutung von Kometen, aber auch sachliche Daten zum Verlauf der Erscheinung mit Helligkeiten, Grösse und Positionen.

> Kurtze und eigentliche Beschreibung des Cometen
> oder Wundersterns/So sich in disem
> jetzt lauffenden Jar Christi unsers Heilands/
> 1596. in dem Monat Julio/bey den Füssen deß
> grossen Beerens/im Mitnächtischen Himmel
> hat sehen lassen.
> Gestellet durch Simonem Maierum
> Guntzenhusanum Alumnum Sacrifontanum.
> Nürnberg: Paul Kauffmann 1596, 12 Bl. 4°

Abb. 5.37 Traktat des Simon Marius zum Kometen vom Sommer 1596. Mit dem Bild des Grossen Bären und dem Katalogeintrag unterzeichnet als Absolvent der lutherischen Akademie von Heilsbronn (Sacrifontanum). (Bildquelle: simon-marius.net und Marius-Portal, mit freundlicher Genehmigung der Herzog-August-Bibliothek Wolfenbüttel)

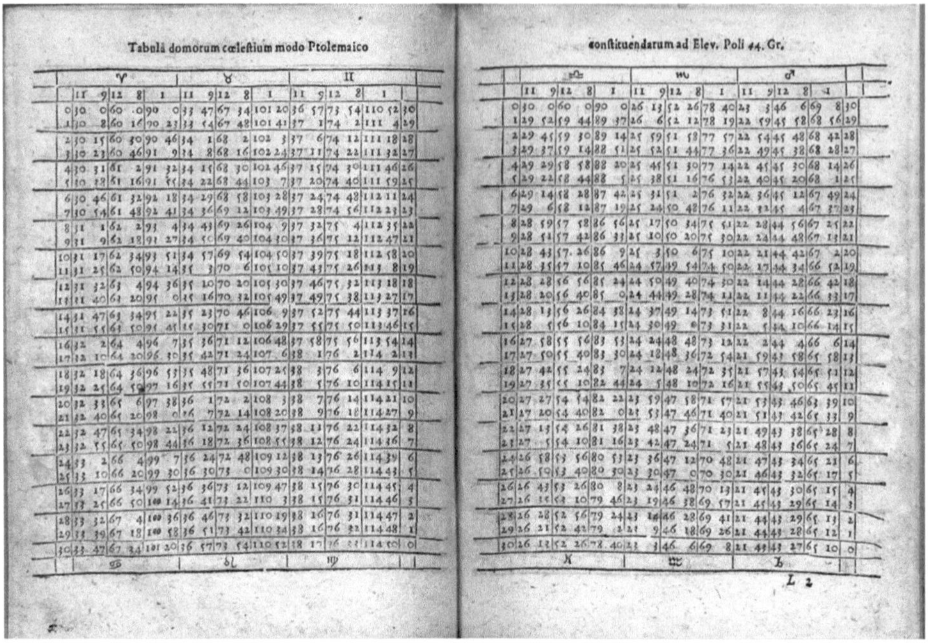
Tabula domorum cœlestium modo Ptolemaico constituendarum ad Elev. Poli 44. Gr.

L 2

Abb. 5.38 Zwei Seiten des astronomischen Tabellenwerks von Simon Marius *Tabulae Directionum Novae* zur Planetenberechnung. Nürnberg, 1599. (Bildquelle: mit freundlicher Genehmigung von Wolfgang Marius, Graz)

Im Jahr 1599 publiziert er selbstberechnete astronomische Tabellen mit Daten zur Planetenberechnung, für die Beobachtung der Planeten, aber vor allem für die Erstellung von Horoskopen (Abb. 5.38). Das Buch umfasst 135 Seiten, davon sind volle 88 Seiten gerechnetes Tabellenwerk. Er schreibt dazu:

> „*Die* tabulae vero domorum *habe ich meinem besonderen Freunde und treuen Mitarbeiter, dem talentvollen jungen Manne Aug. Lanius aus Ansbach zur Berechnung gegeben, nachdem ich ihm vorher die Rechnungsweise gezeigt hatte.*“

Das Werk macht (ohne es nachzurechnen) zumindest im Schriftsatz einen sauberen und zuverlässigen Eindruck!

Ab 1601 verfasst er jährliche astronomisch-astrologische Kalender für das Folgejahr, selbst in der Zeit seines dreijährigen Aufenthalts in Padua. In der Abb. 5.40 ist eine sehr professionell aussehende Beispielseite abgedruckt, der Überblick zum Monat Dezember 1609.

Die Erstellung der Jahreshefte gehört zu seinen Aufgaben als Hofastronom.

Der Ruhm, den Marius durch seine astronomischen und astrologischen Werke erreicht hatte, brachte ihm 1601 die Stellung des Hofmathematicus des Fürstentums Ansbach ein. Der Markgraf schickt ihn zur Ausbildung nach Prag zum wohl besten Astronomen des Abendlands vor der Entdeckung des Fernrohrs, zu Tycho Brahe.

> *„An den besten, unsern besonderen lieben Tycho Brahe, Röm. Kaiserlichen Rat zu Prag, all-*
> *bereit bewilligt Im zu Euch zu nehmen zu ewern dienst und umb mehr Übung und lernung*
> *willen seines wohlangefangenen Studii astronomici …"*
> aus Heinrich-Christoph Büttner, Franconia,
> Beiträge zur Geschichte, Topographie und Literatur von Franken, 1813

Es ist der berühmte Tycho Brahe mit den genauesten Messungen der Astronomiegeschichte ohne Teleskop, so genau wie es nur mit blossem Auge möglich ist. Galilei wollte
seinen Ruhm zerstören – er nannte Brahes Messungen *„die behaupteten Beobachtungen*
des Tycho Brahe" und sprach von den Kometen nur als *„Tychos Affenplaneten"* (denn
Tycho hielt die Kometen für Himmelskörper und Galilei hielt sie nur für Ausdünstungen).
Für Kepler werden die Messungen von Tycho Brahe, besonders die Marsbeobachtungen,
die Grundlage des Paradigmenwechsels für die Planetenbahnen von Kreisen zu Ellipsen.

Der Aufenthalt in Prag dauerte nur vier Monate; Tycho Brahe ist bereits schwer erkrankt
und Marius arbeitet vor allem mit anderen Assistenten zusammen. Tycho Brahe stirbt im
Oktober an einem Blasenriss und – trotz Gerüchten – in keinerlei Zusammenhang mit
Johannes Kepler. Vermutlich war der Grund ein festliches Bankett mit dem Kaiser gewe-
sen, bei dem er wegen der Hofetikette (der Kaiser verlässt als erster die Tafel) nicht vom
Tisch aufstehen durfte. Brahe war zehn Tage nach dem Bankett verstorben. In Prag lernte
Marius auch David Fabricius kennen, ebenfalls ein Assistent von Tycho Brahe.

5.4.2 Simon Mayr bei Galilei in Padua

> „Aber ich halte nicht länger meinen Frieden mit einem der letzteren [Usurpatoren], der zu
> kühn das genau Gleiche macht wie vor vielen Jahren … Man verzeihe mir wenn ich bei dieser
> Gelegenheit – gegen meine Natur, mein übliches Verhalten und meinen gegenwärtigen Vor-
> satz – Widerwillen zeige und Protest einlege (vielleicht zu bitter) über etwas, das ich all diese
> Jahre in mir unterdrückt habe. Ich rede von Simon Mayr von Guntzenhausen."
> Galileo Galilei im „Saggiatore", dem Prüfer mit der Goldwaage, 1623,
> nachübersetzt aus der englischen Übersetzung von Stillman Drake

Simon Marius geht oder wird nach Padua geschickt in die Nähe Galileis, jetzt mit einem
Stipendium zum Medizinstudium. Worauf sich Galilei im Eingangszitat wütend bezieht,
sind die Ereignisse dieser Jahre. Als Marius 8 Monate ohne fürstliche Unterstützung
bleibt, muss er sich selbst durchschlagen – mit Astrologie, Medizin und mit Privatunterricht für reiche Studenten, ähnlich wie der Zuverdienst, den Galilei erarbeitet. Einer dieser
Studenten bringt ihm viel Ärger ein mit Galileo Galilei. Es ist Balthasar Capra (1580–
1626), ein Mathematikstudent aus einer reichen Mailänder Patrizierfamilie. Der erste
Schritt zum Verdruss ist das Auftauchen der Supernova von 1604.

Die Supernova vom Jahr 1604 im Sternbild Ophiuchus (Schlangenträger) – später als
Kepler'sche Supernova oder Keplers Stern bezeichnet – wurde am 8. Oktober 1604 vom
Franziskaner Ilario Altobelli in Verona und vom Künstler Raffaello Gualterotti in Florenz
bemerkt, am 10. Oktober von Simon Marius, Balthasar Capra und dessen Freund Camillo

Sassi (Shea 2005). Galilei beobachtete sie, wahrscheinlich wegen Krankheit, erst am 28. Oktober. Die Supernova war für mehrere Wochen mit der Helligkeit („Grösse") bis zu $-2,5^m$ der hellste Stern am Nachthimmel.

Galilei hält im November und Dezember drei Vorträge darüber (er schreibt stolz, er habe vor Tausend Leuten im grössten Saal Paduas gesprochen), aber er publiziert nicht darüber: In den Vorträgen lässt er seine Position zur Bedeutung und Deutung offen und schildert verschiedene Standpunkte, aber sonst vertritt er verbal im kleinen Kreis den anti-aristotelischen Standpunkt, dass die Supernova die Hypothese der Unveränderlichkeit der himmlischen Welt (also jenseits vom Mond) verletze – aber offiziell lehrt er noch weitere zwei Jahre das ptolemäische System.

Die Supernova und die Vorträge Galileis rufen mindestens drei Publikationen hervor (Robert Westman 2011):

- Antonio Lorenzini: *Discorso intorno alla nuova Stella (Padua, Mitte Januar 1605)*. Eine grob-aristotelische Verteidigung.
- Balthasar Capra (und Simon Marius): *Consideratione astronomica circa la stella nova dell'anno 1604 (Padua, Mitte Februar 1605)*. Eine tychonische Ansicht.
- Galileo Galilei beziehungsweise Cecco di Ronchitti (Pseudonym): *Dialogo de Cecco di Ronchitti da Bruzene in perpuosito de la stella Nuova (Padua Ende Februar 1605)*. Eine Kritik der plumpen Lorenzini-Thesen mit sarkastischem Humor.

Und schliesslich erscheint die Analyse Keplers, durch die die Supernova schliesslich sogar dessen Namen als *Keplers Nova* oder *Keplers Stern* erhält:

- Johannes Kepler: *Gründtlicher Bericht Von einem ungewohnlichen Newen Stern, wellicher im October ditz 1604. Jahrs erstmahlen erschienen (Prag, Ende 1604)*.

Das Traktat von Lorenzini ist das philosophisch-geschichtlich Interessanteste: Er bestreitet, dass man astronomische Grössen (wie die Entfernung der Sonne oder der Sterne) als Mensch messen könne, und überhaupt ist jegliche Mathematik in der Astronomie von Übel. Die Himmelssphäre sei im Gleichgewicht, nur ein Stern mehr, und sie würde aufhören, sich zu drehen. Er hat insofern Recht, dass wir Menschen astronomische Grössen nicht erfassen können – die Mathematik kann es.

Galilei macht in seinen überlieferten Notizen einige zweifelhafte Bemerkungen, die einen Prioritätenstreit auslösen, der auch Simon Marius beeinträchtigen wird. Zunächst vermutet er poetisch, ernsthaft und im Zeitgeist, dass der neue Stern aus „*der Umarmung von Jupiter und Mars am 9. Oktober*" hervorgegangen sei und deshalb rötlich schimmere. Es ist nämlich die Zeit einer grossen Konjunktion, der Begegnung der Planeten Jupiter, Saturn und sogar des Mars am Himmel, die alle Astrologiegläubigen alarmiert hatte. Galilei schreibt zum 9. Oktober (Shea 2005):

> „*Wir haben den Abendhimmel betrachtet [wegen der seltenen grossen Konjunktion der drei Planeten Jupiter, Saturn und Mars], aber keinen Stern in der Nähe gesehen.*"

Dann geht es weiter ohne „wir": „*Am folgenden Abend, am 10. Oktober, bei Sonnenuntergang war das neue Licht da.*"

Er verschweigt die Namen der Erstbeobachter, er kann sich nicht überwinden, sie zu nennen. Capra nimmt es ihm übel – und er kann sich rächen, indem er Galilei der Lüge überführt: Am 9. Oktober war es bewölkt.

Balthasar Capra veröffentlicht mit der Hilfe von Simon Marius ein Büchlein über den neuen Stern und interpretiert es im Sinne Tycho Brahes. Der neue Stern kann damit in der achten Sphäre entstehen. Dazu erläutert er (was das Publikum brennend interessiert) die zugehörige Astrologie mit „einer kurzen Bewertung ihrer Bedeutungen", allerdings ohne Vorhersagen.

Es zirkulierten etliche Hypothesen zur Entstehung der Nova, vor allem um das aristotelische Modell zu erhalten:

- Die grosse Konjunktion Jupiter und Saturn (und Mars in der Nähe) habe den neuen Stern „*durch ihre Hitze*" erzeugt.
- Eine Gruppe von unscheinbaren Fixsternen habe sich zusammengetan, um den hellen Stern zu ergeben.
- Eine Art kosmischer Vorhang habe sich kurze Zeit vor einem hellen Stern gehoben.

Kepler fand eine realistischere und nüchterne Erklärung, die für die normale Sternentstehung, wie sie heute verstanden wird, zukunftsweisend passt, nämlich:

- Das All sei mit dünner Materie gefüllt, aus der durch Zusammenballen neue Sterne entstehen.

Natürlich war die wirkliche Erklärung unerreichbar (es war eine Supernova vom Typ 1a, bei der ein Stern thermonuklear explodiert ohne einen Reststern zu hinterlassen). Kepler hatte auch Glück durch das Erscheinen des neuen Sterns vorhergesagt, aber ironisch – für die Herausgeber von Büchern und Pamphleten zum neuen Stern wenigstens!

Das nächste Pamphlet, das in Padua erschien, war der *Dialogo de Cecco di Ronchitti da Bruzene in perpuosito de la stella Nuova*, der wahrscheinlich von Galilei unter dem Pseudonym Cecco di Ronchitti verfasst wurde. Er macht sich bewusst über die Philosophen (das heißt die Aristoteliker) lustig. Dazu verwendet er im Traktat einen bäuerlichen Italienischdialekt. Hier ein Zitat (da Lorenzini ja die Möglichkeit von sinnvollen astronomischen Messungen bestreitet):

MATTEO: *Was ist der Mensch, der das Buch geschrieben hat? Ist er Landvermesser?*
NATALE: *Nein, er ist Philosoph.*
MATTEO: *Ein Philosoph? Was hat ein Philosoph mit Messungen zu tun? Du weisst doch, dass ein Schuster bei seinen Leisten bleiben sollte. Man muss den Mathematikern glauben. Sie vermessen die leere Luft, so wie ich Felder vermesse.*"
Man spürt an Galileis Stil: Für ihn ist die Sprache eine Waffe!

Die astronomischen Messungen zu Beginn des 17. Jahrhunderts sind noch ohne Fernrohr, aber trotzdem schon auf 1′ bis 2′ genau. Die genaueste Ortsmessung des Sternes von 1604 (später Keplers Stern genannt) macht der schon erwähnte deutsche Astronom David Fabricius; man konnte damit auf 1 Bogenminute genau den Ort des Aufleuchtens am Himmel rekonstruieren (die Mondscheibe am Himmel hat etwa 30′ Durchmesser). Die wichtige Frage der Entfernung – ob unter dem Mond oder über dem Mond insbesondere – lässt sich durch Messung der Verschiebung von Sternen durch eine Bewegung klären, die sogenannte Parallaxe von altgriechisch Παράλλαξις *parállaxis* das heißt „Veränderung, Hin- und Herbewegen". Den Astronomen standen zwei Basisbewegungen zur Verfügung:

- die tägliche Bewegung (die Erdrotation) mit einer Basis von etwa 8000 km in unseren Breiten, am Äquator etwa 12.000 km
- die jährliche Bewegung mit der Messbasis von etwa 300 Millionen km

Die tägliche Bewegung verschiebt das Bild eines Objekts in Mondentfernung um etwa $1°$ gegen benachbarte Fixsterne, ist also demzufolge gut zu messen. Es war also sicher, dass Novae (wie Kometen) sich ausserhalb des Mondbereichs befanden.

Durch den Streit Galileis mit Capra ist die Freundschaft Galileis mit Vater Graf Capra und Sohn Balthasar Capra beendet, und Simon Marius hat als Mentor von Capra bei Galilei einen ersten negativen Strich. 1606 kommt es zum grossen Eklat um ein Werk (oder sogar einen Betrug) Capras, der den Zuverdienst Galileis durch den Bau und Vertrieb des schon erwähnten sogenannten Kompasses betraf. Galilei verdiente mit seinen Privatschülern, seinem Instrumentenbau und dem Verkauf von Manuskripten mehr als mit seinem Universitätsgehalt. Sein Hauptprodukt war der schon erwähnte „geometrische und militärische Kompass" oder „Sektor", ein universelles Gerät, mit dem man geometrisch mit verschiedenen Skalen die unterschiedlichsten Berechnungen durchführen konnte, zum Beispiel trigonometrische Funktionen berechnen, multiplizieren oder quadrieren.

Als Erfinder des Prinzips dieses Proportionalzirkels gelten aus heutiger Sicht die Mathematiker Federico Commandino (1506–1575) und Guidobaldo del Monte (1545–1607); hier eine Ansicht dazu aus dem „Mathematischen Wörterbuch" von Georg Simon Klügel 1808:

> *„Man schreibt die Erfindung dem Guido Baldo oder Ubaldo um das Jahr 1568 zu. Die erste gedruckte Nachricht davon gibt Caspar Mordente zu Antwerpen im Jahre 1584, welcher erzählt, dass sein Bruder Fabricius Mordente in dem Jahr 1554 das Instrument erfunden habe. Darauf hat Daniel Speckle zu Strassburg im Jahr 1589 es beschrieben, nach ihm Thomas Hood in London 1598 ....".*

Dazu kommen als ernsthafte Kandidaten der Belgier Michel Coignet (1549–1623) und der Schweizer Jost Bürgi (1552–1632), beides renommierte Konstrukteure und Erbauer von astronomischen und mathematischen Instrumenten, und wahrscheinlich etliche mehr – alle im publizistischen Schatten Galileis. Hier noch historischer Klatsch, allerdings unmittelbar aus der Zeit, nämlich aus einem Brief des Astronomen Giovanni Camillo Glorioso an den Astronomen Giovanni Terrenzio (Johann Schreck) vom 29. Mai 1610:

> *„Somit wird Galilei eines Verbrechens verdächtigt, sich als Autor ausgegeben zu haben des Instruments, das man als geometrischen und militärischen Kompass bezeichnet, und es dem Fürsten von Toskana gewidmet obwohl doch alle einhellig wissen, dass Michel Coignet aus Antwerpen der erste Erfinder ist."*

Galilei betrachtet sich als der Erfinder des „Kompasses". Um seine Ansprüche als Alleinerfinder zu sichern, schreibt er seine erste Publikation (mit 42 Jahren!). Es ist eine Anleitung zur Benützung des „Kompasses" namens *Le operazioni del compasso geometrico e militare.* Capra gibt 1607 ein eigenes Büchlein heraus zum Kompass, auf Latein (Galileis Traktat war italienisch) und beschreibt darin den Gebrauch (und sogar die Herstellung) des Proportionalitätszirkels als seine Erfindung: *Usus et fabrica circini cujusdam proportionis, Gebrauch und Herstellung von Proportionalzirkeln.* Er hat wohl das Verständnis, dass auch er den Kompass verbessert hat und damit als sein Werk betrachten kann. Er hat dabei vermutlich auch Partien von Galilei einfach ins Lateinische übersetzt und dabei sogar unverschämterweise auf Fehler im Original hingewiesen. Galilei tobt: Es ist für ihn eine Attacke auf sein Geschäft und auf seine Ehre. Eine lateinische Broschüre ist international brauchbar und könnte die Vorbereitung einer grösseren kommerziellen Verbreitung des Kompasses sein. Galilei schreibt im gleichen Jahr ein Gegenpamphlet zu Capra und dessen Lehrer Marius (den er als Ko-Autor verborgen dahinter vermutet) mit dem Titelblatt:

> *„Die Verteidigung des Galileo Galilei gegen die falschen Anschuldigungen und den Betrug des Balthasar Capra."*

Er verwendet dabei echt derbe, wunderbar barocke Schimpfwörter wie:

> *„böswillige Ehrabschneider", „giftspeiende Basilisken", „gefrässige Geier, die sich auf das noch ungeborene Junge stürzen, um es in Stücke zu reissen"* und zu Simon Marius als ein *„Erzieher, der die junge Frucht an seiner vergifteten Seele mit stinkendem Abfall nährt"* und Ähnliches (Koestler 1959).

Er ruft zu einem öffentlichen Wettstreit auf vor Gericht. Ein weiterer Mitstreiter um die Priorität erscheint – ein Niederländer namens Jan Eutel Zieckmesser (oder Zugmesser): Galilei redet seine Konkurrenten in Grund und Boden und gewinnt den Prozess. Capra muss die Universität verlassen, die noch vorhandenen Bücher Capras werden eingezogen.

Für Galilei ist Simon Marius als Betreuer von Capra der Schuldige im Hintergrund. Allerdings ist Marius schon im Juli 1605 nach Deutschland gereist, Galilei schreibt seine Anleitung 1606, Capra seine Version mit vermuteten Plagiatsanteilen erst in 1607 und schliesslich das Gegenpamphlet durch Galilei ebenfalls 1607. Damit ist es nicht direkt möglich, dass Marius ein Ko-Autor der neuen, von Galilei gehassten lateinischen Anleitung ist.

Genug von diesem Durcheinander der intellektuellen Rechte mit etwa einem Dutzend Beteiligter. Gründe für die Streitigkeiten sind die mechanische Einfachheit des Instruments und die Verschiedenheit der möglichen Funktionen und Skalen, die vielen Leuten das Gefühl gaben, der Erfinder zu sein. Dazu kommt das leichtgewichtige Renaissance-Verständnis von geistigem Eigentum. Wenn es schon solche historische Konfusion gibt um ein einfaches, fassbares mechanisches Instrument – wie schwer haben es dann Historiker bei ideellen Fragen, bei denen sie vielleicht alle selbst voreingenommen sind!

5.4.3 Simon Mayr und Galilei und die Jupitermonde

„Io, Europa, Ganimedes puer, atque Calisto lascivo nimium perplacuere Jovi.“
„Io, Europa, der junge Ganymed und Kallisto haben dem wollüstigen Jupiter allzu sehr gefallen.“
Simon Marius propagierte erfolgreich diese mythologische Benennung für die vier grossen Jupitermonde in seinem Hauptwerk Mundus Iovialis, 1614

Dies führt zum nächsten, dem grössten Streit mit Galilei, den Galilei mit dem Fall Capra immer verbindet (obwohl etliche Jahre später): Die Priorität der Entdeckung der Jupitermonde mit dem Teleskop.

Zwei Vorbemerkungen:

Der Leser wird bemerken, dass in den Berichten von und über Marius auch Berichte sind, die nicht extern und schriftlich bezeugt sind. Hier gilt immer noch die Möglichkeit der totalen Lüge:

„Sie können ihrem genauen Wortlaute nach der Wahrheit entsprechen. Fuchs von Bimbach kann bereit gewesen sein, ihren Inhalt eidlich zu erhärten, und doch würde damit keineswegs bezeugt sein, dass Marius uns eine verissima historia erzählt hat.“
Emil Wohlwill, Chemiker und Wissenschaftshistoriker, 1926

Allerdings gab es ganz sicher über mehrere Jahrhunderte den inversen Effekt, die totale Prägung durch die negativen Behauptungen Galileis zu Marius und anderem. Es ist ein Problem des Geschichtsverständnisses, wenn die Zeit und die Zeitgenossen Galileis nur durch die einseitige Brille Galileis gesehen werden. Gerade der Autor der Zeilen des Zitats, der begeisterte deutsche Galilei-Biograph Emil Wohlwill, ist ein Beispiel hierfür. Allerdings ist im vergangenen Jahrhundert die Galilei-Rezeption kritischer geworden, und Simon Marius wurde als Astronom international immer bekannter.

Die zweite Vorbemerkung betrifft den Autor des Buchs selbst: Er ist in Gunzenhausen zur Schule gegangen, hat für das Simon-Marius-Gymnasium erfolgreich die Aufnahmeprüfung abgelegt und ist Mitglied der Simon-Marius-Gesellschaft – allerdings auch *affezionato* der Toskana und der Renaissance-Zeit. Er bemüht sich, ein *„ehrlicher Makler"*, *„honest broker"* und *„onesto mediatore"* zu sein.

Simon Marius hatte die Nachricht von der Erfindung des Teleskops – er nennt es *Perspillicum*, deutsch etwa Rohr zum Durchschauen vom lateinischen *perspicere* – von einem Ansbacher Besucher der Frankfurter Buchmesse von 1608 erhalten, dem fränkischen Adligen Hans Philipp Fuchs von Bimbach. Von Bimbach wird im Dreissigjährigen Krieg später ein dänischer General sein. Simon Marius schreibt: *„Philipp nahm das Instrument in die Hand, richtete es auf Gegenstände und sah, dass sie einige Male vergrössert erschienen."* Da die Messe zwischen Mariä Himmelfahrt und Michaelistag stattfand (dem 19. September julianisch oder 29. September gregorianisch), war dies bereits mehrere Wochen vor dem Patentgesuch von Hans Lippershey! Der Kauf scheiterte an der zu hohen Geldforderung des belgischen (flämischen) Verkäufers, aber von Bimbach hatte das Prinzip verstanden: Zwei Linsen, eine konvex, eine konkav. Man versuchte den Selbstbau, scheiterte aber, weil die vorhandenen Linsen der Brillenmacher zu stark gekrümmt waren. Von Bimbach, der an der militärischen Anwendung interessiert ist, gelingt es erst im Sommer 1609, ein Instrument zu erwerben, mit dem dann Simon Marius auch beobachten kann. Marius berichtet:

> *„Seit diesem Zeitpunkt (Sommer 1609) begann ich mit diesem* Instrument zum Himmel und zu den Sternen *zu sehen, wenn ich nachts bei dem erwähnten höchst edlen Herrn war. Manchmal durfte ich es mit nach Hause nehmen, besonders um das Ende des November; dort betrachtete ich gewöhnlich in meiner Sternwarte die Sterne."*

In dieser Zeit arbeitet Marius an einem mathematischen Werk, einer Übersetzung der ersten sechs Bücher der Elemente des Euklid aus dem Griechischen ins Deutsche mit Zahlenbeispielen und Grafiken. Er nennt zwar vielseitige Anwendungen in Musik, Architektur und Malerei, aber es ist wohl zur militärischen Ausbildung gedacht und wird im Auftrag des Markgrafen beziehungsweise des späteren Generals von Bimbach, verfasst.

Galilei und Marius haben also etwa zur gleichen Zeit mit Instrumenten des gleichen Typs (und mit vergleichbaren Schwierigkeiten) begonnen, den Nachthimmel zu beobachten. Die Qualität der Geräte war, nach den Beobachtungsergebnissen zu schliessen, ähnlich und von Instrument zu Instrument zunehmend. Simon Marius hatte nach dem Wissenschaftshistoriker Ernst Zimmer drei Teleskope: Im Sommer 1609 ein belgisches, Ende 1609 ein besseres, aus venezianischen Linsen selbstgebautes Instrument und 1613 ein deutsches Fernrohr, gekauft in Regensburg.

Für die Beziehung Galilei zu Marius ist die Priorität der Entdeckung der Jupitermonde der Casus Belli, zumindest aus Galileis Sicht („giftspeiender Basilisk"). Dies ist ja die Entdeckung eines vollwertigen Systems, das nicht die Erde im Mittelpunkt hat (und auch nicht die Sonne). Simon Marius gibt sich verbal äusserst versöhnlich, lässt ihm den Ruhm der (knappen) Erstentdeckung, aber besteht darauf, die Jupitermonde zur fast genauen Zeit eigenständig gefunden zu haben.

Die beste Zeit für die Beobachtung des Jupiters war für Galilei und Marius um den 28. November (julianisch), entsprechend dem 8. Dezember (gregorianisch), des Jahres 1609. Es ist die Zeit der Opposition, als Jupiter die ganze Nacht am Himmel stand. Der Hobbyastronom und Wissenschaftshistoriker Hans-Georg Pellengahr schildert ausführlich die Ereignisse dieser Zeit (ed. Wolfschmidt, 2012). Die Hauptgrundlage für die Analyse ist auf der Seite des Marius dessen Hauptwerk, Mundus Iovialis, erschienen 1614 (bereit zum Druck und wartend auf die Druckgenehmigung ab August 1613). Es ist im Original auf Latein geschrieben und gedruckt in der damals modernen klaren Schrift Antiqua. Eine lateinisch-deutsch Ausgabe im Schrenk-Verlag ist leider zur Zeit vergriffen, aber im Internet abrufbar (Schlör 1988).

Marius gliedert das Werk in drei Teile: Eine allgemeine Beschreibung des Systems der Jupitersatelliten, eine Schilderung und Analyse der Mondbewegungen und ein kleines Tabellenwerk, mit dessen Hilfe man die Stellungen der Monde vorausberechnen kann.

Die Abb. 5.39 zeigt die Titelseite mit dem Vermerk „mit belgischem Fernrohr 1609 entdeckt". Die Widmung versucht, den Namen „Brandenburgische Sterne" zu propagieren zu Ehren seines Dienstherren, des Fürsten von Brandenburg-Ansbach, einer Nebenlinie der Hohenzollern. Dies in Konkurrenz zu den „Mediceischen Sternen" Galileis, aber es gelingt weder Galilei noch Marius, diese fürstlichen Namen in der Geschichte durchzuset-

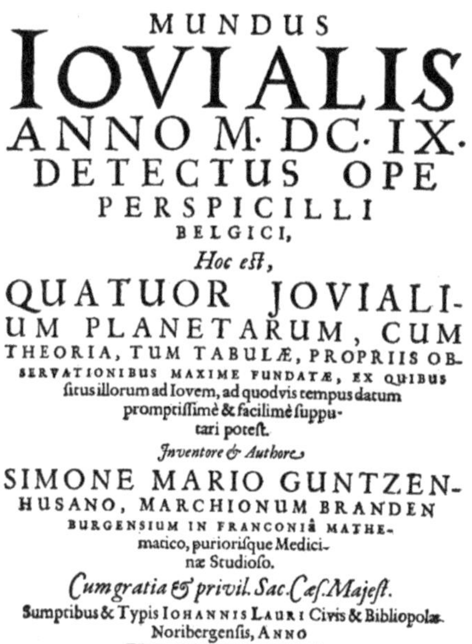

Abb. 5.39 Das Hauptwerk des Simon Marius mit den Ergebnissen von über drei Jahren Beobachtungen des Systems des Jupiters (1614). Deutsche Übersetzung von Joachim Schlör et al. 1988 (Simon-Marius-Gymnasium). (Bildquelle: Buchausgabe Schrenk-Verlag, 1988, Marius-Portal (simon-marius.net) und Simon-Marius-Gymnasium.de)

zen. Galilei wie Marius benennen die Monde nur mit Zahlen: Galilei mit I, II, III und IV, Marius mit der Erste, Zweite, Dritte und Vierte von innen, von den Abständen der Bahn vom Jupiter aus, gerechnet. Erst etwa zweihundert Jahre später setzen sich die heutigen Namen Io, Europa, Ganymed und Kallisto durch. Galilei hat zwar die erste Publikation zu den „Sternen des Jupiter" gemacht, aber er beschreibt dabei auf 11 Seiten nur dreiundsiebzig Mal die Beobachtung ohne jedes Verstehen, manchmal ist ein Stern auch das nichtaufgelöste Bild von zwei Monden, die zufällig nahe zusammenstehen. Dies ist zum Beispiel bei der ersten Beobachtung Galileis mit Io und Europa der Fall – sie sind der eine mittlere „Stern" in Abb. 5.22 oben. Im Wesentlichen sagt der Text nur aus, was die Skizzen schon zeigen, etwa:

> „die Sterne waren [in dieser Anordnung]", „der Zustand war … ", „man sah nur drei Sterne",
> „es sah etwa so aus …" usf.

Betrachtet man die intellektuellen Stufen dieser Entdeckung genauer, so kann man diese vier Schritte identifizieren – nur der erste Schritt ist trivial und „Serendipity", also ein unerwarteter Glücksfall, die nächsten Stufen sind intellektuell:

1. das Entdecken des Phänomens,
2. das Verstehen, dass es sich um Satelliten handelt,
3. das Verstehen, welches Individuum der jeweils gerade beobachtete Satellit ist,
4. damit in engem Zusammenhang das Messen und Berechnen von hinreichend genauen Bahnelementen.

Die Entdeckung könnte von jedem Kind gemacht worden sein, das ein Fernrohr oder Opernglas an den Himmel richtet (bitte nicht auf die Sonne, aber der Mond ist perfekt!). Marius schreibt

> „… während der ersten von mir durchgeführten Beobachtungen, nämlich im Herbst des Jahres 1609, besonders aber gegen Ende desselben und zu Beginn des folgenden Jahres, veränderte sich von Tag zu Tag, nein, beinahe von Stunde zu Stunde ihre Stellung [die Stellung der Monde] gegenüber dem Jupiter … Als aber der Jupiter schon um einige Grad zurückgelaufen war und ich ihn nichtsdestoweniger immer noch in Begleitung seiner Gestirne sah, erfasste mich höchste Verwunderung über dieses Phänomen und ich begann, die Beobachtungen zu notieren. Die erste darunter war die Beobachtung vom 29. Dezember des Jahres 1609. Am Abend dieses Tages sah ich um die fünfte Stunde drei Gestirne, die sich westlich des Jupiters, gleichsam auf einer geraden Linie mit ihm befanden. … war ich nun sicher, dass diese Gestirne den Jupiter als ihr Zentrum ansehen und um ihn herumwandern …"

Simon Marius hat damit am 29. Dezember 1609 nach fünf Wochen der Beobachtung auf Grund dieser Überlegung mit den Aufzeichnungen begonnen, und an diesem Tag aber schon verstanden, dass diese Sterne in heutiger (von Kepler stammenden) Redeweise die Satelliten des Jupiters sind. Galilei wird eine ähnliche Überlegung nach seinem Bericht im *Nuncius Sidereus* am 11. Januar 1610 anstellen.

Wir müssen zwei „messtechnische" Komplikationen zwischen dem reformierten Ansbach und dem katholischen Padua (und Florenz) erwähnen:

- Der Beginn eines Tages wird in Italien noch mit dem Einbrechen der Dunkelheit angenommen, das kann einen Unterschied um einen Tag ergeben.
- In Italien hat schon die Kalenderreform stattgefunden, im reformierten Ansbach nicht; man weigert sich, dem Papst zu folgen. Das ergibt einen Vorlauf der galileischen Daten im gregorianischen Kalender um zehn Tage.

Die unterschiedliche Messung der Tagesstunden spielte schon eine Rolle bei der Berechnung von Horoskopen, aber erst recht bei den Jupitermonden: Die Stellungen ändern sich auch im kleinen Fernrohr schon Stunde um Stunde, und erst recht benötigen Ereignisse wie Schatteneintritt oder Bedeckungen genaue Zeit – oder können umgekehrt zur globalen Zeitmessung verwendet werden.

Marius gibt damit den ersten Tag der verständigen Beobachtung (Phase 2) als den 29.12.1609 an, Galilei den 07.01.1610 als den ersten Tag (Phase 1) an, den 11.01. als Beginn des Verstehens der Zusammengehörigkeit der neuen Sterne. Galilei (und damit viele Leser Galileis) weisen auf den Unterschied der Kalender hin; liest man Galilei, so muss man denken, dass Simon Marius entweder nichts von der Kalenderreform wusste oder annahm, dass niemand anderes davon weiss. Aber dies ist unsinnig; Marius ist sich dessen bewusst – er ist „echter" Astronom.

Ein Beweis ist das Kalenderblatt in Abb. 5.40 aus dem „*Alten und Neuen Schreibkalender auf [das kommende Jahr] 1609*". Das Jahrbüchlein im für viele Jahre typischen Format bringt auf den ersten 28 Seiten astronomische Information zum kommenden Jahr und geht dann in Astrologie über, in das *Prognosticon Astrologicum*, in jenem Jahr ganze 68 Seiten insgesamt.

Die Kalenderblätter des Marius zeigen „*den Stand/Lauff und Aspecten/Sonnen/Monds und der andern Planeten/auch den gemeinen Astrologischen erwehlungen/Auff daß Jar Christi. MDCIX Durch/Simonem Marium Guntzenhusanum Francum, Fürstlichen bestelten Mathematicum und Medicinae Studiosus*". Die Seite hat zwei Datumsspalten, eine julianische und eine gregorianische. Alle Beteiligten haben dies gewusst, es war kein Trick von Marius. Damit hat wohl

- Simon Marius etliche Wochen vor Galilei Jupiter zum ersten Mal im Teleskop beobachtet und merkwürdige Sterne gesehen (Jupiter war am 08.12.1609 (greg.) schon in Opposition. Simon Marius hatte dies schon im Vorjahr selbst berechnet).
- Galilei hat am 7. Januar 1610 (greg.) merkwürdige Sterne gesehen und sofort mit den Aufzeichnungen begonnen,
- Marius hat ab 8. Januar (greg.) aufgezeichnet und verstanden, dass es ein System ist,
- Galilei hat es am 11. Januar (greg.) als System erkannt.

Galilei schreibt im Sternenboten zum 7. Januar: „*Ich hatte mir ein ausgezeichnet Instrument vorbereitet, da bemerkte ich einen Umstand, den ich vorher nie bemerkt hatte*" – näm-

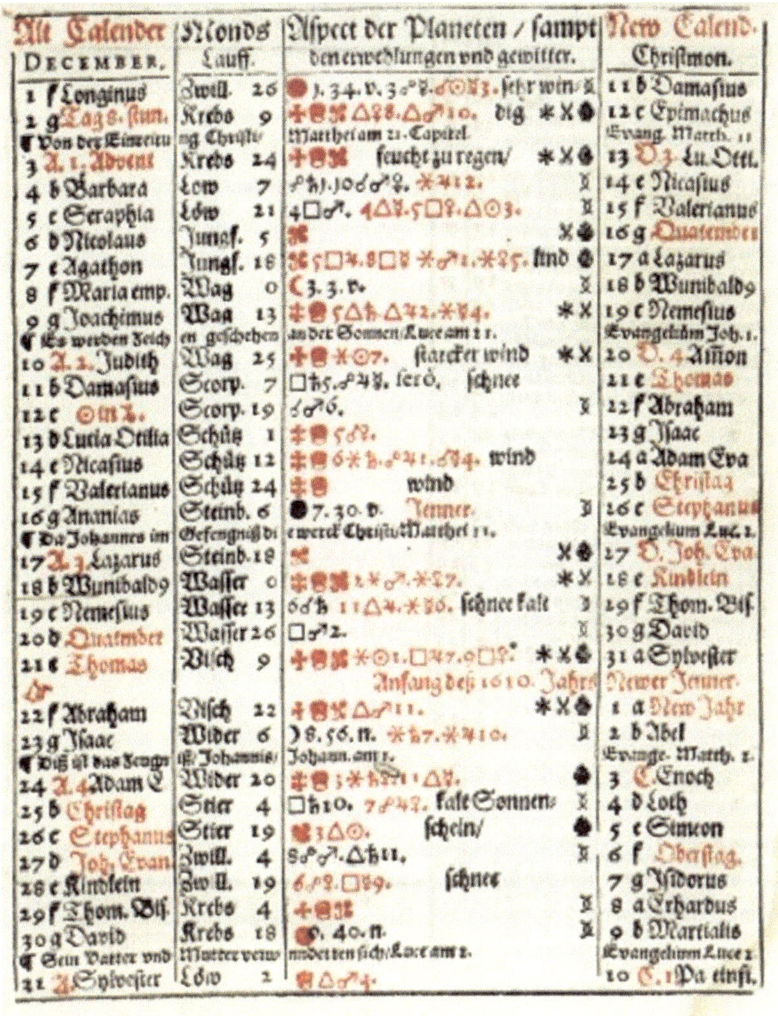

Abb. 5.40 Dezember 1609 im „Alten und Neuen Schreibkalender 1609" von Simon Marius. Marius-Portal (simon-marius.net) oder Simon-Marius-Gymnasium.de. (Bildquelle: Original in der Stadtbibliothek Nürnberg, Will. VIII. 267d(1) 4°, mit freundlicher Genehmigung)

lich drei Sterne bei Jupiter; Galilei, der Künstler und Wissenschaftler, beginnt zu zeichnen. Es sieht seltsam aus, dass diese Entdeckungen in Padua und Ansbach so eng zusammenliegen – aber schuld daran ist Jupiter mit der Opposition: Es ist die erste Opposition mit verbreitet verfügbaren Teleskopen. Während der Opposition dominiert Jupiter den Nachthimmel und es ist eben die beste und die naturgegebene Zeit für seine Beobachtung!

Mit dem Kalender und den astrologischen und astronomischen Vorhersagen war Simon Marius damit einer der ersten hauptberuflichen Astronomen der Neuzeit in Europa – neben zum Beispiel Tycho Brahe und Johannes Kepler. Galilei war in diesem Sinne nie Astronom, das heißt mit Haupttätigkeiten wie Beobachtungen und Modellrechnungen der

Bahnen der Gestirne. Galilei schlitterte durch das Aufkommen des Fernrohrs in die beobachtende Astronomie. Es ist deshalb doppelter Unsinn zu sagen, *„Galilei ist der Begründer der beobachtenden Astronomie"*; zum einen gab es vor dem Fernrohr ausgezeichnete, professionelle astronomische Beobachter in Westeuropa wie auch in den islamischen Ländern, zum andern war Galilei eben kein Astronom. Der Dezember 1609/Januar 1610 war der Einstieg in die beobachtende Astronomie mit dem Teleskop. Ein Reisender, der zum ersten Mal die Pyramiden sieht, ist auch noch kein wissenschaftlicher Ägyptologe. Und es gab mehrere „Reisende", die das Fernrohr auf den Nachthimmel richteten, darunter wohl Thomas Harriot als ersten Wissenschaftler und anonyme Niederländer schon ein gutes Jahr früher. Erst die nächste Generation, etwa Giovanni Domenico Gassendi (1625–1712, siehe Anthony Christie 2010), der Direktor des Observatoriums von Paris, betreibt wissenschaftliche beobachtende Astronomie.

Am ehesten konnte man den Beginn der astronomischen Forschung in der ersten Generation der Fernrohrastronomen in der Analyse der Bewegung der Jupitermonde sehen. Dies geschah vor allem durch Galilei und insbesondere durch Marius, der sich darauf konzentrierte. Es ist die Phase 4 der obigen Aktivitätenliste. Die messende Beobachtung der Jupitersatelliten war bei den neuen Entdeckungen zunächst der Bereich, der der klassischen Astronomie am nächsten lag. Marius widmete sich der Jupiterbeobachtung über mehrere Jahre, Galilei über mehrere Wochen. Dazu gehörte die Messung der Umlaufzeiten der Monde, die sowohl Galilei als auch Marius recht präzise bestimmen. Die Tab. 5.2 nach Hans-Georg Pellengahr vergleicht die Werte Galileis und von Marius mit den modern gemessenen Umlaufzeiten.

Bis auf die längste Zeitspanne sind die Werte ausgezeichnet, Marius misst dreimal etwas besser, beim schlechtesten und ungenauesten Wert (von Kallisto) ist Galilei besser – aber es sieht nur nach einer glücklichen Rundung aus.

Das schwierigste an den Beobachtungen der Jupitermonde war für Galilei wie für Marius der Beginn, die Identifizierung der individuellen Satelliten aus den gesichteten Lichtpunkten, zunächst die äusseren, die weiter weg vom Jupiter kreisen und langsamer sind, danach die inneren Himmelskörper. Nach der Identifikation wächst die Messgenauigkeit „wie von selbst" mit der wachsenden Anzahl von beobachteten Mondumläufen. Damit hat Marius die ersten Ephemeridentabellen für die Monde erstellt, mit denen sich die Positionen vorausberechnen lassen. Er schreibt im *Prognosticon Astrologicum* für das (kommende) Jahr 1612:

„Ich habe auch allbereit tabulas berechnet, daraus man auf jede Zeit rechnen kann, wie viele Minuten sie von Jovo stehen, zur rechten oder linken Hand … dergleichen ist von Anfang der Welt nie observiert worden."

Tab. 5.2 Die Umlaufzeiten der Jupitermonde in Tagen: Historisch von Galilei und Marius und die moderne Werte. (Quelle: Hans-Georg Pellengahr (2012))

	Kallisto	Ganymed	Europa	Jo
Galileo Galilei	16d 18h 0m	7d 4h 0m	3d 13h 20m	1d 18h 30m
Simon Marius	16d 18h 9m	7d 3h 56m	3d 13h 18m	1d 18h 28,5m
Modern („wahr")	16d 16h 32,2m	7d 3h 42,6m	3d 13h 14,6m	1d 18h 27,6m

Marius beobachtet dabei merkwürdige Verschiebungen in den Beobachtungszeiten:

> *„… bemerke ich, dass an bestimmten Stellen, die einen genügend langen Zwischenraum von-einander entfernt sind, die Berechnung recht genau übereinstimmt, dass sie aber an manchen Stellen um einen hinreichend wahrnehmbaren Unterschied von ihnen abweicht. Diese Tatsache verwirrte mich sehr.“*

Er kommt aber der Lösung schon näher, als er einen typischen Unterschied zwischen den Beobachtungen zur Zeit der Opposition (Sonne, Erde und Jupiter auf einer Linie) und bei Quadratur (Sonne, Erde und Jupiter im rechten Winkel) findet:

> *„Deshalb zog ich auch die Beobachtungen, bei denen Jupiter im Quadrat zur Sonne (Sonne und Jupiter bilden von der Erde aus gesehen einen Winkel von 90°) stand, hinzu, und bald erkannte ich einen merklichen Unterschied: Wieviel nämlich der berechnete Wert an einer Stelle – verglichen mit dem beobachteten – zu viel war, soviel war er an einer anderen zu wenig.“*

Simon Marius hat ein neues astronomisches Phänomen entdeckt: Je nach Position der Erde zur Sonne ergibt sich ein anderer Beobachtungswinkel und eine andere Laufzeit des Lichts. Den Effekt der Laufzeit wird 1676 der dänische Astronom Ole Rømer erkennen und für eine erste Bestimmung der Lichtgeschwindigkeit ausnützen; Simon Marius erkennt den Effekt des Winkels und beschreibt dies anschaulich und korrekt in seinem Hauptwerk (Abb. 5.40). Die Änderung im Winkel ist nichts anderes als eine Parallaxe der Jupitermonde, eine Verschiebung gegenüber der zentralen Position des Jupiters im Laufe eines Erdenjahres. Die Skizze ist eine kleine wissenschaftsgeschichtliche Trouvaille.

Die Jupitermonde sind ein kosmisches Uhrwerk, das wir von der bewegten Erde aus betrachten. In der Abb. 5.42 stellt der kleine Kreis (um Punkt C) eine Jupitermondbahn dar, der Punkt A ist die Sonnen, B die Erde. Marius gibt den Winkel BAC richtig zu 11° an (die Winkel sind korrekt, nur die Entfernungen sind im 17. Jahrhundert zu klein) und zeigt den Bogen ED als den irdischen Fehler bei der Beobachtung. In seinem Werk *Mundus Iovialis* erläutert er die Problematik, sogar mit stimmigen Zahlenwerten, die detaillierten Rechenmethoden und gibt für diese „Jupitermond – Parallaxe“ Tabellen an, um die berechneten Beobachtungszeiten zu korrigieren.

Eigentlich verbirgt sich hier eine kleine Sensation: Simon Marius hat einen direkten Beweis in der Hand, dass Jupiter um die Sonne und nicht um die Erde kreist. Er schreibt ganz unschuldig aber vollkommen korrekt:

> *„… meine Beobachtungen, die bei der Quadratur des Jupiter und der Sonne gemacht werden, beweisen, dass noch eine andere Ungleichung übrig bleibt, und dass Jupiter nicht die Erde sondern die Sonne als Zentrum hat, und dass diese in der Gleichmässigkeit ihres Laufes der Mittelpunkt der Gestirne einschliesslich des Jupiters ist.“*

Nennt man den zweiten Quadraturpunkt B′, so sind die Längen BC beziehungsweise BD und bei der anderen Quadratur B′C bzw. BD′ gleich, aber um den Winkel von 22° gedreht. Sieht man die Jupitermondbahnen als Zifferblätter einer Uhr an, so liest man um ±11° auf der Skala verdreht ab.

Abb. 5.41 Grafik der Monde des Jupiters aus dem *Prognosticon Astrologicum* für 1612 Marius-Portal (simon-marius.net) (Bildquelle: Marius-Portal, Staatsarchiv Nürnberg)

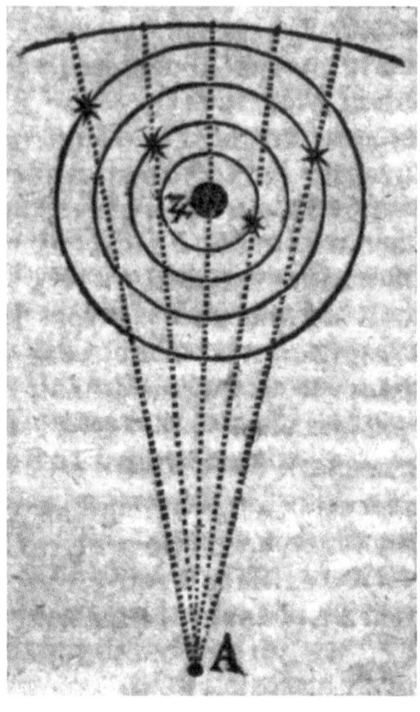

Abb. 5.42 Das System Jupiter, Sonne, Erde und Jupitermonde. Theoriekapitel von Mundus Iovialis, 1614. (Bildquelle: Marius-Portal, Staatsarchiv Nürnberg)

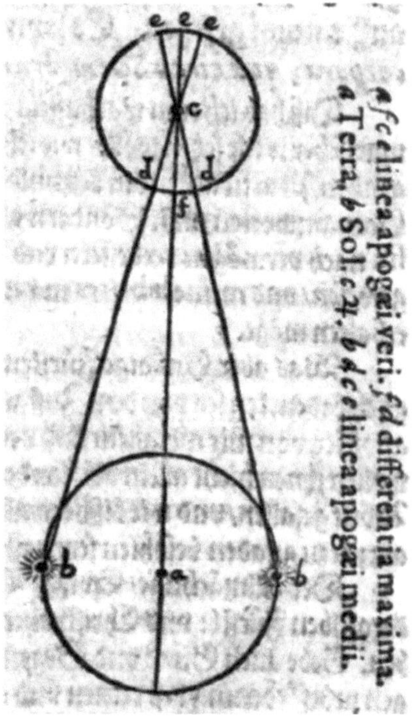

Dies gilt unabhängig von der Lichtgeschwindigkeit (an deren Endlichkeit Marius wohl nicht denkt) – solange das Licht schneller ist als die Bewegungen der Himmelskörper, insbesondere der Erde auf ihrer Bahn. Der Effekt der Lichtgeschwindigkeit verstimmt die Monduhren zwischen den Positionen F und B (Konjunktion und Quadratur), aber die Verstimmung an den beiden Quadratur-Positionen ist identisch und kann von Marius nicht bemerkt werden beziehungsweise Sie stört ihn nicht.

Galilei scheint es nicht zu bemerken oder besonders zu beachten, sonst hätte er dies als Phänomen beschrieben und als Beweis für die Sonne als Zentrum sicher betont. Marius bleibt dabei Anhänger des tychonischen Systems, das heißt er lässt schliesslich Jupiter und Sonne um die ruhende Erde kreisen – aber dagegen lässt sich auf Grund damaliger Beobachtungen nicht argumentieren. Wissenschaftlich ist Tycho das Weltsystem, das die Beobachtungen dieser Zeit erfüllt und keine zu widersprüchliche Hypothesen enthält.

Marius versucht auch, die wahren Grössen der Bahnen und die Geschwindigkeiten auf der Umlaufbahn zu bestimmen (in „germanischen Meilen", etwa 7,5 km pro Meile). Allerdings bezieht er sich auf die Angaben des Tycho Brahe als Basis und Tycho Brahe sieht die Basis des Planetensystems, die Entfernung der Erde zur Sonne, als viel zu klein an. Schon Kepler wusste, dass die Entfernung zur Sonne wesentlich grösser sein musste, aber erst Ende des 17. Jahrhunderts wird es bessere Werte geben. Damit wird aus dem Winkel von $1'$, den Marius annimmt, nur ein Jupiterdurchmesser von 7500 km, kleiner als die Erde. Alle seine Abstände und Bahngeschwindigkeiten sind absolut um den Faktor 18,5 zu klein. Die Verhältnisse der Bahngeschwindigkeiten dagegen bestimmt Marius recht gut als $V_{Kallisto} : V_{Ganymed} : V_{Europa} : V_{Io} = 0{,}47 : 0{,}66 : 0{,}84 : 1$; an Stelle von modern $V_{Kallisto} : V_{Ganymed} : V_{Europa} : V_{Io} = 0{,}47 : 0{,}63 : 0{,}79 : 1$.

Auch seine Messungen der Elongationen (der grössten Winkelabstände) ist für die einfachen Teleskope seiner Zeit recht gut: Er misst $13'$, $8'$, $5'$ und $3'$ oder eine Verhältniskette von $4{,}33 : 2{,}67 : 1{,}67 : 1$ an Stelle von $4{,}47 : 2{,}53 : 1{,}59 : 1$.

Marius stellt auch geringe Bahnneigungen fest, aber bemerkt, dass sie niemals dazu führten, dass ein Mond über oder unter dem Jupiter vorbeiziehen würde. Seine Schätzwerte dazu sind allerdings zu gross.

Wie Galilei beobachtet er Schwankungen in den Helligkeiten der Monde, aber er lehnt die (falsche) galileische Theorie einer Art äusseren Atmosphäre als Grund ab, sowohl für den Jupiter als auch fur den Mond. Marius schreibt:

> *„Aber ich zeige folgendermaßen, dass diese Annahmen nicht sinnvoll sein können: Denn wenn diese Erwägung wahr wäre, dann würde diesen Jupitertrabanten diese erkennbare Schmälerung der Größe nur und stets dann zuteil, wenn sie erdfern sind, und zwar bei der größten Entfernung von der Erde; aber außerhalb dieser Stellung würden sie stets mit der gleichen Größe wahrgenommen, was beides falsch ist. Denn die Beobachtungen beweisen, dass nicht nur in dieser Stellung, sondern auch beim größten Abstand vom Jupiter dasselbe geschieht, besonders aber beim vierten (Mond)."*

Marius schliesst daraus, dass die „Brandenburgischen Gestirne", wie er sie nennt, ähnlich seien wie der Erdenmond und entsprechend von der Sonne und vom Jupiter beleuchtet werden. Was er eigentlich nicht wissen kann, aber prophetisch schreibt:

> *„Sie unterscheiden sich untereinander freilich sowohl durch die Feinheit als auch den Glanz der Materie."*

Und insbesondere:

> *„Ich aber glaube, dass der vierte aus dunklerer Materie und aus einer nicht so glatten Oberfläche besteht, und dass er deshalb die Sonnenstrahlen nicht so stark reflektieren kann."*

Vergleicht man die Albedos (oder Albedi), die modern gemessene Rückstrahlung der Monde, so fällt in der Tat Kallisto aus dem Rahmen – er ist tatsächlich dunkler:

> Io 0,61, Europa 0,68, Ganymed 0,44 und Kallisto 0,19:
> Nur 19 % des von Kallisto empfangenen Lichts wird wieder reflektiert!

Auch dass sich die Oberflächen der Monde stark in „Feinheit und Glanz" unterscheiden, ist recht prophetisch, siehe die verschiedenen Erscheinungsformen der Monde in Abb. 5.21! Was er aber wirklich erkennt, sind die Bedeckungen durch Jupiter und die Verfinsterungen und Teilverfinsterungen durch den Eintritt in den Schattenkegel:

> *„Der Körper des Jupiter ist nicht durchsichtig ... Deswegen wirft er einen Schatten in die der Sonne abgewandten Richtung."*
> Er beschreibt, dass der Jupitermond verschwindet, *„obwohl er dennoch entsprechend seinem Lauf immer noch hätte gesehen werden müssen!"*

Der Bericht der detaillierten Beobachtungen von Marius und die Hinweise auf seine Irrtümer hat Galilei so empört, dass er im *Saggiatore* 1623 sogar schreibt:

> *„Ich sage, dass er sie [die Jupitermonde] höchstwahrscheinlich überhaupt nie beobachtet hat."*

Leider haben viele Generationen Simon Marius nahezu allein aus dem wutschnaubenden Bericht von Galilei im *Saggiatore* (1623) kennengelernt, indem er ihn schlicht des Diebstahls bezeichnet: Er habe ihn schon früher bestohlen, und seine Jupiterdaten seien von ihm abgeschrieben. Aber Galilei macht es sich zu einfach: Simon Mayr ist ein gewissenhaft messender Astronom.

Noch mehr würde es ihn empören, dass die heutigen Namen der einzelnen grossen Monde auf Marius (und Kepler) zurückgehen. Die Bezeichnungen Mediceische wie Brandenburgische Sterne dagegen sind Geschichte.

Galilei hätte an und für sich die erste Bezeichnungsweise der Jupitermonde durch Marius gefallen müssen, denn Marius macht den Charakter eines Modellsonnensystems durch die Analogie zum Planetensystem deutlich:

> Der innerste Mond (Jo) heisst bei ihm „Merkur des Jupiters",
> der zweite (Europa) ist „die Venus des Jupiters",
> der dritte (Ganymed) ist „der Jupiter des Jupiters",
> und der vierte, äusserste (Kallisto) wird zum „Saturn des Jupiters".

Es fehlt der Mars; der Grund ist astrologisch: Für den Astrologen ist der Mars das Gegenteil des Jupiters, der sowohl für Marius als auch für Galilei für das Erhabene steht, für „Gerechtigkeit, Frömmigkeit, Gleichmut, Redlichkeit, Gelassenheit, Mäßigung, Ernst und ähnliche Tugenden". Der Planet Mars bedeutet genau die entgegengesetzten Eigenschaften und passt damit einfach nicht in die Jupiterwelt. Marius zeigt das System als Ganzes auch in einer einfachen, aber eindrucksvollen Skizze (Abb. 5.41) in seinem Kalender *Prognosticon Astrologicum* für das Jahr 1612. Die Zeichnung enthält die irdische Betrachterposition, den Jupiter mit seinen Satelliten und die Fixsternsphäre im Hintergrund. Diese Skizze ist eine Premiere – das erste Bild eines anderen Planetensystems. Zum Vergleich waren die ersten Skizzen Galileis nur Kreuzchen links und rechts vom grossen „O". Es ist eine kleine Ironie, dass die erste Grafik der Galilei'schen Monde vom „*Einfaltspinsel*" und „*Hundsfott*" Marius stammt.

Zu Jupiter passen die Liebesverhältnisse des Herren des Götterhimmels; Wikipedia zählt etwa 30 Partnerinnen auf (ohne den Götterknaben Ganymed) und etwa 45 Kinder. Simon Marius schreibt, dass Jupiter vor allem diese drei Töchter geliebt habe – Io, Europa und Kallisto –, und den „wohlgestalteten Knaben" Ganymed. 1613 hat Simon Marius Johannes Kepler in Regensburg getroffen, und Kepler hat die Namen vorgeschlagen. Erst im 20. Jahrhundert wurden diese Namen allgemein verwendet an Stelle der einfachen Nummerierung Jupiter I, II, III und IV.

Galilei hätte die Zusammenarbeit mit dem messenden und rechnenden Simon Marius eigentlich gut brauchen können für seine Idee, die kosmischen Ereignisse mit den Jupitermonden als globale Uhren zu verwenden. Der Hintergrund war ein sehr pragmatisches Interesse: Während es relativ einfach ist, die geographische Breite eines Ortes zu bestimmen (durch Messung von Sternhöhen), ist die Längenbestimmung ein klassisches Problem vor allem der Seefahrt. Schon 1576 hatte der spanische König Philipp II. einen Preis ausgesetzt für den, der ein praktikables Verfahren angeben könne, Galilei bewarb sich mit den Jupitermonden als Uhr beim spanischen König Philipp III. und später bei den niederländischen Generalständen; es ging dabei um erhebliche Summen und lebenslange Renten.

Der erste Versuch durch den französischen Astronomen Nicolas Claude Fabri de Peiresc war bereits in 1611 gescheitert: Es war nicht möglich gewesen, die Position der Monde genau genug zu bestimmen. Galilei versuchte es mit dem Vorschlag, isolierte Ereignisse mit den Monden zu verwenden, die wohldefiniert und zeitlich präzise sind. Möglich ist hier der mehr oder weniger leicht zu beobachtende Beginn beziehungsweise das Ende von

- Bedeckungen (ein Mond wird vom Jupiter bedeckt),
- Durchgängen (Mond geht vor dem Jupiter vorbei),
- Verfinsterungen (Mond ist im Schatten des Jupiters).

Galilei wollte dazu grafisch die Stellungen der Jupitermonde mit drehbaren Scheiben vorausbestimmen. Im Teleskop sollte der Beobachter den lokalen Zeitpunkt eines Ereignisses mit einem Jupitermond registrieren und durch Vergleich mit der Vorausberechnung die

Weltzeit feststellen. Der Unterschied zur lokalen Zeit würde direkt die geographische Länge ergeben, in jedem Land und auch auf hoher See.

Er hatte zum einen dazu Schablonen aus Karton gefertigt und mit einem Zeigermechanismus versehen; er nannte das Instrument nach dem üblichen *Astrolabium* (griech. etwa der Sternen-Nehmer) das *Jovilabium*, also etwa den Jupiter-Nehmer. Eine in der zweiten Hälfte des 17. Jahrhunderts angefertigte künstlerische Version in Messing ist im Museo Galileo zu sehen (Abb. 5.43). Der Mechanismus dieses Jovilabiums entspricht der simplen Skizze der Abb. 5.42 des Marius. Galilei (und Marius) haben die Geometrie der Systeme Jupiter mit seinen Monden und der Erde und des Jupiters mit der Sonne verstanden und die Winkelverschiebung im Laufe des (irdischen) Jahres unabhängig voneinander

Abb. 5.43 Ein Jovilabium Vermutlich nach Galileo Galilei und eventuell auch nach Pierre Gassendi. Anonym, 2. Hälfte 17. Jahrhundert. (Bildquelle: Museo Galilei, Florenz)

gemessen. Das Jovilabium nahm stillschweigend eine unendlich grosse Lichtgeschwindigkeit an; die endliche Lichtgeschwindigkeit hätte auch bei perfekter Konstruktion einen Fehler von bis zu etwa 1000 Sekunden oder 16 Minuten gegeben. Auch bei späteren Versuchen durch die Astronomen John Flamsteed (1646–1719), Giovanni Domenico Cassini (1625–1712) und Lothar Zumbach (1664–1727) gelang es nicht, sinnvolle mechanische Geräte (Jovilabien) zu konstruieren.

Auf der Beobachtungsseite war auf See vor allem der schwankende Boden für das Teleskop ein Problem (das Fernrohr vergrössert die Schwankungen ja mit); dafür hatte der fantasievolle Pragmatiker Galilei ein Fernrohr an den Helm am Kopf des Beobachters befestigt (oder besser versucht zu befestigen); er nannte seine Erfindung ein *Celatone* nach dem Soldatenhelm der Renaissancezeit (auf Englisch *sallet*, auf Deutsch der *Schaller*).

Die Abb. 5.44 ist halb realistisch, halb fantasievoll, zum Beispiel zeigen andere Darstellungen des Celatone ein vollkommen unrealistisch winziges Teleskop. Die Vorrichtung stammt vom Künstler Matthew Dockrey und fällt in die Rubrik „Steampunk", das heißt die Darstellung von modernen Aufgaben mit den technischen Hilfsmitteln vergangener Epochen, zum Beispiel mit Dampfmaschinenantrieb. Der Celatone wurde für eine Ausstellung der Königlichen Sternwarte Greenwich gebaut und ist im Bild auf die volle Länge zur Beobachtung ausgezogen (Benson 2014).

Die Vorrichtung ist in modernem Computerjargon ein Heads-on-Apparat und entspricht einem am Kopf getragenen Computerbildschirm mit Videokamera – hier allerdings in Messing und Leder. Die teleskopische Beobachtung auf See erweist sich damit als unmöglich. Galilei setzt noch eine fantastische Idee darauf: Er will den Seemann mitsamt dem Fernrohr in eine halbkugelförmige Wanne setzen, die ihrerseits in einer leicht grösseren Halbkugel mit Öl schwimmt.

Keine dieser Ideen liess sich umsetzen; Galileo Galilei ist hier wieder mehr ein Leonardo da Vinci als ein Wissenschaftler. Simon Marius dagegen hat mit seinem Tabellenwerk und

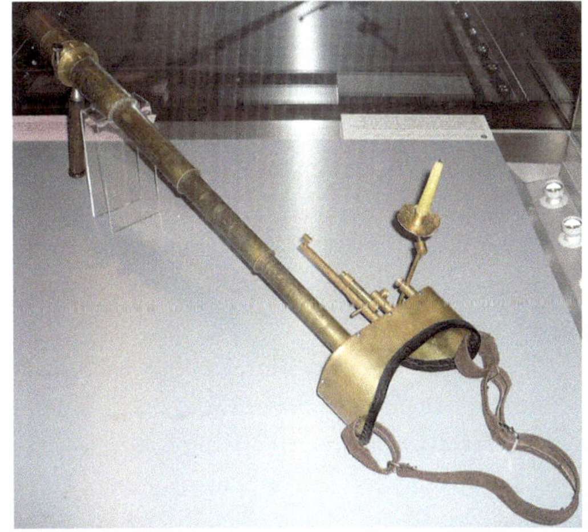

Abb. 5.44 Ein Celatone. Eine Nachbildung nach Samuel Parlour (1824) und damit nach Galileo Galilei (1612). Hergestellt von Matthew Dockrey für eine Ausstellung des Royal Observatory, Greenwich, UK. (Bildquelle: Wikimedia Commons, Stanislav Kozlovsky)

seinen Konzepten saubere und recht gute astronomisch-wissenschaftliche Arbeit geleistet. Er verdient es nicht, von der Geschichte durch die Schuld Galileis übergangen zu werden.

Ein Trost für Galilei: Die in den kleinen Teleskopen und im Feldstecher allein sichtbaren vier grossen Jupitermonde (aus den insgesamt 67 heute bekannten Satelliten) heissen als Gruppe „*die Galilei'schen Monde*", gleichgültig ob Galilei oder Marius sie zuerst gesehen haben.

5.4.4 Marius und Galilei danach

> „Wenn aber dieses mein Buch zu Galilei nach Florenz gelangt, bitte ich ihn, dass er es in diesem Sinne nimmt, wie es von mir geschrieben worden ist. Es liegt mir nämlich fern, dass meinetwegen seine Autorität und Entdeckungen geschmälert werden."
> Simon Marius in „Mundus Iovialis", 1614

Galilei hat mit seinem Plagiatsvorwurf, seiner geschickten Rhetorik wie mit seiner alles überragenden publizistischen Dominanz über Jahrhunderte hinweg Marius beinahe aus der Geschichte gelöscht. Erst seit der kritischeren Galileirezension und der Würdigung von Marius als unabhängigen Entdecker ist er wieder auch international präsent: Galilei hat den Tag der ersten Beobachtung der Monde festgehalten, Marius nicht. Marius hat erst notiert, als er das besondere, den Systemcharakter merkte. Galilei hatte nach zwei Monaten eine Publikation, Marius nach drei Jahren ein Tabellenwerk mit einer Reihe von weiteren Beobachtungen. Galilei hatte seine ersten Schätzungen der Umlaufzeiten der Monde 1612 auf der ersten Seite des Büchleins „*Diskurs über das Schwimmen der Körper im Wasser*" vom Mai 1612 veröffentlicht, das am 23. Juni versandt wurde, Marius war mit dem Manuskript zum *Prognosticon* für das astronomische Jahr 1613, in dem er seine ersten Werte veröffentlichte, am 30. Juni fertig (nach Alois Widmer im Nachwort von Joachim Schlör 1988): Marius kann nicht abgeschrieben haben.

Neben den Eigennamen der Monde gibt es für Marius noch zwei weitere tröstende historische Aspekte: Zum einen seine Beobachtung des Andromedanebels als unbestritten erster Mensch mit dem Teleskop, zum zweiten die namentliche „Zuteilung" eines Mondkraters.

Den Andromedanebel, die erste Galaxis ausserhalb unserer eigenen, schildert Marius in *Mundus Iovialis* als einen Stern, wie er sonst nicht am Himmel zu finden sei, mit schimmernden Strahlen, die umso heller werden, je näher man am Zentrum ist. Der Eindruck sei „*wie eine brennende Kerze, die man aus grosser Entfernung durch ein durchscheinendes Stück Horn betrachtet*" – eine wunderbare und zutreffende Beschreibung.

Die zweite „Tröstung" ist eine Ironie der Astronomiegeschichte. Ursprung ist der Astronom und Jesuit Giovanni Battista Riccioli (1598–1671). Riccioli war der wohl erste Selenograf, ein Pionier der „Geographie" des Mondes, der eine Mondkarte schuf und den Formationen der Mondoberfläche dabei Eigennamen gab, also den Kratern, Gebirgen und grösseren erkennbaren Bereichen.

Der grösste Teil seiner Namensgebungen wurde später von der Internationalen Astronomischen Union übernommen. Riccioli benannte markante Krater nach Wissenschaftlern, Philosophen und Astronomen.

So sind

- Kopernikus: ein auffallender Krater etwa 90 km im Durchmesser, ein Strahlensystem geht von ihm aus, mit mehreren Zentralbergen,
- Kepler: ein kleiner, aber auffallender Krater mit 32 km Durchmesser und einem hellem Inneren und einem auffallendem Strahlensystem,
- Marius: ein Krater mit 41 km Durchmesser und 1,7 km Tiefe. In der Nähe sind die Marius-Hügel, eine Kette von Vulkankegeln. In einer der Rillen, der *Marius-Rille*. Im Krater ist ein bemerkenswertes Loch sichtbar, unter dem man einen Lavadom vermutet. Dies könnte ein geschützter Ort werden für eine zukünftige Mondkolonie,
- Galilaei: ein unscheinbarer Krater mit 16 km Durchmesser.

Die Abb. 5.45 zeigt diese Mondregion auf der historischen Karte, die Abb. 5.46 die modernen Namen und die tatsächliche Gestalt. Der kleine Krater Galilaei war auf der historischen Mondkarte gar nicht eingetragen; er ist nicht identisch mit dem Objekt Galilaeus auf dieser Originalkarte von Riccioli. Der englischsprachige Wikipedia-Artikel *„Galilaei (lunar crater)"* schreibt in freier Übersetzung (06/2017):

„Obwohl Galilei der erste war, der astronomische Beobachtungen mit dem Fernrohr publizierte, wird er nur mit dieser unauffälligen Formation geehrt."

Der Grund liegt in einer Unaufmerksamkeit oder Unkenntnis von Riccioli: Sein Objekt Galilaeus ist kein Krater, sondern in modernem astronomischen Jargon ein Albedo- Feature, eine Region hellerer Oberfläche. Heute weiss man, dass diese Struktur mit einem Magnetwirbel, einem Swirl, verbunden ist und wohl durch besonders starke Schockwellen entstanden ist. Der zugehörige Meteoriteneinschlag war vermutlich auf der anderen Mondseite. Als man erkannte, dass man keinen Krater vor sich hatte, fiel dieses Objekt aus

Abb. 5.45 Ausschnitt aus der historischen Mondkarte von Giovanni Battista Riccioli (1651). Galilaeus befindet sich links, Mitte. Diese Karte wurde zur Grundlage der ersten Namensgebung von Formationen auf der Mondoberfläche. (Bildquelle: Wikimedia Commons, Riccioli)

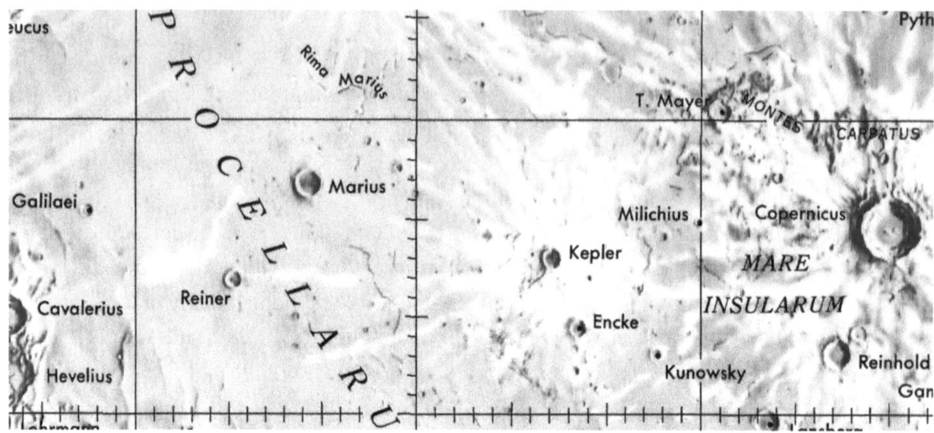

Abb. 5.46 Ausschnitt aus der modernen Mondkarte der NASA. Der Krater Galilaei (links Mitte) ist nicht identisch mit dem Objekt Galilaeus in der obigen Karte; Galilaeus befindet sich im hellen Bereich links vom Krater Reiner (ohne Bezeichnung in der Karte). (Bildquelle: Wikimedia Commons, Equatorial Map Moon, NASA)

dem Namenraum der Krater heraus und man musste einen neuen, noch freien Krater in der Nähe suchen – den heutigen Galilaei.

5.5   Auf den Punkt gebracht und Zusammenfassung des Kapitels

Mit verbreitet vorhandenen Linsen, Linsenschleifern und Brillenmachern, vor allem in Italien und den Niederlanden, lag die Erfindung des Teleskops im Prinzip in der Luft; sie war im wahrsten Sinne des Wortes „ein Kinderspiel". Spielerische Zufallskombinationen von Linsen waren ein Puzzlespiel und nach der Erfindung der Kombination als *Perspicill* war es nur eine Frage der Zeit, bis das Rohr auf den Nachthimmel gerichtet wurde. Die Folge war eine vielfache Parallelität der Entdeckungen mit Prioritätsstreitigkeiten mit Galilei im Zentrum.

Galilei steht im Mittelpunkt, weil er vielseitig beobachtet (das ist seine besondere Stärke), weil er erfolgreich und gut publiziert (sein Sternenbote ist ein Bestseller) und weil er eine „starke Persönlichkeit" ist. Galilei ist auch unternehmerisch orientiert, und vor allem ist er ein bewusster und meisterhafter Anwender des Patronage-Prinzips, die Ausnützung von Bindungen an Sponsoren, an Personen von Bedeutung und hier vor allem an den Adel. Dies liegt zum einen im Zeitgeist der Spätrenaissance, aber Galilei ist darin ein Genie. Ein Beispiel ist das erfolgreiche (Namens-)Geschenk der Jupitermonde als Mediceische Sterne, gepaart mit einem geschickten astrologischen Fundament, das ihm eine „höfische" Anstellung beim Grossherzog als „Philosoph in Residenz" oder „Chief Scientist" verschafft.

Der Streit um die Zuordnung von Prioritäten wird mit dieser geringen Erfindungshöhe, den kurzen Abständen und der Unwissenschaftlichkeit des Vorgangs „Entdeckung" sehr zweifelhaft und hängt von der Definition ab: Thomas Harriot hat hier wohl die besten allgemeinen Karten. Für die wichtigsten Entdeckungen der ersten Stunde sind es wohl Marius und Galilei für die Jupitermonde, Harriot und Fabricius für die Sonnenflecken und Galilei und etliche andere Beobachter zur gleichen Zeit für die Venusphasen. Anzumerken ist, dass es schon Beobachtungen ohne Fernrohr gegeben hat für Sonnenflecken wie für Venusphasen. Als ein geistiger Vater für die Entdeckung der Venusphasen ist der Schüler und Freund Benedotto Castelli zu nennen, der sie Galilei vorhergesagt hat und damit eigentlich Mitentdecker ist.

Wir sehen als Hauptfiguren in der ersten Runde der Beobachter Namen wie Thomas Harriot in England, Simon Marius, Johann Fabricius und Christoph Scheiner in Deutschland, und natürlich Galileo Galilei in Italien.

Hier ein Versuch der beruflichen Einordnung:

- Thomas Harriot: Mathematiker und Forscher mit weiten Interessen
- Simon Marius: Astronom
- David Fabricius: Astronom
- Christoph Scheiner: Astronom, Physiker und Theologe
- Johannes Kepler: Astronom und Mathematiker
- Galileo Galilei: Physiker, Ingenieur, Künstler und Schriftsteller

Der Unterschied der Profession macht sich in der weiteren Arbeit bemerkbar, ja, wie wir im nächsten Kapitel sehen werden, sogar in der Weltanschauung. Die ersten Entdeckungen sind nicht sehr wissenschaftlich, sie sind so wissenschaftlich wie *„die Streifzüge von Erich von Däniken über die Osterinsel".* (Erich von Däniken ist ein pseudowissenschaftlicher Autor, der vielfache Besuche von Ausserirdischen auf der Erde behauptet).

Einige astronomische Beobachter der ersten Generation haben weiter gearbeitet und sich in Details vertieft, etwa Simon Marius über die Jupitermonde, bis er Ephemeriden aufstellen konnte, oder Christoph Scheiner, bis er die Gesetzmässigkeiten der Sonnenfleckenentstehung und deren Lebenszyklen gefunden hatte.

Der Vollständigkeit halber ist es andrerseits gerechterweise notwendig, auf ein paar Irrtümer Galileis oder Minuspunkte im Verhalten im Umfeld des Fernrohrs hinzuweisen:

- Galilei scheint versucht zu haben, das Fernrohr in Venedig als seine ureigene Erfindung zu vertreiben. Das wurde aber verhindert, weil es bereits einen europäischen Markt für Teleskope gab. Es ist nicht klar, ob ihm das Gehalt gekürzt wurde, als dies für seinen Arbeitgeber offensichtlich wurde.
- Galilei hat betont, dass er das Fernrohr auf Grund seines theoretischen Verständnisses von Optik verbessern konnte. Dies ist sicher nicht richtig; er hat nur durch Trial und Error, also nur mit Versuchen, verbessert wie alle anderen in dieser Epoche auch. Die Theorie (von Kepler nachgeliefert) hat er (nach eigenen Worten) sogar *nicht* verstanden.
- Er hat für den Mond wie für den Jupiter eine Atmosphäre ausserhalb der Himmelskörper angenommen. Der verschieden lange Weg des Lichts durch diese Atmosphäre sollte für Helligkeitsänderungen verantwortlich sein. Aber es gibt keine auch nur geringste Helligkeitsänderung von Sternen, bevor sie vom Mond bedeckt werden, und beim

Jupiter gibt es keinen Unterschied, ob ein Mond mehr vor oder hinter dem Jupiter steht (erst bei einer Bedeckung oder im Jupiterschatten).

- Er hat Simon Marius keine Chance eines Beitrags zur Erforschung der Jupiterwelt zugestanden, sondern er wollte ihn vernichten. Er hat bestritten, dass Marius überhaupt die Jupitermonde beobachtet hat. Dabei ist es offensichtlich beim Lesen der *Mundus Iovialis*, dass Marius versteht, was er misst, und ein gewissenhafter Astronom ist.
- Er hat die Messungen von Tycho Brahe, des besten Astronomen vor der Erfindung des Fernrohrs, lächerlich gemacht.
- Er hat als Rezidiv (in der Medizin das „Wiederauftreten einer schon geheilt betrachteten Krankheit") die Ansichten des Aristoteles vertreten: Die Kometen könnten niemals weiter weg sein als der Mond, sondern müssten näher sein. Ausserhalb der Mondbahn sind die himmlischen Sphären nach Aristoteles (und nach Galilei) rein.

Dazu kommen exotische Irrtümer der ersten Stunde, die aus der Verblüffung über das vollkommen Neue heraus entstehen sind, etwa wenn Galilei

- Sonnenflecken einerseits als Exkremente der Sonne, andrerseits als Punkte auf der Sonne ansieht, an denen das Licht von den Planeten wieder zur Sonne zurückkommt,
- die Supernova von 1604 astrologisch als Produkt der liebevollen Vereinigung von Jupiter mit Mars darstellt.

Ernsthafter anzusehen (auch wissenschaftstheoretisch) sind

- die Identifikation der Beugungsbildchen als wahre Bilder der Sterne,
- die Annahme, alle Sterne seien genau wie unsere Sonne, nicht grösser und nicht kleiner.

Dies sind Thesen, die gerade wegen ihrer präsentistischen Unerwartetheit (das heißt aus unserer Zeit heraus) erwähnenswert sind.

Galilei hat ein erfolgreiches Marketing für seine Person betrieben, aber dadurch auch ein Marketing für die Astronomie und für die Wunder des Kosmos jenseits des mit blossem Auge Sichtbaren. Allerdings kann man nüchtern feststellen: Hätte es Galilei nicht gegeben, so wäre die Saat des Fernrohrs auch aufgegangen, allerdings etwas später. Galilei hat die Entwicklung beschleunigt zum Preis, dabei andere Zeitgenossen vergessen zu machen und sich persönlich Feinde zu schaffen.

Noch zwei Anmerkungen zu Effekten, die unbekannt oder wenig bekannt sind:

Wir zeigen, dass Marius messend die Parallaxe der Jupitermonde (bezogen auf den Jupiter) entdeckt hat. Diese spezielle Parallaxe beweist, dass Jupiter um die Sonne kreist, nicht um die Erde. Galilei berücksichtigt diese Parallaxe (unabhängig von Marius) beim Vorschlag seines Jovilabiums.

Wir demonstrieren nach Jim und Rhoda Morris (2017), wie schwierig es war, mit dem holländischen Fernrohr, wie es Galilei benützte, zu beobachten, und wie viel leichter die Beobachtung mit dem astronomischen (Kepler'schen) Fernrohr ist, auch wenn es das Bild umkehrt. Galilei muss ein hartnäckiger und ausgezeichneter Beobachter gewesen sein.

Literatur

Astronomy Group. 1996. *Project web page venus*. galileo.rice.edu/lib/student_work/astronomy96/tdunn/venus.html.

Benson, Julian. 2014. *The celatone: Galilei's forgotten failure*. Medium.com.

Biagioli, Mario. 1990. Galilei the emblem maker, 1990. Memento, dauerhafte. http://www.jstor.org/stable/233685.

Biagioli, Mario. 2001. Replication or monopoly. In *Galilei in context*, Hrsg. Jürgen Renn, 277–320. Cambridge: Cambridge University Press.

Bredekamp, Horst. 2015. *Galileis denkende Hand. Form und Forschung um 1600*. Berlin: De Gruyter.

Chapman, Allan. 2009. A new perceived reality: Thomas Harriot's Moon maps. *Oxford Journals Astrogeo* 50 (1): 1.27–1.33.

Christie, Anthony. 2010. The real founder of telescopic astronomy. The Renaissance Mathematicus. (Blogbeiträge im Blog Renaissance Mathematicus).

Christie, Anthony. 2013. Apelles hiding behind the painting. The Renaissance Mathematicus. (Blogbeiträge im Blog Renaissance Mathematicus).

Galilei, Galileo. 1632. *Dialogüber die beiden hauptsächlichsten Weltsysteme,* übersetzt von Emil Strauss, 1891. https://archive.org/details/dialogbderdiebe00galiuoft. Zugegriffen im Juni 2017.

Galileo Project. 2017a. *Sunspots*. galileo.rice.edu/sci/observations/sunspots.html.

Galileo Project. 2017b. *Galileo's sunspot drawings*. galileo.rice.edu/sci/observations/sunspot_drawings.html.

Graney, Christopher. 2008. *The naked eye stars as data supporting Galileo's Copernican views*. arXiv.org.

Johnson, Torrence. 1978. The Galilean satellites of Jupiter. *Ann. Rev. Earth Planet. Sci* 6:93–125.

Klügel, Georg Simon. 1808. *Mathematisches Wörterbuch*, Bd. 3, 916. Google Books.

Koestler, Arthur. 1959/1963. *Die Nachtwandler*. Bern: Scherz.

Morris, Jim, und Rhoda Morris. 2017. *Serious errors and inconsistencies*. scitechantiques.com/Galileo-Telescope-Anomalies-optics.

Palmieri, Paolo. 2001. Galilei and the discovery of the phases of Venus. *Journal of the History of Astronomy* 132.

Pellengahr, Hans-Georg. 2012. Simon Marius – die Erforschung der Welt des Jupiter mit dem Perspicillum 1609–1614. In *Simon Marius – der fränkische Galilei*, Hrsg. Gudrun Wolfschmidt. auf Marius.net.

Riekher, Rolf. 1957/1990. *Fernrohre und ihre Meister*. Berlin: VEB Verlag Technik.

Schlör, Joachim. 1988. *Mundus Iovialis – die Welt des Jupiters*. simon-marius-gymnasium.de, Simon_Marius_mj-zweisprachig.

Shea, Williams. 2005. *Galileo and the Supernova 1604*. aspbooks.org/publications/342/013.pdf.

Shirley, John William. 1974. *Thomas Harriot – A biography*. Clarendon Press.

Sluijter, Engel. 1997. The Telescope before Galileo. *Journal for the History of Astronomy* 8.

Thomason, Neil. 2000. 1543 – The Year that Copernicus didn't predict the Venus phases. In *1543 and all that*, Hrsg. Guy Freeland. New York: Springer.

Valleriani, Matteo. 2010. *Galileo Engineer*. New York: Springer Science & Business Media.

Westman, Robert. 2011. *The Copernican question: Prognostication, skepticism, and celestial order*. Oakland: University of California Press.

Zander, Hans Conrad. 2008. Warum die Inquisition im Fall Galilei Recht hatte. *Die Welt,* 18. Januar.

Zuidervaart, Huib. 2010. The true inventor of the telescope. In *The origins of the telescope*, Hrsg. Albert van Helden. Amsterdam: KNAW Press.

> *„Wer sollte nicht durch die Beobachtung und den sinnenden*
> *Umgang mit der von der göttlichen Weisheiten geleiteten herrlichen*
> *Ordnung des Weltgebäudes zur Bewunderung des allwirkenden*
> *Baumeisters geführt werden!"*
> *Zugeschrieben Nikolaus Kopernikus, Astronom und Theologe,*
>
> *oft zitiert, aber ohne genaue Quellenangabe.*
> *Älteste gefundene Zitatquelle: Vierte Säcularfeier des*
> *Copernikus-Vereins Thorn, 1873.*

Das Fernrohr mit den Beobachtungen der Pioniere hat zu Beginn des 17. Jahrhunderts zwar noch keine harten Beweise für das eine oder andere Weltmodell gebracht, aber es verändert die Gewichtungen der verschiedenen Systementwürfe der Welt, zum Beispiel:

- Die Mondberge zeigen, dass der Mond „jetzt nur ein Klumpen Erde ist" (wie Galileis Freund Cremonini sagt): Also nicht aristotelisch himmlisch, sondern irdisch.
  Wie bleibt er dann am Himmel? Lösung erst durch neue Physik mit Newton.
- Die Jupitermonde:
  Ein System, das nicht die Erde umkreist, und Monde, die nicht zurückbleiben hinter Jupiter wie es Aristoteles denken würde, sondern mühelos mitgezogen werden oder doch einfach nur jetzt sichtbar gewordene Epizyklen (antike Hilfskonstruktionen, s. u.) nach Johann Georg Locher, in den *Disquisitiones Mathematicae*, 1614.
- Viel mehr Sterne als mit blossem Auge sichtbar:

© Springer Fachmedien Wiesbaden GmbH 2017
W. Hehl, *Galileo Galilei kontrovers*, https://doi.org/10.1007/978-3-658-19295-2_6

Warum gibt es sie? Nicht für uns Menschen? Ist das Universum doch noch grösser als gedacht? Sind wir Menschen so wichtig, dass es so viele gibt?

- Das Fernrohr vergrössert auch die Empfindlichkeit für die Beobachtung von eventuellen jährlichen Verschiebungen der Sterne (die Parallaxe). Aber es wird keine beobachtet. Ob das Universum noch grösser ist als schon gedacht? Kann sich dann so etwas Gewaltiges in 24 Stunden um uns drehen?

6.1   Die vier Hauptmodelle zur Zeit Galileis

„Wer wollte denn in diesem wunderschönen Heiligtum diese Leuchte an einen andern, besseren Ort setzen als den, von dem sie aus das Ganze gleichzeitig erhellen kann? Zumal doch bestimmte Leute durchaus treffend ‚Lampe der Welt‘, andere ihren ‚Sinn‘, andere ihren ‚Lenker‘ nennen. … So wirklich, wie auf einem königlichen Thron sitzend, lenkt die Sonne die um sie tätige Sternenfamilie.“
Nikolaus Kopernikus, Astronom und Theologe,
in „De Revolutionibus Orbium Coelestium“ (1543)

Hier wird das Weltmodell richtig poetisch geschildert. Philosophisch sind die Weltmodelle zum leichtgewichtigen Spekulieren, astronomisch zum Rechnen und physikalisch zum Verstehen. Hier spiegelt sich der Weg zum Verstehen der Geschichte unseres Weltbilds und der heutigen Wissenschaft. Der Unterschied der Philosophie zu Physik und Astronomie wird deutlich in der Abb. 6.1, wenn man sich bewusst macht, dass dieses so bekannte Bildchen eine Wahrheit verschweigt beziehungsweise falsch ist, heute wie vor 2000 Jahren, und nur mit Legende gelesen werden sollte.

Diese Darstellung deutet die Kristallschalen durch Kreise an und heftet sichtlich die Planeten an diese Sphären (und die Fixsterne an die äusserste Schale). Aber alle derartigen Darstellungen des geozentrischen Systems verschweigen, dass die inneren Planeten Merkur und Venus enger an die Sonne gekoppelt sind und nicht frei auf den Bahnen umlaufen können (wie die äusseren). Jeder Astronom, schon in Babylon und Ägypten, wusste, dass sich Venus und Merkur niemals weit von der Sonne entfernen; eine Opposition der Venus oder gar des Merkur gibt es nicht von der Erde aus. Und das Wissen, dass der Abendstern identisch ist mit dem Morgenstern, geht mindestens auf Pythagoras von Samos (570–510 v. Chr.) zurück, den Entdecker des berühmten mathematischen Satzes.

Dieses einfache Modell repräsentiert die naturphilosophischen Grundgedanken (Erde im Zentrum, Existenz der Kristallsphären und Kreisbewegungen), aber es ist untauglich für die astronomische Praxis, das heißt für die Berechnung des Kalenders. Die Berechnung und Vorhersage der Positionen der Himmelskörper ist das am längsten laufende Experiment mit der Natur, laufend kontrolliert durch Messungen, auch heute. Das zugehörige funktionierende astronomische Modell von Claudius Ptolemäus (um 100–160) ist viel komplizierter als in Abb. 6.1 gezeigt. Um reale Effekte zu erfassen, wie die scheinbaren Schleifen der Planeten am irdischen Himmel, die Exzentrizität der Bahnen

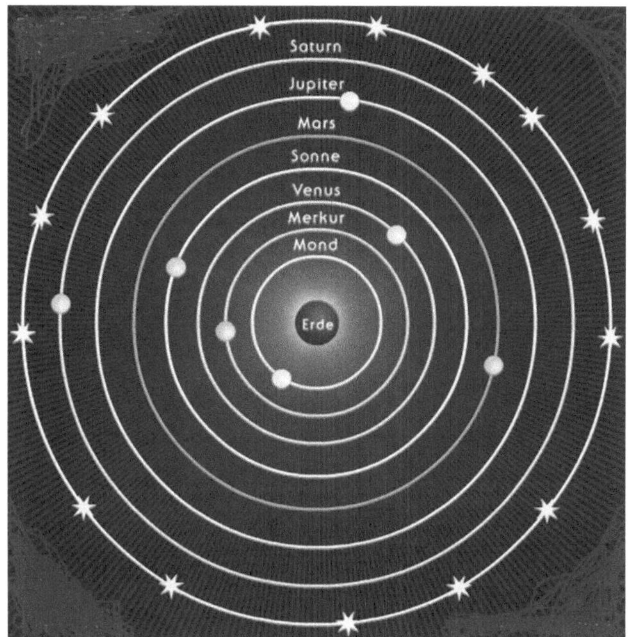

Abb. 6.1 Das geozentrische Weltsystem (philosophisch) in einer modernen Darstellung. Nicht zu sehen ist die zwangsläufige Kopplung der Planeten Merkur und Venus an die Sonne; die Grafik suggeriert beliebige, unsinnige Positionen dieser Planeten: Die Positionen von Venus und Merkur entsprächen einer Sichtbarkeit tief in der Nacht und sind unmöglich. (Bildquelle: mit freundlicher Genehmigung, Astrokramkiste.de)

und die Ungleichheiten der Laufgeschwindigkeiten, musste man immer mehr Konstrukte (Abb. 6.2) hinzufügen:

- Es werden weitere Kreise auf die Hauptkreise gesetzt (sogenannte Epizyklen), die Hauptkreise heissen Deferenten, die Planeten laufen auf den Epizyklen,
- die Mittelpunkte werden ausserhalb des Erdmittelpunkts (exzentrisch) gesetzt, die Bewegung ist gleichförmig um einen anderen fiktiven Punkt, den Äquanten. Dies deuten die beiden gleichen Winkel in Abb. 6.2 an, die vom Centrum Equants ausgehen. Dadurch erreicht man ungleichmässige Geschwindigkeiten der Planeten. Dies ist ein gewaltiger Rechenaufwand ohne Computer! Kopernikus stört sich am Äquanten und an der Ungleichmässigkeit; dies wird ein Hauptpunkt für den Entwurf *seines* Systems.

Dazu kommt, dass die Epizyklen für Venus und Merkur (und nur für sie) mit dem Lauf der Sonne gekoppelt sein müssen – man fragt sich bei geozentrischem Denken, warum? Der Merkur entfernt sich nie mehr als 28° von der Sonne, die Venus höchstens um 47° (die grösste Elongation), das müssen die Epizyklen garantieren. Dazu kann man sich verschiedene Anordnungen denken. Die Abb. 6.3 versucht, diese Kopplung nach Ptolemäus

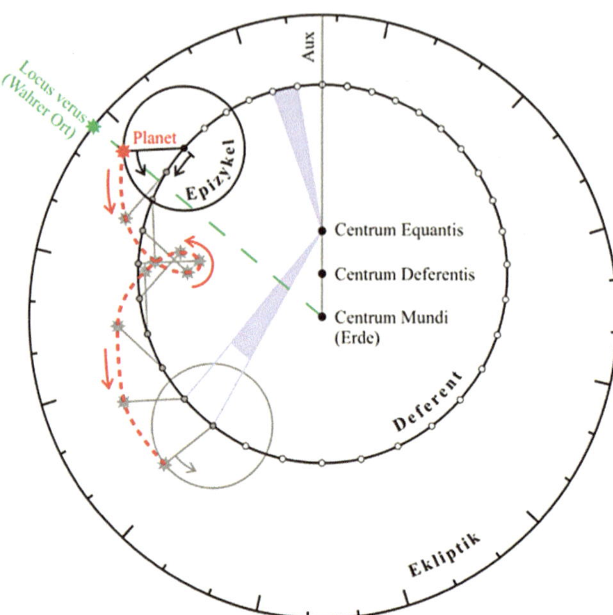

Abb. 6.2 Die Konstruktionen des Ptolemäus, um für die Philosophie „die Phänomene zu retten": Deferenten (Hauptkreise), Epizykel (Nebenkreise) und Äquanten. Damit wird die wahre elliptische Bewegung nachgebildet. (Bildquelle: Wikimedia Commons, joerg-ks; mehr Informationen: Deutscher Wikipedia-Artikel Epizykeltheorie)

anzudeuten durch eine Lösung der Aufgabe mit einer Linie, auf der die Erde liegt und die Mittelpunkte der Epizyklen von Merkur, Venus und Sonne. Das bedeutet, dass in die Berechnung von Venus und Merkur merkwürdigerweise die Bewegung der Sonne mit eingeht. Den Geozentriker muss es wundern: Was ist besonders an der Sonne? Warum taucht das irdische Jahr bei Deferenten oder Epizyklen auf?

Immer mehr künstliche Konstrukte wurden im Laufe von über 1200 Jahren zum Modell hinzugefügt. Dies ist nicht nur negativ zu sehen: Es sammelt sich Erfahrung an. Allerdings ist es (wenigstens im Englischen) sogar das Synonym für ein schlechtes wissenschaftliches Vorgehen geworden, für Bad Science: *„to add epicycles"* heisst „einen nahezu sinnlosen Rettungsversuch für eine Idee zu machen durch weitere Komplikation". Amüsanterweise entspricht dies de facto dem klassischen philosophischen (leicht abwertenden) Ausdruck für den Übergang vom einfachen philosophischen Modell zur astronomischen Realität: „die Phänomene retten" (griechisch σῴζειν τὰ φαινόμενα, *sozein ta phainomena*). Die Rettung selbst wird eigentlich nur als Rechentrick verstanden. Aber wir werden unten sehen, dass es einen tieferen Grund für den Erfolg der Epizyklen gibt. Es sind eigentlich geniale Bauelemente, wenn man Ellipsen nicht im Baukasten hat, sondern sie umschreiben muss.

In der Tat ist der ganze Mechanismus nur ein Rechentrick, man sagt dazu kurioserweise, es sei „reine Astronomie": Es ist eine Anpassung an die Realität in Form von

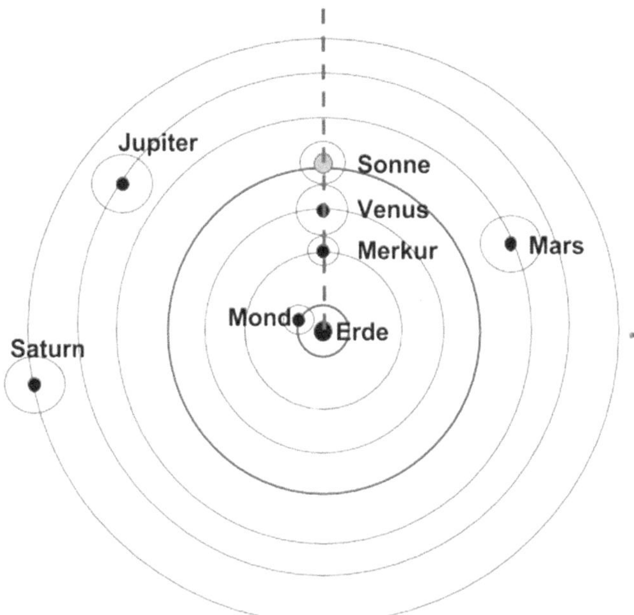

Abb. 6.3 Die künstliche Gebundenheit der Planeten Merkur und Venus an die Sonne nach Ptolemäus (gestrichelte Linie). Die aufgesetzten kleinen Kreise deuten Epizyklen an. (Vereinfacht nach Wilhelm Krücken)

geometrischen Reihenentwicklungen mit immer kleineren Gliedern, die, gut angepasst, immer zu den gleichen richtigen Ergebnissen („Phänomenen") führen, gleichgültig wie man sie aufsetzt. Es ist sogar rechnerisch willkürlich, ob man die Folge der Planeten zu Erde, Merkur, Venus, Sonne ansetzt oder zu Erde, Venus, Merkur, Sonne! Die Phänomene, die zu erfüllen sind, sind ja eigentlich nur Lichtpunkte zur richtigen Zeit am richtigen Ort am Himmel vorherzusagen. Dies ist eine viel schwächere Aufgabe als das Problem, die wahre Bewegung im Raum zu berechnen.

Für Kopernikus sind zwei Punkte besonders wichtig; neben dem Setzen der Sonne in das Zentrum stört er sich vor allem daran, dass die Planeten bei Ptolemäus zwar auf Kreisen umlaufen, aber ungleichmässig und nur um künstlich eingeführte Punkte (die Äquanten) gleichmässig rotieren. Kopernikus kann einen Teil der Künstlichkeit der Geometrie entfernen:

Er setzt philosophisch (das heisst als gedankliches Konzept) die Sonne ins Zentrum (Abb. 6.6) und eliminiert dadurch

- das Problem der Schleifen im Prinzip; sie sind jetzt nur natürliche Überholvorgänge durch einen Planeten,
- die prinzipielle Verschiedenheit zwischen inneren und äusseren Planeten; die inneren Planeten, die äusseren Planeten und die Erde sind jetzt gleichgestellt in einer natürlichen Anordnung.

Aber er hat zwei Arten von Problemen: Kopernikus muss erstens als Astronom noch immer Phänomene retten (wie die Exzentrizität der Bahnen), und er macht dies genauso axiomatisch-geometrisch wie Ptolemäus. Zweitens handelt er sich eine Reihe von physikalischen Problemen ein, vor allem gerade durch die Gleichstellung der Erde als bewegten Planeten. Insbesondere: Wo ist die Parallaxe, die Verschiebung der Sterne durch die jährliche Bewegung? Diese Frage hatte sich schon Aristoteles gestellt, und dann die Idee einer Bewegung der Erde um die Sonne verworfen – und man hat die Parallaxe auch im 16. und im 17. Jahrhundert noch nicht gefunden.

Ein unwissenschaftliches Problem für das kopernikanische Weltsystem ist präsentistisch gesehen kurios, war aber in jener Zeit ein Problem. Die Konsequenz für die Astrologie: Wieso sollten die Planeten zum Beispiel noch die Erde beeinflussen, da sie doch um die Sonne kreisten? Das ist für die Astrologen ein Paradigmenwechsel, der im Allgemeinen bis heute nicht vollzogen ist.

Kopernikus ist kein Physiker, sondern Geometer; er bleibt beim Gebot der Kreise, versetzt die Deferenten für die Planeten (auch den der Erde) individuell und baut Epizyklen über Epizyklen ein. In seiner Astronomie steht die Sonne nicht im Mittelpunkt der Erdbahn – er muss ja, wie wir wissen, die exzentrische Erdbahn kompensieren. Galilei ignoriert die Epizyklen des Kopernikus unverständlicherweise total; in seinem astronomischen Hauptwerk, dem *Dialog der beiden Weltsysteme,* kommt das Wort Epizyklus nur einmal vor – und das für Ptolemäus:

„Per la quale apparenza salvare introdusse Tolomeo grandissimi epicicli ...",
„Um diese Erscheinungen zu retten führt Ptolemäus riesige Epizyklen ein ..."

in der Übersetzung von Emil Strauss (1891) heisst diese Stelle:

„Um diesen Erscheinungen Rechnung zu tragen, hat Ptolemäus eine Menge von Epizyklen eingeführt, welche er der Reihe nach für jeden besonderen Planeten nach etlichen schlecht zusammenstimmenden Bewegungsgesetzen zurechtstutzte: diese werden sämtlich durch eine höchst einfache, der Erde beigelegte Bewegung beseitigt."

Wie kann dies Galilei für Kopernikus verschweigen? War es seine Hoffnung, dass dies alles eigentlich unwichtig ist? Hat er tatsächlich Kopernikus nicht gelesen, wie behauptet wird, oder ist er unredlich? Wir wissen und verstehen, dass dieser Satz mit *„höchst einfache"* und *„beseitigen"* erst mit den keplerschen Ellipsen wahr sein kann. Der freundliche Galileiübersetzer Emil Strauss schreibt behutsam:

„Das Buch führt den unvorbereiteten Leser geradezu irre"
„Man kann einen bedeutenden Fehler desselben [darin] sehen"
Es sei „eine sehr befremdende Erscheinung" [die Epizyklen des Kopernikus nicht zu erwähnen].

Die Anzahl der Epizyklen bei Kopernikus ist erschreckend; Richard Fitzpatrick (2013) von der University of Texas schreibt in seinem *Modernen Almagest:*

> *„Insgesamt enthält das kopernikanische Modell des Sonnensystems ungefähr die gleiche Anzahl von Epizyklen wie das von Ptolemäus. Der einzige Unterschied ist, dass seine Epizyklen viel kleiner sind. In der Tat ist das kopernikanische Modell genauso kompliziert und nicht merklich genauer als das im Almagest [dem antiken System].“*

Kopernikus zählt in seinem *Commentariolus* 1512 selbst:

> *„Merkur läuft auf insgesamt sieben Kreisen, die Venus auf fünf, die Erde auf drei, der Mond läuft mit vier Kreisen um sie herum; schliesslich Mars, Jupiter und Saturn auf je fünf. Damit reichen 34 Kreise aus, um das ganze Universum zu erklären und das ganze Sternenballett.“*

Umgekehrt war die behauptete Zahl der Kreise und Epizyklen, die das alte System benötigte, von den Anhängern des Kopernikus in den vergangenen Jahrhunderten immer höher angegeben worden: von 40 Epizyklen bis zu 200! In Wirklichkeit verwendet Ptolemäus mit den Äquanten eine wirkungsvolle Kreisstruktur, die die Kepler'schen Ellipsen und das zweite Kepler'sche Gesetz (die ungleichförmige Bahngeschwindigkeit der Planeten) gut annähern kann. Kopernikus will und kann es nicht. Richard Fitzpatrick (2012) kann mit nur neun Strukturelementen und modernen Ausgangsdaten das Sonnensystem nach Ptolemäus so gut simulieren, wie es der Beobachtung mit blossem Auge entspricht.

Das kopernikanische System legt dafür ganz natürlich die Reihenfolge der Planeten fest: Innere Planeten, Erde und äussere Planeten, sogar die exakte Reihenfolge Sonne, Merkur, Venus, Erde – die bei Ptolemäus noch teilweise wählbar war. Der Physiker Richard Fitzpatrick (geb. 1963) fällt sogar das überraschende Urteil zu Kopernikus:

> *„… dass er die Reihenfolge der Planeten um die Sonne festlegen konnte, war in gewissem Sinn sein Hauptverdienst.“* (Fitzpatrick 2010)

Das Modell des Kopernikus ist wieder reine Geometrie und eigentlich überhaupt nicht genauer (s. u.). Auch als „reine Astronomie“ ist sein System damit problematisch. Es ist geradezu paradox, dass es dazu nicht einmal „echt“ heliozentrisch ist: Kein Mittelpunkt seiner Hauptkreise der Planeten befindet sich innerhalb der Sonne.

Dadurch, dass die Beobachtung der Planeten letztlich von der Erde aus stattfindet, kommt die Erdbahn als eine Art Epizykel (oder wegen ihrer Elliptizität sogar mit mehreren) immer wieder durch die Hintertür herein. Das lässt sich nicht vermeiden, wenn man auf der Erde beobachtet. Dies wird aber häufig nicht realisiert (s. u.) oder verschwiegen – insbesondere von Galilei.

Dazu erfindet (oder entdeckt) Kopernikus zwangsläufig, konsequent und klug eine dritte Bewegung der Erde, die kaum bekannt ist, oft unverstanden und präsentistisch eine Überraschung: Eine *dritte* Bewegung zusätzlich zur täglichen und jährlichen Drehung. Er stellt sich nämlich ganz klassisch-antik die jährliche Bewegung der rotierenden Erde vor, als wäre die Erdkugel an einer Kristallsphäre befestigt oder auf ein starres, drehbares Rad geklebt, das heißt die Achse dreht sich dann im Raum um 360 Grad mit, um den Pol der Ekliptik im Sternbild Drache, aber das soll sie ja nicht! Der Polarstern soll Polarstern

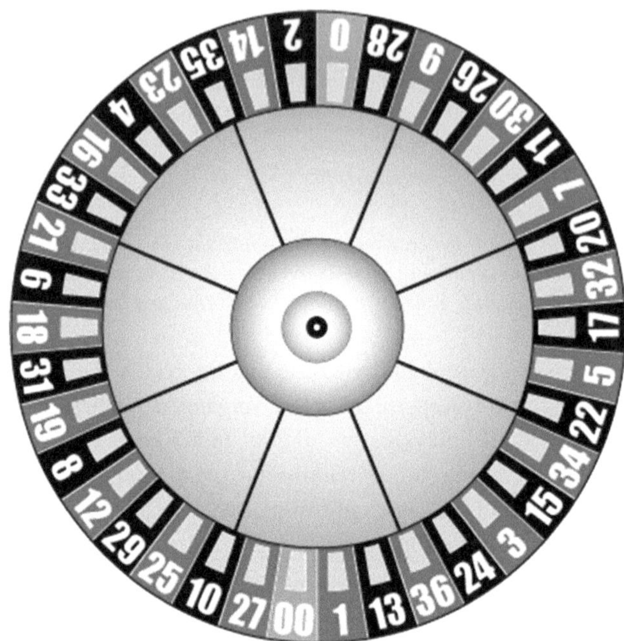

Abb. 6.4 Das amerikanische Rouletterad zur Demonstration der „Dritten Bewegung" des Kopernikus. Wenn die „2" nicht auf dem Kopf stehen sollte, müsste man den Tisch drehen. (Bildquelle:
Wikimedia Commons, Film8ker)

bleiben. Um dies zu kompensieren, erfindet er künstlich aber konsequent „die dritte
Bewegung".

Die Abb. 6.4 soll dies anhand des Zahlenrads illustrieren: Wenn man will, dass die Zahlen
immer die gleiche Ausrichtung haben und nicht zum Beispiel auf dem Kopf stehen, müsste
man die Buchstaben dagegen drehen. Erst wenn man versteht, dass die Achse der Erde ihre
Stellung im Raum der Fixsterne beibehält, kann man auf die Gegenbewegung verzichten;
wir denken heute automatisch so. Dies versteht man aber erst mit Trägheitsprinzip und Krei-
selgesetzen. Galilei kennt zwar die Kreiselgesetze noch nicht, aber er kennt die Trägheit und
nimmt hier genial und intuitiv die Trägheit der Rotation an (modern ausgedrückt, die Erhaltung des Drehimpulses als Vektor oder gerichtete Grösse). Damit hält Kopernikus die Richtung der Rotationsachse der Erde fest an ihrer eigenen Sphäre, Galilei dagegen an der Sphäre
der Sterne.

Galilei schreibt im *Dialog der Weltsysteme*:

> „*... die Achse ändert nicht allein nicht die Neigung zur Ebene der Ekliptik, sondern auch nicht
> ihre Richtung; sie bleibt so immer parallel zu sich, sie zeigt dauernd auf die gleiche Stelle des
> Universums.*"

Genau dies zeigt seine Grafik im *Dialog der Weltsysteme* (Abb. 6.5). Er vergleicht dazu die
Bewegung eines schwimmenden Körpers in einem rotierenden Wasserbecken. Wichtig sei

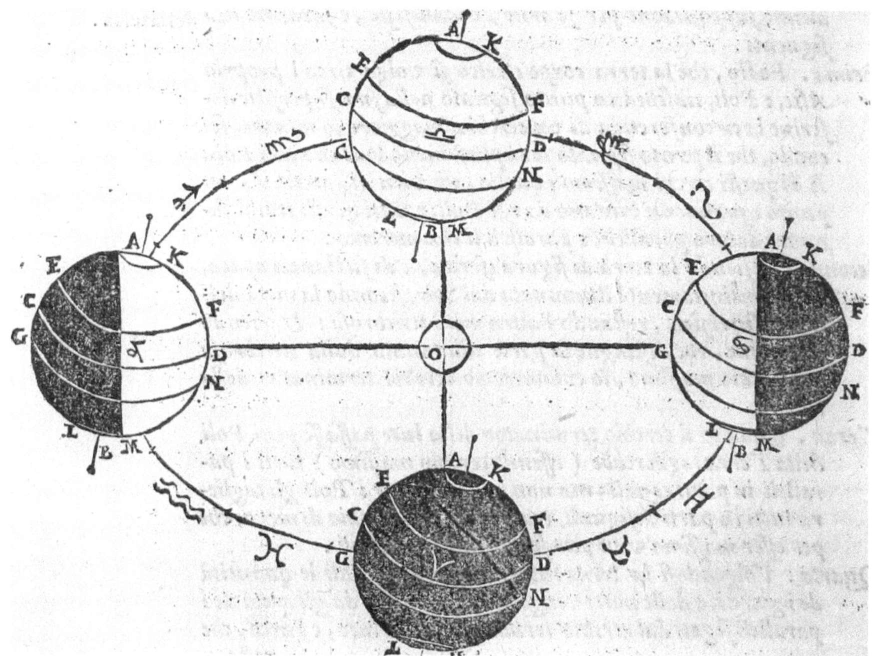

Abb. 6.5 Grafik Galileis im *Dialog der Weltsysteme* (1632) zum jährlichen Umlauf der Erde. Die Erdachse steht fest im Inertialsystem der Sterne. Kopernikus befestigt die Erde an ihrer Sphäre und muss deshalb eine kaum beachtete „dritte Bewegung" einführen, die Galilei abschafft. (Bildquelle: Wikimedia Commons, Smithsonian)

die Bewegung des Körpers zu den Wänden des Raums, nicht nur die innerhalb des Beckens. Es ist hier intuitives, dynamisches Denken. Die raumfeste Achse wirkt zumindest für uns viel natürlicher als eine starr mitgeführte und dadurch mitgedrehte. Es ist ein physikalischer Pluspunkt für Galilei.

Durch die Kreiselkräfte tritt als vierte Bewegung noch die langzeitliche Präzession auf, die wahre Achsenbewegung des Erdkreisels in etwa 25.700 Jahren, dem platonischen Jahr. Da die Präzession langsam, aber beständig die Sternörter relativ zur Erdachse verschiebt, ist der Effekt seit mindestens 2000 Jahren bekannt. Durch diese Präzession wird immer ein anderer Stern der eigentliche Polarstern. Für Kopernikus ist die Präzession kein Problem: Ein kleiner jährlicher Fehler in der (fiktiven) dritten Bewegung – um etwa 50″ zu wenig – erzeugt rechnerisch diesen langsamen Umlauf. Das Wort „Fehler" ist vielleicht nicht passend, schliesslich geht es ja um den Himmel!

Die Präzession bringt Galilei auf einen genialen, wenn auch vollkommen falschen Gedanken, sozusagen den „totalen Heliozentrismus". Dieses Konzept ist aus heutiger Sicht für manchen wohl eine Überraschung. Er schliesst im *Dialogo* die Fixsternsphäre in das Reich der Sonne mit ein; er argumentiert:

„Alle Astronomen betrachten als Ursache der abnehmenden Umlaufs-geschwindigkeiten bei den Planeten das Wachsen ihrer Sphären: sie nehmen an, dass Saturn darum sich langsamer bewege als Jupiter, und Jupiter langsamer als die Sonne, weil der erste einen grösseren Kreis zu beschreiben hat als der zweite, und dieser einen grösseren Kreis als die Sonne usw." Übersetzung von Emil Strauss, 1891

Also je grösser eine Sphäre, desto langsamer die Bewegung. Galilei erweitert die Folge der Planeten mit dieser Logik um die Fixsternsphäre und nimmt das platonische Jahr der Präzession von 36. 000 Jahren (bei ihm, heute 25. 700 Jahre) als die zugehörige Umlaufzeit der Sterne um die Sonne an. Das Extrapolieren von den Planeten mit der Kombination mit der Präzession ist ein genialer Gedanke, der zeigt, wie bähende Galilei assoziiert – aber es ist falsch, physikalisch wie philosophisch. Er rechnet kühn weiter: Da der Saturn 30 Jahre für einen Umlauf braucht und in der neunfachen Entfernung der Erde von der Sonne ist, gibt dies für die Sternsphäre 10 800 AE (im Dreisatz!). In den folgenden Worten Sagredos, umgemünzt auf diese elementare Rechnung, *„Kann man sich eine unproportioniertere Proportion denken …?"*

- Physikalisch ist die Präzession (in 25.700 Jahren) eine Kreiselbewegung der Erde durch die Sonne, die Fixsterne haben mit der Sonne nahezu nichts zu tun.
- Philosophisch ist die Einbeziehung der Fixsterne in das Sonnensystem unsinnig; die Sonne ist nicht die Gottheit des Universums.
- Wissenschaftlich ist die unreflektierte Verwendung der Proportion eine Katastrophe, vor allem da die richtige Gesetzmässigkeit schon seit 14 Jahren bekannt ist, das dritte Kepler'sche Gesetz.

Nach dem dritten Kepler'schen Gesetz ergäbe sich übrigens aus dem platonischen Jahr die Entfernung der Sternsphäre von 870 AE in historischen Zahlen und 1090 AE mit modernen Werten. Galilei nimmt an der damaligen modernen Wissenschaft überhaupt nicht teil; er vertritt einen leichtgewichtigen Kopernikus aus dem 16. Jahrhundert. Er assoziiert grosszügig und hier vollkommen falsch. Was für ein Unterschied zur jahrelangen mühsamen wissenschaftlichen Arbeit Keplers für dessen Beziehung. Hier ist wieder eine Kritik an der Gemeinde der Wissenschaftler: Wie kann man nur wenige positive Punkte aus Galileis Schaffen herausgreifen und das Unsinnige einfach vergessen? (Abb. 6.6)

Galilei vereinfacht Kopernikus bis zur Philosophie „heliozentrisch". Er ignoriert die grossen physikalischen und astronomischen Probleme, ja er ignoriert die „reine Astronomie" (das heißt die Berechnung der Gestirne) total. Er ist in dieser Frage „nur" Philosoph. Dabei gäbe es zwei bessere Lösungen: Einen halben Schritt zurück zu Tycho Brahe, einen Schritt in die Zukunft zu Johannes Kepler. Galilei kennt an und für sich beide Wege, wenigstens als Ideen. Er ignoriert beide.

Das System des dänischen Astronomen Tycho Brahe (1546–1601) in Abb. 6.7 verzichtet auf die beiden Bewegungen der Erde (denn man hatte keinerlei Beweis dafür), verwendet aber die Grundideen der Antike weiter genauso wie Kopernikus, das heißt das Axiom der Kreisbahnen und die Epizykel. Je nach Standpunkt hat es damit den philosophischen

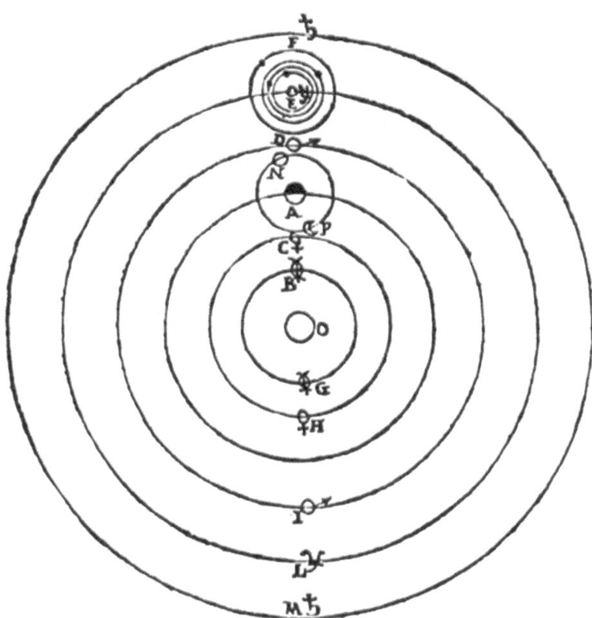

Abb. 6.6 Das heliozentrische Weltsystem (philosophisch) des Galilei. Das Bild aus dem *Dialog* zeigt nur das Prinzip. Galilei ignoriert die komplexen Strukturen der Epizyklen, die man für eine „echte" Berechnung bräuchte. (Bildquelle: Galileo Galilei, *Dialog über die beiden hauptsächlichsten Weltsysteme*, 3. Tag, 1632. Ausgabe Emil Strauss, 1891, Archive-org)

Vorteil der ruhenden Erde im Zentrum (und erbt zunächst die aristotelische Physik) oder die Unschönheit, dass sich das – schon damals als gross angesehene Universum – um die Erde drehen muss. Einen aristotelischen Fehler des Tycho-Systems gibt es für die Kristallsphären: Die Sphären der inneren Planeten und des Mars durchdringen die Erd- und Mondsphäre. Aber feste Kristallsphären sind sozusagen Vulgär-Aristoteles; ursprünglich sollten Sphären aus einem ätherischen Medium sein. Die Vorstellung der festen Sphären hatte sich erst im vorhergehenden Jahrhundert buchstäblich verfestigt. Gerade Tycho Brahe hatte gezeigt, dass die Kometen sie offensichtlich durchqueren können und sie sozusagen „verflüssigt" (siehe das Zitat). Die heute näherungsweise bekannte wahre Bahn des Kometen von 1577 zeigt die Absurdität der Annahme fester Kristallsphären: Die Bahn des Kometen stand nahezu senkrecht zu den Bahnen der Planeten und er drang weit in die Merkurbahn ein, bevor er sich der Venus und schliesslich der Erde näherte, um das engere Sonnensystem schliesslich zu verlassen.

Aber Galilei ist ausserhalb dieser Diskussion – er glaubt ja, dass die Kometen irdische Dünste sind.

Galilei ist dem Konzept der Sphären verhaftet; dies merkt man indirekt an seiner Beschreibung der Bewegung der Monde des Jupiters. Er verwendet die Passivform, wie Knobloch (2011) bemerkt:

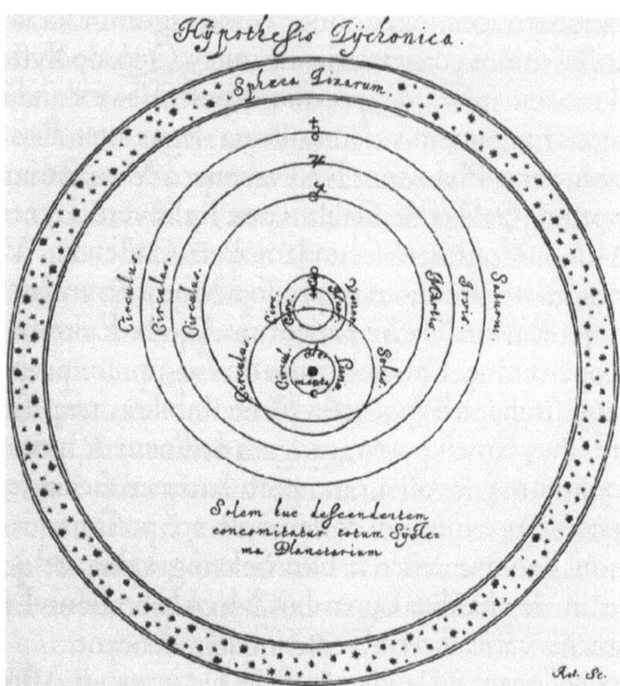

Abb. 6.7 Historisierende Darstellung des tychonischen Weltsystems. Im Zentrum die Erde. Die Kreise (Deferenten) von Erde und Mars überschneiden sich. Philosophische Darstellung ohne die Epizyklen. (Bildquelle: Wikimedia Commons, anonym)

„Die vier Planeten, die um den Stern Jupiter in ungleichen Abständen und Zeiträumen mit wunderbarer Geschwindigkeit herumgedreht werden."

Galilei kennt keine Fernwirkung, es gibt nur himmlische Eigenbewegung oder Kontaktkausalität, hier das unmittelbare Anhaften an die Sphäre und damit die Mitnahme.

Als pragmatische Konstruktionen sind diese drei Modelle von Ptolemäus, Kopernikus und Tycho Brahe mathematisch äquivalent und ihre Güte hängt nur davon ab, wie gut man die Konstrukte jeweils zusammensetzt und wie viele davon: Es sind, mathematisch gesehen, verschiedene geometrische Reihenentwicklungen um die Ellipsen Keplers herum. Richard Fitzpatrick zeigt in seinem modernen Almagest (2012), dass die Modelle in einer tatsächlichen Reihenentwicklung in Potenzen der numerischen Exzentrizität ε (das heißt der Stärke der Abweichung von der Kreisform) sich von der Entwicklung der Ellipsen mehr oder weniger im Koeffizienten des quadratischen Glieds ε^2 unterscheiden. Das ptolemäische Modell ist dabei sogar *„etwas besser"*, wie er schreibt, als das kopernikanische, dies gerade durch die künstlich aussehenden, aber genialen Äquanten.

Ein Teil der Komplikation kommt zwangsläufig dadurch, dass wir Beobachter eben im Allgemeinen auf der bewegten Erde sind. Von aussen gesehen, aus dem All, sieht das heliozentrische System im Prinzip einfacher aus als das geozentrische – aber das ist ein unfairer Vergleich. Bezieht man die Planetenkoordinaten auf einen bewegten, irdischen

Beobachtungspunkt, so wird es eben auch geometrisch kompliziert und es entstehen Figuren, wie sie auch mit Epizyklen entstehen (sogenannte Zykloide). Zeichnet man die Koordinaten der Planeten von uns aus gesehen über Jahre hinweg auf, so entstehen sogar mystische Muster, die wie regelmässige Planetenschleifen und Zykloide aussehen, sogar wenn die Planetenbahnen die echten keplerschen Ellipsen sind.

Die Abb. 6.8 ist ein Beispiel solcher komplexer Figuren. Diese Schleifen bilden eine Brücke zwischen der antiken Astronomie und der modernen. Aufgezeichnet sind über fünf Erdenjahre die wahren Örter, bezogen auf die Erde als ruhend, von innen nach aussen von Venus, dem Merkur und der Sonne. Dies entspricht nahezu acht Venusumläufen. Nach diesen fünf Jahren stehen Sonne, Erde und Venus wieder in etwa gleich zueinander, und die Venus hat eine Art mystisches Pentagramm in den Raum um die Erde gemalt.

Diese wunderbare Figur findet sich im Internet und wird bewundert, aber von unkundigen Betrachtern ganz verschieden falsch gedeutet. Zum Beispiel werden die Bögen für ptolemäische Epizyklen gehalten, dazu werden die zugehörigen Zeiten durcheinander

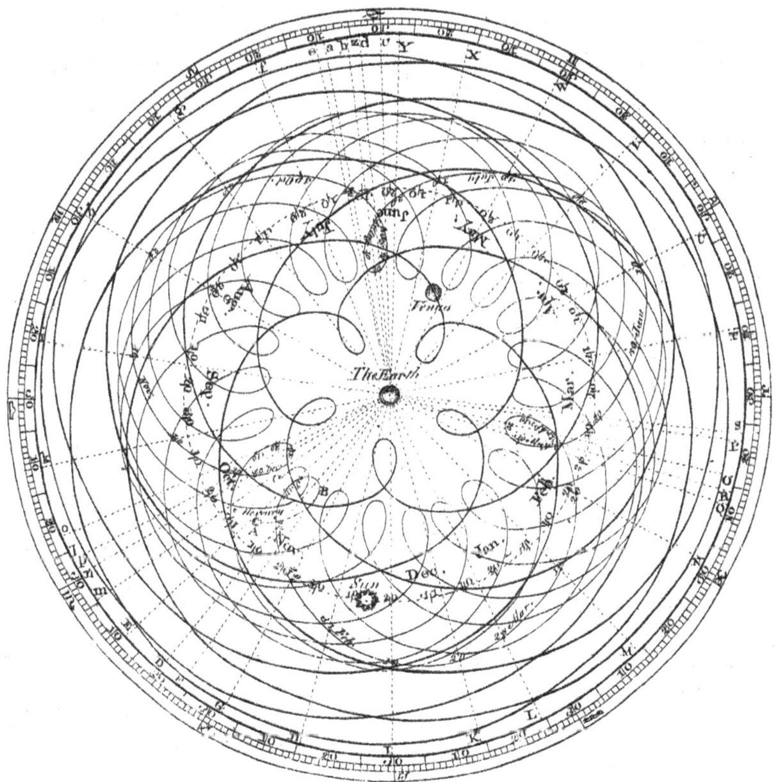

Abb. 6.8 Wahre Örter der inneren Planeten auf die Erde als ruhend bezogen über acht Jahre. Diese Grafik entsteht durch die Bewegung der Venus von der Erde aus gesehen als eine Art Pentagramm. Wir betonen, dass dies kein Diagramm von Epizyklen und Zykloiden nach Ptolemäus ist. Mehr im Text. (Bildquelle: James Ferguson nach Giovanni Cassini, in Encyclopaedia Britannica, 1771, Wikimedia Commons)

gebracht. Da es sich aber um „reine" Astronomie handelt, kann man selbst nachrechnen und die Wahrheit bestimmen – bei allgemeinen historischen Tatsachen oder Behauptungen geht dies leider nicht! Hier gilt (vermutlich nicht zufällig, sondern himmelsmechanisch gekoppelt): Die Relativgeschwindigkeit der Venus zur Erde ist recht genau 5/8 der siderischen irdischen (genauer 0,62549488). Dies führt zu diesem Pentagramm. Die Einfachheit der keplerschen Ellipsen hat sich im Geozentrischen verflüchtigt.

Das tychonische Weltbild war ein konstruierter Kompromiss, astronomisch wie theologisch, wie Tycho Brahe selbst schreibt, der alle „*incongruentiae*" (Ungereimtheiten) vermeidet. Die jesuitischen Astronomen nahmen es rasch an und bauten darauf weiter auf. Es wurde in jesuitische Vorlesungen eingebaut und enthielt offiziell nach dem „Chefwissenschaftler" der Jesuiten, Christophorus Clavius, (1538–1612) die Jupitermonde, die Sonnenflecken als Planeten, die vor der Sonne vorbeiziehen, und die Kometen als Himmelskörper im planetarischen Raum. Galilei blieb Tychos Weltbild fern, wohl vor allem

- weil er denkt, die Bewegung der Erde beweisen zu können durch seine (falsche) Theorie der Gezeiten,
- weil er die Sonderrolle der Erde als künstlich ansieht.

Während die letztere Haltung vertretbar ist, ist Galileis Position zum Weltsystem von Johannes Kepler unverständlich. Kepler ersetzt die ganzen Hilfskonstruktionen der Epizykel um den heiligen Gral der Kreise herum durch Ellipsen, in deren einem Brennpunkt die Sonne steht. Keplers *Astronomia Nova*, seine neue Astronomie, ist ein richtiger Befreiungsschlag im Jahr 1609, am 15. Mai 1618 folgt schliesslich noch ein schlagender, sozusagen digitaler Beweis mit dem Dritten Kepler'schen Gesetz: Der Quotient aus dem Quadrat der Umlaufzeit und der dritten Potenz der Halbachse eines Planeten ist im Sonnensystem gleich, eine Zahl typisch für unser Sonnensystem – eine exakte extraterrestrische und kosmische Beziehung, die vor Newton ein Mysterium sein musste. Wir kommen im Ausblick (Abschn. 8.4 und 8.4.1) darauf zurück.

Die persönliche Haltung Galileis zu Kepler ist geradezu blamabel. Er lügt ihn sogar an, als Kepler ihn um ein Fernrohr bittet. Dies empfand auch Albert Einstein:

„Das – leider – ist Eitelkeit! Man findet sie bei so vielen Wissenschaftlern. Wissen Sie, der Gedanke, dass Galilei das Werk Keplers nicht anerkannt hat, hat mir immer wehgetan."
Albert Einstein, Brief an I. Bernard Cohen, 1955

Aber es ist nicht (nur) Eitelkeit und Konkurrenzneid. Galilei ist in einigen (falschen) Punkten immer noch Anhänger des Aristoteles und er macht den Eindruck, sich ungern in „fremde" Gedanken und Mathematik einzuarbeiten:

- Kepler führt Ellipsen oder allgemein Kegelschnitte ein als Bahnkurven und seine Planeten bewegen sich ungleichförmig.
  Galilei hält dies für exotisch. Er hat Keplers Werk wahrscheinlich nie gelesen, nur das Vorwort (es gibt Stimmen, die meinen, er habe auch Kopernikus' *De Revolutionibus* nie gelesen).

- Kepler stellt sich die Ursache für die Planetenbewegungen wie magnetische Kräfte vor, also als Fernkräfte. Dies hält Galilei für Unsinn – es gibt nur Himmlisches (selbst Bewegtes) und Kontaktkausalität.
- Kepler erklärt die Gezeiten durch die Wechselwirkung mit dem Mond. Galilei hält dies für Unsinn (wie Magie). Die Gezeiten sind sein (falscher) mechanischer Beweis für die beiden Bewegungen der Erde.
- Kepler hat eine (korrekte) Theorie der Optik der Teleskope verfasst. Galilei hält das Buch für unlesbar (und wohl auch unsinnig).

Der Schriftsteller Heinz Joachim Fischer schreibt zum *„Dialog der beiden Weltsysteme"*: *„Hier wäre der Ort gewesen, wo Galilei die unendlichen Verdienste Keplers nach Gebühr hätte preisen und zugleich die Lücke hätte ausfüllen können, die der Dialog enthält, insofern er die Ungleichheiten der Sonnen- und Planetenbewegungen völlig unerwähnt lässt. Diese Nichterwähnung der Kepler'schen Gesetze gehört zu den auffallendsten Sonderbarkeiten des Dialogs."*

Galilei hat die Gesetze offensichtlich nicht in ihrer Bedeutung verstanden, insbesondere nicht das schlagende mathematische dritte Gesetz (s. u.).

Auch auf der menschlichen und sozialen Seite ist die Beziehung zwischen Galilei und Kepler sehr asymmetrisch. Johannes Kepler verehrt Galilei und unterstützt ihn in der ersten Phase der Fernrohrbeobachtungen, als es noch viele Zweifler an der Echtheit der Beobachtungen gibt (s. o.). Er legt riskant sein ganzes Gewicht als kaiserlicher Hofastronom für Galilei in die Waagschale. Kepler unterstützt Galilei auch im Festhalten an der heliozentrischen Anschauung mit der Hypothese der bewegten Erde. Hier hat Galilei (wie Kopernikus) noch schlicht Angst, vom Volk und seinen Kollegen ausgelacht zu werden – und es ist nicht die Kirche, vor der er Angst hat. Nach einem begeisterten und zustimmenden Brief 1610 hat Kepler noch sechs weitere Briefe geschrieben, ohne eine entsprechende Antwort zu erhalten, auch ohne von Galilei ein Teleskop zu bekommen, obwohl Galilei versprochen hatte, „allen seinen Freunden" Teleskope zu geben.

Wir haben vier Weltbilder vorgestellt, die zu Beginn des 17. Jahrhunderts vertretbar waren. Galilei wählt daraus das antike Ptolemäische und das neuere, aber nicht bessere, nur konfliktreichere kopernikanische System aus dem Jahr 1543 für seine grosse Darstellung der Welt, den *„Dialog der beiden hauptsächlichen Weltsysteme (1632)"*. Er verschweigt die beiden anderen, unbeeindruckt von philosophischen Konflikten oder wissenschaftlichen Beweisen (oder Nicht-Beweisen). Insbesondere die Nichterwähnung des Favoriten der Jesuiten, des tychonischen Systems, war ein bewusster Affront; er musste sich sehr stark fühlen. Das Nichterwähnen von Kepler zeugt von seiner Verständnislosigkeit. Ursprünglich wollte er seine Schrift als einzigen Beweis für Kopernikus formulieren. Mit Hilfe eines grossen, aber falschen Gedankens, den er schon seit 1590 mit sich trug, wollte er beide Erdbewegungen, die tägliche wie die jährliche, beweisen und gleichzeitig die Gezeiten erklären. Der Titel hätte sein sollen *Discorso del flusso e reflusso del mare,* Gespräche über Ebbe und Flut.

6.2 Galilei: Philosophisch, astronomisch, physikalisch?

„Was ewig ist, ist kreisförmig, und was kreisförmig ist, ist ewig."
Aristoteles, griechischer Philosoph (384–322 v. Chr.)

Die Entwicklung der vier geschilderten Modelle geht in zwei parallelen Wegen vor sich: In der (natur-)philosophischen Grundidee zum einen, im astronomischen ausgearbeiteten Modell zum anderen. Die Tab. 6.1 zeigt die Modelle mit der Einschätzung des zugehörigen Paradigmenwechsels durch jeweilige Einführung, das heißt wie stark ändert das Modell die grundsätzliche Denkweise relativ zur vorhergehenden Modellstufe.

Das tychonische System erschien dabei noch in den Varianten zur täglichen Umdrehung: Erde ruht – Sphäre bewegt sich („echt" Tycho Brahe) oder Erde rotiert – Sphäre steht still (sogenannte Semitychoniker). Die Anhänger dieser Variante hatten genauso wenig die Unterstützung der Kirche wie die Heliozentriker! Die Tab. 6.1 listet die grössten offenen Probleme auf:

- Es fehlt die Fixsternparallaxe
  (eine sichtbare Verschiebung von Sternen im Laufe des Jahres),
- die damit berechneten Tabellen der Planetenörter sind zu ungenau
  (die sog. Ephemeriden von griechisch: ἐφήμερος *(ephēmeros)* „für einen Tag"), und im Zusammenhang damit
- die wirkliche Marsbahn weicht bei allen Modellen mit Kreisen merklich von der Modellierung ab; das weiss vor allem Kepler und bringt ihn auf die ketzerischen Ellipsen.

Tab. 6.1 Vergleich der vier Weltmodelle zur Zeit Galileis. Die vierte Spalte deutet die Stärke des notwendigen Umdenkens an und die offenen Probleme

Modell	Vertreter	Charakteristik	Paradigmenwechsel
Geozentrisch-aristotelisch	Ptolemäus	Erde ruht im Zentrum, alle Planeten um die Erde. Kreise auf Kreisen.	**Gering**
Geozentrisch-aristotelisch, gemischt	Tycho Brahe	Erde ruht im Zentrum, alle Planeten um die Sonne, Sonne um die Erde. Kreise auf Kreisen.	**Mittel**
Heliozentrisch-aristotelisch	*Kopernikus, Galileo Galilei*	*Sonne ruht im Zentrum, alle Planeten um die Sonne. Kreise auf Kreisen.*	**Gross** *Parallaxe? Marsbahn? Ephemeriden?*
Heliozentrisch-dynamisch	*Johannes Kepler, Isaac Newton*	*Sonne im Zentrum, alle Planeten um die Sonne. Ellipsen mit Sonne in einem Brennpunkt.*	**Sehr gross** *Parallaxe?*

Bei Kepler fehlt allein noch die Bestätigung der Parallaxe, einer jährlichen Verschiebung der Sternörter.

Galilei sieht (nur) die philosophische Seite: Reine Kreise mit der Sonne als Mittelpunkt, so als ob dies das kopernikanische Modell wäre. Seine Wahl von zwei Kandidaten für die Stichwahl ist altmodisch, oberflächlich und unsinnig. Dies rettet die Phänomene nicht! Allerdings war seine Auswahl durch das Vernachlässigen der Details publizistisch gut geeignet – bis heute. Er geht dabei bis an die Grenze der Unredlichkeit, wenn er, wie wir unten sehen werden, die Epizyklen des Kopernikus einfach verschweigt.

Der Zeitgenosse und Fernrohrkonkurrent Simon Marius ist dagegen (simpler) reiner Astronom: Marius konzentriert sich auf das zunächst einzig messbare Neue, das das Fernrohr gebracht hat: die Erforschung und Tabellierung der Jupitermonde. Sein eindeutiger Beitrag und Beweis, dass die Sonne im Mittelpunkt steht, mit Hilfe der Beobachtung der Parallaxe der Jupitermonde, war bis heute verschollen.

Die Wahl des richtigen Weltmodells ist eines der schönsten und wichtigsten Beispiele der Wissenschaftsgeschichte für den Fortschritt im Erklären der Welt und der Konstruktion unseres Weltbilds. Der Wissenschaftstheoretiker Thomas Kuhn hat dies als sein Beispiel genommen, allerdings unter dem vereinfachenden Klischee des alternden und schlechten ptolemäischen Systems und des besseren kopernikanischen. Der Historiker Anthony Christie (2012) korrigiert dies in einem Artikel „*Galileis grosser Bluff und warum Kuhn Unrecht hat*"; er bezeichnet die geistige Situation zu Beginn des 17. Jahrhunderts nicht als Zweikampf, sondern als „*Royal Rumble*", das ist ein Gruppenringkampf in England.

Der Sieger muss aber nicht nur die Phänomene retten, sondern jedes Modell erzeugt Nebeneffekte, die wiederum bewiesen werden müssen. Wir drücken dies so aus:

„*Phänomene retten – neue Phänomene finden – das Fehlen von Phänomenen erklären*", wobei „*Retten*" der klassische Ausdruck ist.

Die zusätzlichen Effekte und ihren Nachweis schildern wir im nächsten Kapitel, vor allem: Wo ist die Parallaxe durch die jährliche Bewegung der Erde?

Auf der formal-geometrischen Ebene ist es offensichtlich, dass alle Kreis-Epizyklen-Konstruktionen und Erde-Sphäre-Rotationen mathematisch äquivalent sind und versuchen, so gut wie möglich in ihrem Rahmen auf die „wahren" Ellipsen zu konvergieren. Hier sollte man das Prinzip der Sparsamkeit anwenden (etwa entsprechend dem Rasierer von Ockham):

„*Man muss die Dinge so einfach wie möglich machen. Aber nicht einfacher.*"
Nach Albert Einstein, um 1950, gesagt über Musik.

Dies ist eine populäre Vereinfachung von:

„*Unsere Erfahrung berechtigt uns bisher, darauf zu vertrauen, dass die Natur das einfachste verwirklicht, was mathematisch vorstellbar ist.*"
Albert Einstein, 1933

Mischt man die Bausteine von Tycho und Kepler zusammen (und nimmt die Ellipsen und Brennpunkte allein geometrisch), so hätte man damit das passende und einfachste System für die Zeit um 1610 erhalten. Galilei hätte dies tun können, aber dazu hätte er Kepler lesen und verstehen müssen. Die publizistische Macht zur Verbreitung hätte er gehabt. In Tab. 6.1 sieht man, welche Paradigmenwechsel für Galilei gangbar sind: den Tausch der Position Erde versus Sonne macht er mit, trotz *„missing phenomena"*, aber von den Kreisen kann er nicht abgehen – das würde seine halb-aristotelische Physik zerstören. Im Sinne der Alternativen im Absatztitel ist damit Galilei vor allem als Philosoph tätig, weniger als Physiker und gar nicht als Astronom.

Das Ende der geometrisch-kinematischen Phase von Weltmodellen wird am 15. Mai 1618 endgültig eingeläutet: An diesem Tag entdeckt Kepler sein drittes Gesetz:

T^3/a^2 ist konstant für alle Himmelskörper, die um ein zentrales Gestirn (zum Beispiel unsere Sonne) laufen,
mit der Umlaufzeit T und der grossen Bahnachse a jeweils eines Planeten.

Diese kosmische Beziehung ist nicht mehr nur geometrisch, sondern auch dynamisch: Die Bahnachse a und die Umlaufzeit T stehen für die Kinematik, der keplersche Quotient für die Dynamik.

Einer der verborgen enthaltenen Faktoren ist die Gravitationskonstante Newtons. Das dritte Kepler'sche Gesetz verbindet die alte geometrisch-kinematische Welt mit der modernen, kommenden dynamischen Welt. Kepler steht zwischen der Geometrie und der Dynamik, die mit Newton siebzig Jahre später formuliert wird. Das Datum des 15. 05.1618 ist das Ende der Antike und der Beginn der wissenschaftlichen Neuzeit.

Die dynamischen Modelle beschreiben die Welt kausal, auch in kleinsten momentanen Schritten. Es geht nicht mehr darum, *„die Phänomene zu retten"*. Wenn man die Dynamik nachvollzieht, entstehen die richtigen Phänomene von selbst. Dies drückt sich später konkret in Differentialgleichungen aus und noch später in Computersimulationen, die den Ablauf nachvollziehen und die Bewegung von Millionen von Sternen und Galaxien berechnen.

6.3 Die physikalischen und astronomischen Probleme

SIMPLICIO: Was aber haften dem ptolemäischen System für Ungeheuerlichkeiten an, die in diesem Systeme des Kopernikus nicht überboten würden?
SALVIATI: Bei Ptolemäus finden sich die Übel, bei Kopernikus die Heilung.
Galileo Galilei, Dialog über die Weltsysteme, 3. Tag, 1632

So einfach ist die Lage zu Beginn des 17. Jahrhunderts nicht, dass Kopernikus heilen würde, wie es Galilei seiner klugen Gestalt und früherem Freund in den Mund legt: Sind es nicht wirkliche Ungeheuerlichkeiten, dass die Erde einen täglichen Umschwung machen soll (und macht) mit ihrem Umfang von etwa 40.000 Kilometern entsprechend

1600 km/h am Äquator und einen jährlichen Umlauf von 900 Millionen Kilometern mit einer Geschwindigkeit von etwa 108.000 km/h? Der Erdradius war dabei schon recht genau bekannt, nur die Erde-Sonne-Entfernung nach der Messung der Sonnenparallaxe durch Ptolemäus etwa um den Faktor 20 zu klein, aber doch ungeheuerlich.

Hier muss man zwei Ungeheuerlichkeiten gegeneinander abwägen: Die Alternative „Erde rotiert in einem Sterntag" gegen „die Erde steht still". Eine stillstehende Erde hätte eine wahrhaft kosmologische Konsequenz: Je weiter weg die Fixsternsphäre, umso grösser wäre die resultierende Geschwindigkeit, wenn sie um die Erde rotieren würde. Schon zu Galileis Zeit war es klar, dass ein grosser Raum zwischen Saturn und den Fixsternen steht. Die Erde ist gross, aber die Fixsternsphäre musste noch viel, viel grösser sein. Der Radius der Fixsternsphäre muss ja mindestens so gross sein, dass man keine Verschiebung von Sternen im Laufe des Jahres sieht (keine jährliche Parallaxe). Mit der Erfindung des Fernrohrs wuchsen damit dieser fiktive Radius und diese fiktive Umlaufgeschwindigkeit der Sternsphäre dramatisch an. In der Entfernung von 0,0043 Lichtjahren würde man, wie man heute weiss, die Lichtgeschwindigkeit erreichen; der nächste Stern, Proxima Centauri, ist aber gerade tausendmal weiter. Eine historische entsprechende Überlegung, wenn auch numerisch falsch, stammt bereits von Kepler (1606). Es sieht doch sehr wie menschliche Überheblichkeit aus, die grosse Fixsternsphäre um uns rotieren zu lassen.

Galilei lässt die Sterne um die Sonne rotieren, allerdings langsam in 36.000 Jahren, einem platonischen Jahr. Dies ist etwa 13 Millionen Mal langsamer als die tägliche Drehung. Er dachte wohl, so eine langsame Drehung sei zumutbar.

6.3.1   Die Physik der täglichen Drehung

„… sage mir, wie ist es möglich, dass eine Bleikugel von einem sehr hohen Turm in richtiger Weise fallen gelassen, aufs Genaueste den lotrecht darunter gelegenen Punkt der Erde trifft?"
Tycho Brahe, Astronom, in einem Brief an den Astronomen Christoph Rothmann, 1589

Zunächst als Physiker: Diese Aussage ist falsch, das „Genaueste" stimmt nicht, das hätte man (im Nachhinein ist es einfach zu sagen) sich auch damals denken können: Genau gemessen gibt es eine Abweichung, und zwar nach Osten. Aber dies ist ein Effekt zweiter Ordnung, Galilei geht es in seinem *Dialogo* um die Zurückweisung eines empfundenen Effekts nullter Ordnung, der ein Zurückbleiben und damit eine Westabweichung vorhersagt. Dieses naive Gefühl ist unsinnig, auch schon im 17. Jahrhundert. Hier ist das Trägheitsgesetz das Verständnisproblem: Allgemeines Gefühl ist, dass ein ruhender Körper zwar ruhen bleibt, ein bewegter Körper aber von Natur aus dann langsamer wird (wie üblich im täglichen Leben durch Reibung). Der Gedanke der Kontinuität in der Bewegung ist im 17. Jahrhundert aber akzeptiert; es ist allgemeine Erfahrung, dass

- eine Kugel, die man auf einem mit 10 km/h fahrenden Schiff loslässt, sich nicht von der Hand mit 10 km/h wegbewegt, oder schlimmer,
- eine Kugel, die man auf der bewegten Erde loslässt, sich nicht von der Hand mit ca. 300 m/s (!) wegbewegt (wenn man die bewegte Erde annimmt, folgt auch im 17. Jahrhundert diese Geschwindigkeit; der Radius der Erde und die Länge des Tages ergeben diese sofort).

Die Mitführung von Körpern in einem bewegten System und die Kontinuität des Loslösens ist nichts Neues. Aber es gibt doch ein verborgenes Problem, das wir präsentistisch nicht gleich sehen: Wir nehmen an, dass unsere Atmosphäre von der Erdrotation mitgenommen wird – aber wie weit? Welche Kraft wirkt „auf der anderen Seite, am Ende der Atmosphäre"? Gibt es im Sinne der damaligen Zeit eine Bremskraft durch einen ruhender Äther, indem die Erde eingebettet ist? Dies sind berechtigte, sinnvolle Fragen. Heute sieht man etwa bei etwa 200 km die Grenze zum Weltraum mit extrem geringer Teilchendichte und verschwindend kleiner Bremskraft von aussen. Dies ist etwa die Höhe der niedrigsten künstlichen Satelliten.

Wir haben gesehen, dass es mit der Impetustheorie bewusst wurde, dass es Trägheit in der Bewegung gibt. Galilei mischt schwere und träge Masse, Trägheit und Gravitation in seinem Trägheitsverständnis, wenn er formuliert, dass Körper

- eine Neigung haben, sich zu bewegen (mit der Schwerkraft nach unten),
- eine Neigung haben, Widerstand zu haben (gegen die Schwerkraft beim Hochfliegen und allgemein),
- gleichgültig sind gegen manche Bewegungen (so gegen horizontale Bewegungen, zu der sie weder Neigung zeigen noch sich widersetzen).

Dies sind die irdischen Facetten der Trägheit, dazu kommt bei Galilei die himmlische Trägheit, die bewirkt, dass himmlische Körper (jenseits des Mondes),

- ewig auf Kreisen laufen.
  Das heißt, Körper wie die Erde haben zum Beispiel die Neigung, sich ewig in 24 h um die Erdachse zu drehen. Er sieht darin eine Art von „zirkulärer Trägheit".

Galilei verfügt auf keinen Fall über den modernen Trägheitsbegriff, wie oft behauptet wird. Der Wissenschaftstheoretiker Eduard Jan Dijksterhuis schreibt 1950:

> *„Eines wird aber wohl klar geworden sein: von der Trägheitseinsicht, die im ersten Gesetz von Newton formuliert ist, ist in den Betrachtungen, die wir bisher kennengelernt haben, keine Rede."*

Alle vier „Neigungen" sind aristotelisches Denken mit inneren Neigungen der Körper als Ursache. Eigentlich gilt dies auch für uns, auch nach Einstein: Gravitation und Trägheit sind noch immer geheimnisvoll. Die Mitnahme der Atmosphäre ist mit dem schon lange bekannten Impetus zu verstehen. Man benötigt eine Kraft, um den Impetus zu verändern, positiv wie negativ, er verliert sich nicht von allein. Aber das ist erst bei Newton formuliert.

Der aristotelische Geist der Kreise ist dominierend; Galilei überträgt die Idee der Kreise auch auf die parabolischen Fallbewegungen auf der Erde. Philosophisch ein grosser Schritt! Galilei zeigt in der Abb. 6.9a die Fallbewegung im grossen Rahmen, sozusagen makroskopisch, als einen Teil der Bewegung zum natürlichen Ort, die in einem grossen Kreisbogen von der Turmspitze eigentlich zum Erdmittelpunkt führen würde – im nichtrotierenden System gesehen sei es ein Kreis. Galilei sieht das bekannte Fallgesetz als die Initialphase des Falls in einem grossen Kreis an. Der Gedanke und die Skizze Galileis ist eine (geistreiche) Ahnung der Bewegung des fallenden Körpers in einem fiktiven, durchgängigen System bis zum Erdmittelpunkt.

Die Skizze ist beinahe die Bahnskizze eines Flugkörpers im All: Liesse man im All, im Bereich der Erde, einen Satelliten los mit Geschwindigkeit senkrecht zum Strahl zur Erde, so ergäbe sich im Allgemeinen eine Ellipse als Bahn: Nur wenn die Geschwindigkeit gerade passend der Umlaufgeschwindigkeit ist (etwa 7,8 km/sec in der Nähe der Erdoberfläche, die sogenannte erste kosmische Geschwindigkeit), wäre es ein Kreis, der allerdings die Erde umrunden würde. Galilei beschreibt in der Abb. 6.9a eigentlich folgende Physikaufgabe:

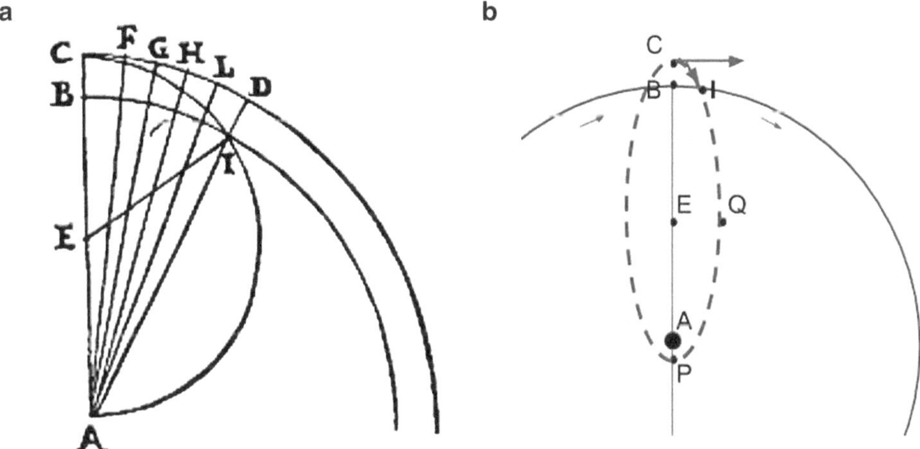

Abb. 6.9 **a** Skizze zur makroskopischen Theorie des Falls nach Galilei. A Mittelpunkt der Erde B Fuss eines Turms C Spitze des Turms I wahrer Aufschlagpunkt der Kugel im Raum CI Bogen der wahren Flugbahn im Raum IA Bogen der virtuellen Flugbahn bis zum natürlichen Ort, dem Mittelpunkt der Erde. (Bildquelle: Galileo Galilei, 1632, im „*Dialog der beiden Weltsysteme*", 2. Tag, archive.org). **b** Skizze mit Falllinie als Segment einer Hohmann-Ellipse. Die Masse der Erde ist im Zentrum A konzentriert gedacht. Die Anfangsgeschwindigkeit in C ist durch die Erdrotation vorgegeben. Die Achsen der Ellipse sind nicht massstäblich. C Apogäum der Ellipse P Perigäum der Ellipse Masse: AP etwa 100 m, EQ etwa 26 km, Der Erdradius ist BA mit 6378 km

„Man lässt auf der rotierenden Erde einen Körper los. Wie bewegt sich der Körper vom All aus gesehen, wenn die gesamte Masse im Erdmittelpunkt vereinigt ist (und der Körper frei durch die Erdkugel fliegen könnte)?"

Wir würden die Bewegung auf der Erdoberfläche als Fall bezeichnen (etwa der Fall des berühmten Apfel Newtons), von aussen betrachtet ist das Resultat eine Flugbahn in Form einer Ellipse (eine sogenannte Hohmann-Ellipse wie in der Raumfahrt).

Da die horizontale Startgeschwindigkeit selbst am Äquator verhältnismässig gering ist – Referenz ist hier die Geschwindigkeit eines Satelliten von 7,8 km/sec –, ergibt sich eine dünne, langgestreckte Ellipse, die den Erdmittelpunkt eng umschliesst, aber nicht erreicht (Abb. 6.9b und Anders Persson, 2006). Es macht für die resultierende Ellipse keinen merklichen Unterschied, ob wir auf einem Turm sind oder nicht. Galilei hat dazu kein Experiment – das ist reine Überlegung, Hypothese oder eben Ahnung. Es ist eine grosse gedankliche Leistung gewesen, sich vom bewegten System in das raumfeste zu versetzen. Er lässt allerdings den Fall im Mittelpunkt A der Erde enden, in Wirklichkeit würde der Körper ewig auf dieser schlanken Ellipse umlaufen. Hier hat eher Aristoteles Recht – es wäre eine ewige, natürliche Bewegung, mit Kegelschnitten als Bahnformen als der Übermenge der Kreise.

Nähme man, etwas wirklichkeitsgetreuer, aber doch fiktiv, das annähernd richtige Potential beim Eindringen in die Erde an (die Schwerkraft nimmt zum Erdmittelpunkt zu linear ab), so ergäbe sich noch eine andere, weit überschiessende Bahn. Aber Galileis Idee hier ist grossartig, vor allem aus der Sicht eines philosophischen Physikers.

Zur Beurteilung von Effekten im rotierenden System teilen wir ein in

- Effekte nullter Ordnung: Die Mitnahme eines Körpers im rotierenden System,
- Effekte erster Ordnung: Kräfte auf einen Körper, der im rotierenden System ruht, namentlich die (scheinbare) Zentrifugalkraft,
- Effekte zweiter Ordnung: Kräfte auf einen Körper, der sich im rotierenden System bewegt.

Die berühmten Fallversuche, ob von Galilei oder von seinen Zeitgenossen, betrafen nur die nullte Ordnung wie die gedanklichen Fallversuche auf dem Schiff, ohne erwartete oder beobachtete Ablenkung. Wenn die Rotation schneller wäre, dann hätte Simplicio im *Dialogo* Recht, der behauptet

„Wenn die Welt so rotieren würde, dann würden durch die Zentrifugalkraft Schweine (überhaupt alle und alles) vom Gesicht der Erde wegfliegen."

Simplicio hat an und für sich die Rolle des mehr oder weniger „Dummen" im Trialog, aber hier darf er nahezu vernünftig argumentieren. Natürlich verringert die Rotation wirklich die Schwerkraft, aber nur minimal.

Galilei hat auch die Ostabweichung beim Fall vom Turm als Effekt zweiter Ordnung vorhergesagt: An der Turmspitze hat die (scheinbar ruhende) Kugel eine höhere Geschwindigkeit im Raum nach Osten als am Turmfuss, da der Abstand zum Drehpunkt im Erdinnern oben grösser ist. Die Skizze Galileis in Abb. 6.9a zeigt den Bogen BI und den deutlich längeren, äusseren Bogen CD. Galilei lässt ironischerweise den einfältigen Simplicio sogar sagen:

> SIMPLICIO: *So legt denn auch, wenn ein Mensch geht, der Kopf einen längeren Weg zurück als die Füsse.*
> SAGREDO: *Das habt Ihr ohne jede Hilfe, durch blosses Nachdenken, wohl durchschaut.*

Den kleinen Effekt zu messen, wurde erst zum Ende des 17. Jahrhunderts möglich. Fallversuche am Stadtturm in Bologna 1791 und 1802 am Michel in Hamburg (dem Turm der Stadtkirche St. Michaelis) bestätigten den Effekt; die genaue dreidimensionale Berechnung war recht trickreich und gelang erst durch Carl Friedrich Gauss und Pierre Simon de Laplace mehr als hundert Jahre nach Galilei. Dazu kommen als Effekte höherer Ordnung noch die Abnahme der Gravitation mit der Höhe und die Zunahme der Zentripetalkraft mit der Turmhöhe – damit wird es etwas kompliziert. Aber den einfachen geometrischen Effekt konnte Galilei voraussehen.

Auch den zum Fall gegenteiligen Versuch hat Galilei diskutiert und hätte ihn sogar versuchen können: Einen lotrechten Kanonenschuss nach oben, in Richtung Zenit. Die Wissenschaftsgeschichte kennt dies als das „*Problem der Kugel des Mersenne*", gestellt vom Philosophen René Descartes und vielleicht sogar ausgeführt vom französischen Theologen und Mathematiker Marin Mersenne in 1634:

> *Retombera-t-il? – Würde die Kugel in die Mündung zurückfallen?*

Giordano Bruno schildert bereits 1584 das Prinzip der Mitnahme und des Mitfallens im *Aschermittwochsmahl (La cena de le ceneri)*, in nullter Ordnung des Verstehens:

> „... *wenn jemand in einem Schiff einen Stein hoch wirft, so würde er auf genau dem gleichen Weg zurückkehren, soweit das Schiff auch gefahren wäre, solange es nicht geschlingert hat.*"

Dieser Ansicht neigt auch Galilei zu; am 2. Tag seines *Dialogs zu den beiden Weltsystemen* diskutiert er dies ausführlich anhand des Bildchens Abb. 6.10a und lässt den klugen Sagredo sagen:

> „... *der kreisförmige Impuls ist dem der Erde gleich. Und eben weil er ihm gleich ist, so hält sich die Kugel stets senkrecht über der Mündung der Kanone und fällt schliesslich in diese zurück.*"

Damit wäre nach Galilei mit einem vertikalen Schuss kein Nachweis der Erdrotation möglich (abgesehen von der praktischen Schwierigkeit eines senkrechten Schusses und einer ungestörten geradlinigen Flugbahn).

Dies ist nicht richtig, trotzdem ist die Skizze genial: Sie erinnert an die Erklärung der Aberration des Lichts (Abb. 6.10b), üblicherweise gezeigt und beobachtet im Falle der jährlichen Bewegung der Erde mit ±30 km/s (s. u.).

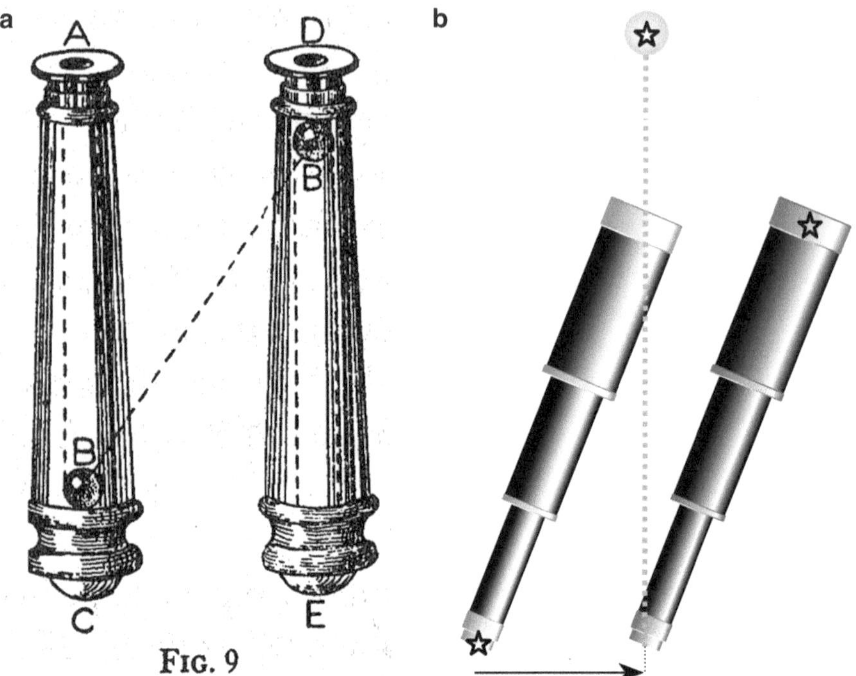

Abb. 6.10 a Bild Galileis zur Aberration einer Kanonenkugel durch die Erdbewegung. (Bildquelle: Galileo Galilei, *Dialog über die beiden hauptsächlichen Weltsysteme*, Tag 2, Fig. 9, Wikimedia Commons: Bild Dialogue-day 2–9). **b** Astronomische Aberration des Lichts von Sternen durch die Erdbewegung. Um einen Stern im Zenit zu beobachten, muss das Fernrohr vorgeneigt werden. (Bildquelle: modifizierter Ausschnitt „Aberration" aus Wikimedia Commons, D.H.)

Dies wäre ein Effekt erster Ordnung in unserer Terminologie wie in der Terminologie der Relativitätstheorie. Galilei ist hier beinahe darauf gekommen, dass im heliozentrischen System die Sterne im Laufe eines Jahres scheinbare kleine Kreise beziehungsweise Ellipsen am Himmel machen müssen. Sein Bild hat allerdings eine logische Tücke: Es wäre nur sinnvoll, wenn man mit der Kanone von der Erde aus ins All, auf ein nicht mitrotierendes Objekt schiessen wollte – so wie bei den Sternaberration die Sterne ausserhalb der Erde stehen. Dann müsste man entsprechend die Richtung des Rohrs verstellen. Schiesst man auf ein mitrotierendes Ziel, dann nicht.

Das Problem des senkrechten Schusses ist trickreich und wird häufig falsch analysiert, Grund ist ein Paradoxon mit den Effekten zweiter Ordnung:

1. Lässt man die Kugel von einem Turm fallen, so gibt es eine Ostabweichung.
2. Schiesst man die Kugel vom Boden hoch, so gibt es beim Hochfliegen eine Westabweichung, aber
3. anschliessend auch beim Herunterfallen wieder eine Westabweichung.

Die Lösung des Paradoxons: Die Fälle 1 und 3 sind verschieden in der horizontalen Geschwindigkeit. Der deutsche Architekt und Pyrotechniker Joseph Furttenbach, der Galilei getroffen hatte und Baumeister von Ulm war, soll im Jahr 1627 eine Kanone senkrecht abgefeuert haben und sich sofort nach dem Schuss vertrauensvoll auf die Mündung gesetzt haben (Persson 2014). Bei den meisten solchen Versuchen wurde natürlich die Kugel danach nicht mehr gefunden.

Galilei diskutiert auch horizontale Kanonenschüsse, sowohl äquatorial (nach Osten und Westen) wie meridional (nach Süden und Norden), unter dem Einfluss der Rotation der Erde. Das moderne Verständnis von Bewegungen und scheinbaren Kräften auf der rotierenden Erde stammt vom französischen Ingenieur Gaspard Gustave de Coriolis aus dem Jahr 1835. Bewegt sich ein Körper auf der Erde, so gibt es immer eine Ablenkung (die man als scheinbare Kraft interpretieren kann), nur nicht bei Bewegungen oder Anteilen, die parallel zur Rotationsachse sind. Am einfachsten sind die Verhältnisse an den Polen und am Äquator; Galilei diskutiert den Fall Äquator, und zwar vollkommen korrekt:

Bei Schüssen nach Westen (gegen die Drehrichtung der Erde) argumentiert er, dass die Zielscheibe sich zwar scheinbar hebt, aber nur so wenig, dass es innerhalb der Toleranz der Schussgenauigkeit unmerklich ist oder vom geübten Schützen unbewusst ausgeglichen wird, Salviati sagt:

> *„Also beträgt die Erhebung der Zielscheibe [in etwa 300 m Entfernung] während der Flugzeit der Kugel weniger als vier Hundertstel einer Elle, also ungefähr einen Zoll [knapp 3 cm].“*

Die eigene Rechnung nach Coriolis ergibt 2,2 cm! Natürlich hebt sich die Zielscheibe nicht (Kanone und Zielscheibe sind fest verbunden), aber für die fliegende Kanonenkugel sieht es so aus. Beim Schuss nach Norden oder Süden ist der Schussvektor parallel zur Erdachse und es gibt, wie Galilei ebenfalls richtig schreibt, keinen Effekt zweiter Ordnung. Allerdings bei höheren Breiten schon:

- Die falsche naive Ansicht (Effekt nullter Ordnung), über die sich Galilei lustig macht, ist: Es gäbe eine Ablenkung nach Westen, da die Erde sich unter der fliegenden Kugel weiterdreht,
- Die richtige Vorhersage (Effekt zweiter Ordnung) ist: Da die Kugel am Äquator die grösstmögliche westlich gerichtete Geschwindigkeit mitbekommt, gibt es eine Ablenkung nach Osten. Allerdings am Äquator selbst noch nicht. In Florenz mit höherer geographischer Breite schon und man könnte so die Erdrotation im Prinzip nachweisen.

Den Effekt des Übergangs von einer geographischen Breite zur anderen sieht Galilei wohl nicht, aber im Grenzfall, direkt am Äquator, hat er Recht. Wir erkennen, wie Galilei auf zwei Ebenen argumentiert und argumentieren muss, gegen die naiven Leute, die den Effekt nullter Ordnung nicht verstehen, und mit den Fortgeschrittenen, die sich zu Effekten zweiter Ordnung Gedanken machen. Zwar stimmt bei Galilei nicht alles, aber insgesamt ist seine Analyse grossartig – und es sind alles Gedankenexperimente. Das ist sein Element, hier ist er sich sicher, nicht so wie bei den mühseligen, ungenauen realen Experimenten.

Es ergibt sich doch ein merklicher Unterschied zwischen einem Schuss am Äquator nach Westen oder Osten durch einen Effekt erster Ordnung, der wirksam wird, wenn man hinaus ins All schiesst: Dies ist der moderne ökonomische Beweis für die Erdrotation. Im europäisch-französischen Raumfahrtzentrum Kourou startet man die Raketen nach Osten, um von der Umfangsgeschwindigkeit der Erde so nahe am Äquator zu profitieren (bei 5° 15′ nördlicher Breite sind es etwa 460 m/s). Im Zusammenhang damit steht die Zentrifugalkraft durch die Erdrotation. Sie verringert die Erdanziehung, am Äquator am stärksten, an den Polen verschwindet sie. Man muss wegen der Zentrifugalkraft aber keine Angst haben (Abb. 6.11), von der rotierenden Erdkugel herab geschleudert zu werden – selbst am Äquator ist sie nur 1/290stel der Erdbeschleunigung durch die Gravitation.

Galilei hat dabei Pech gehabt. All dies sind mechanische Effekte, deren Auftreten die Rotation beweisen würden, doch sie haben einen Nachteil: Sie sind sehr klein. Die Fallzeiten oder Flugzeiten sind gering. Aber es gibt die Möglichkeit, einen Effekt kumulieren zu lassen, wir haben es schon erwähnt: das Foucault'sche Pendel (Abb. 6.12). Galileis „Zemblanity" (das Gegenteil von Serendipity): Er hat sich die Verhältnisse am Äquator überlegt; der andere einfache Grenzfall sind die Pole. Hätte er die gedankliche Kanone auch am Pol aufgestellt, so wäre er recht sicher auf das Foucault'sche Pendel gekommen und hätte die Erdrotation wirklich bewiesen.

Die Ebene des Pendels bleibt nach dem Trägheitsprinzip Newtons im Raum stehen und die Erde dreht sich darunter, am Pol in einem Sterntag von 23 h und 5 m, bei uns in etwa 35 Stunden, am Äquator gar nicht.

Aber der Auftritt des Foucault'schen Pendels in der Geschichte beginnt erst mehr als zwei Jahrhunderte später mit dieser Einladung für den 3. Februar 1851:

„Vous êtes invités à venir voir tourner la Terre dans la salle méridienne de l'Observatoire de Paris" – *„Sie sind eingeladen im Meridiansaal der Sternwarte von Paris die Erde sich drehen zu sehen"*, und am 31. März dann auf Wunsch von Louis Bonaparte unter der Kuppel des Panthéon.

Abb. 6.11 Die grosse Angst vor der Geschwindigkeit oder „der grosse Unsinn der bewegten Erde". Ausschnitt aus der berühmten Weltkarte der flachen und ruhenden Welt des Prof. Orlando Ferguson, 1893. (Bildquelle: Prämiiertes Bild Wikimedia Commons, Library Congress/ Fallschirmjaeger)

Abb. 6.12 Prinzipbild eines Foucault'schen Pendels am Nordpol. Die Erde dreht sich unter dem Pendelgalgen. (Bildquelle: Wikimedia Commons, Krallja)

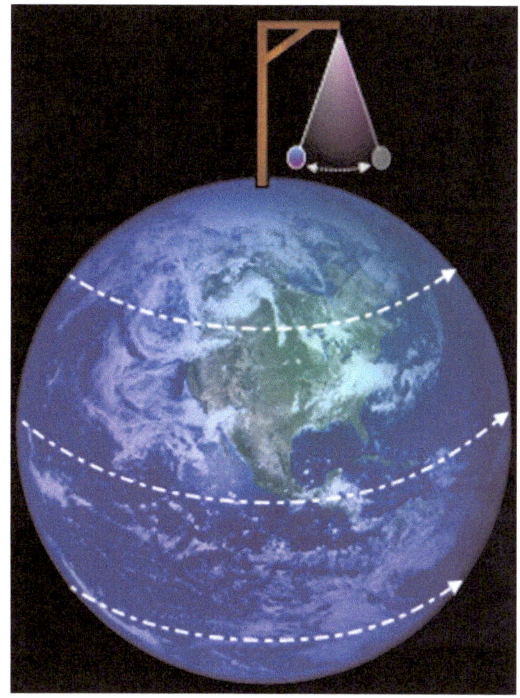

Foucault schreibt beeindruckt:

„Das Phänomen entwickelt sich ruhig, unabwendbar und unwiderstehlich."

Es gibt keinen harten Grund, dass die Einladung nicht schon zu Beginn des 17. Jahrhunderts (oder gar in der Antike) hätte erfolgen können, gerade durch Galilei. Ein Hindernisgrund in der Vorstellung war, dass der Impetus physikalisch dreidimensional ist und nicht eindimensional (oder zweidimensional). Es ist ein Vektor und damit entspricht auch die Trägheit einem Vektor, auch wenn die Masse selbst richtungslos ist (ein Skalar). Räumliche Drehung und räumliche Trägheit mussten zusammen kommen, das Pendel dreht sich scheinbar – das war für Galilei nicht offensichtlich. Vielleicht hätte es mit Galilei sogar eine Einladung in den Dom Santa Maria del Fiore in Florenz mit der grossen Kuppel von Brunelleschi gegeben; es wäre der Gipfel der Publizität und der Karriere von Galilei gewesen.

6.3.2   Jährliche Bewegung, Grösse des Alls und Aberration

„[Die Sterne sind] in einer gewaltigen Höhe, dadurch verschwindet der Kreis der jährlichen Bewegung und sein Bild aus unserer Sicht, denn alles Sichtbare hat eine gewisse Entfernung, jenseits der man es nicht mehr sieht. … Wie äusserst fein ist das gottähnliche Werk des besten und grössten Künstlers!"
Nikolaus Kopernikus, Astronom und Theologe,
in „De Revolutionibus Orbium Coelestium", 1543

Im Laufe eines Jahrs verschiebt sich unsere Position im Raum um einen Erdbahndurchmesser von 300 Millionen km, trotzdem sieht man keine Parallaxe, also Verschiebung der Örter von Sternen am Himmel im Lauf des Jahres, nicht mit blossem Auge und nicht mit einfachen Fernrohren. Die Auflösung mit blossem Auge ist am Tag etwa 1′, in der Nacht 2′ (zum Vergleich: die Mondscheibe wie die Sonnenscheibe erscheinen etwa im Winkel von 30′). Da Tycho Brahe keine Parallaxe finden konnte, sollten die Sterne mindestens einige Tausend astronomische Einheiten entfernt sein (eine Parallaxe von einer Bogenminute entspricht etwa 3400 AE, eine Bogensekunde etwa 206 000 AE oder 3,26 Lichtjahren), ein gewaltiger Raum von den Planeten zu den Fixsternen. Die Kopernikaner sind sicher, dass ihr System trotzdem korrekt ist und die Sterne einfach unvorstellbar weit entfernt sind.

Mit der Einführung des Teleskops erhöht sich die Messgenauigkeit durch die erhöhte Auflösung der Optik. Über die Auflösung der galileischen Fernrohre gibt es in der Literatur falsche Vorstellungen, einschliesslich der eigenen Behauptung Galileis, auf eine Bogensekunde genau zu messen (Graney 2006). Die Auflösung eines Fernrohrs (oder des Auges) wird durch den minimalen Abstand zweier Sterne gegeben, in dem man die Sterne noch trennen kann. Das bekannte Augenprüferpaar Mizar und Alkor („das Reiterlein") ist zum Beispiel 12′ getrennt und wird deutlich gesehen, das Paar ε in der Leier nur etwa 3,5′ und ist nur noch etwas für „Adleraugen". Bei Teleskopen bestimmt der Objektivdurchmesser (die Öffnung) die höchste erreichbare Auflösung, das heißt den kleinsten Abstand zweier noch trennbarer Sterne, bei dazu guter Optik und hinreichender Vergrösserung (Tab. 6.2).

Galilei hatte seine 50 mm-Objektive auf ca. 30 mm abgeblendet, um optische Fehler zu reduzieren; damit erscheinen 5″ ein guter Wert für die Genauigkeit seiner Beobachtungen zu sein. Dies stimmt überein mit der Genauigkeit der Skizzen Galileis der Stellungen der Jupitermonde, etwa ein Zehntel des Jupiterradius von maximal 50″.

Es wird bis zum Jahr 1838 dauern, bis eine Fixsternparallaxe gemessen wird. Der Astronom und Mathematiker Friedrich Bessel misst am Stern 61 des Schwans eine jährliche Verschiebung von etwa 0,314″ (heute ist der beste Wert dafür 0,286"), und er bestimmt die Entfernung dieses Sterns zu 9 (richtig 11) Lichtjahren. Streng genommen hat der schottische Astronom Thomas Henderson schon kurz vorher an der Sternwarte am Kap der Guten Hoffnung die Entfernung zum (wie wir heute wissen) nächsten Fixstern bestimmt, zu Alpha Centauri, mit 3,26 Lichtjahren an Stelle der wahren 4,34 – aber er hat es nicht veröffentlicht.

Tab. 6.2 Der Zusammenhang des Objektivdurchmessers mit der erreichbaren Auflösung eines Teleskops nach Rayleigh. Die Öffnung 5 mm entspricht der Pupille bei Nacht

Öffnung	Theoretisch max. Auflösung
5 mm	37″
30 mm	4,6″
50 mm	2,8″
100 mm	1,3″
120 mm	1,15″

Galilei versucht schon 1612 eine Fixsternparallaxe zu messen. Er weiss, eine absolute Positionsmessung ist für ihn nicht durchführbar, er muss die Differenz der Verschiebungen eines nahen Sterns mit grosser Parallaxe zu einem danebenstehenden, fernen Stern mit kleiner Parallaxe messen. Beide Sterne sollten im Gesichtsfeld des Fernrohrs gemeinsam sichtbar sein, um einfach und direkt messen

zu können. Ein ideales Paar ist ein Doppelstern; Galilei wählt den Doppelstern Mizar im Grossen Bären, den Galileis Schüler Benedetto Castelli 1617 entdeckt hat. Es sind zwei Sterne, A und B, mit den Helligkeiten $2,3^m$ und $4,0^m$ und nur $15''$ voneinander am Himmel entfernt.

Galilei berechnet nach seiner Hypothese („alle Sterne sind so gross und so leuchtend wie die Sonne") die Entfernungen dieser Sterne zu 300 AE und 450 AE. Dazu hätten „stattliche" Parallaxen von $7,6'$ beziehungsweise $11,5'$ gehört entsprechend einer deutlichen relativen halbjährlichen Verschiebung gegeneinander um $3,9'$ – aber natürlich wurde nichts beobachtet. Das kann auch nicht sein: Das Paar Mizar A, B ist etwa 83 Lichtjahre entfernt, das sind über 5 Millionen AE, und dabei ist die wirkliche AE nochmals zwanzig Mal grösser als die historische galileische. Die beiden Sterne sind dabei ein zusammengehörendes Paar – das hat Galilei nicht erwartet. Die Parallaxe ist (von beiden gleich) der winzige Winkel 39 mas (das sind Tausendstel Bogensekunden) oder $0,039''$, und es gibt überhaupt keine merkliche Differenz zwischen A und B. Der falsche Faktor ist hier etwa 300.000.

In der Tat gilt der trockene Satz des US-amerikanischen Physikers Christopher Graney:

„Today we know these distances to be inaccurate in the extreme" –
„heute wissen wir, dass diese Entfernungen extrem ungenau waren".

Die Geschichte der galileischen Messungen der Parallaxen hat noch eine weitere wissenschaftshistorisch wichtige Seite: Galilei verschweigt sein negatives Ergebnis. Daraus könnte man ja folgern, dass die Erde im Raum feststeht, oder dass die Sterne doch auf einer Sphäre in fester Entfernung montiert sind, oder dass sie ganze andere Lichter sind wie die Sonne, oder – im für das heliozentrische System günstigsten Fall – dass man weiter warten muss, bis die Teleskope besser werden, weil die Entfernungen noch unvorstellbar grösser sind, wie es ja auch wirklich der Fall ist. Galilei verschweigt nicht nur, sondern er macht einen kleinen Trick, auf den Christopher Graney (2006) hinweist.

Galilei schreibt noch 1632 im Dialog der zwei Weltsysteme, man werde vielleicht

„einmal einen schwachen Stern finden, eng neben einem der hellen Sterne, und wenn der schwache deshalb sehr entfernt wäre, könnte es sein, dass es einige sichtbare Bewegungen gäbe zwischen ihnen so wie bei den äusseren Planeten".

Aber er hatte schon ein Sternenpaar gefunden und negativ getestet. Wenn dies bekannt geworden wäre, hätte dies die Position der Heliozentriker und insbesondere die Galileis geschwächt. Galilei hat damit eine wissenschaftlich gesehen zweifelhafte und gefährliche Entscheidung getroffen, gegen „das Experiment", gegen die Veröffentlichung von negativen Ergebnissen. Es ist im Kleinen das, was ihm später Bertolt Brecht im Schauspiel ungerechterweise vorwerfen wird: die Wahrheit zu wissen und zu verschweigen. Er setzt auf sein einfaches kopernikanisches Weltbild, denn er ist sich sicher, einen anderen, zuverlässigen Beweis zu haben – seine Erklärung der Gezeiten.

Das sind damit Galileis wissenschaftliche Ergebnisse der Suche nach der Parallaxe:

- Seine Grundlagen, nämlich die Entfernungen und die Art der Sterne, sind extrem falsch,
- sein Messergebnis ist ein Nicht-Beweis für seine Theorie.

Seine Grundidee der Messung, die Differentialparallaxe bei scheinbaren Doppelsternen, die in Wirklichkeit ganz verschieden entfernt sind, ist richtig. Was er auch nicht ahnte: Heute kennen wir viele „echte" Doppelsterne am Himmel, bei denen die Methode auch nicht funktioniert hätte, weil sie etwa gleich weit von uns entfernt sind.

Er verschweigt den Nicht-Beweis der Gemeinschaft, denn er hat ja einen anderen, sicheren Beweis im Kopf: die Gezeiten. Dieser Beweis ist allerdings fundamental falsch, aber die Hypothese „Heliozentrizität" stimmt zum Glück trotzdem (das heißt trotz Galilei!) – und er geht trotzdem in die Wissenschaftsgeschichte ein als erfolgreicher Kämpfer für die wissenschaftliche Wahrheit und das heliozentrische Weltbild.

Ein parallaktisches Phänomen wäre für ihn bereits 1611/1612 greifbar gewesen – die parallaktische Verstellung der Jupitermondpositionen im Laufe des Jahres. Simon Marius hatte sie entdeckt, bestimmt und beobachtet – aber Galilei hatte ihn wohl nie gelesen und ihn nur geschichtlich begraben.

Hundert Jahre später erscheint überraschend ein grosser wissenschaftlicher Beweis für die jährliche Drehung *ex machina,* die sogenannte Aberration des Lichts. Der englische Wikipedia-Artikel sagt (zugegriffen 06/2017):

> *„Die Entdeckung der Aberration des Lichts war vollkommen unerwartet, und es war nur durch ausserordentliche Hartnäckigkeit und Scharfsinn, dass Bradley sie im Jahr 1727 erklären konnte."*

Die Entdeckung war ein glückliches Nebenprodukt der Suche nach der Parallaxe – eine wahre „Serendipität" für den königlichen Astronomen James Bradley (1623–1762). Die Überraschung war, dass der beobachtete Effekt quer zur erwarteten Richtung lag! Es ist auch physikalisch eine Serendipity: Es ist ein Effekt der Relativitätstheorie, den man elementar (ohne jede höhere Mathematik, ohne tiefe Physik) verstehen kann, den auch Galilei schon beinahe erdacht hat, wenn er ihn auch nicht hätte nachweisen können. Aber niemand hat vorher daran gedacht: Wenn Licht eine endliche Geschwindigkeit hat (das war eigentlich auch Galileis Ansicht), und der Beobachter mit dem Fernrohr sich bewegt, dann muss man das Fernrohr etwas verdrehen, um das Objekt zu sehen (vgl. die Abb. 6.10) – denn während das ausserirdische Licht durch das Rohr läuft, bewegt man sich weiter. Die Auswirkung illustriert die Abb. 6.13: Im bewegten System rechts drängen sich die Lichtpfeile in Vorwärtsrichtung.

Der Vorstellwinkel ist bei kleinen Geschwindigkeiten (im linearen Bereich der speziellen Relativitätstheorie) gegeben durch das Verhältnis von Erdgeschwindigkeit zu

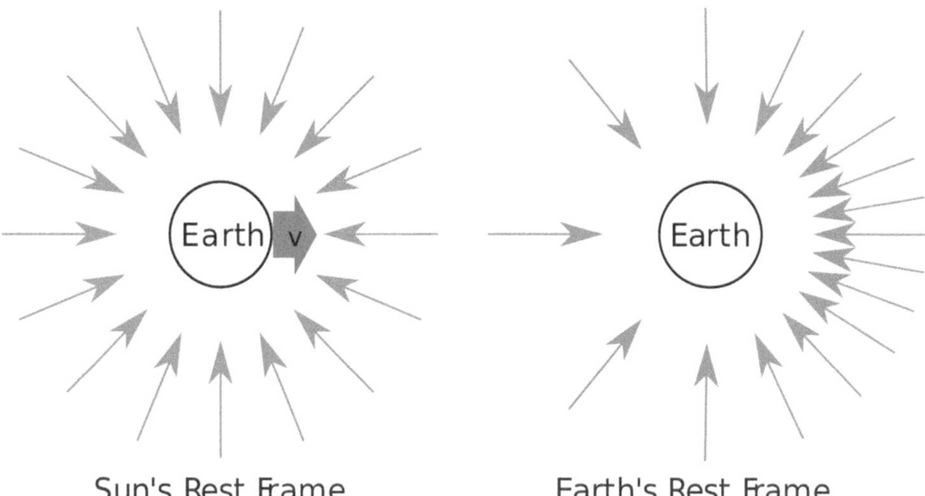

Abb. 6.13 Der Effekt der Aberration bei bewegter Erde. Links wird allseitig einfallendes Licht im ruhenden System illustriert, rechts im bewegten. Die Wirkung der Aberration ist in der Grafik stark übertrieben. (Bildquelle: Wikimedia Commons, Blank Axoloti)

Lichtgeschwindigkeit entsprechend maximal 20,5″ quer zur Bewegungsrichtung. Galilei hatte keine Chance gehabt, diesen kleinen Winkel zu messen, denn er hätte die Veränderung absolut messen müssen, da ja die Sterne in einer Himmelsgegend alle die gleiche Aberration mitmachen. Aber die Idee, die ja rein kinematisch-geometrisch ist, hätte man schon haben können. Die Aberration und Experimente dazu haben später eine wichtige Rolle in der Entwicklung der Relativitätstheorie gespielt, zum Beispiel das folgende kuriose, aber sinnvolle Experiment: Die gemessene Aberration ist auch bei einem mit Wasser gefüllten Fernrohr (mit geringerer innerer Lichtgeschwindigkeit) gleich. Nach der Relativitätstheorie gilt weiter: Wird die Geschwindigkeit des bewegten Objekts (zum Beispiel eines Raumschiffs) immer grösser, so würden sich immer mehr Sternpunkte „nach vorne", in Flugrichtung, verschieben und sich, da sich die Farben durch den Doppler-Effekt auch verändern, auf einen farbigen Ring um den Stirnpunkt, den Apex, zusammenziehen – aber dies weiss man erst seit Einstein.

6.3.3 Venusphasen und scheinbare Planetengrössen

> „… aber das Teleskop zeigt uns ihre [der Venus] Hörner genauso wie des Mondes, und sie gehören zu einem grossen Kreis im Verhältnis von nahezu vierzig Mal grösser als die Scheibe, wenn sie jenseits der Sonne ist am Ende der Morgensichtbarkeit."
> Galileo Galilei, Dialog der beiden Weltsysteme, 1632

In diesem Zitat stecken zwei Aussagen, die verschieden starke Argumente in der Diskussion um die Weltsysteme abgeben: Die Venus hat Phasen wie der Mond, und die scheinbare

Grösse der Venus schwankt nach Galilei um den Faktor sechs (das heißt Wurzel aus 40; „Vergrösserung" bezog sich auf Flächen). Die erstere, die Phasen, werden überbewertet, die zweite, die verschiedenen Grössen der Planetenscheiben, zu wenig beachtet.

Für das Auftreten von Phasen wie beim Mond, das heißt abwechselnd Licht und Schatten, dürfen die Planeten nicht selbst leuchten und müssen reflektieren, dürfen nicht zu dunkel sein und nicht glänzen (unser Mond erscheint leuchtend hell, besteht aber aus recht dunklem Material!). Diese irdischen Eigenschaften (des „Klumpen Erde" wie erwähnt) sind nicht selbstverständlich, haben aber mit Ptolemäus oder Kopernikus nicht direkt zu tun: Auch in der Konfiguration des Ptolemäus gibt es Phasen.

Die Prinzipskizze der Abb. 6.14 illustriert dies, die Venusbahn steht nur vor der Sonne und umschliesst sie nicht. Der Satz „die Venusphasen beweisen, dass die Venus um die Sonne läuft" ist zu einfach; man muss die ganze Bahn verfolgen. Nur die beobachtete „Beinahe-Vollvenus" ist charakteristisch für das heliozentrische System. Die Beobachtung der „Vollvenus" oder Beinahe-Vollvenus schliesst ab jetzt ptolemäische Konstruktionen aus, aber keines der anderen Weltsysteme wie das kopernikanische, tychonische (das heißt gemischt) und keplersche (das heißt heliozentrisch mit Ellipsen).

Galilei betont bei der Beobachtung von Fixsternen wie Planeten ein Problem, das er Irradiation nennt, also etwa „Überstrahlung". Die Ursache des Effekts ist eine Mischung aus dem Funkeln vor allem der Fixsterne (Szintillieren) und der Überbelichtung weniger Sehzellen des Auges in einer dunklen Umgebung – nur Sonne und Mond hätten dieses Problem nicht. Die Überstrahlung wirke wie ein „Strahlenkranz" oder „Strahlenkrone", der Stern wird ein „Kopf mit Haaren aus Licht". Galilei schreibt, die Irradiation verhindere, dass man mit blossem Auge die Phasen der Venus sehen würde. Aber sie macht es

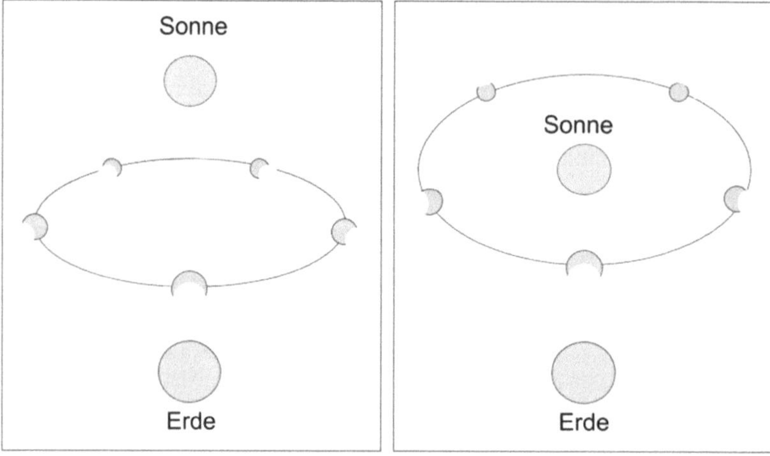

Abb. 6.14 Prinzipskizze der Venusphasen bei Ptolemäus und Kopernikus. Es gibt in beiden Modellen Phasen. (Bildquelle: Eigene Erstellung)

auch schwierig, die Phasen in den kleinen Teleskopen schlechter optischer Qualität quantitativ zu beurteilen; s. o. den vergeblichen Versuch der Astronomiestudenten (Astronomy Group 1996, Venus).

Galilei schreibt selbstsicher, dass es wohl vor ihm keinen Astronomen gegeben habe, der die Irradiation richtig verstanden und berücksichtigt hätte, nicht einmal Tycho Brahe.

Wir haben schon die fiktiven Fixsternradien besprochen, jetzt geht es um die Grösse der scheinbaren realen Scheibchen der Planeten im Teleskop (für Galilei sind die Fixstern-Beugungsscheibchen ja auch „echt"). Die Planeten sind flächenhafte Objekte und ihr Bild wird durch die Vergrösserung bei guter Optik auf mehr und mehr Sehzellen verteilt und ruhiger. Galilei versteht dies; er betont, dass das Teleskop ein Instrument sei, um die Irradiation zu verringern. Die Unruhe durch Luftturbulenzen auf dem Weg des Lichts durch die Atmosphäre bleibt allerdings. Günstig ist die Beobachtung am Tage wegen des geringeren Kontrastes der hellen Venus zur hellen Umgebung (die Venus ist bei ihrer grössten Helligkeit sogar am Tag mit blossem Auge sichtbar).

Für die innere Kartierung des Sonnensystems sind die beobachteten Differenzen der Grössen der Planeten während ihrer Umläufe (Zyklen) numerische Indizien: Galilei berichtet vom Mars, er variiere in Grösse sieben Mal oder mehr zwischen Opposition einerseits und nahe der Konjunktion andrerseits, wenn er unsichtbar wird. Die Grösse der Venus schwankt nach den Zeichnungen Galileis am Fernrohr zwischen der oberen Nahe-Konjunktion („Vollvenus") und der unteren Nahe-Konjunktion („Venussichel") um zwischen dem Fünf- und Fünfeinhalbfachen; unter diesem Aspekt zeigen wir die Zeichnungen Galileis nochmal (Abb. 6.15). Galilei ist sowohl ein guter Beobachter wie ein guter Zeichner; er ist an der Grenze der Möglichkeiten der einfachen Teleskope!

In der Tat variiert die Entfernung des Mars von der Erde nach modernen Werten zwischen 56 und 401 Millionen km, die der Venus kann zwischen 39 Millionen km und 260 Millionen km liegen. Damit ist die Geometrie dieser beiden Bahnen in der Näherung als Kreise einigermassen klar, insbesondere ist die Bahn der Venus unbedingt ein „Kreis" um die Sonne und nicht vor der Sonne oder hinter der Sonne. Das spricht gegen das Modell des Ptolemäus und für alle drei weiteren Modelle, die wir näher betrachten.

Abb. 6.15 Teleskopzeichnungen der Venus und ihrer Gestalten. (Galileo Galilei, *Il Saggiatore*, 1623, Bildquelle: e-rara.ch/ETH Zürich)

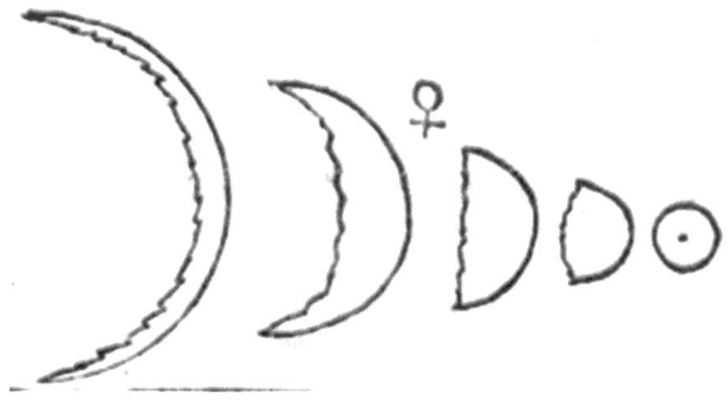

6.3.4 Galilei streitet für Aristoteles: Kometen und die Verflüssigung der Kristalle des Himmels

„Aus nicht völlig einsehbaren Gründen begann Galilei eine Kontroverse. In dem von ihm verfassten ‚Discorso delle Comete' verwandte er wieder die aristotelische Hypothese, dass Kometen lediglich leuchtende Wolken in der Hochatmosphäre sind, zum Entsetzen der Astronomen."
Bernd Pfeiffer, Astrophysiker, 2015

Aristoteles hat auch Kometen ihren Platz im Kosmos zugewiesen: Kometen sind nach ihm gar keine Objekte der Astronomie, sondern sie sind sublunar (unter dem Mond), nicht himmlisch. Sie unterliegen irdischen Gesetzen und seien physikalisch gesehen Objekte der Meteorologie. Das Zitat bezieht sich auf eine Veröffentlichung von Mario Guiducci, einem Schüler Galileis, in der Galilei aggressiv gegen die modernen jesuitischen Astronomen argumentiert, zugunsten von Aristoteles.

Der Komet des Jahres 1577 war einer der eindrücklichsten Kometen in geschichtlicher Zeit. Tycho Brahe, der beste messende Astronom vor der Erfindung des Fernrohrs, verfasste eine Abhandlung darüber: Aus dem Vergleich seiner Messungen auf seiner dänischen Sternwarte mit Messungen in Prag folgerte er, dass der Komet viel weiter weg sei als der Mond. Seine wesentlichsten Ergebnisse oder Behauptungen waren:

1. Der Kometenschweif würde durch die Sonne hervorgerufen, die durch den Kometen schiene, und zeige immer von der Sonne weg,
2. der Komet sei mindestens 230 Erdradien von der Erde entfernt, das ist etwa die vierfache Erd-Mond-Entfernung,
3. der Durchmesser des Kometen sei ¼ des Erddurchmessers, der Schweif etwa 70.000 deutsche Meilen, etwa 28.000 km, lang.

Hier die wahren Bahndaten: Es handelte sich um eine sehr langgestreckte Bahnellipse. Da die Beobachtungen nicht sehr genau waren, konnte man nur die parabolische Näherung der Kometenbahn bestimmen mit dem sonnennächsten Punkt am 27. Oktober 1577 in 26,6 Millionen km Entfernung von der Sonne. Hier raste er mit ca. 100 km/s. Den erdnächsten Punkt erreichte er am 10. November im Abstand von 94 Millionen km von uns. Seine Bahn verliert sich dann in den Weiten des Alls.

Anders Galilei: Er kämpft gegen die Messungen mit physikalischen und philosophischen Argumenten des Aristoteles an, ja sogar mit Polemik (Abb. 6.16). Für ihn ist es absurd, überhaupt eine Parallaxe messen zu wollen, da die Kometen nur Erscheinungen sind wie Regenbogen oder Halos, allerdings in der hohen Atmosphäre. Eine Messung durch Triangulation sei Unsinn. Beim hellsten Kometen des Jahres 1618, der erste, der mit dem Fernrohr beobachtet wurde, war Galilei während der Sichtbarkeit bettlägerig, aber er vertrat weiter seine aristotelische Theorie mit sublunarer Entfernung (dieser Komet näherte sich der Erde nur auf 53 Millionen km, zum Vergleich: Die mittlere Mondentfernung ist 384.000 km).

Abb. 6.16 Streitschrift von
Mario Guiducci (und Galileo
Galilei) gegen die Messungen
und Ansichten des Tycho
Brahe (und Johannes Keplers)
und zugunsten von
Aristoteles, 1619. (Bildquelle:
Wikimedia Commons)

Der Vatikan lobte ihn dafür, aber die modernen jesuitischen Astronomen und die meisten Wissenschaftler betrachteten die Frage als entschieden: Kometen bewegen sich im interplanetaren Raum. Galilei bezeichnet die Kometenhypothese von Tycho als die Lehre von „*den Affenplaneten des Tycho Brahe*" – vermutlich weil der Affe sich durch sein Spiegelbild täuschen lässt. Der englische Physiker und Universalgelehrte Robert Hooke (1635–1703) lobte dagegen „*den edlen Dänen [Tycho Brahe], der genauso wie andere Gelehrte anhand genauer Peilungen ermitteln konnte, dass dieses Gestirn eine kleinere Parallaxe als der Mond hatte*" (Waschkies 1987).

Tycho Brahe hatte schon vorher für sein Weltmodell einen Eingriff in das aristotelische System gemacht, der jetzt offensichtlich und hilfreich wurde: Er hat in seinen Worten die Kristallsphären „verflüssigt", damit der Umschwung der inneren Planeten die Marsbahn durchqueren konnte. Diese Frage eines (beinahe) Zeitgenossen ist mit den Kometen entschieden: „*Ob sich jede Sphäre fest bleibe und der Planet als ein Fisch im Wasser darin fortschwimme; oder die Sphaeren realiter unterschieden oder alle zusammen ein Continuum und Contiguum machen?*"

Johann Jacob Wincklern, Das entlarvte Idolum, 1704

Die Antwort von Brahe ist, dass die Kometen den interplanetaren Raum beliebig passieren, auch weit weg von der Ekliptik. Der Komet von 1577 stürzte sich im Winkel von

105° auf die Sonne. Die Kurvenform der Bahnen von Kometen wird beschrieben als geradlinig (Kepler, 1619), als langgestreckte Ellipse (der Freund von Thomas Harriot, Sir William Lower in 1610) oder als Parabel (Robert Hooke 1678). Physik und Mathematik haben dafür eine hochsymmetrische Lösung: Es ist alles richtig, es sind alles Kegelschnitte im Raum. Die Motive von Galilei, bei Aristoteles zu bleiben, sind unklar; vielleicht

- will er den Konkurrenten Tycho Brahe (und seinem System) schaden,
- will er bei „reinen" Kreisbahnen bleiben,
- sind ihm Kometen als diffuse und veränderliche „Pfauenschwänze" überhaupt nicht (aristotelisch) himmlisch genug, sondern eben irdisch.

Er widmet das Büchlein *Saggiatore* („der Prüfer mit der Goldwaage", Auszüge in der Übersetzung von Stillman Drake 1957) einer aggressiven Verteidigung und Attacke gegen alle, die seine Entdeckungsprioritäten bedrohen und seine Ansichten nicht teilen, so gegen Simon Marius und vor allem gegen „Sarsi", dem Pseudonym des Jesuiten und Astronomen Orazio Grassi (1583–1654) und dessen Kometentheorie.

Galilei hatte mit seiner Behauptung der meteorologischen und atmosphärischen Nähe der Kometen so Unrecht, wie man es nur haben kann. Die Kometen kommen aus den Tiefen des Alls, weiter entfernt als der fernste Planet, und erst die Sonne erzeugt „Ausdünstungen", viele Millionen Kilometer entfernt von der Erde im interplanetaren Raum. Besonders lustig macht sich Galilei, über eine ganze Seite hinweg, über die vollkommen korrekte These von Grassi, dass Sternschnuppen in der Atmosphäre verglühen. Grassi verwendet als Aufhänger allerdings die recht unsinnige und kuriose antike Fabel des Griechen Suidas (ein Pseudonym für eine antike Sammlung von Begriffen und Kuriositäten), die Babylonier hätten ja auch Eier durch rasches Schwingen in einer Schlinge gekocht.

> *„Wir haben auch Schlingen, wir haben Eier, und wir haben starke Männer um sie zu schleudern, aber sie werden nicht gekocht, nein, im Gegenteil, sie werden kalt"* und
> *„ich jedenfalls will nicht bewusst falsches meinen und undankbar sein gegen die Natur und Gott, der mich mit Sinn und Logik ausgestattet hat".*

Galilei vertritt auch hier Sinn und Logik des Aristoteles (da Meteore veränderliche und unberechenbare Erscheinungen sind, können sie nicht himmlisch sein, sondern gehören buchstäblich zur Meteorologie). Die feuchten Eier werden durch die Verdunstungskälte kalt, Reibung erzeugt in der Tat Wärme. Bei den Eiern hat Galilei Recht, aber es ist kein passendes Experiment. Erst 1798 stellt man fest, dass Reibung überhaupt Wärme erzeugt, zunächst nur am Festkörper beim Bohren von Kanonenrohren. Die Zukunft wird dem zusammengestauchten Grassi Recht geben.

Bei den Gezeiten wird sich die wissenschaftstheoretische Situation wiederholen: Wie beurteilt man wissenschaftlich Effekte (etwa am Himmel), die ausserhalb des Definitionsbereichs der vorliegenden etablierten Kenntnisse liegen? Die Antwort ist bei Galilei persönlich gefärbt; er misst die Ideen anderer wesentlich strenger als seine eigenen, und hat dadurch in beiden Fällen (Kometen und Gezeiten) physikalisch Unrecht. Da er direkt und unsinnig den Jesuiten Grassi und das Collegium Romanum angreift, bereitet er zwar den nichtjesuitischen Klerikern ein Lesevergnügen mit seinen geschliffenen Texten, aber er macht sich die jesuitische Machtfraktion in der Kirche zum Feind.

Im Abschnitt „gegen die Philosophie" bringt er allerdings eines seiner besten und berühmtesten Zitate:

> *„[Das Buch der Natur, die Philosophie] ist in der Sprache der Mathematik geschrieben, und deren Buchstaben sind Kreise, Dreiecke und andere geometrische Figuren, ohne die es dem Menschen unmöglich ist, ein einziges Bild davon zu verstehen; ohne diese irrt man in einem dunklen Labyrinth herum."*

Der Ursprung der Idee des Zitats ist (wie Galilei selbst andeutet) der angebliche Spruch über dem Tor der Akademie Platos:

> *„Es trete niemand durch meine Tür, der nicht die Geometrie kennt"*,
> verwandt mit den Zitaten (nach Plutarch): *„Gott ist der grosse Geometer"* und *„Gott treibt auf ewig Geometrie"* – (Ἀεί θεός γεωμετρεῖ).

Galilei schreibt gegen Autoritätsglauben und für das selbstständige Denken und für das Experiment. In diesem Kontext der galileischen Kometenauffassung nach Aristoteles, auf die er das Zitat bezieht, hat das Zitat mehr als einen Schönheitsfehler. Galilei wettert ausgerechnet gegen die Autorität Tycho Brahes und dessen präzise Experimente (Messungen) mit wunderbarer Triangulation, also wahrer Geometrie.

Galilei schreibt:

> *„Er [Grassi] scheint zu denken, dass unser Intellekt sich einem anderen versklaven sollte. Aber sogar wenn man dies will, ich kann nicht einsehen, warum er gerade Tycho auswählt."*

Einige Zeilen weiter schreibt er wieder einen wunderbaren Spruch, gut zu gebrauchen, und dem man wohl zustimmen kann:

> *„Aus langer Erfahrung kenne ich eine allgemeine Regel menschlichen Verhaltens: Je weniger jemand weiss und über intellektuelle Dinge versteht, umso fester hält er daran fest, und umgekehrt, je mehr eine Person weiss, umso mehr zögert sie, etwas Neues zu verkünden." (Aus dem Englischen nach William Shea 2012)*

Es ist offensichtlich, dass die einzige Autorität, die Galilei gelten lässt, er selbst und seine Bücher sind. Er schreibt hier gegen Brahes Messungen zugunsten seiner eigenen philosophischen Auffassung, dass die Kometen irdische Ausdünstungen sind, und dass Aristoteles Recht hat. Kaum jemand, der den wunderbaren Spruch zitiert, weiss wie verkehrt er im Original verwendet wird. Einige Bemerkungen zu Abweichungen vom präsentistischen Verständnis der Mathematik in der Spätrenaissance und bei Galilei:

- Alle Bahnen von Himmelskörpern sind aus Kreisen zusammengesetzt (und können damit ewig laufen). Das ist reine Mathematik.
- Die Astrologie ist reine Mathematik; Galilei war als Professor ja Mathematicus gewesen mit dem Hauptfach Astrologie (für Ärzte).
- Für Galilei ist Mathematik vor allem Euklidische Geometrie und Proportionalrechnung. Algebra kennt er nicht und „höhere" Mathematik gibt es noch nicht.

Die weitere Entwicklung der Mathematik macht das Zitat zu einer vorausschauenden, wirklichen Weisheit, heute besser passend als damals.

Noch zwei typische Sätze aus dem *Saggiatore*, hier ein Satz in aller, bei Galileis Persönlichkeit schwer zu glaubender, Bescheidenheit:

„Ich habe nie gesagt, dass meine Meinung sofort nach Rom gebracht wird [es ist gemeint als die grosse Weisheit]. Das geschieht üblicherweise nur mit Worten grosser und berühmter Männer, und das übersteigt wahrlich meinen Ehrgeiz."

Und noch ein wunderbarer bildhafter Ausspruch über die Gerüchte und Behauptungen, die über ihn gesagt werden:

„Aber vielleicht hatten die Winde, die die Wolken treiben und die Chimären und Monster, die sie fortlaufend gestalten, zusammen nicht die Stärke, solide und gewichtige Dinge [wie Galileis Ansichten] zu tragen."

Dieser poetische Satz, positioniert kurz vor dem Spruch zur Geometrie, ist sozusagen der Gegenpol zur Sprache der Mathematik: Galilei kann beides.

6.4 Galilei und die Gezeiten: falscher Beweis und falsche Sicherheit

„Viele kritische Fragen gibt es in dieser Theorie der Gezeiten von Galilei: zunächst, dass er jede Art von anziehender Kraft als wahre Ursache ablehnt, diese Theorie war, in Newtonscher Denkweise, ein Irrtum."
Rossella Gigli, in „The Galileo Project", Rice University, 1995

Die Gezeiten haben eine grosse symbolische Bedeutung: Sie sind eine offensichtliche Verbindung des Himmlischen mit dem Irdischen. Das Konzept seiner Theorie der Gezeiten lag bei Galilei wohl schon ab 1595 vor. Sein geistreicher Freund Paolo Sarpi (1552–1623), den wir oben als venezianischen Minister kennengelernt haben, hatte mit ihm schon damals die Ursache der Gezeiten diskutiert. In seinem Tagebuch von 1595 schreibt Sarpi gerade im Sinne, wie es Galilei später veröffentlicht, eine Theorie der Gezeiten mit Hilfe der doppelten Bewegung des Kopernikus. Eine Abhandlung von Sarpi zu den Gezeiten ist verloren gegangen. Einen Prioritätsstreit hat es nicht gegeben; es ist historisch nicht klar, ob Sarpi Galilei befruchtet hat mit dem Gezeitenproblem oder umgekehrt.

Die Anekdote sagt, dass sie zusammen in Venedig die Barken beobachtet hätten, die Süsswasser in die Lagunenstadt bringen. Wenn die Boote unsanft anlegten, dann sahen sie das Wasser im Behälter die Geschwindigkeit *„beibehalten und vorne nach dem Bug hinströmen; dort wird es merklich steigen"*, und weiter einige Male hin- und her schwappen. Dieses Verhalten hat den Vergleich mit Ebbe und Flut herausgefordert, bei denen das Wasser in den Meeresbecken (und, kaum merklich, auch in Seen) hin- und herflutet. Für Galilei entstehen die Gezeiten damit einfach dadurch, dass der grosse Behälter – die Erde – geschwenkt wird. Allerdings benötigt man für den Effekt eine Änderung der Geschwindigkeit des Behälters zur Erzeugung, sonst geschieht nach dem Trägheitsprinzip, das heute Galileis Namen trägt, nichts. Galilei dachte, er habe eine Geschwindigkeitsdifferenz gefunden durch die beiden Rotationen der Erde, der jährlichen wie der täglichen.

Im Originalbildchen Galileis in Abb. 6.17a bedeutet der kleine Kreis um A die (täglich) rotierende Erde, der grosse Kreis um E die Jahresbahn der Erde. Der grosse Kreis ist in Wirklichkeit etwa 24.000mal grösser. Beide Rotationsrichtungen sind von oben gesehen (über dem Nordpol) gegen den Uhrzeigersinn. Die Idee Galileis der doppelten Bewegung als Ursache war wohl aus zwei Quellen als Analogie entstanden:

- zu Epizyklen, bei denen ein Kreis auf einem anderen abläuft, dies nicht nur geometrisch, sondern jetzt dynamisch,
- zum Mahlwerk einer Färberwaid-Mühle (Abb. 6.18).

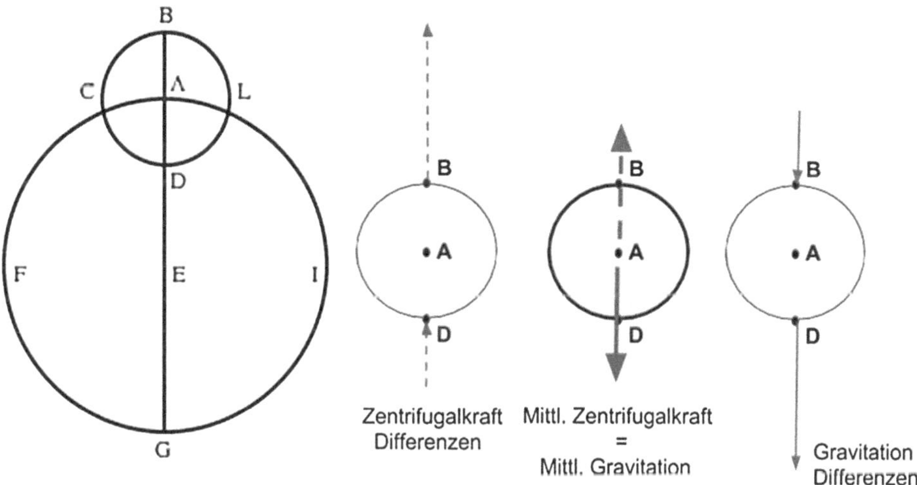

Abb. 6.17 Die Konfiguration Erde – Sonne und die Differenzen der wirkenden Kräfte nach Galilei und Newton. Galilei kannte im Prinzip nur die Zentrifugalkräfte und leugnete die Anziehung. Der Mond fehlt bei ihm in der Betrachtung. Die Skizze d) gilt für die Wirkung der Gravitation auf die Erde von der Sonne wie vom Mond. (Bildquellen: Die Skizze **a** ist die Zeichnung Galileis im *Dialog der beiden Weltsysteme*; die Skizzen **b**, **c** und **d** sind eigen)

Abb. 6.18 Die Färberwaid-
Mühle als galileisches
Gezeitenmodell. Bild nach
Paolo Palmieri 1998.
(Bildquelle: Original von
Giovanni Branca, 1629, mit
freundlicher Genehmigung des
Max-Planck-Instituts für
Wissenschaftsgeschichte,
Berlin) Branca (1977)

Der italienisch-amerikanische Wissenschaftshistoriker Paolo Palmieri (1998) hat auf
die historischen Mühlen zum Pulverisieren der getrockneten Waid- und Krapppflanzen
hingewiesen und dazu auf eine Textstelle Galileis in einem Fragment zum *Dialog der
beiden Weltsysteme:*

*„Das Rad des Waidmahlsteins scheint zwei Bewegungen zu machen … stellt man es sich als
Kugel vor, dann ist die Frage ob sie um das Zentrum gehen.“*

Galilei stellt sich die Entstehung der Gezeiten und die Verschiebung der Meere durch die
beiden Erdbewegungen vor wie das doppelte Zerquetschen der Kräuter in der Pflanzen-
mühle. Bei den Epizyklen sind die beiden Rotationsachsen zueinander parallel, bei der
Waidmühle senkrecht zueinander, bei der wirklichen Erde um die Schiefe der Ekliptik von
$23° 27'$ geneigt. Die Richtung der beiden Rotationen ist gleich, von Norden gesehen gegen
den Uhrzeigersinn. Damit addieren sich im Bildchen Galileis (Abb. 6.17a) im Punkt B
(um Mitternacht) die Rotationsgeschwindigkeiten von Jahr- und Tagesbewegung, dagegen
subtrahieren sie sich im Punkt D (im Mittagspunkt).

Damit sieht die Theorie Galileis so aus:

*Zu Mittag ist das Land langsamer, deshalb läuft das Wasser zum Mittagspunkt – es entstehe
ein Flutberg immer zu Mittag; um Mitternacht ist die Erde schneller, das
Wasser bleibt zurück, es gibt immer Ebbe.*

Die Rechnung mit den Geschwindigkeiten ist korrekt, aber die Hypothese als Erklärung
der Gezeiten ist Unsinn.

Newton hat mit der Gravitation die galileische Theorie bei den späteren Historikern hinweggefegt, so dass der Eindruck entstand, es gäbe nur Gravitation. Das ist nicht der Fall – Zentrifugalkräfte existieren. Nur sind die Zentrifugalkräfte der täglichen Rotation schon kompensiert durch eine kleine, an einem Ort jeweils konstant verringerte Erdbeschleunigung rings um den Globus. Es bleibt die Berücksichtigung der jährlichen Rotation.

Dazu denke man sich in Abb. 6.17a die Punkte E (in etwa die Sonne) und A (den Erdmittelpunkt) mit einer festen Schnur verbunden; die Schnur ist in Wirklichkeit die Gravitation. Damit wird die Erde als Ganzes in einem Jahr um die Sonne herumgeschwungen; dies entspräche einer „gebundenen Rotation" der Erde mit einem Tag gleich einem Jahr. Man sieht, dass im Punkt B die Zentrifugalkraft grösser ist als in der Erdmitte A, im Punkt D dagegen kleiner. Ohne Gravitation würde das Wasser damit an den Mitternachtspunkt B fliessen zu einem einzigen Berg, weg vom Punkt D. Die jährliche Rotation der Erde, nicht die tägliche, erzeugt diese Trägheitskräfte. Es ist zwar eine Trägheitskraft, aber der Effekt ist dem von Galilei entgegengesetzt: Die Trägheitskraft verstärkt im Prinzip jede nächtliche Flut, Ebbe ist im Mittagspunkt D. Eine genaue Theorie der Gezeiten wird diesen Effekt enthalten.

Galilei sieht die Geschwindigkeiten; ausschlaggebend sind die Kräfte. Um die verwirrende physikalische Situation zu klären, berechnen wir selbst die Kräfte beziehungsweise Beschleunigungen, die hier eingehen, wenigstens überschlagsmässig, so einfach wie möglich (aber nicht einfacher). Dazu reicht Freshman-Physik (Erstsemesterphysik) aus und die Erdbahn in Kreisnäherung. Wir nehmen den Erdkörper als starr an, die Meere verschieben sich durch die Abweichungen der Kräfte relativ zum starren Körper auf der Erdoberfläche. Es geht um die Fragen:

- Wie gross ist der Einfluss der Trägheitskräfte (die Galilei im Prinzip kennen sollte)?
- Wie gross sind die Wirkungen der Gravitation, die Galilei nicht kennt beziehungsweise nicht anerkennt?
- Was ist die Hauptursache, welche Kraft gewinnt?

Wir vergleichen dazu zum einen die Gravitationsbeschleunigungen durch Sonne und Mond auf der Erde und deren Änderungen über den Erddurchmesser BD und zum anderen die Änderungen der Zentripetalbeschleunigung durch die jährliche Umdrehung auch über den Erddurchmesser. Die (mittlere) Gravitationsbeschleunigung der Erde in ihrer Bahn ist dabei natürlich gleich der Zentripetalbeschleunigung, das ist ja die Bedingung für die stabile Erdbahn.

Damit erhalten wir die Werte der Tab. 6.3: Die Grössenordnung der für die Gezeiten verantwortlichen Beschleunigungen ist das Millionstel m/s^2, das ist ein Zehnmillionstel der Erdbeschleunigung für den freien Fall von etwa 9,8 m/s^2; das heißt nach einer Sekunde des Falls hat ein Stein schon etwa die Geschwindigkeit 9,8 m/s^2 und ist 4.9 m tief gefallen. Die Gravitation durch die Sonne variiert um ein Millionstel m/s^2, die Zentrifugalkräfte, die eigentlich Galilei hätte meinen können, sind halb so gross. Aber die (Gravitations-)Kräfte durch den Mond sind mehr als doppelt so stark.

Tab. 6.3 Die Werte der Beschleunigungen im System Sonne, Erde und Mond zum Verstehen der Theorie der Gezeiten. Beim Attribut ± wächst die Beschleunigung mit zunehmendem Abstand, bei ∓ nimmt sie ab

Effekte der Sonne	
Beschleunigung der Erde auf der Bahn (gravitativ wie zentripetal)	$0{,}006$ m/s^2
Gravitationsunterschiede auf der Erde	$\mp\, 5{,}1 \times 10^{-7}$ m/s^2
Zentripetale Unterschiede auf der Erde	$\pm\, 2{,}5 \times 10^{-7}$ m/s^2
Effekte des Mondes	
Gravitation durch Mond auf der Erde (Mittelpunkt)	$3{,}3 \times 10^{-5}$ m/s^2
Gravitationsunterschiede auf der Erde	$\mp\, 1{,}1 \times 10^{-6}$ m/s^2
Vergleich	
Zentrifugalbeschleunigung am Äquator	$0{,}34$ m/s^2
Gravitationsbeschleunigung auf der Mondbahn (durch die Erde)	$0{,}0027$ m/s^2

Die beiden Kräftewelten, Gravitation und Zentripetal (beziehungsweise Zentrifugal), verhalten sich verschieden; sie haben verschiedene Gesetzmässigkeiten als Funktion des Abstands vom Zentrum: Die Gravitationskraft nimmt mit dem Quadrat ab, die Zentrifugalkraft nimmt mit dem Abstand (bei fester Rotationszeit) linear zu. Daraus resultieren die Eigenschaften:

- Gravitationskräfte bewirken im Prinzip zwei Flutberge, sowohl auf der dem jeweiligen Zentrum zugewandten wie abgewandten Seite,
- Zentripetalkräfte (und damit auch Galileis Hypothese) ergäben nur einen Flutberg, in Wirklichkeit auf der abgewandten Seite im Gegensatz zu Galilei.

Der Unterschied von Gravitation und Zentrifugalkraft wird am deutlichsten, wenn man die Drehung anhält oder in Gedanken die Gravitation abstellt: Auch ohne Drehung, wenn Erde und Mond nebeneinander im All schweben würden, gäbe es *zwei* Flutberge (während Erde und Mond beschleunigt aufeinander zu flögen). Andrerseits gäbe es ohne Gravitation, nur mit dem jährlichen Umlauf um die Sonne, *einen* Flutberg auf der abgewandten Seite der Erde (der Nachtseite), also gerade auf der anderen Seite wie von Galilei erwartet.

Der Physiker Ernst Mach schreibt, dass Galilei das Prinzip der Relativbewegung *„so unglücklich anwendet, dass sich nur eine sehr trügerische Theorie ergeben konnte."* Allerdings übersieht Mach in seiner eigenen Analyse die Zentrifugalkräfte durch den jährlichen Umlauf, die doch wenigstens in die Richtung der Gedanken Galileis gehen.

Während die Ausprägung der Gezeiten von der Form des Meeresbeckens und der Küsten abhängt, resultieren allgemein zwei Flutberge und eine Verzögerung des Eintretens der Tiden um etwa 50 Minuten pro Tag – weil der Mond jeden Sterntag um $13°$ auf seiner Bahn am Himmel (siderisch, das heißt auf die Sterne bezogen) weiter wandert.

Alle 14 Tage, wenn Erde, Mond und Sonne auf einer Linie liegen, beobachtet man eine Springflut. Die Gezeiten reflektieren damit eindeutig den Lauf des Monds.

Es ist kurios, wie präzise Galilei die richtige Gezeitentheorie als falsch verfolgt: Im *Dialog der beiden Weltsysteme* schimpft Galilei über einen

„gewissen Prälaten", der „eine kleine Abhandlung [veröffentlicht] hat, worin er sagt, der Mond werfe, wenn er am Himmel hinzieht, durch seine Anziehung einen Wasserhügel auf, welcher ihm beständig folge".

Die Person des Zorns und Autor der bemerkenswerten Vor-Newtonschen Ansicht ist Marco Antonio de Dominis, dalmatinischer Bischof und Wissenschaftler (1560–1624). De Dominis fehlte nur die Erkenntnis, dass der Mond zwei Hügel aufwirft, auf mondzugewandter wie abgewandter Seite.

Galilei lag mit seiner Gezeitentheorie so falsch, wie man es nur sein kann. Listet man Pros und Cons auf, so hat er als zweifelhaftes Pro, dass er nur Bewegungen als Ursache annahm und keine „mystischen" Kräfte (dies aus einer nüchternen, positivistischen Sicht und aus seiner Zeit heraus), aber

- dadurch kann er die Gezeiten nicht erklären, er baut physikalischen Unsinn zusammen. Trotzdem gilt er als Vater des Trägheitsgesetzes.
- Er ist im sichtlichen Widerspruch zur Erfahrung der Gezeiten mit einer Periode von ca. 12 Stunden zwischen zwei Tiden.
- Es ist absurd, den seit der Antike bekannten Einfluss des Mondes zu leugnen.
- Es ist blamabel, wie er die Anhänger der wahren Ansicht, der Mond habe einen Einfluss, verhöhnt.

Seine Gezeitenhypothese besteht wissenschaftstheoretisch in einer verwirrenden Analogie (der Waidmühle), ist unmathematisch und im Widerspruch zum Experiment (der Erfahrung an der Küste). Sie ist keine Physik, sondern war eine fixe Idee.

Galilei setzt den falschen Gezeiten noch einen weiteren, verwandten aber anders falschen Beweis für die tägliche Drehung der Erde hinzu: Er erklärt die Passatwinde physikalisch falsch. Dabei zeigt er, dass er das Trägheitsprinzip – das ihm in der Physik häufig zugeschrieben wird – auch auf der Erde nur beschränkt gelten lässt. Während für Himmelskörper eine kreisförmige Trägheit gilt, die ohne Anziehung die Planeten und den Mond für immer auf der Bahn hält, wird die Luft nach Galilei eigentlich und letztlich nur durch die Berge, die in die Luft ragen, bei der Erdrotation mitgenommen (Abb. 6.19a).

Dadurch sei die Mitnahme der Atmosphäre durch die Erdrotation nur teilweise und in den grossen Ebenen (und damit Meeren) mangelhaft:

„… wo immer die Oberfläche der Erde grosse flache Bereiche hat […] ist die Mitnahme der umgebenden Luft mit der Erdrotation teilweise unwirksam. An solchen Stellen, während sich die Erde nach Osten dreht, sollte man beständig einen Wind spüren von Osten nach Westen, und zwar dort, wo die irdische Drehung am schnellsten ist; das ist an den Stellen, die am weitesten von Polen entfernt sind und am nächsten am Äquatorkreis."
Diskurs über die Gezeiten (Discorso Sul Flusso E Il Reflusso Del Mare),
in einem Brief an Kardinal Alessandro Orsini.

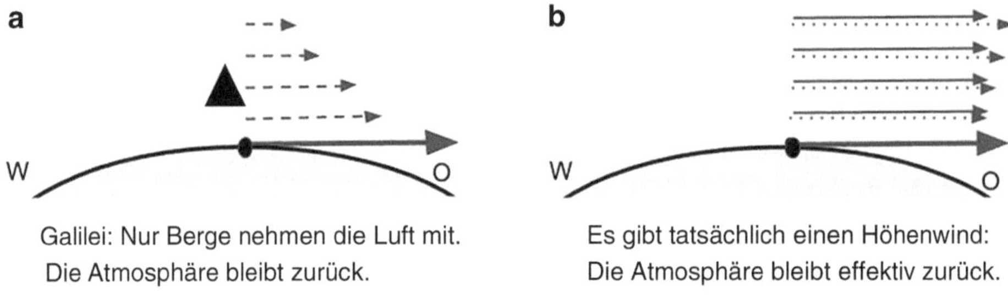

Die Pfeile kennzeichnen die Geschwindigkeit der Luft.

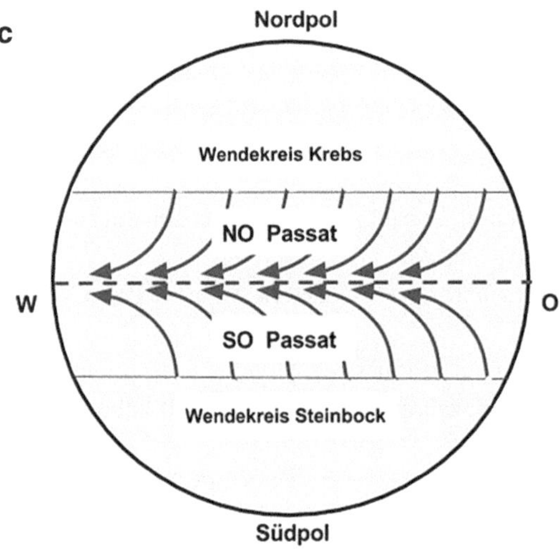

Auf der Erdoberfläche:
Coriolis-Kräfte erzeugen den Passat

Abb. 6.19 Zu den Theorien Galileis zur Atmosphäre: Passatwinde und nur partielle Mitnahme der Luft

Galilei sieht die Atmosphäre korrekt als Schicht zwischen der bewegten Erdoberfläche und dem ruhenden Inertialsystem des Alls an, also dem „absoluten Raum", wie Newton es formulieren wird. Er vergleicht dies mit der Luft auf dem Deck eines Schiffs, die auch teilweise durch die Fahrt mitgenommen wird. Wie schon bei den Fallgesetzen erwähnt, nimmt Galilei einen zähen Übergang von der Erde zum All an, wie eine Art Grenzschicht der Erde. Das ist ein physikalisch sinnvoller Gedanke, allerdings bremst das All praktisch nicht. Es gibt keine merkliche bremsende Impulsübertragung vom Weltraum auf die Atmosphäre durch kosmische Teilchen.

Die Rotation der Erde ist in der Tat die Ursache der Passatwinde, aber nicht dadurch, dass die Luft im Allgemeinen nur teilweise mitgenommen wird. Grund sind Strömungen auf der rotierenden Erde, in diesem Fall von Norden oder Süden zum Äquator (Abb. 6.19c). Am Äquator ist die Rotationsgeschwindigkeit – wie Galilei oben richtig sagt – am grössten;

fliesst nun Luft hin zum Äquator, so ist ihre West-Ost-Geschwindigkeit zu gering und es resultiert Ostwind. Physikalisch gesprochen sind die Ursache Corioliskräfte, auf keinen Fall aber mangelnde Trägheit von „dünnen" Stoffen, sondern im Gegenteil gerade Trägheitskräfte. Galilei ahnt die Corioliskraft, aber sein Argument ist falsch.

Zur Ehrenrettung Galileis gibt es doch eine Art von begrenztem Mitnahmeeffekt der Atmosphäre, ein kleiner theoretischer Effekt, der mit der Höhe zunimmt (Abb. 6.19b): Die Luft hat zwar in Bodennähe im Prinzip auch die (Dreh-)Geschwindigkeit der Erde, aber wenn Atmosphäre und Erdkörper starr zusammen rotieren würden, dann müsste ihre Umlaufgeschwindigkeit mit der Höhe linear zunehmen; dafür gibt es jedoch keinen physikalischen Grund. Das bedeutet einen theoretischen, mit der Höhe linear zunehmenden zusätzlichen schwachen Ostwind entsprechend zum Beispiel von 7,3 m/s in 10 km Höhe über dem Äquator.

Galilei war sich so sicher, dass er mit der Färberwaidmühle und den Gezeiten den Beweis für die beiden hauptsächlichen Bewegungen des Kopernikus gleichzeitig hatte. Er hatte sich in eine Lage manövriert, in der er einen Beweis brauchte: Im Streit war es an ihm, als dem Vertreter der kopernikanischen Lehre, den Beweis zu erbringen (den es damals einfach nicht gab). Er wollte seinem Hauptwerk mit dem grossen Beweis des kopernikanischen Systems sogar den ausdrücklichen Titel geben „*Dialogo sul flusso e reflusso del mare*", „Dialog über Ebbe und Flut der Meere". Der damalige Papst war 1630 Urban VIII., sein früherer Freund und Bewunderer Maffeo Barberini (1568–1644), der sogar noch 1620 ein Lobgedicht auf Galilei geschrieben hatte. Das Gedicht unter dem Titel *Adulatio perniciosa* („schädliche Bewunderung") pries Galilei und seine Fernrohrentdeckungen, und war unterzeichnet mit „*fratello*" – Bruder.

Der Papst verstand bei der Vorlage des Buchmanuskripts zum Erlangen der Druckerlaubnis (dem „Gut-zum-Druck" oder der Imprimatur), dass Galilei eigentlich im Buch nur über den endgültigen Beweis des kopernikanischen Systems schreiben wollte. Er schlug ihm zur Erteilung der Erlaubnis einen eher ausgleichenden Titel und ausgleichenden Inhalt vor. Das Buch sollte die beiden Weltmodelle, die Galilei schildern wollte, nebeneinander enthalten und gleichberechtigt und unentschieden darstellen. Es war die offizielle Haltung der Kirche, dass man über Weltmodelle hypothetisch diskutieren, aber sie nicht als Realität verkünden durfte. Es ist der Unterschied zwischen Philosophie und reiner Astronomie. Zur besseren Berechnung der Planetenörter wäre vieles erlaubt, aber nicht als behauptete Realität. Ironischerweise hat hier das kopernikanische System ja wie geschildert den Pferdefuss, dass es mehr Epizyklen braucht und ungenauer ist als das ptolemäische! Galilei ist tendenziös gegen Ptolemäus und gegen Kepler, der wirklich die Epizyklen verschwinden lässt und wirklich „*die Übel heilt*". Und weil es Galilei ignoriert hat, ist es noch heute ein populares Missverständnis, dass Kopernikus die Epizyklen abgeschafft hat.

Der vom Papst vorgeschlagene und dann 1633 auch von Galilei verwendete Titel ist

„Dialogo sopra i due massimi sistemi" – „Dialog über die beiden hauptsächlichsten Weltsysteme, das ptolemäische und das kopernikanische".

Damit rettet ihn der Papst Urban VIII. vor der Blamage, dass Galileis astronomisches Hauptwerk schon im Titel *„Gespräche über die Gezeiten"* seinen peinlichen Irrtum ankündete.

Die Abb. 6.20 zeigt, dass schon die Titelseite ein Kunstwerk und ein geschichtliches Dokument ist, am schönsten ist die lateinische Version. Beide Bilder zeigen die drei Hauptfiguren aus der Sicht Galileis: Ptolemäus in der Mitte, links Aristoteles und rechts Kopernikus. In der lateinischen Ausgabe steht Ptolemäus mit der Armillarsphäre in der Hand im Halbdunkel während Kopernikus (oder Galilei) triumphierend die Sonne hochhält (Teichmann 1999). Aber es sind nicht die sachlich richtigen Figuren:

- Das „Siegerbild" sollte den strahlenden Johannes Kepler zeigen (spätestens ab 15. Mai 1618),
- der aktuelle wissenschaftlich korrekte Astronom müsste Tycho Brahe sein, etwa in der Mitte,
- und dazu Kopernikus und Ptolemäus nebeneinander, auf gleicher Höhe, Ptolemäus als der grosse Gründer, Kopernikus wegen der richtigen Umpolung des ptolemäischen Systems.

Abb. 6.20 Titelblätter des astronomischen Hauptwerks von Galilei, dem *Dialog über die beiden hauptsächlichsten Weltsysteme*. (Bildquelle: Links die italienische Ausgabe von 1632, Wikimedia Commons, Wolpertinger und rechts die lateinische Ausgabe von 1699/1700; Lugduni Batavorum, Leiden, mit freundlicher Genehmigung, University of Sydney Library, Rare Books)

Galilei hat sich nicht aufs Bild gebracht. Er ist dabei, im Gegensatz zur verbreiteten Meinung, auch keine Gestalt, die in diese Reihe von Konstrukteuren des neuen Weltmodells gehört.

Dazu wollte sich der Papst noch eine wissenschaftstheoretisch problematische, theologische Hintertür offen halten: Er wollte im Text festgehalten haben, dass, auch wenn das kopernikanische System die Gezeiten beschreiben würde, es Gott doch so einrichten könne, dass die Erde fest stehe und es trotzdem Gezeiten geben würde. Dies würde bedeuten, dass Gott die Naturgesetze schafft, sich aber nicht daran halten muss, sondern (per Definition) Wunder vollbringen kann. Die Weiterführung des Gedankens wäre das Allmachtsparadoxon (s. u.). Der bekannteste Widerspruch ist die Formulierung des andalusisch-marokkanischen Philosophen Avorroës oder Ibn Ruschd (1126–1196):

> *„Kann ein allmächtiges Wesen einen so schweren Stein erschaffen, dass es ihn selbst nicht hochheben kann?"*

Es ist der Unterschied von etwa Deismus (Gott macht die Welt und lässt sie ablaufen) oder Theismus (Gott macht die Welt und greift beliebig oder im Rahmen seiner eigenen Gesetze ein). Mit der modernen Auffassung der Naturwissenschaft sind der Deismus und der moderate Theismus vereinbar – Gott könnte über den Zufall jederzeit unbemerkt „legal" in die Welt eingreifen, zum Beispiel Würfel lenken zum Glück oder Gewehrkugeln zum Unglück. Bei dieser Frage ist Galilei Wissenschaftler und er findet den Wunsch des Papstes absurd; er lässt es ihn (unglückseligerweise) im *Dialogo* leicht versteckt auch wissen, s. u.

Es ist eine Ironie der Geschichte der Irrungen Galileis mit den Gezeiten und den falschen Beschleunigungen, dass dies seinem wissenschaftlichen Heiligenschein auch in diesem Bereich der Mechanik keinen Abbruch tat: Zu seinen Ehren und auf Grund der galileischen Fallexperimente hat man die Masseinheit der Beschleunigung im CGS-System ein Gal genannt: 1 Gal ist gleich 1 cm/s^2 oder die Beschleunigung, die einem Körper nach einer Sekunde die Geschwindigkeit von einem cm pro Sekunde gibt. Das Fiasko seiner Gezeitentheorie ist ein weitgehend unbekanntes Detail der Wissenschaftsgeschichte, genauso wie seine Ansicht, dass jeder Fall in einem Kreisbogen zum Mittelpunkt der Erde geht (Letzteres ist eine wunderbare Idee und beinahe richtig). Die Einheit Gal ist heute offiziell veraltet, wird aber noch gerne von Geophysikern verwendet.

6.5 Analyse und Folgerungen

„[Nach meiner Ansicht] wird die Entwicklung der astronomischen und kosmologischen Systeme im 17. Jahrhundert weitgehend ignoriert. Sie ist vor allem zu konfus, um in eine saubere Philosophie eines wissenschaftlichen Modells oder wissenschaftlichen Fortschritt gepresst zu werden."
Anthony Christie, britischer Historiker, 2010

Wir haben versucht, die Problematik der Systemtheorien zu zeigen und einige Überraschungen gefunden im Gegensatz zur verbreiteten einfachen Vorstellung:

hier dummer Ptolemäus mit albernen Epizyklen –
dort kluger Kopernikus mit einfachen Kreisen.

Die Lage war komplizierter. Schon das übliche Bild eines geozentrischen Modells ist in sich unastronomisch. Es suggeriert absurderweise, die Venus könne in Opposition zur Erde kommen. Der obige Spruch ist die sachlich falsche, ja unlautere Quintessenz von Galileis astronomischem Hauptwerk, dem *Dialog über die beiden hauptsächlichsten Weltsysteme*. Kopernikus hat mehr Epizyklen gebraucht als Ptolemäus, war trotzdem ungenauer, und Galilei verschweigt es. Er will klare Verhältnisse darstellen, die es so nicht gibt – er will menschlich verständlich, aber unwissenschaftlich, einfach gewinnen.

Wenn er klare Verhältnisse haben wollte, hätte er auf Kepler hören müssen: Seit dem 15. Mai 1618 gibt es ein unbezweifelbares digitales Indiz für Kepler mit dem an diesem Tag entdeckten dritten Kepler'schen Gesetz: Alle Planeten erfüllen es zahlenmässig. So einen Zufall gibt es nicht.

Insbesondere ist Galileis Auswahl für die „beiden hauptsächlichsten Weltsysteme" veraltet und unwissenschaftlich. Nach dem Stand der Beweise (oder „Nicht-Beweise") und konservativer Beurteilung sollte das tychonische System ein Favorit sein, der zweite Kandidat als hauptsächliches System die keplersche Variante von Kopernikus – je eine Ellipse pro Planet anstelle der 30 bis 44 Epizyklen des Kopernikus.

Galileis bestes Argument sind nicht die Jupitermonde, die auch einfach sichtbare Epizyklen sein können, oder der Mond mit Gebirgen, die man schon in der Antike fantasiert hat, oder die Phasen der Venus, die es in gewisser Form auch bei Ptolemäus gibt (man musste dazu nur die Planeten als erdähnliche Körper verstehen). Es waren die grossen beobachteten Unterschiede in den scheinbaren Grössen der Planeten Venus und Mars. Diese Unterschiede bedeuteten grosse Entfernungsunterschiede durch die Bewegungen der Planeten, die es geozentrisch nicht geben konnte.

Galilei hatte nicht bemerkt (oder nicht besonders erwähnt), dass die Jupitermonde auch eine Art jährliche Parallaxe zeigen, die die Uhr der Jupitermonde verstellt – obwohl diese Korrektur notwendig gewesen wäre für die Verwendung der Jupitermonde als globale Uhr. Simon Marius hat dies explizit gezeigt und damit unbemerkt den Beweis gegeben, dass Jupiter um die Sonne läuft und nicht um die Erde. Niemand hat Marius (auch durch Galileis Schuld) beachtet.

Die anderen „Beweise" Galileis sind Irrtümer und immer grössere selbstgemachte Fehler:

- die falsche Positionierung der Kometen als irdische Ausdünstungen,
- insbesondere eine blamable Theorie der Gezeiten.

Als kleinere Irrtümer haben wir gesehen, dass Galilei sich lustig macht, dass Sternschnuppen verglühen könnten (Geschwindigkeit macht für ihn Kälte, nicht Wärme) oder dass auf hohen Bergen ein Wind herrscht, weil die Luft nicht mehr voll von der Erdrotation mitgenommen wird.

Galilei interpretiert wie seine Zeitgenossen die Beugungsbildchen der Sterne im Fernrohr als harte Daten – aber es ist nur Beugung, die vom Fernrohr und vor allem seinem Objektivdurchmesser abhängt. Woher soll er dies auch wissen; für ihn ist das Fernrohr ein zuverlässiges Werkzeug, das die Wirklichkeit wiedergibt – und bei den Planeten Venus, Mars und Jupiter funktioniert es ja auch reproduzierbar, nur Merkur ist ein wenig zu klein und Saturn zu unbestimmt durch die noch nicht identifizierbaren Ringe.

Galileis falsche Ansicht, dass die Kometen irdische Phänomene seien, erfolgte gegen die Messungen des besten Astronomen seiner Zeit, aber vor allem gegen Tycho Brahe. Es war peinlicherweise ein unsinniger und unbegründeter Rückgriff auf Aristoteles und gegen die Messung (und gegen die jesuitischen Astronomen), zum Entsetzen der Kopernikaner.

Galilei ist in einem weiteren Bereich unerschütterlich Peripatetiker (Anhänger des Aristoteles): Er glaubt an Kreisbewegungen als himmlische kräftefreie und kausalfreie Konstrukte. Daneben gibt es für ihn nur Kontaktmechanik.

So sagt sein Stellvertreter im Dialog, der kluge Salviati, der seine Ansichten ausspricht:

> *„Ich behaupte, kein Ding bewegt sich von Natur geradlinig. Gehen wir dazu über dies näher zu erörtern. Die Bewegungen aller Himmelskörper sind kreisförmig; Schiffe, Wagen, Pferde, Vögel, alles bewegt sich kreisförmig um den Erdball; die Bewegungen der Teile der Tiere sind sämtlich kreisförmig …“*

Mit dem Mond hat er sich selbst ein Problem geschaffen: Wenn der Mond *„ein Klumpen Erde“* ist, was hält ihn am Himmel? Eine historische Form der Frage, an die wir präsentistisch nicht denken: Wer *„zieht“* ihn auf seiner Bahn, wenn er nicht himmlisch ist (wäre)? Bei Aristoteles war dies per Definition kein Problem, aber jetzt braucht man eine ganze neue Physik, die erst Newton liefern wird, bis dann sind es bruchstückhafte Erkenntnisse.

Am berühmtesten ist Galileis Beweisversuch des heliozentrischen Systems durch seine Gezeitentheorie ohne Gravitation. Er hatte diese Idee lange Zeit schon gehabt und als seine grösste Leistung betrachtet – denn damit habe er beide Bewegungen, die tägliche wie die jährliche, zusammen bewiesen und dazu die Gezeiten erklärt. Leider lehnt er den Hauptverursacher der Gezeiten ab, den Mond. Er verhöhnt sogar alle, die den offensichtlichen Mondeinfluss akzeptieren – auch und besonders Johannes Kepler.

Ein wesentlicher Grund, dass Galilei als hauptsächliche Weltsysteme das System des Ptolemäus aus dem 1. Jahrhundert und das des Kopernikus aus dem 15. Jahrhundert gewählt hat, ist, dass er eigentlich eher Naturphilosoph ist als Astronom. Auf keinen Fall ist er „reiner“ (rechnender) Astronom wie Brahe, Kepler oder Marius. Dadurch hat er keine Hemmungen, die Konstrukte, die notwendig sind, um *„die Erscheinungen zu retten“*, zugunsten der Einfachheit fortzulassen. Aber diese Konstrukte verwenden oder nicht brauchen zu müssen, ist entscheidend. Seine Vereinfachung auf *„geozentrisch – Epizyklen – falsch“* versus *„heliozentrisch – keine Epizyklen – richtig“* ist nicht so einfach gültig:

- Epizyklen sind ein genialer Trick, um eine Annäherung von Kreisbahnen an Ellipsen mathematisch-geometrisch zu erreichen sowie die Schleifen der Planeten am Himmel zu beschreiben.
- Man unterliegt leicht einem Denkfehler, wenn man das (einfache) heliozentrische Bild mit dem geozentrischen (verwickelten) Bild mit Epizyklen vergleicht. Es sind nur verschiedene Ausgangspunkte.

Die häufige Täuschung zeigt die Abb. 6.21 (Christie 2016). Nehmen wir zur Vereinfachung an, alle Planetenbahnen unseres Sonnensystems hätten die Exzentrizität 0 (wären also Kreise als Spezialfälle der Ellipsen), wären alle in einer Ebene (der Ebene der Ekliptik) und die Sonne habe eine sehr, sehr grosse Masse (damit die Planeten wirklich um den Mittelpunkt der Sonne kreisen). Dann hätten wir genau die Situation der Abb. 6.21. Die beiden Bilder sind das gleiche System, das gleiche Modell; die verschiedene Komplexität der Grafiken rührt vom Standpunkt des Betrachters (vom Bezugssystem) ab. Nicht die Modelle sind „heliozentrisch" oder „geozentrisch", sondern die Standpunkte.

„Von aussen" (das heißt im System, in dem die Sonne ruht) ist das Bild Abb. 6.21a einfach und bleibt repetitiv, „von der Erde aus" (das heißt mitbewegt) gesehen kommt die Bahn der Erde um die Sonne zwangsläufig als eine Art Deferent (das heißt wie ein aufgesetzter Kreis) ins Spiel und die Kreise verwickeln sich laufend mehr (Abb. 6.21b). Die Abb. 6.8 zeigte am Beispiel der Venus, wie sich komplexe Figuren vom Typ „Epizyklen" ergeben.

Es ist unfair, den vollen Unterschied in der Komplexität der Bilder einem Ptolemäus anzulasten oder Kopernikus zu loben. Wenn man die Bahnen der Planeten am irdischen

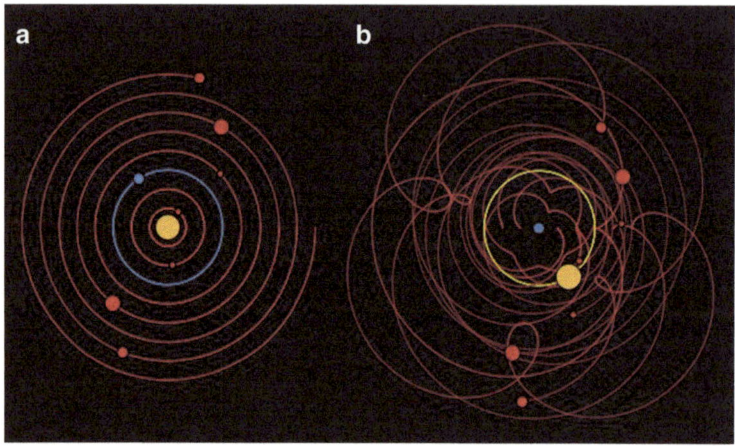

Abb. 6.21 „Einfach" gegen „Komplex". Schnappschuss aus dem bewegten gif-Film: „Der Unterschied zwischen einem einfachen und einem komplizierten Modell" von Malin Christersson (2016). Es ist in Wirklichkeit das gleiche Modell, nur links vom All aus und rechts aus mitbewegter Perspektive. (Bildquelle: mit freundlicher Genehmigung. Film auf http://www.malinc.se/math/trigonometry/geocentrismen.php)

Himmel bestimmen will, dann muss es Schleifen geben, und Kreise auf Kreisen sind dafür natürliche Konstrukte und dazu eine gute Näherung an Ellipsen. Diese Näherung beherrschte Ptolemäus sogar besser als Kopernikus – deshalb brauchte Kopernikus für sein Modell mehr Epizyklen als Ptolemäus.

Beide Bilder beschreiben das Gleiche, aber unsere physikalische Intuition suggeriert uns verschiedene Welten. Das heliozentrische Bildchen liegt näher an den physikalischen Verhältnissen. Es ist nämlich bezogen auf den Schwerpunkt des Gesamtsystems (s. u.). Unser Gefühl bevorzugt einen ruhenden Schwerpunkt.

Galilei suggeriert, dass es nur das linke, einfache Bild gibt (das „Philosophische"), er erwähnt die Realität (die „reine Astronomie") kaum und er hat tragischerweise nicht den nächsten Schritt gemacht und Kepler übernommen. Er hat sich wissenschaftlich in eine Sackgasse manövriert: Geozentrisch geht nicht mehr, heliozentrisch kann er nicht beweisen, tychonisch ist ihm zu künstlich, keplerisch wäre heliozentrisch, aber er findet als Im-Kern-noch-Aristoteliker die Ellipsen hässlich und unverständlich. Als Wissenschaftler, der sich auf Bewiesenes stützt, hätte Galilei das tychonische System vertreten müssen. Als Philosoph (oder Physiker) vertrat er ein vages, gemischt aristotelisches, heliozentrisches System mit grossen Fragezeichen. Besonders merkwürdig ist seine Einbeziehung der Fixsterne ins Sonnensystem, indem er die Präzession der Erdachse als eine Art ganz langsame Planetenbewegung identifiziert. Dieser totale Heliozentrismus wirkt unphysikalisch, ja heidnisch mit einer Art universellem Sonnengott.

Er hat sich damit abgekoppelt von der damaligen modernen wissenschaftlichen Entwicklung, sein Metier sind eher Angriff und Verteidigung als Astronomie. Den Ausschlag gaben für Galilei (zum Teil verständliche) emotionale Gründe, etwa die Homogenität der Reihe der Planeten ohne Sonderrolle der Erde und die neue Realität der Himmelskörper als konkrete Varianten der Erde. Er leistet sich sogar eine unwissenschaftliche Frechheit. Er behauptet, bei der bevorstehenden Messung der Sternparallaxe werde der Beweis kommen – und verschweigt, dass er schon selbst vergeblich danach gesucht hat.

Ein anderes manchmal gehörtes Argument zur Gleichberechtigung der Standpunkte *„Sonne bewegt sich, Erde ruht"* oder umgekehrt *„Sonne ruht, Erde bewegt sich"* sagt etwa *„es sind doch alle Bewegungen relativ"* und damit sei die Frage müssig. Dies ist physikalisch unsinnig. Dynamisch wirkt zwar die Erde auf die Sonne nach Newton mit der gleichen (aber entgegengesetzten) Gravitation, aber

- das Massenverhältnis ist sehr verschieden: die Sonne ist 332.946 Mal schwerer als die Erde. Wenn zum Beispiel eine Person 30 cm hochspringt, ist es möglich, aber nicht sehr sinnvoll, zu behaupten, die Erde sei 30 cm weggesprungen. Anders gesagt: Der Schwerpunkt des Sonnensystems liegt bei der Sonne, sogar innerhalb der Sonne.
- Die Erde ist nicht der einzige Partner der Sonne, zum Beispiel zieht die Sonne auch die Venus an (und umgekehrt). Zwar ziehen sich auch Erde und Venus wechselseitig an, aber der Effekt davon ist nur eine kleine wechselseitige Störung. Die Sonne ist der Meister aller Planeten. Sie hat eine weitaus grössere Masse als alle Planeten zusammen.

Dynamisch gibt es keinen Zweifel: Das Planetensystem ist ein Sonnensystem, kein Erdsystem. Kopernikus hat Recht, wenn er (siehe Eingangszitat) sagt: „... *wie auf einem königlichen Thron sitzend, lenkt die Sonne ...*".

Ab dem 15. Mai 1618 beziehungsweise nach der Veröffentlichung des dritten Kepler'schen Gesetzes in den *Harmonices Mundi Libri V* lag ein nahezu direkter, für jeden sichtbarer Beweis vor, dass die Erde „nur" ein Planet war, sogar digital, so dass weder ein Philosoph noch ein Astronom ihn wegdiskutieren konnte (die Grafik 8.4 in Abschn. 8.4.1 beweist dies unten anschaulich): Ab jetzt hätte Galilei in seinem Wettstreit der Systeme konsequenterweise Tycho Brahe einerseits und das heliozentrische System (mit Ellipsen) gegenüberstellen müssen. Es ist physikalisch unverständlich, dass er beim Alten geblieben und zwei antiquierte historische Weltmodelle verglichen hat. Galilei hing in der Luft zwischen Aristoteles und den himmlischen Kreisen (an die er fest glaubte) und der modernen Himmelsmechanik. Einstein (siehe das Zitat oben) und der Autor bedauern dieses Verhalten sehr.

Eine Art philosophischer Geozentrismus ist uns noch geblieben, den man schon Galilei entgegengehalten hat: Solange wir kein anderes (intelligentes) Leben im All gefunden haben, sind wir im Mittelpunkt. Es ist alles nur für uns geschaffen, auch wenn wir erst Teleskop und Mikroskop brauchen, um es zu sehen. Wir denken anthropozentrisch und unser Universum ist gefühlsmässig geozentrisch. Allerdings ist das Verhältnis der Grösse des Universums zu unserer menschlichen Grösse seit Ptolemäus und Galilei (und Kepler) weitergewachsen.

Das Bild vom Universum ist seit dieser Epoche

- von etwa 1,4 Milliarden km (der Saturnentfernung) für das Sonnensystem oder
- von etwa 0,05 Lichtjahren (etwa 473 Milliarden km) Mindestentfernung der Sternsphäre zur Zeit Galileis für eine Parallaxe von 1 Bogenminute

auf etwa 45 Milliarden Lichtjahre oder 9×10^{26} m in jede Richtung „wissenschaftlich expandiert", das ist $1.000.000 \times 1.000.000$ Mal weiter. Dabei war natürlich schon für Galilei, Tycho und Kepler das Universum riesig gewesen – und alles nur für uns Menschen!

Die Zahlenwerte im Volumen sind natürlich noch grösser: Die Saturnbahn-Kugel umfasst $1{,}3 \times 10^{37}$ m^3, die Kugel mit Radius von einem Zwanzigstel Lichtjahr etwa 4×10^{43} m^3 und das ganze Universum hat nach heutigem Wissen das Volumen von etwa 4×10^{80} m^3. Da ist wirklich viel Raum für nur *eine* Menschheit – wenn es nur uns im All gibt beziehungsweise gäbe ...

Zum Vergleich: Das Volumen unserer Erde beträgt etwa 10^{21} m^3 – und unser eigenes körperliches Volumen ungefähr ein Zwölftel Kubikmeter pro Körper oder eine gute halbe Million m^3 für die gesamte Menschheit. Potenzen sind praktisch im rechnerischen Umgang mit sehr Grossem (oder sehr Kleinem) – aber vorstellen können wir uns (beinahe) nichts mehr dabei. Aber das Universum ist offensichtlich sehr, sehr gross; zu gross, als dass es sich in 24 Stunden um uns starr drehen könnte. Aber wir glauben als Menschheit, dass sich das Universum geistig nur um uns dreht. Wir können dies ja glauben, solange wir die einzige bekannte intelligente Spezies im Weltall sind.

6.6 Auf den Punkt gebracht – kompakte Zusammenfassung

Zu Beginn des 17. Jahrhunderts waren mindestens vier Weltsysteme in der Diskussion als Kandidaten für die Wahrheit, also als das „richtige" Modell. Galilei hat sich auf das antike (aber gut bewährte) System des Ptolemäus als Gegner und das beinahe hundert Jahre alte kopernikanische System als Favorit beschränkt, das im Wesentlichen wieder Ptolemäus ist, nur heliozentrisch. Dass Kopernikus etwa so viele Epizyklen braucht wie Ptolemäus und nichts an Genauigkeit gewinnt, verschweigt Galilei, was an Unredlichkeit grenzt. Als nüchterner Wissenschaftler, der sich auf Bewiesenes stützen sollte, hätte er Tycho vertreten müssen, als visionärer Physiker dagegen Kepler. Dies gilt spätestens ab dem 15.08.1618, dem Tag der Entdeckung des dritten Kepler'schen Gesetzes. Gegenüber den Vertretern der modernen Astronomie seiner Zeit ist Galilei arrogant, beleidigend und überheblich. Wir zeigen, dass Epizyklen eigentlich genial sind und es keinen Grund gibt, gegenüber Ptolemäus überheblich zu sein.

Galilei blamiert sich bei den Kometen mit dem Rückfall zu Aristoteles. Tycho hatte die grossen Entfernungen der Kometen zuverlässig gemessen, Galilei lässt sie wieder zu nahen Ausdünstungen der Erde werden.

Sein physikalisches Hauptargument für die bewegte Erde ist ein falscher Beweis für die Gezeiten ohne Mond und ohne Gravitation. Er macht sich über die Ansicht Keplers lustig, dass der Mond einen Einfluss haben könnte. Wir zeigen physikalisch, wo sein grosser Irrtum herrührt. Es wird vermutet, dass seine falsche Sicherheit durch diesen „Beweis" ihn in den Streit mit der Kirche führt. Und wir zeigen, wo und wie man auf der Erde wirklich die Bewegungen selbst nachweisen könnte, etwa mit kleinen Effekten beim Fall oder mit dem Schuss nach oben. Wird die abgefeuerte Kugel wieder in das senkrecht gestellte Kanonenrohr hineinfallen?

Sein bester Beweis für eine heliozentrische Version geht beinahe unter – es sind die beobachteten grossen Unterschiede in den beobachteten Grössen der Planeten. Wir zeigen, dass die eigentliche Entdeckung ist, dass die Planeten Körper haben wie die Erde. Galilei bleibt dabei, dass sie sich trotzdem aristotelisch ewig auf Kreisen bewegen.

Ein anderer Beweis ist bis heute untergegangen: Simon Marius zeigt bereits 1612 beiläufig, dass es eine Art jährliche Parallaxe der Jupitermonde gibt und liefert damit einen originellen Beitrag zum Verständnis des heliozentrischen Systems. Galilei erwähnt es wohl nicht.

Wir vergleichen die Weltmodelle auch physikalisch und diskutieren, inwieweit Standpunkte austauschbar und relativ sind (wie oft falscherweise behauptet), und zeigen, wie gross unsere Vorstellung vom Universum seit Galilei geworden ist.

Literatur

Astronomy Group. 1996. *Project Web page venus.* galileo.rice.edu/lib/student_work/astronomy96/tdunn/venus.html.

Branca, Giovanni. 1977. *Le macchine (1629) a cura di Luigi Firpo.* Torino: UTET.

Christie, Anthony. 2010. Galileo's great bluff and part of the reason why Kuhn is wrong. The Renaissance Mathematicus. (Blogeinträge im Blog Renaissance Mathematicus).

Christie, Anthony. 2016. A misleading illustration. The Renaissance Mathematicus. (Blogeinträge im Blog Renaissance Mathematicus).

Dijksterhuis, Eduard. 1950. *Die Mechanisierung des Weltbildes*. Berlin/Heidelberg/New York: Springer.

Drake, Stillman. 1957. Selections from the Assayer. In *Discoveries and opinions of Galileo*. New York: Doubleday.

Fitzpatrick, Patrick. 2010. *Copernicus's model of the solar system*. farside.ph.utexas.edu/books/Syntaxis/Almagest/node4.html.

Fitzpatrick, Patrick. 2012. *Modern almagest*. farside.ph.utexas.edu.

Gigli, Rossella. 1995. Galileo's theory of the tides. In *The Galileo project*. galileo.rice.edu/sci/observations/tides.html.

Graney, Christopher. 2006. *The accuracy of Galileo's observations and the early search for parallax*. arXiv.org.

Palmieri, Paolo. 1998. *Re-examining Galilei's theory of tides*. Pitt.edu.

Persson, Anders. 2006. Proving that the earth rotates: The Coriolis force and Newton's falling apple. *Weather* 58:250 –284.

Persson, Anders. 2014. *Proving that the earth rotates: The French-German mathematical contest*. http://rus.ums.rshu.ru/file1542.

Shea, William, und Mark Davie. 2012. *Galileo Galilei selected writings. Oxford*: Oxford University Press.

Teichmann, Jürgen. 1999. *Wandel des Weltbilds*. Wiesbaden: Springer Vieweg.

Waschkies, Hans-Joachim. 1987. *Physik und Physiktheologie des jungen Kant*. Amsterdam: Grüner.

„Die Hl. Schrift kann nie lügen oder irren, vielmehr sind ihre
Aussprüche [decreti] von absoluter und unverletzlicher Wahrheit. "
Galileo Galilei, Brief an Benedetto Castelli, einem Freund Galileis, 1613

Galilei hatte in seinem professionellen Leben in drei Gebieten Probleme mit der Kirche: In der Astrologie, in der Astronomie (Philosophie) mit dem Heliozentrismus und in der Physik (Philosophie) mit der Atomtheorie. Zur Einordnung in Galileis Leben sind hier die zugehörigen Jahresdaten von seinen Kontakten mit der Inquisition:

- 1564 Galilei geboren in Pisa,
- 1604 Anzeige und Vorladung wegen des Verdachts auf justizielle Astrologie (und unsittlichen Lebenswandel),
- 1615 Anzeige wegen eines Briefes an Grossherzogin Christina mit Verteidigung der Lehre des Kopernikus; Verdacht der Ketzerei,
- 1616 Verwarnung Galileis und Verbot der kopernikanischen Lehre,
- 1632 Verurteilung wegen Übertretung des Verbots und Beginn des Hausarrests,
- 1642 Galilei stirbt in Arcetri bei Florenz.

Berühmt ist vor allem der Konflikt um das heliozentrische Weltsystem. Wir betrachten die gefährlichen Arbeitsgebiete genauer, dann die zeitlichen Abläufe des grossen Prozesses, und schliesslich machen wir uns Gedanken zur heutigen Sicht. Wir zeigen, wie paradox die Positionen von Galilei und Kirche waren und sind. War der Konflikt „es wert" für Galilei wie für die Wissenschaft?

© Springer Fachmedien Wiesbaden GmbH 2017
W. Hehl, *Galileo Galilei kontrovers*, https://doi.org/10.1007/978-3-658-19295-2_7

7.1   Gefährliche Wissensbereiche

„Religion und Wissenschaft schliessen sich nicht aus, sondern ergänzen und bedingen einander."
Max Planck, Physiker, 1858–1947

7.1.1   Astrologie

„Hinter Horoskopen, Astrologie, Handlesen, Deuten von Vorzeichen und Orakeln, Hellsehe-
rei und dem Befragen des Mediums verbirgt sich der Wille zur Macht über die Zeit, die
Geschichte und letztlich über die Menschen, sowie der Wunsch, sich die geheimen Mächte
geneigt zu machen. Dies widerspricht der mit liebender Ehrfurcht erfüllten Hochachtung, die
wir allein Gott schulden."
Katholischer Katechismus der katholischen Kirche, 1997

Die erste Anklage im April 1604 betraf zum einen die menschlichen Anklagepunkte
„Lebenswandel". Galilei hatte eine „nicht heiratbare" Geliebte namens Marina Gamba
und mit ihr drei uneheliche Kinder, die er später legalisierte. Es gab deshalb häufig Streit
mit seiner Mutter, und er ging nicht zur Messe, sondern besuchte lieber seine Geliebte.
Der Hauptpunkt war aber vor allem die Ausübung von „justizieller Astrologie": Er sollte
„deterministische" Astrologie betreiben für reiche Klienten oder seine Sponsoren. Die
astrologische Tätigkeit und diese Anklage sind historisch kaum bekannt, selbst galileikri-
tische Autoren wie Arthur Koestler kennen sie wohl einfach nicht. Nick Kollerstrom
(2004) berichtet, dass Galilei vor der lokalen Inquisition in Padua erscheinen musste und
angeklagt wurde, weil er die Ansicht vertrat, die Sterne, Planeten und himmlischen Einflüsse würden den Lauf der menschlichen Schicksale bestimmen, im Originaltext:

> „... *ragionato che le stelle, i planeti at gl'influssi celesti necessitino."*

Diese Vorwürfe des „häretischen Lebenswandels und der Häresie" – also Abweichungen
von den Regeln der Kirche – werden als „äusserst schwerwiegend eingestuft". Aber die
Anklage kommt gar nicht nach Rom. Seine Position an der Universität Padua bewahrt ihn
vor einem Prozess; die Inquisition will keinen Ärger mit der venezianischen Universität.
   Noch 1633 korrespondierte Galilei mit dem bedeutendsten Astrologen seiner Zeit, Jean
Baptiste Morin (1583–1656), der ihn öffentlich angegriffen hatte (vermutlich weil ein heliozentrisches Planetensystem astrologisch störend war). Er schreibt ihm freundlich, wenn
auch mit einem zweifelnden und ironischen Unterton, ob Morin die Astrologie als höchste
humane Wissenschaft beweisen könne. Er verwendet keines der schönen Schimpfwörter
wie gegen Grassi oder Marius, wie wenigstens *„Sie Esel, elender Fälscher, vernagelter
Kopf"*. Aus heutiger Sicht denkt man, dass Galilei den irrationalen Astrologen verabscheuen
müsste. Dies ist nicht der Fall, es ist eine Zeit des Übergangs. Noch herrscht die Zeit der
gelehrten Astrologie und Astrologie ist eine mathematische Applikation. Der berühmte
(und grossartige) Spruch Galileis, dass die Natur in der Sprache der Mathematik geschrieben sei, schreckt also nicht ab! Im Geiste der Zeit ist Astrologie auch Mathematik.

7.1.2 Atomismus und Transsubstantiation – grossartige Vorahnung und theologischer Ärger

„Genau zu dem Zeitpunkt, da die mysteriöse Anzeige gegen den ‚Dialog' erhoben wird, am 1. August 1632, verbietet die Gesellschaft Jesu mit aller Strenge die Lehre von den Atomen."
Pietro Redondi, Wissenschaftshistoriker, 1983

Das Erscheinen der (philosophischen) antiken Atomtheorie in der Aufzählung kirchenrelevanter, ja gegen-kirchlicher Themen ist wohl eine Überraschung. Im Verhältnis zur Kirche ist der Grund hierfür die mögliche Beziehung der Atomtheorie zur Eucharistie, zur Interpretation des christlichen Sakraments (oder Rituals), der Feier des Abendmahls. Die Abb. 7.1 zeigt den Augenblick der Wandlung in einem Ausschnitt des Gemäldes „*Das Abendmahl*" des spanischen Malers Vicente Juan Masip (1500–1579), heute befindlich in Valencia. Masip soll sich selbst nur nach dem Empfang der Kommunion ans Malen eines kirchlichen Bildes gemacht haben.

In der Geschichte der christlichen Kirchen ist die richtige Interpretation ein „theologisches Politikum" von grosser, ja tödlicher Bedeutung.

Es hatten sich vor allem diese Stufen in der Bedeutung des Abendmahls herausgebildet, von „stark" über „mittel" bis „schwach" (das ist meine Einteilung), die Stufen sind nach Wikipedia:

Abb. 7.1 Christus und die Eucharistie (Ausschnitt). Vicente Juan Masip 1562, Sammlung Esterhazy. (Bildquelle: Wikimedia Commons, The Yorck Project)

1. Wahrhafte und fortdauernde Realpräsenz Christi ab dem Akt der Wandlung, die sogenannte Transsubstantiation, das heißt der Wesensverwandlung von Brot und Wein in
   Leib und Blut Christi,
2. Gleichzeitige Präsenz von Christi Leib und Blut einerseits und Wein und Brot andrerseits durch die Umwandlungsworte, die sogenannte Konsubstantiation,
3. Geistige Gegenwart Christi im Wort ohne Wandlung der Elemente (spiritualistische
   Eucharistie). Das Sakrament ist dafür Symbol, Abbild und Zeichen.

Historisch gab es sogar einen „rohen Realismus", so musste der Scholastiker Berengar von
Tours im 11. Jahrhundert unterschreiben, dass *„der Leib Jesu durch die Zähne der Gläubigen zermalmt werde"*.

Der Widerspruch zwischen der realen Anschauung (Brot und Wein) und der kirchlichen Zuordnung (Fleisch und Blut) öffnet Spekulationen und Glaubenskämpfen Tür und
Tor. So könnten ja Brot und Wein mit Fleisch und Blut eine ganz neue Substanz bilden,
oder die Wandlung wäre nur für den Augenblick der Worte usf. Martin Luther spricht von
„sophistischen Subtilitäten".

Luther verwendet einen massvollen Vergleich zur Erklärung des Vorgangs, nämlich das
Bild vom glühenden Eisen. Ein glühendes Eisenstück in der Esse vereinigt in sich die
Elemente Feuer und Eisen und enthält sie beide sozusagen gleichzeitig – auch ausserhalb
der Esse bis das Eisen ausgekühlt ist. Die Problematik der Transsubstantiation ist eine
zentrale, bis heute umstrittene Glaubensaussage.

Zur Zeit Galileis galt sie als Dogma, festgelegt über die Konzile von Lateran 1215 und
dem Konzil von Trient 1545–1563 um die Diskussionen zu beenden mit dem offiziellen
Text:

> *„Wer sagt, im hochheiligen Sakrament der Eucharistie verbliebe zusammen mit dem Leib und
> Blut unseres Herrn Jesus Christus die Substanz des Brotes und des Weines, und jene wunder-
> bare und einzigartige Verwandlung der ganzen Substanz des Brotes in den Leib und der gan-
> zen Substanz des Weines in das Blut, wobei lediglich die Gestalten von Brot und Wein bleiben,
> leugnet, der sei mit dem Anathema belegt."*

Anathem oder Kirchenbann bezeichnet eine Verurteilung durch die Kirche, die mit dem
Ausschluss aus der kirchlichen Gemeinschaft einhergeht und kirchenrechtlich mit einer
Exkommunikation gleichzusetzen ist. Mit diesem Edikt wurden alle Versuche einer Kom-
promissfindung zwischen Glauben und weltlicher Rationalität abgelehnt, etwa der Vorschlag des Wilhelm von Ockham im 14. Jahrhundert, nach der Wandlung eben „virtuell
zwei Realitäten" zu haben. Das wäre etwa Version 2 gewesen. Aber schon der so weise
(weil paradoxe) Ausdruck „virtuell zwei Realitäten" zeigt, wie schwierig es ist, ohne eine
objektive Leitschnur (wie es das Experiment in der Naturwissenschaft ist) zu philosophieren oder zu theologisieren.

Das Thema Abendmahl ist auch ein Thema in den Glaubenskriegen. Die katholische
Kirche vertritt die Transsubstantiation, der deutsche Reformator Martin Luther steht für
eine Konsubstantiation, der Schweizer Hyldrich Zwingli ist näher an der spirituellen

Version: Für die katholische Kirche ist es damit ein heisses politisches Eisen zwischen Reformation und Gegenreformation.

Galileo Galilei wird in die kirchliche Problematik hineingezogen durch seine Begegnung mit dem antiken Atomismus des Demokrit von Abdera (460 v. Chr.–371 v. Chr.) und des Epikur von Samos (341 v. Chr.–270 v. Chr.): Der Atomismus ist für die Trans- und Konsubstantiation ein hartes physikalisches und philosophisches Hindernis.

Die Atomisten unterscheiden zwischen primären und sekundären Eigenschaften:

- Die Realität, das Primäre, besteht aus den Atomen, den Unteilbaren, und aus Leere; die Atome haben verschiedene Formen und Gestalt (könnten übrigens sogar beliebig gross sein). Abb. 7.2 zeigt eine griechische Briefmarke mit modernen Atomsymbolen, einem Bohrschen Atommodell und dem Symbol der Antikriegsbewegung.
- Sekundäre Eigenschaften entstehen aus der Wechselwirkung der Atome mit uns als Menschen und unseren Sinnen wie Farben und Töne. Die Scholastiker nennen dies die Akzidentien.

Die antiken Formulierungen scheinen weit weg von jeglicher Realität zu sein: Dies ist durchaus nicht der Fall, einige Aussagen (und das Konzept der Atome selbst) waren genial-prophetisch. So sind die Atome des Demokrit ständig in zufälliger Bewegung wie

Abb. 7.2 Griechische Briefmarke zu Demokrit. Aus Anlass einer internationalen Konferenz am 26.09.1983 über Demokrit (Bildquelle: ELTA)

in der physikalischen Realität die Moleküle der Luft bei Zimmertemperatur – wissenschaftlich beschrieben 1867 von Ludwig Boltzmann und bewiesen durch Albert Einstein 1905. Die grosse Leere der Atome und die Kleinheit der Atomkerne wurden durch Ernest Rutherford 1913 durch Streuversuche mit Alphateilchen bewiesen. Die Atome des Epikur haben verschiedene Formen und Häkchen, um sich zu verbinden: eine Skizzierung der chemischen Bindung. In diesem Sinn sind es grossartige Vorahnungen, mehr als man erwarten kann.

Eine weitere physikalische Vorahnung findet sich bei Galilei, wenn er im *Saggiatore* von Atomen spricht, die unteilbar sind mit Ausdehnung (*minimi quanti*), so etwa seine Wärmeatome, und solche, die unteilbar sind und ohne Ausdehnung (*atomi realmente indivisibili*) wie die Lichtatome, und dafür eine eingeprägte momentane Geschwindigkeit haben: eine Vorahnung von Atomen einerseits und Photonen mit Lichtgeschwindigkeit andrerseits?

Zur Realität der Atome kommen die unrealen sekundären Empfindungen wie „bitter", „süss", „kalt" und „farbig", die flüchtig sind und im Betrachter selbst entstehen. Demokrit sagt:

> „*Scheinbar ist Farbe, scheinbar Süßigkeit, scheinbar Bitterkeit: wirklich sind nur Atome und Leeres.*"

Galilei hat damit einen Dualismus zwischen Substanz und Sensorik, oder „primären" und „sekundären" Eigenschaften. Aus diesem Dualismus wird bei Descartes die Zweiteilung der *res extensa* und der *res cogitans*, bei Popper werden es physikalische Welt (Welt1) und mentale Welt (Welt2). Im modernen Bild, das die informationstechnische Seite der Welt einbezieht, wird der Dualismus zu einerseits der physikalischen Welt und andrerseits der konstruierten Welt von Biologie, Neurologie und digitalem Computer, in der eine Art von Software läuft (Hehl 2016).

Die prinzipielle Einteilung der Erscheinungen erfolgt damit in „Substanz" oder, nach Galilei, in primäre Eigenschaften, die durch die Atome direkt gegeben werden, und in sekundäre Eigenschaften (nach Galilei, veränderliche Eigenschaften, insbesondere die Empfindungen), die durch besonders feinstoffliche Atome im Körper entstehen – und ausserhalb des Körpers nur Namen sind. Galilei erläutert dies anschaulich:

> „*Ein kleiner Fetzen Papier oder eine Feder …, die uns zwischen den Augen und der Nase und unter den Nasenflügeln berührt, löst einen fast unerträglichen Kitzel aus … Nun ist dieser Kitzel vollständig in uns und nicht in der Feder oder einem anderen leichten Material, das ihn nach dem Kontakt in uns auslöst … Ich glaube nun, dass von eben dieser und nicht höherer Existenz viele der Qualitäten sind, die den natürlichen Körpern zugerechnet werden wie Geschmack, Gerüche, Farben und viele andere dieser Art …, von denen ich nicht glaube, dass sie außerhalb des Lebewesens anderes als reine Namen seien.*"

Dies ist wunderbar im Stil und in der Aussage: Die sekundären Eigenschaften mit aus heutiger Sicht Sensorik, Neurologie und Psychologie liegen weiter weg von einer naiven Erklärung als die primären, die aus Physik mit Mechanik entstehen. Erst mit Informatik wird man die zweite, „besonders feinstoffliche" Welt verstehen (Hehl 2016). Akzeptiert man diese Distanz, sind Galileis obige Sätze kluge Beschreibungen und dazu wunderbare Literatur: der „Galilei'sche Kitzel" ist ein grossartig gewähltes, unvergessliches Beispiel.

Doch aus Sicht der Kirche gibt es zwei grosse Aber:

- Allgemein: Wo ist Gott noch in der atomistischen Lehre? Die Atome bewegen sich (nach erstem Anstoss) von selbst und erzeugen die Zukunft mechanisch aus sich heraus.
- Im Besonderen: Wie ist die Wandlung von Brot und Wein in Fleisch und Blut möglich?

Demokrit gilt als der grosse Atheist unter den antiken Philosophen; er hat nicht an die Götter geglaubt, jedenfalls nicht an deren Einfluss auf die Menschen. Die katholische Kirche hat die Philosophie des Aristoteles vor allem mit Thomas von Aquin (1225–1274) zur Zeit Galileis fest integriert. Yves Gingras (2010) erklärt die zeitgenössische Auffassung der Situation bei der Wandlung in der Messe so:

1. Bei Aristoteles sind *primäre* Natur (Substanz) und *sekundäre* Eigenschaften verbunden wie der Kern einer Frucht mit dem Fruchtfleisch und der Haut.
2. Bei Demokrit erzeugt die Substanz, das Primäre, in Wechselwirkung mit dem Körper erst die sekundären Eigenschaften.

Im Fall 1 lässt sich in der Wandlung die Substanz austauschen, das Fruchtäussere bleibt (es ist eben Transsubstantiation). Bei Demokrit im Fall 2 ist dies nicht möglich, die Substanz bestimmt die Eigenschaften. Für Galilei bleibt zum Glauben an die Wandlung nur die Möglichkeit eines irrationalen Wunders im Widerspruch zum Wortlaut des Dogmas (oder Atheismus). Diese effektive Leugnung der Transsubstantiation ist gefährlich: Dies war einer der Gründe für die unselige Verbrennung des Giordano Bruno am 17. Februar 1600 in Rom. Der kanadische Historiker Yves Gingras (2010) schreibt knapp: *„Galilei nahm eine gefährliche Position ein."*

Galilei verknüpft die Sinneserscheinung fest mit der Realität wie in der modernen Auffassung, aber dadurch wird die Realität – das Materielle – das Dominierende und die Welt wird kausal. Die Kräfte in der Welt kommen von unten, von Genen und Zusammenstössen der Atome, nicht von einer Überweisheit oder Gottheit. Galileis Auffassung ist damit sehr modern. Anstelle von Sinngebung, Teleologie (Zielgerichtetheit) oder einem „Gezogenwerden" aus der Zukunft ist der Ablauf der Geschichte jetzt ein „Geschobenwerden" von der Vergangenheit.

Eine Brücke zwischen „oben" und „unten" bleibt, unbemerkt von Galilei und kaum gesehen bis in die heutige Zeit; der Zufall im Rahmen der Naturgesetze (Hehl 2016). Hinter dem Zufall kann sich sogar die Gottheit verstecken; hier der weise Spruch, der dies ausdrückt:

„Der Zufall ist das Pseudonym, das der liebe Gott wählt, wenn er inkognito bleiben will."
Albert Schweitzer, Arzt, 1875–1965

Galilei steht damit im Gegensatz zu Platon und zur Lehre der Kirche; eigentlich verschwindet in seinem Modell auch die Unsterblichkeit der Seele. Die Seele des Menschen vergeht, wenn sich die Struktur der leichtflüchtigen Seelen-Atome auflöst. Auch dies ist ein Problem mit der Kirche und könnte gefährliche Konsequenzen haben: Seit dem Fünften Laterankonzil von 1513 war die Unsterblichkeit der individuellen Seele ebenfalls eine verbindliche Glaubenswahrheit, ein Dogma.

Der italienische Wissenschaftshistoriker Pietro Redondi (geb. 1950) sieht in der Atomistik von Galilei eine „Hidden Agenda" des Prozesses, eine inoffizielle Triebkraft für die Inquisition zusätzlich zum Werben für das heliozentrische Weltbild. Ausgangspunkt ist ein anonymer Brief an die Inquisition mit der Beschuldigung, dass Galilei als Atomist unmöglich an eine richtige, kirchenkonforme Wandlung von Brot und Wein in Christi Fleisch und Blut glauben könne. Redondi schreibt diese Denunziation dem Astronomen Orazio Grassi zu, den Galilei – wie oben geschildert – im *Saggiatore* böse attackiert hatte. Die Hypothese ist umstritten, aber dadurch sind die bisher kaum beachteten (grossartigen und modernen) atomistischen Gedanken Galileis ins Rampenlicht der Forschung gekommen.

7.1.3 Heliozentrismus („Heliostatismus"), Wissenschaft und Kirche

„Galilei verteidigt die Copernicanische Lehre schon im ältesten Briefe, den wir von ihm haben, an Jacopo Mazzoni im März 1579. In einem Briefe an Johannes Kepler im August 1597 sagt er, er bekenne sich seit vielen Jahren zu der Ansicht des Copernicus, … aber er sei durch das Loos unseres Lehrers Copernicus selbst abgeschreckt, der sich zwar bei einigen unsterblichen Ruhm erworben, von unendlich vielen – denn so gross ist die Zahl der Thoren – verlacht und verspottet wird."
Franz Heinrich Reusch, Theologe, in „Der Prozess Galilei und die Jesuiten", 1879
Bemerkung: Die Jahreszahl 1579 scheint nicht gesichert.
Andere Quellen datieren diesen ersten Brief auch auf 1597.

Kopernikus und der junge Galilei hatten Bedenken vor der Veröffentlichung oder dem Bekennen zur heliozentrischen Idee – sie hatten Angst, verlacht zu werden angesichts der Offensichtlichkeit der feststehenden Erde. Dies wäre kein edler Grund für ein stilvolles Drama! Erst nach mehr als zwanzig Jahren bekennt sich Galilei dazu und wird die Rechenhypothese zur Realität erklären.

Das grosse und vor der Weltgeschichte offen zu Tage liegende Konfliktgebiet Galileis wird das Weltmodell, und dieser Zwist führt in diesem Abschnitt schliesslich zur gefährlichen Frage: „Was ist Religion und was ist Wissenschaft?" Galilei hat das Problem unastronomisch auf „Kopernikus" und „Ptolemäus" reduziert, obwohl er, wie oben erläutert, nach dem Stand der Wissenschaft Astronomie dazu das Duo „Tycho" und „Kepler" hätte wählen müssen. Man sollte Galileis Position auch besser Heliostatismus nennen, also Modell mit feststehender Sonne, denn eigentlich steht die Sonne in keinem der Weltmodelle im Zentrum. Bei Ptolemäus, Tycho und Kopernikus sind die

Mittelpunkte absichtlich zur Sonne versetzt, um die Exzentrizität der Erdbahn auszugleichen. Bei Kepler ruht der gemeinsame Schwerpunkt von Sonne und Erde (das sogenannte Baryzentrum) beziehungsweise von Sonne und Planet, und nicht die Sonne. Erde und Sonne bewegen sich auf Ellipsen, so dass der Schwerpunkt ruht. Die Erde läuft auf einer grossen Ellipse, die Sonne auf einer ähnlichen, kleinen (die Grössen der Figuren verhalten sich umgekehrt wie die beiden Massen). Damit kann die Erde durch ihren jährlichen Lauf die Sonne nur um etwa 450 km bewegen. Der massereichere und weit entfernte Jupiter bewegt sie immerhin um 742.000 km; beim Radius der Sonne von 696.000 km ist das Zentrum des Erdsystems allerdings tief im Innern der Sonne, das des Jupitersystems gerade an der Sonnenoberfläche.

Aber es geht Galilei nicht um die „reine Astronomie", also um ein Modell, mit dem man Planetenörter wirklich berechnen kann, sondern eigentlich nur um das Prinzip (das er als die Wirklichkeit ausgibt) und damit um die vereinfachte Fragen:

- Geozentrisch: Die Erde bewegt sich nicht, aber die Sonne?

oder

- Heliozentrisch: Ist die Erde ein Planet, der zu den fünf Planeten hinzukommt?

Er sieht von den Epizyklen und versetzten Kreisen bei Ptolemäus und Kopernikus ab und erwähnt sie beinahe nicht – und ist damit auf der Ebene der populären biblischen Astronomie oder Naturphilosophie. Ja, er ist eigentlich unehrlich (oder glaubt, dass es nicht wichtig sei) wenn er schreibt (im *Dialog der beiden Weltsysteme* von 1632, s. u.):

SIMPLICIO: „Was aber haften dem ptolemäischen Systeme für Ungeheuerlichkeiten an, die im Systeme des Kopernikus nicht überboten würden?"
SALVIATI: „Bei Ptolemäus finden sich die Übel, bei Kopernikus die Heilung. Werden nicht ernstlich alle Philosophieschulen es als grossen Missstand bezeichnen, dass ein Körper, der sich von Natur im Kreise, eine unregelmässige Bewegung um seinen Mittelpunkt, eine regelmässige Bewegung hingegen um einen anderen Punkt ausführt?"
Übersetzung von Emil Strauss, 1891

Galilei hat Recht, Ptolemäus ist künstlich, aber das ist bei Kopernikus nicht so verschieden! Kopernikus lässt nur den Äquanten fort, hat dafür eher mehr Epizyklen. Der Äquant ist aber gerade eine geschickte Näherung für die ungleichmässige Planetengeschwindigkeit wie sie das zweite Kepler'sche Gesetz fordert. Die Natur hat den Sonnenlauf im 1. Halbjahr ungleich dem im 2. Halbjahr gemacht – das zeigt Kepler mit der Ellipse ganz natürlich. Um den 3. oder 4. Januar herum ist die Erde der Sonne am nächsten (im Perihel) und hat die höchste Geschwindigkeit auf ihrer Bahn.

Das Problem ist, dass du Kepler nicht glaubst, sondern Aristoteles. Die Natur macht eben die unregelmässigen Bewegungen, das musst du akzeptieren, mit Ellipsen löst sich die Künstlichkeit auf. Kopernikus musste die Problematik der Realität auch akzeptieren (er hat ja auch Epizyklen eingeführt). Liest man Galilei, muss man den Verdacht haben, er habe Kopernikus nicht ganz gelesen und/oder die „Rettung der Phänomene" bei Kopernikus, die er oben unterstellt, nicht verstanden.

Sein Vorgehen, von Kopernikus als der Realität zu reden, ist verhängnisvoll. Hätte er die Problematik wissenschaftlich betrachtet, dann wären alle Modelle nur Rechenhypothesen gewesen und es hätte keine Affäre Galilei gegeben.

Dies zeigt klar der Briefwechsel zwischen Galileo Galilei und dem karmelitischen Theologen und Astronomen Paolo Antonio Foscarini (1565–1616) einerseits und dem jesuitischen Kardinal Roberto Bellarmino (1542–1621) andrerseits. Der Kardinal war 1599 der Grossinquisitor im unseligen Fall Giordano Bruno gewesen. Paolo Foscarini hatte ein Buch zur Verteidigung der kopernikanischen Theorie geschrieben, das 1616 auf den Index der verbotenen Bücher gesetzt wurde. Beide, auch der Kardinal, waren Galilei wohlgesonnen. In einem Brief im Jahr 1615 erklärt Bellarmin (in der Übersetzung von Franz Heinrich Reusch von 1879):

> „Es scheint mir, dass Sie und Galilei klug täten, wenn sie sich begnügten, nicht absolut, sondern hypothetisch zu sprechen, wie es, wie ich immer geglaubt habe, Kopernikus getan hat."

Allerdings war es nicht Kopernikus selbst gewesen, der dem Hauptwerk *De Revolutionibus Orbium Coelestium* den Charakter einer Hypothese zugewiesen hatte – es war der Verleger Andreas Osiander (1498–1552), geboren im gleichen Städtchen Gunzenhausen bei Nürnberg wie der Astronom Simon Marius. Osiander ahnte Konflikte mit der Kirche voraus (genauer, mit *den* Kirchen, Katholiken wie Reformierten) und hatte die Theorie ausdrücklich und eigenmächtig in eine Hypothese verwandelt. Er hatte dazu Kopernikus, der im Sterben lag, nicht gefragt und nicht fragen können, aber Sätze im Buch gestrichen, Bemerkungen hinzugefügt und ein Vorwort geschrieben.

Zur Haltung der reformierten Kirche zirkuliert ein vermutlich falsches Luther-Zitat; er soll danach Kopernikus für lächerlich gehalten haben:

> „Dieser Narr will die ganze Kunst Astronomiae umkehren", soll Luther bei Tische gepoltert haben. Und weiter: „Aber Joshua hieß die Sonne stillzustehen und nicht das Erdreich."

Das Zitat soll aus dem Jahr 1537 sein, noch vor dem Erscheinen des Werks, aber eventuell wurde es im 19. Jahrhundert als katholische Propaganda gegen die Protestanten schlicht erfunden (Kleinert 2003). Luther scheint sich nicht besonders für das kopernikanische Modell interessiert zu haben.

Bellarmin weiter in seinem Brief an Foscarini und Galilei:

> „Wenn man aber behaupten will, die Sonne stehe wirklich im Mittelpunkte der Welt und bewege sich nur um sich selbst, ohne von Osten nach Westen zu laufen, und die Erde stehe am dritten Himmel und bewege sich mit der grössten Schnelligkeit um die Sonne: so läuft man damit grosse Gefahr, nicht nur alle Philosophen und scholastischen Theologen zu reizen, sondern auch dem heiligen Glauben zu schaden, indem man die hl. Schriften Lügen straft."

Dann kommt aus Sicht der Kirche eine fundamentale Kompetenzüberschreitung als weitere (schlimmste) Gefahr: Die theologische Neuinterpretation der Situation durch den unautorisierten Galilei: *„Nun bedenken Sie doch gemäss Ihrer Klugheit, ob die Kirche es dulden kann, dass die hl. Schriften im Widerspruch mit den hl. Vätern und allen griechischen und lateinischen Auslegern gedeutet werden."*

Der Kardinal Bellarmin hat die kirchliche Aufgabe, das Heilige Offizium in kontroversen Glaubensfragen zu beraten (dies ist eine Umschreibung für die Inquisition). Es ging der Kirche darum, den Wildwuchs an Streitigkeiten bis hin zu Lynchjustiz „an Ketzern oder von Ketzern" zu kontrollieren. Die Abb. 7.3 zeigt Bellarmin mit seinem Hauptwerk *„Disputationes de controversiis christianae fidei adversus hujus temporis haereticos"* (1581), der zentralen Schrift der katholischen Kirche gegen die Reformation.

Bellarmin gibt eine nicht nur aus der Sicht der Zeit und Kirche sinnvolle Strategie vor:

„Wenn ein wirklicher Beweis dafür vorhanden wäre, dass die Sonne im Mittelpunkte der Welt stehe und die Erde am dritten Himmel, und dass nicht die Sonne um die Erde, sondern die Erde um die Sonne gehe, dann müsste man bei der Erklärung der Bibelstellen, welche das Gegenteil zu sagen scheinen, mit grosser Vorsicht vorgehen, und eher sagen, wir verständen dieselben nicht, als, das sei falsch, was bewiesen wird. Aber ich werde nicht eher glauben, dass ein solcher Beweis geliefert sei, bis er mir gezeigt ist."

Aber Galilei hat keinen Beweis für ein heliozentrisches Sonnensystem; seinen (falschen) Beweis durch die Erklärung der Gezeiten, den er schon früh als Gedanke hatte und 1632 im *Dialogo* dann veröffentlicht, erwähnt er in seiner Antwort nicht. Seine Strategie in seiner Antwort an Bellarmin ist anders und soll ausdrücklich ohne positiven Beweis funktionieren:

Abb. 7.3 Kardinal Bellarmin. Statue von Roberto Bellarmin im Dom von Montepulciano. Kardinal, General der Jesuiten und Heiliger. Freund und kluger Gegner Galileis auf kirchlicher Seite. (Bildquelle: Joachim Schäfer, Heiligenlexikon, mit freundlicher Genehmigung)

a) Das aristotelische philosophische Weltsystem ist erschüttert, so zeigt etwa das Jupiter-system, dass nicht alle Himmelskörper um die Erde laufen, und dass ein Stern andere Sterne im Schlepptau haben kann,

b) das kopernikanische Modell funktioniert,

c) also muss man Kopernikus vorziehen.

Galilei schreibt: „*… wenn nach dem anderen, herrschenden System diese Erscheinungen nicht erklärt werden können, ist dasselbe unzweifelhaft falsch, und es ist klar, dass das System, welches zu den Erscheinungen sehr gut passt, wahr sein kann.*"

Das ist aber nicht Kopernikus! Galilei ignoriert, wie schon mehrfach betont, zwei grosse wissenschaftliche Probleme, ein astronomisches und ein physikalisches. Er hat wie häufig eine Haltung, die mit blendender Sprache erfolgreich eine falsche Position zerstört, ohne eine richtige eigene aufbauen zu können.

Der Nicht-Astronom Galilei, der Experimente so lobt, verdrängt das grösste Experiment der Astronomie (zumindest bis zum 19. Jahrhundert): Die korrekte Vorausberechnung des Laufs der Planeten und des Monds. Der Punkt b) ist in Wahrheit nicht erfüllt von Kopernikus, erst nach Rettung der Phänomene durch mehr Epizyklen als Ptolemäus. Als Naturphilosoph und Physiker ist sein grösstes Argument für die feststehende Sonne nur teilweise rational: Er sieht den Symmetriegewinn der homogenen Planetenreihe mit der „*Erde im dritten Himmel*", und den Gewinn an Einfachheit durch die bewegte Erde, die die grossen Planetenschleifen verstehen lässt, aber er sieht nicht, dass die notwendige Rücktransformation auf den Beobachtungsort Erde einen guten Teil davon wieder zunichtemacht und Kopernikus in die gleichen praktischen Schwierigkeiten bringt wie Ptolemäus. Diese Einsicht ist auch heute nicht selbstverständlich, wie man an dem falschen Überlegenheitsgefühl sieht, das entsteht, wenn man eine geozentrische Weltskizze und eine heliozentrische direkt vergleicht – und nicht versteht, dass es sich dabei um verschiedene Standpunkte handelt (s. o.).

Der Physiker Galilei verdrängt andrerseits das grosse himmelsmechanische Problem: Wenn die Himmelskörper nicht an Sphären angeheftet sind (die sich ewig drehen), wer oder was treibt sie auf ihren Bahnen an? Oder zieht sie? Oder hält sie? Das Problem ist besonders deutlich bei den vier Jupitermonden – haben die alle eigene Minisphären? Er hält Fernkräfte ja für absurd (und sie sind ja auch mystisch) und lacht Kepler deshalb offen aus. Man braucht eine neue Physik, die mit Newton kommen wird.

Galilei hat aus Sicht der modernen Physik das richtige „physikalische Gefühl", wenn er die bessere Symmetrie des heliostatischen Weltbilds einerseits sieht und andrerseits die störende Künstlichkeit des tychonischen Systems mit dem Bruch an der dritten Position – aber dies ist Gefühl und nicht Beweis. Der amerikanische Religionsphilosoph Edwin Arthur Burtt (1892–1989) schreibt drastisch:

„*Es ist sicher richtig, auch ohne irgendwelche religiöse Probleme mit der Astronomie des Kopernikus, welcher Art sie auch immer seien, es wäre für sensible Leute, vor allem für auf Empirie bedachte, eine wilde Anmassung gewesen, die unreifen Früchte einer ungezügelten Einbildung zu akzeptieren.*"

Galilei steht zwar im Ruf des grossen Empirikers, aber offensichtlich gehört er nicht zu *den sensiblen, empiriebedachten Leuten.* Galileis Haltung zu den widersprechenden Bibeltexten, die für die ruhende Erde und bewegte Sonne sprechen, ist getragen von seinem festen Glauben, dass *„sich zwei Wahrheiten nicht widersprechen können".* Er schreibt rational und vertrauensvoll:

> *„Wenn der Hl. Geist absichtlich unterlassen hat, uns solche Sätze zu lehren (ob der Himmel sich bewege oder still stehe, welche Gestalt er habe usw.), weil sie mit seinem Zwecke, d. h. mit unserem Seelenheile nichts zu tun haben, wie kann man dann behaupten, das Festhalten der einen und das Verwerfen der andern Ansicht über diese Dinge sei so notwendig, dass jene* de fide *und diese* irrig *sei? Kann denn eine Meinung ketzerisch sein, die das Seelenheil gar nicht berührt?"*

Eigentlich befindet sich Galilei damit auf dem Boden des Kirchenvaters und Heiligen Augustinus von Hippo (354–430), dem römisch-algerischen Theologen. Augustinus warnt im Jahr 392 vorausschauend davor, weltliche Erkenntnisse wie den Bau der Welt mit *„dem Weg zum Himmel"* zu vermengen:

> *„Im Evangelium liest man nicht, der Herr habe gesagt: ich sende euch den heiligen Geist, damit er euch den Lauf der Sonne und des Mondes lehre. Christen wollte er machen und nicht Astronomen ... Zwar hat Christus gesagt, der Heilige Geist werde kommen, um uns in alle Wahrheit einzuführen, doch spricht er da nicht vom Lauf der Sonne und des Mondes ... Ich behaupte, derlei Dinge gehören nicht zur christlichen Lehre."*
> *Augustinus (354–430), römisch-algerischer Theologe,*
> *in der Schrift gegen Felix, den Manichäer*

Und Augustinus fragt seinen Diskussionsgegner dazu provokativ und geistreich: *„[Wenn es zum christlichen Glauben gehört,] dann frage ich dich wie viele Sterne gibt es denn?"* Diesen Spruch des Hl. Augustinus kennen alle Beteiligten, Galilei wie Bellarmin. Galilei drückt die gewünschte Freiheit der Forschung in einem berühmten Zitat seinerseits aus, ursprünglich von dem zeitgenössischen Kardinal Baronius (1598) ausgesprochen:

> *„Der Hl. Geist will uns lehren, wie man sich zum Himmel bewegt, und nicht, wie der Himmel sich bewegt."*

Allerdings macht die Kirche noch lange eine weitere Ausnahme von der Regel, nämlich beim ersten Kapitel der Schöpfungsgeschichte, der Genesis.

Für Gläubige gilt als oberster Grundsatz: Die Bibel irrt per Definition nicht. Galilei spricht dies auch aus, vermutlich glaubt er es auch wirklich (obwohl er eine abweichende Meinung nie hätte öffentlich sagen können). Aber ab jetzt gibt es zwei Offenbarungsbücher, die Bibel und die Naturwissenschaft. Er schreibt:

> *„Jene ist Niederschrift des Hl. Geistes, diese ist gewissenhafteste Vollstreckerin der Anordnungen Gottes."*

Damit hat er die Wissenschaft und die wissenschaftlichen Entdeckungen wieder auf Gott zurückgeführt und er fühlt sich sicher und als guter Gläubiger. Eine weitere Konsequenz, die Galilei sieht, nimmt im Ansatz das menschlich-naive Unverstehen der Ergebnisse der allgemeinen Relativitätstheorie oder der Quantentheorie voraus, wenn er schreibt:

> *„[Die Natur] kümmert sich nicht darum, dass ihre verborgenen Gründe und Arbeitsweisen der Fassungskraft der Menschen dargelegt werden oder nicht."*

Man kann umgekehrt auch sehen, dass die Theorie der bewegten Erde im 17. Jahrhundert genauso aufregend, ja absurd wirkt und Anpassung benötigt wie um 1910 die Idee der Raumkrümmung der Allgemeinen Relativitätstheorie und um 1925 die Quantentheorie mit dem Auftreten eines Teilchens als Welle! Allerdings liess sich die doppelte Drehung der Erde noch an einem mechanischen Uhrwerk handfest und greifbar verstehen, die moderne Physik erfordert Brüche in den Grundlagen unserer Erfahrung.

Hier einige wichtige (und berüchtigte) problematische Zitate in astronomischem Zusammenhang aus dem Alten Testament:

> Joshua 10, 13–14:
> *„Sonne, bleib stehen über Gibeon und du, Mond, über dem Tal von Ajalon! – Und die Sonne blieb stehen, und der Mond stand still, bis das Volk an seinen Feinden Rache genommen hatte."*
> Psalm 104, 5:
> *„Du hast die Erde auf Pfeiler gegründet; in alle Ewigkeit wird sie nicht wanken."*
> Psalm 19, 5–6:
> *„Doch ihre Botschaft geht in die ganze Welt hinaus, ihre Kunde bis zu den Enden der Erde. Dort hat er der Sonne ein Zelt gebaut. Sie tritt aus ihrem Gemach hervor wie ein Bräutigam; sie frohlockt wie ein Held und läuft ihre Bahn."*

Galileis Haltung zu Bibelzitaten wird später, in der Aufklärung, im Wesentlichen die „Akkommodationstheorie" werden: Die biblischen Verfasser haben sich aus dem Wissen und den Vorstellungen ihrer Zeit die Bilder geholt, die sie brauchten, und damit ihre Aussagen mit dem Wissen der Zeit verschmolzen (Karpp 1970). Nun hat die Kirche und haben die Gläubigen das Problem der Entwirrung, wenn dies überhaupt möglich ist. In diesem Sinne ist die ganze „Affäre Galilei" der Versuch der Kirche, die Entwirrung hinauszuschieben – aber Galilei will es sofort. Es ist sowohl rational wissenschaftlich (da unbewiesen) als auch von der Kirche aus gesehen (da das Kirchenvolk noch streng konservativ ist) zu früh:

> *„Galilei's intent was ramming Copernicus down the throat of the Christendom"* – *„Galilei wollte der Kirche die Wahrheit in den Schlund hinunter rammen."*
> *George Sim Johnston, zeitgenössischer US-amerikanischer katholischer Schriftsteller*

Im 17. und 18. Jahrhundert war die typische Zeitkonstante einer wissenschaftlichen Generation in der „Gelehrtenrepublik", dem brieflichen Netzwerk der Intellektuellen, ein Jahrzehnt, heute sind es vielleicht ein oder zwei Jahre – aber die Kirche ist es gewohnt, in Jahrhunderten zu denken.

Galilei postuliert Bibeldeutung und Freiheit der Forschung 1615 in einem ausgefeilten, wunderbaren kleinen Werk in der literarischen Form eines Briefs an die Grossherzogin Christina von Lothringen de' Medici (Abb. 7.4). Anlass und Ausgangspunkt war der erste bekannte Vorwurf der Häresie an Galilei durch den italienischen Philosophen Cosimo Boscaglia (1550–1621) im Jahr 1613. Aus Galileis Antwort entstand ein heute noch lesenswertes Essay, ein Manifest der Wissenschaft, das allerdings bei seinen zeitgenössischen akademischen Kollegen keine gute Akzeptanz fand. Der Stil richtet sich an die Grossherzogin, aber gedacht war der Brief als eine allgemeine Publikation mit der Grossherzogin als edlem „Aufhänger". Die eigentlichen Adressaten waren die Gelehrten der Universitäten und der Kirche, aber für diese Hörerschaft war der Ton zu herablassend (Moss 2003), wenn er zum Beispiel schreibt:

> *„Diese Leute tun alles, dass diese Meinung verabscheut und verdammt wird, nicht nur als falsch, sondern sogar als ketzerisch. Dafür machen sie aus ihrem scheinheiligen Religionseifer ein Schutzschild."*

Galilei hatte im Prinzip in seinen Argumenten im Traktat sachlich Recht, aber er ist arrogant und verletzend. Eigentlich war es Galileis Ziel gewesen, zu zeigen, dass es für die Kirche nicht sinnvoll und theologisch nicht berechtigt wäre, das kopernikanische, heliostatische Weltbild zu verbieten. Es gab bereits Vorzeichen zu einer Verdammung der

Abb. 7.4 Titelblatt des Briefs Galileis an die Grossherzogin der Toskana, Christina von Lothringen und de' Medici (1615). (Bildquelle: Wikimedia Commons, Theresa LaBrecque)

L'ETTERA
DEL SIGNOR
GALILEO GALILEI
ACCADEMICO LINCEO
SCRITTA ALLA
GRANDUCHESSA
DI TOSCANA.
IN CUI
Teologicamente,e con ragioni faldiffime,cavate da'Padri più fen-
titi,fi rifponde alle calunnie di coloro,i quali a tutto potere
fi sforzarono non folo di sbandirne la fna opinione in-
torno alla conftituzione delle parti dell'Univer-
fo, ma altresì di addurne una perpetua
infamia alla fua perfona.

IN FIORENZA,
MDCCX.

kopernikanischen Lehre. So hatte im Dezember 1614 der Dominikaner Tommaso Caccini (1574–1648) von der Kanzel gewettert:

„Geometrie ist des Teufels" und *„Alle Mathematiker sollten aus allen Staaten verbannt werden, von ihnen geht die Ketzerei aus"* – er meint im modernen Sinn die *Physiker*.

Ausserdem hatte Caccini die Predigt mit einer rhetorischen biblischen Anspielung auf Galilei begonnen:

„Viri galilaei, quid statis aspicientes in coelum" – *„Ihr Galilei'schen Männer, was steht ihr da und seht den Himmel an?"*

Er wollte wohl auf die Dummheit derjenigen hinweisen, die in den Himmel schauen, insbesondere auf Galilei, den Mann aus Galiläa. Seine Attacke war der Beginn einer Kampagne; 18 Monate später war die Lehre des Kopernikus verboten und das Werk des Kopernikus *De Revolutionibus* von der Indexkongregation „suspendiert" worden bis zur Korrektur „kritischer" Stellen. Vorsichtigerweise war es nicht auf die härteste Verbotsstufe, die Ketzerei, gesetzt worden. Nach zwölf meist geringfügigen Korrekturen, die das Buch zur mathematischen Hypothese degradierten sollten, war das Werk ab 1620 wieder „frei". Die Lehre als physikalische Wahrheit *„die Erde läuft um die Sonne"* war allerdings bis 1822 verboten.

Galilei argumentiert im Brief fälschlicherweise, dass Kopernikus ein Priester war und suggeriert damit die Christlichkeit der Lehre (Kopernikus hatte die niederen Weihen und sein Onkel war Bischof), und dass die Kirche bisher (1613/1615) die Lehre des Kopernikus wohlwollend aufgenommen habe. Galilei will damit betonen, dass vor allem *er* das Ziel der Angriffe sei. Zwar weiss Galilei nicht, dass es bereits 1544, ein Jahr nach dem Erscheinen, einen Anlauf zum Verbot des *De Revolutionibus* gab, der im Sande verlief. Aber wahrscheinlich hat er Recht: Er hatte die Lawine losgetreten. Das schwer zu lesende Werk des Kopernikus (das vielleicht Galilei selbst nie ganz gelesen hat) hatte siebzig Jahre weitgehend als trockene Hypothese geschlummert. Jetzt wird mit Galilei (und Kepler) daraus, wie der Schriftsteller Arthur Koestler in *Die Nachtwandler* (1959) plastisch schreibt, etwas

„like a conflagration caused by a delayed-action bomb" – *„wie ein Grossbrand durch eine Bombe mit Verzögerungszünder"*.

Der Brief an die Grossherzogin, gedacht zur Beruhigung der Gemüter, erreicht genau das Gegenteil. Er wirke (auch nach Koestler, geschrieben im Bild der Zeit der Atombombentests) wie eine Art *„theologische Atombombe, unter deren radioaktivem Fall-out wir heute noch leiden"*.

Galilei erläutert im Essay auch kritische Bibelzitate aus seiner Sicht, zum Beispiel den Befehl zum Stillstehen für die Sonne und die Positionierung des Mondes in der Leere, das heißt die Idee eines Vakuums im All, die er für unsinnig hält. Galilei übernimmt seine theologische Argumentation von Thomas von Aquin, ebenfalls einer der grossen Kirchenväter (Thomas von Aquins Lehren wurden 1879 von Leo XIII offiziell zur Grundlage der katholischen Ausbildung gemacht). Thomas von Aquin hat die Warnung vor einer wörtlichen Auslegung der Bibel, einer naiven Hermeneutik, bereits im 13. Jahrhundert ausgesprochen. Er warnte so weitsichtig, aber vergebens

„vor einer einseitigen voreingenommenen Auslegung des materiellen Wortes Gottes so anzuhangen, dass die Schrift dem Gespötte der Ungläubigen ausgesetzt wäre, wenn das in sie Hineingelegte sich als falsch und wissenschaftlich unhaltbar herausstellen würde". Summa theologica, Thomas von Aquin, um 1266

Zunächst Joshua 10, 12–14: *„Sonne, bleib stehen und du, Mond, …"*
Galilei führt durch Übertreibung die wörtliche Auslegung *ad absurdum*. So schreibt er, Gott hätte im Sinne des etablierten Weltbildes befehlen müssen: *„Bleib stehen, Primum Mobile"*, da die Sonne und der Mond ja an die Fixsternsphäre gekoppelt sind und die tägliche Drehung mit ausführen. Galilei geht aber im Sinne des alten, akzeptierten Modells ganz konsequent weiter:

„Es ist nicht glaubhaft, dass Gott nur die Sonne angehalten hätte und die anderen Sphären hätte weiter laufen lassen; das hätte zwangsläufig alles verändert und durcheinander gebracht in der Ordnung, den Aspekten und Stellungen der anderen Sterne zur Sonne, und es hätte den Lauf der Natur gestört."

Ein hübsches Bild mit dreidimensionalen Objekten und ineinander laufenden Kugeln, das man sich wunderbar als Film vorstellen kann. Es wäre als Bild viel grossartiger als die Schnüre der Bahnen der Planeten! Es zeigt, wie realistisch für Galilei noch die himmlischen Sphären sind, aber auch seinen beissenden Humor, jedenfalls aus präsentistischer Sicht.

Galilei bezieht den Befehl jetzt ironischerweise ganz buchstäblich auf die Jahresbewegung der Sonne, das heißt damit auf den Unterschied von Sterntag und Sonnentag: Wenn Gott buchstäblich die Sonne stillstehen liesse, dann würde der Sonnentag zum Sterntag werden und damit kürzer werden, nicht länger, allerdings nur um ganze 236 Sekunden. Wenn Gott auch noch die Präzession angehalten hätte, dann würde der „richtige" Tag der sogenannte siderische Tag sein, wieder um 0,008 sec länger sein als der Sterntag: Das ist alles nichts Brauchbares, um merklich eine Schlacht aufzuhalten oder einen Rachefeldzug (wie im biblischen Text) zu verlängern.

Galilei schlägt stattdessen im Sinne des neuen Modells das Kommando vor: *„Sonne, rotiere nicht mehr um deine Achse"* – dann würde nach seiner Ansicht (und übrigens auch nach Keplers Ansicht) das Sonnensystem als Ganzes stehenbleiben. Dies ist natürlich nicht korrekt: Der Drehimpuls der Sonne und der Planeten haben zwar den gleichen Ursprung bei der Entstehung des Sonnensystems, aber sie sind entkoppelt – die Planeten liefen weiter und würden sich weiter um ihre Achsen drehen. Wenn die Planeten den Drehimpuls sogar übernehmen würden (im Sinne der Erhaltung des Drehimpulses), so würden die Planeten sogar etwas schneller laufen, aber nicht viel: Trotz ihrer grossen Masse hat die Sonne nur einen Bruchteil des Drehimpulses des Sonnensystems.

Oder er hätte, wie Galilei richtig bemerkt, der Sonne auf ihrer Bahn kommandieren können „*Laufe 365 Mal schneller*" – dann wäre sie auch scheinbar stehen geblieben. Aber Galilei schreibt, dass Gott ja nicht den ungebildeten Leuten den Lauf der Sphären lehren wollte. Er will mit seiner sophistischen astronomischen Analyse demonstrieren, dass die Bibel nicht wörtlich genommen werden darf, gleichgültig ob die Astronomie nach Ptolemäus oder nach Kopernikus korrekt wäre.

Aus moderner Sicht fällt auf, dass Galilei (wie Kepler) mit göttlichen Wundern kein unmittelbares Problem hat: Er spielt, zumindest rhetorisch, gewagt mit den Naturgesetzen. Heutige Physiker werden wohl Wunder nur in Rahmen der Naturgesetze zulassen, das heißt zum Beispiel keine buchstäbliche Brotvermehrung möglich sehen, aber etwa eine Lebensrettung durch einen Zufall, der verhindert, dass man ein abstürzendes Flugzeug erreicht, oder einen Lottogewinn.

Das zweite Zitat, Hiob 26:7 „*Er breitet aus die Mitternacht über das Leere und hängt die Erde an nichts*" verwendet Galilei im *Brief an die Grossherzogin* um zu zeigen, wie unsinnig ein wörtlich genommener Text sein kann. Damit hat Galilei aus heutiger Sicht wenig Glück, es ist eigentlich gar nicht so rückwärtsgewandt und dilettantisch wie er denkt:

„*... und hängt die Erde an nichts.*"

Galilei denkt nämlich, die Leere jenseits des Mondes sei falsches Volkswissen, und deshalb verwende die Bibel diese angepasste Formulierung. Akademiker wüssten, dass Aristoteles sagt, dass es kein Vakuum geben könne, und dass das All mit Luft gefüllt sei. Dabei ist es umgekehrt: Dieser Psalmvers hört sich präsentistisch eher an wie eine poetische und vorausschauende Beschreibung der im finsteren All schwebenden Erdkugel, als habe *Er* die Erdkugel gerade frei auf ihre Bahn im All gesetzt. Und das Weltall ist natürlich ein hervorragendes Vakuum. In der Tat gibt es moderne Artikel im Internet, die gerade dieses Zitat als Beweis für die wörtliche Weisheit der Bibel anführen, etwa der *Wachtturm,* 2005. Die Wahl dieses Zitats war für die Argumentation Galileis sehr unglücklich.

Ein wunderbares Bibelzitat für Galilei wäre eher Hiob 38:33 gewesen mit dieser Frage Gottes: „*Weisst du des Himmels Ordnungen, oder bestimmst du seine Herrschaft über die Erde?*"

oder in anderen Übersetzungen „*Hast du die Satzungen der Himmel erkannt?*"

oder „*Kennst du die Gesetze des Himmels?*"

In diesem Sinn sollte die Kirche die Suche nach Naturgesetzen akzeptieren und es ist ein Argument, die Mathematiker (und Physiker) *nicht* zu vertreiben – das heißt, dass der Mensch die Gesetze erfahren und untersuchen darf. Aber eine theologische Interpretation müsste offiziell von der Kirche erfolgen; die Kirche hatte Galilei ja seine theologischen Interpretationen, selbst wenn er sich auf Kirchenväter berief, besonders übel genommen. Was durch Galileis Einfluss geschehen wird, ist zunächst das Gegenteil: Die naiven Bilder werden zu Glaubensbekenntnissen erhoben.

Galileis amtlicher Gegner in der Kontroverse von 1615 ist der jesuitische General, Kardinal und Papstberater Roberto Bellarmin. Er war zur Zeit des Disputs um die Aussagen des Briefs 73 Jahre alt und der berühmteste christliche Theologe. Bellarmin hatte Astronomie studiert, hatte selbst im Fernrohr die Mondberge und die Venusphasen gesehen und war im dauernden Gespräch mit seinen astronomischen Jesuiten-Kollegen, er war Musik- und Kunstliebhaber und hatte den Ruf der Bescheidenheit und der Unbestechlichkeit. So hatte ein spanischer Berater an den König Philipp III. berichtet: *„ … er interessiert sich nur für Kirchenangelegenheiten … er würde sich scheuen, Geschenke anzunehmen, ich schlage vor, wir unterstützen seine Kandidatur [als Papst] nicht"*. Bellarmin hatte ausserordentliche Schriften verfasst, neben vielen Streitschriften ein Traktat *„Über die seufzende Taube"* (das heißt die Kirche) und fünf Jahre später einen *„Schwanengesang"*, ein Büchlein über die Kunst des Sterbens, das in vielen Auflagen gedruckt wurde.

Kurz: Bellarmin war auf der Höhe der Kenntnisse seiner Zeit und Galilei ebenbürtig. Als katholischer „Kirchenmanager" sah er, so wie der Papst, neben dem problematischen Stand der astronomischen Wissenschaft auch

- den politischen Druck der Reformation und der Gegenreformation, eine ketzerische Lehre zu verfolgen,
- den Druck der jesuitischen Ordensbrüder und Astronomen, die persönlichen Groll gegen Galilei hegten, und
- den Druck der allgemeinen Gläubigen, die die neue Lehre für gotteslästerlich und schlicht lächerlich hielten.

Angriffsziel des Verfahrens im Jahr 1616 war der Kopernikanismus als Lehre. Als Resultat wurde das Buch des Kopernikus wie erwähnt nicht verboten, sondern „suspendiert", das heißt blockiert bis es durch Korrekturen in eine Hypothese verwandelt werden würde. Galilei wurde dabei offiziell nicht erwähnt, aber Kardinal Bellarmin wurde zu einem Gespräch mit Galilei verpflichtet, zu einer Art Abmahnung von Galilei. Es waren drei Stufen von Auflagen beziehungsweise Androhungen (Dorn 2000):

- sofort „abzulassen" von der Meinung. Und wenn er dies nicht tue:
- sich gänzlich zu enthalten von der Verbreitung. Und wenn dies nicht geschehe:
- ihn einzukerkern.

Bellarmin berichtet, Galilei habe die Entscheidung der Kirche sofort akzeptiert und sei der Aufforderung „abzulassen" sofort nachgekommen – und der Papst habe, berichtet Galilei später, ihm persönlich versprochen *„den Verleumdern kein Ohr zu leihen und er würde sicher sein, solange er, Papst Paul V., lebe"*. Damit hat es 1616 keinen Prozess gegen Galilei gegeben, denn es hatte ja keine Verhandlung stattgefunden und erst recht keine Verurteilung. Aber schon die Zeitgenossen daheim in Florenz hatten dies nicht geglaubt, sondern es gab falsche Berichte von einer Bestrafung Galileis in Rom: Es war ein Gerücht, das ihm sehr schaden und eine Lawine der Ablehnung gegen ihn hätte lostreten können.

Bellarmin stellte Galilei deshalb auf seinen Wunsch eine Art Attest aus, das bestätigte, dass er keinerlei Strafe oder Busse erhalten habe, sondern dass ihm nur verordnet worden wäre, die kopernikanische Lehre nicht mehr zu vertreten.

Erst im Jahr 1633 wird es zum Prozess gegen ihn kommen. Sein kirchlicher Gesprächspartner Roberto Bellarmin stirbt im Jahr 1621. Er wird 1923 selig- und 1932 heiliggesprochen.

7.2   Die Galilei-Affäre – Hauptteil

„E pur si muove" oder „Eppur si muove" (italienisch), „Tamensi movetur" (latein),
„Und sie bewegt sich doch" (deutsch).
Die Version mit „E pur" ist im Internet etwa zwanzig Mal häufiger als das modernere und korrekte „Eppur". Im unteren Text wird jeweils die im historischen Kontext verwendete Version angewandt.

Dies ist einer der bekanntesten Sätze der Kulturgeschichte, sicher der berühmteste der Geschichte der Wissenschaft, angeblich tonlos *„sotto voce"* gesprochen (1633) von Galilei nach der erzwungenen offiziellen Abschwörung vom heliozentrischen System. Der Satz charakterisiert die Galilei-Affäre in aller Kürze. Im Gefolge des Marketingwerts des Spruchs und der trotzigen Aussage ist *„Eppur si muove"* auch zum Titel geworden von verschiedenen Gedichten, Musikalben, Kompositionen, Filmen und eines Videospiels.

Der vermutete Erfinder des Ausspruchs ist der italienische Autor Giuseppe Baretti (1719–1789), der lange Zeit in London lebte, unter anderem als Direktor des italienischen Theaters. In einem Buch über berühmte Italiener, der *Italian Library*, 1757 schrieb er:

„Dies ist der berühmte Galileo, der sechs Jahre in Händen der Inquisition war und gefoltert wurde, weil er sagte, dass die Erde sich bewege. Im Augenblick, als er frei gelassen wurde, schaute er zum Himmel, dann zur Erde, stampfte mit dem Fuss auf, und sagte nachdenklich ‚Eppur si move', d. h. sie bewegt sich doch, nämlich die Erde."

Natürlich wurde Galilei niemals gefoltert, sondern bevorzugt behandelt, bis 1633 sogar bewundert und von der katholischen Kirche als nahezu „einer von uns" betrachtet (s. u.).

Ein anderer historisch fragwürdiger Hinweis zu *„Und sie bewegt sich doch"* ist im Bild *„Galilei im Gefängnis"* zu finden, das dem spanischen Maler Bartolomé Estaban Murillo (1617–1682) oder seiner Schule zugeschrieben wird (Abb. 7.5).

Bei einer Restauration des Bildes 1911 fand man, dass das Bild grösser war als der lichte Rahmen, und man entdeckte unter dem Rahmen die Worte *„E pur si muove"*. Die Datierung lässt sich nicht voll lesen; es ist das Jahr 1643 (das heißt etwa zwei Jahre nach Galileis Tod) oder 1645. Es gibt sogar einen möglichen Pfad von Italien nach Spanien: Der General Ottavio Piccolomini in Diensten des spanischen Königs war ein Bruder des Erzbischofs von Siena, Ascanio Piccolomini. Ascanio Piccolomini betreute Galilei mehrere Monate nach der Verurteilung und soll ihm sehr bei der seelischen Erholung geholfen haben.

Abb. 7.5 Galilei im
Gefängnis. Gemälde
wahrscheinlich von Bartolomé
Estaban Murillo (1617–1682).
Das Datum des Bildes ist nicht
sicher lesbar: 1643, 1645 oder
1646. Der Ort des Bildes ist
nicht bekannt. (Bildquelle:
Wikimedia Commons, nach
J. J. Fahie, 1929)

Aber das Bild zeigt eine Gefängnisszene – und Galilei war natürlich nicht im Gefängnis. Auch erwähnt der erste Galileibiograph, der Mathematiker und Galileischüler Vincenzo Viviani, keine solche Bemerkung. Er stellt Galilei sehr positiv dar und schreibt etwa ein Dutzend Jahre nach Galileis Tod. Wenn man den offiziellen, erzwungenen Rückzug der heliozentrischen Ansichten durch Galilei als Ergebnis des Prozesses als eine moralische Niederlage ansieht, so wäre diese Szene eine Art Ehrenrettung für Galilei gewesen und ein Höhepunkt der Biographie. Der deutsche Dramatiker Bertold Brecht deutet den Widerruf ja sogar als eine Art Verbrechen an der Menschheit vom Kaliber der Erfindung der Atombombe, allerdings ohne die zweifelhaften wissenschaftlichen Rand-bedingungen zu verstehen (s. u.).

Der Ausspruch „*Und sie bewegt sich doch*" durch Galilei ist eine Legende und in der damaligen Situation unwahrscheinlich, auch in einem kleinen Gesprächskreis. Seine wesentlichen Gesprächspartner waren ja immer noch hohe Würdenträger der Kirche wie der erwähnte Erzbischof von Siena. Aber die Denkart ist sehr glaubhaft: Der Wissenschaftshistoriker Stillman Drake (1910–1993), der allein über Galilei 131 Artikel und Bücher publizierte, schreibt zurecht, dass nichts mehr zum Charakter Galileis passen würde als dies auszusprechen, auch mit dem Fuss aufzustampfen vor Wut.

Bis zum Jahr 1633 deutet wenig auf den kommenden grossen Konflikt mit der Kirche hin, im Gegenteil: Sein Verhältnis zur Kirche war bis 1633 perfekt. Um 1615 schreibt Galilei: „*Ein Heiliger hätte sich nicht respektvoller gegenüber der Kirche verhalten können.*"

Im Jahr 1623 wurde sein Freund und Bewunderer, der Jurist und Poet Maffeo Barberini (1568–1644), der neue Papst Urban VIII. Galilei gratuliert ihm – er reist dafür eigens nach

Rom. Der Historiker Arthur Koestler schreibt lapidar: *„Der Papst überschüttete ihn mit Gefälligkeiten – mit einem Lobesbrief an den Grossherzog und seinen Arbeitgeber, mit einer Goldmedaille, mit einem wertvollen Gemälde und [später] mit einer Pension für seinen Sohn* (die dieser ablehnt, s. u.).“

Galilei war es nach seinen Aussagen zumindest bis zum grossen Prozess von 1632 wichtig, dass die katholische Kirche und die kopernikanische Lehre keinen Schaden nahmen (eventuell sogar in dieser Reihenfolge).

Er bezeichnet sich und sein Verhältnis zur Kirche sowohl lange vor als auch während des grossen Prozesses mit Attributen wie „demütig, untertänig, gehorsam, in reinster, eifrigster und frömmster Ergebenheit, in Verehrung und Achtung“.

Seine Haltung in katholisch-konservativen Dingen zeigt sich an unaufgeforderten Bemerkungen, die ihn allerdings weder wissenschaftlich noch menschlich positiv auszeichnen: Er spricht abwertend von Deutschland, dass dort die Ketzer allesamt der Meinung des Kopernikus wären und diese für *„höchst gewiss halten“*. Die Aussage soll wohl nicht positiv sein für Deutschland und die Reformierten, aber sie schlägt auch die Kopernikaner. Sie sagt wohl eher aus: *„Ich bin einer von Euch, von der katholischen Kirche und von den Anhängern des Aristoteles und Ptolemäus.“* Diese Bemerkungen können nicht dem Druck des Prozesses angelastet werden, sondern erfolgen bereits 1624 in einem Brief an den Fürsten Cesi (Dorn 2000). Bertold Brecht sieht sich hier wohl in seiner Einschätzung der Person Galileis bestätigt.

Ein anderer kirchlich-orthodoxer und unfreundlicher Ausspruch zielte unmittelbar auf Johannes Kepler ab, den er in persönlichen Briefen zwar freundlich behandelt, aber gegenüber dritten (1618 an den österreichischen Grossherzog Leopold) als feindlichen Ketzer anspricht: *„Es dürfe nicht sein, dass ein nicht zu unserer Heiligen Kirche Gehörender [als erster] die Richtigkeit des kopernikanischen Systems beweise“* (Dorn 2000). Die Anerkennung der Priorität von Entdeckungen ist auch in unserer Zeit eine treibende Kraft (heute dazu unterstützt mit Patenten und Preisen). Aber sie ist es ganz besonders bei Galilei, bei dem der Anspruch auf eine Priorität zur Diffamierung und zur absoluten Unversöhnlichkeit mit Mitstreitern führt, etwa gegenüber dem „kleinen“ Astronomen Simon Marius oder, versteckt, gegen den grossen Kepler, oder, für Galilei verhängnisvoll, gegen die jesuitischen Gelehrtenkollegen.

Galilei wähnt sich 1624 sicher, dass er durchaus ein Buch zum kopernikanischen System schreiben kann, solange der Stil des Buchs *„ex hypothesi“* ist – das Dekret gegen den Kopernikanismus von 1616 ist ja weiter gültig – und er sich theologischer Aussagen enthält.

Sein päpstlicher Freund und Gönner Urban VIII. hatte ihm noch als Hilfe den erwähnten sophistischen Rat mitgegeben, der allerdings jeglicher Wissenschaft und Wissenschaftstheorie ins Gesicht schlägt. Er solle die wissenschaftliche Erklärung abschwächen durch die Einschränkung, Gott könne in seiner Allmacht einen ganz anderen Mechanismus implementiert haben, der uns Menschen unzugänglich wäre. Der Papst soll sehr stolz auf dieses Argument gewesen sein!

Er berührt damit zwei (nicht nur religions-)philosophische Fragen: das *Allmachtspara-doxon* des andalusischen Philosophen Averroës oder Ibn Ruschd (1126–1198) und die Frage des *Malin Génie* des französischen Philosophen René Descartes (1596–1650).

Das Allmachtsparadoxon tritt auf, wenn man den Begriff der Allmacht auf die Logik oder auf Physik und Naturwissenschaft unbedarft anwendet (genau genommen ist wohl der Begriff der Allmacht selbst unbedarft). Dieses Problem ist charakteristisch für fundamentale Positionen der abrahamitischen Religionen Judentum, Islam und Christentum.

Verallgemeinert lautet die Frage:

„Kann ein allmächtiges Wesen seine Allmacht abgeben und sie gleichzeitig behalten?"

Der Papst Urban VIII. zweifelt wohl nicht daran. Die Frage in der Form *„Kann Gott ein viereckiges Dreieck erschaffen?"* ist sophistisch und wegen des Widerspruchs *per definitionem* nicht sehr sinnvoll, aber sehr wohl die Frage *„Kann ein allmächtiges Wesen ein Dreieck schaffen, das eine grössere (oder kleinere) Winkelsumme hat als 180°?"* (Abb. 7.6).

Da es solche Geometrien wirklich gibt, etwa auf der Oberfläche einer Kugel, ist die Antwort trivialerweise *„ja"*. Auf die Physik und Astronomie übertragen, lautet die religionsphilosophische Frage: *„Kann ein allmächtiges Wesen die Welt und ihre Gesetze erschaffen, und sie dann ändern und durchbrechen?"*

Dieses Durchbrechen ist die Definition für „echte" Wunder – an die man im 17. Jahrhundert nach dem Zeitgeist wohl allgemein glaubte, auch Galilei. Mit der Wissenschaft kompatible Ansichten sind die Formen des Deismus inklusive Pandeismus und Panendeismus: Das „allmächtige Wesen" schafft die Gesetze und hält sich von nun an daran, und ist durch den Ablauf der Gesetze trotzdem überall in der Welt. Dies enthält zum einen die Definition von *Deismus* im Gegensatz zu *Theismen*: Es gibt im Deismus keine übernatürlichen Vorgänge und keine irrationalen Vorschriften. Die griechischen Silben *pan* (πᾶν *pān* „alles") und *en* bedeuten dann mit *pan* die Durchdringung der Welt oder zusammen mit *en* (ἐν in) sogar das Einswerden. Die Silbe *en* betont das Vorhandensein des Göttlichen (einer „Transzendenz") in der Welt, im Rahmen der Naturgesetze und gerade in den Naturgesetzen selbst. „Es" wird sichtbar, wenn man in einer klaren Nacht den Sternenhimmel sieht!

Der Zufall in seinen verschiedenen Formen gibt eine wissenschaftskompatible Möglichkeit, in die Welt und in unser Leben einzugreifen (Hehl 2016). Es bleibt offen, wie die Konstruktion der Gesetze und der Welt erfolgte – hier menschlich zu denken, ist unsere einzige naive Möglichkeit. Es gilt auch nach Ansicht des Autors, was Galilei

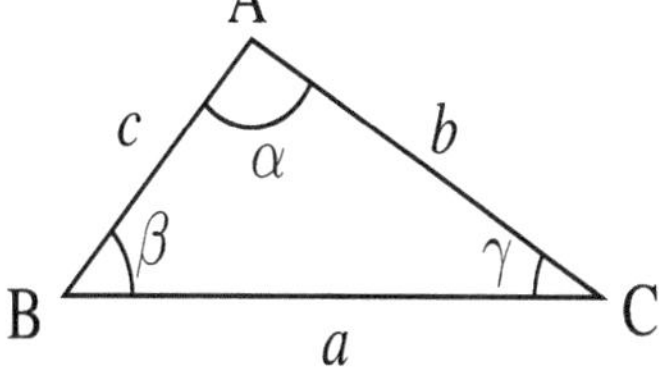

Abb. 7.6 Zur Winkelsumme im Dreieck und damit zum Allmachtsparadoxon. (Bildquelle: Wikimedia Commons, Limaner)

zum Wunder der stillstehenden Sonne im Vers Joshua 10, 13–14, geschrieben hat: *„Hielte Gott auch nur die Sonne still, gäbe es Chaos im System.*" Würde man in ein fundamentales Naturgesetz eingreifen, entstünde Chaos im Universum. Die Gesetze sind so eng miteinander verbunden, dass auch nach heutiger physikalischer Sicht eine kleine Änderung im System, etwa die Änderung einer Naturkonstante der Physik (zum Beispiel Lichtgeschwindigkeit oder Elektronenmasse), die Stabilität des Ganzen gefährden würde.

Dazu tritt als weitere Steigerung der Gedanke des Papstes, dass Gott die menschliche Wissenschaft austricksen könnte als ein *Génie malin*, als grosser Betrüger oder Witzemacher mit uns Menschen. Die moderne Version dieses Gedankens ist „die Welt als Simulation in einem grossen Computer". Aus heutiger Sicht wäre es kein Widerspruch, wenn sich in Wirklichkeit alles anders verhielte als so, wie wir es permanent sehen und verstehen, und alles nur eine perfekte Lügenoberfläche oder eine umfassende Computersimulation wäre – aber warum sollte es? Wenn die neue „Wirklichkeit" einfacher wäre als unsere Wissenschaft, dann würden wir dies nach dem Prinzip des „Rasierers von Ockham" (entsprechend dem Einstein-Zitat zur Einfachheit) vorziehen müssen. Die Idee der Rettung der biblischen Phänomene durch einen beliebigen Trick Gottes – etwa durch die direkte Bewegung durch eine Armee von Engeln wie beim Autor Pseudo-Dionysius Areopagita (6. Jahrhundert) – wäre eine Künstlichkeit, die Galilei für lächerlich halten musste. Galilei wird die ganze Idee und damit die Person der Quelle, seinen Freund, den Papst, blossstellen.

Zur Freundschaft mit dem Papst und der emotionalen Bindung zur Kirche (ob echt oder unter dem äusseren Druck der Zeit, die ja nur Gläubige oder Ketzer kannte) kommt noch eine überraschende amtliche Bindung Galileis an die Kirche, die wenig bekannt ist. Sie entwickelt sich ab 1630: Galilei wird Mitglied und Mitarbeiter der Amtskirche.

Bereits 1630 hatte ihm der Papst Urban VIII. für seine Verdienste eine Pfründe in Pisa in der Höhe von 40 Scudi ausgesetzt, ein Einkommen aus einem geistlichen Amt ohne Amtsgeschäfte, für sein *„ehrliches Leben und seine Moral und andere lobenswerte Verdienste der Aufrichtigkeit und Tugend"*. Aber Galilei wollte andere Ortschaften für *„seine"* Gemeinden. Danach versuchte er (vergeblich) die Übertragung der Pfründe auf seinen wenige Monate alten Enkel. Per Edikt erhielt Galilei schliesslich formell die Gemeinden wie gewünscht und wurde 1631 sogar Kanonikus mit einem Gehalt („Pfründen") zur Gemeindebetreuung, die er wohl nie geleistet hat. Er nahm die Ernennung an. Der dänische Wissenschaftshistoriker Olaf Pedersen (1985) schreibt:

> *„Am 5. April 1631 gab ihm sein Freund Bischof Alessandro Strozzi in der Kathedrale von Florenz die erste kirchliche Tonsur, das sichtbare Zeichen als Mitglied der Hierarchie, wenn auch im niedrigst möglichen Grade".*

Allerdings scheint es kein Bild von Galilei mit Tonsur zu geben – es würde auch nicht zum Bild des „Heiligen der rationalen Wissenschaft" und des Gegners der offiziellen Kirche passen. Die Abb. 7.7 illustriert mit dem Tonsurkopf Martin Luthers, wie Galilei

Abb. 7.7 Eine Tonsur. Bild des Martin Luther von Lucas Cranach dem Älteren im Viktoria and Albert-Museum, London. (Bildquelle: Wikimedia Commons, Marie-Lan Nguyen)

ausgesehen haben müsste! Er war auch nicht verpflichtet, ein Priestergewand zu tragen. Zur Einschätzung dieses kirchlichen Einkommens und bei allen Problemen, Währungen über Jahrhunderte zu vergleichen: Das mittlere Jahreseinkommen soll in Venedig im Jahr 1600 etwa 37 Scudi betragen haben (Fernand Braudel 1990).

Galilei hatte schon 1627 vom Papst Pfründe von 60 Scudi pro Jahr für seinen Sohn Vincenzio zugesprochen erhalten – aber der Sohn hatte provokant und peinlich für Galilei abgelehnt: „... *er habe nicht nur eine Abneigung, sondern einen tiefen Hass auf den kirchlichen Stand*", schreibt Pedersen. Das hätte man wohl eher dem „wissenschaftlichen Heiligen" Galileo Galilei zugetraut!

Galilei fühlt sich damit kirchlich und religiös sicher, es waren wieder gute Jahre für ihn, so wie die Jahre als junger Professor in Padua. Dazu tritt sein trügerisches Bewusstsein, im Besitz der Wahrheit zu sein, des richtigen Schlüssels zum Bau der Welt. Er wagt es, trotz der Auflage von 1616 gegen die Verbreitung kopernikanischer Lehren, ein Buch zum systematischen Beweis des heliozentrischen Standpunkts zu schreiben (Abb. 6.20). Wir haben schon die wissenschaftlichen Mängel beschrieben, die unwissenschaftliche und 1632 veraltete Vereinfachung und Beschränkung auf ein Ptolemäus-Weltmodell einerseits und ein vereinfachtes Kopernikus-Weltmodell, und seine falsche Gezeitentheorie als vermeintlichen Trumpf.

Eigentlich geht es um die naturphilosophische und theologische Frage „Steht die Erde im Mittelpunkt des Universums oder nicht?". Die Antworten sind naturphilosophisch:

- das Kopernikanische Prinzip: Wir haben als Erde keine ausgezeichnete Stellung im Kosmos, und
- das Kosmologische Prinzip: Unsere Umgebung im Kosmos ist durch-schnittlich, das heißt nichts Besonderes. Es sieht im Weltall an anderen Stellen ähnlich aus wie in unserer Umgebung und auch so ähnlich in jede Richtung geschaut, jedenfalls im grossen Massstab.

Im Englischen spricht man auch vom „Mediocrity Principle", dem schmerzenden Ausdruck der „Mittelmässigkeit". Näherungsweise gelten wohl beide Aussagen.

Mit Kopernikus und dem Erheben der Sonne auf den Thron haben wir die erste Entthronung des Menschen in einer kommenden Reihe von Wegnahmen der Besonderheit und Einzigartigkeit des Menschen („Kopernikanisierungen") bis hin zur „Mediocrity", zur Mittelmässigkeit, es folgen beispielsweise (Hehl 2012):

- Sigmund Freud mit der Entdeckung des Unbewussten; wir sind wir nicht mehr „Herr im Haus",
- Charles Darwin macht uns zu einer Spezies unter vielen,
- der Computer wird intelligent; Computer werden uns immer mehr überlegen.

Galilei erhebt die Sonne sogar, was kaum bekannt ist, zum König der Fixsterne, die sich in 36.000 Jahren, wie in seinem *Dialogo* beschrieben, als Sphäre um die Sonne drehen. Galileis Sicht könnte man als totalen Heliozentrismus bezeichnen.

Solange keine andere Lebensform im Universum oder gar intelligentes Leben im All gefunden wurde, sind wir doch wenigstens noch als eigenständige (native) Lebensform und als intelligente Lebewesen einzigartig und „geo- oder anthropozentrisch". Wir können uns der (vermutlichen) Illusion hingeben, das ganze Universum und der ganze Ablauf der Zeit seien nur für uns gemacht!

Galilei schreibt mit dem *Dialog über die beiden hauptsächlichsten Weltsysteme* ein literarisches und kulturelles Meisterwerk, wissenschaftlich im Hauptgedanken ein Desaster und im Abseits der astronomischen Entwicklung, religiös eine Gratwanderung.

Im Vorwort, dem Proömium oder dem „einleitenden Gesang", packt Galilei gleich den Stier bei den Hörnern und schreibt zum einen:

> *„In den letzten Jahren erliess man in Rom ein heilsames Edikt …. welches der pythagoräischen Ansicht, dass die Erde sich bewege, rechtzeitiges Schweigen auferlegte",*

und er betont zum andern, dass man in Rom dabei nicht naiv und unwissend gewesen sei, sondern in voller Kenntnis der wissenschaftlichen Grundlagen und es aus der christlichen Verantwortung heraus getan (das heißt verboten) habe. Ja Rom, das heißt die Kirche, sei nicht nur die

> *„Heimat der Dogmen für das Seelenheil, sondern dass auch die scharfsinnigen Entdeckungen zum Vergnügen der Geister von Rom ausgehen".*

Als eine spitzfindige und kuriose Argumentation erscheint es, wenn er schreibt, dass er nur *„aus Frömmigkeit, Gründen der Religion, der Erkenntnis der göttlichen Allmacht und aus dem Bewusstsein der Unzulänglichkeit des Menschengeistes"* bescheiden behauptet, dass *„die Erde unbeweglich ist und das Gegenteil eine mathematische Grille sei"*. Der Inhalt des Werks sieht ganz anders aus.

Literarisch wählt Galilei die Form eines Trialogs für seine Verteidigung des heliostatischen Weltbilds; Dialoge sind eine klassische humanistische Literaturform. Es ist ein auch heute noch wunderbar lesbarer, recht ausführlicher Text – im italienischen Original 599 Seiten. Seine Strategie ist bei den Figuren im Buch wie beim Leser erfolgreich: Galilei führt den Leser wie seine Diskussionspartner Stufe um Stufe zu seinem Wunschziel. Inhaltlich beschreibt er vier Tage der gelehrten Diskussion, ohne Mathematik, mit physikalischen Aussagen, die wir im Wesentlichen schon besprochen haben: Die Argumente gegen Aristoteles, aber auch noch aristotelische Argumente wie ewige Kreisbahnen. Er schildert seine Astronomie ohne Tycho und Kepler, ohne Epizyklen und Deferenten, das heißt ohne die Komplikationen des realen Kopernikus oder gar Keplers. Er widmet den ganzen vierten Tag seinem Beweisversuch über die Theorie der Gezeiten.

Hier sind die Personen und damit auch nahezu die Choreographie:

1. Salviati, der brillante und überlegene Wissenschaftler und überzeugte Kopernikaner, ist das Sprachrohr Galileis. Er ist nach dem gleichnamigen florentinischen Wissenschaftler und Freund Galileis, Filippo Salviati (1583–1614), modelliert, dem er im *Dialog* ein Denkmal setzt.
2. Sagredo, der intelligente Laie, spielt den klugen, anscheinend neutralen und lernfähigen Schüler. Mit anderen Worten: Er vertritt das Publikum, die Leserschaft. Galilei hat dazu den venezianischen Mathematiker Giovanni Francesco Sagredo (1571–1620) als Vorbild genommen.
3. Simplicio, der Aristoteliker und Bewahrer des alten Weltbilds. Nicht unsympathisch, aber Verteidiger der alten Weltordnung:

   „Diese philosophische Methode [die Abkehr von Aristoteles] führt zur Untergrabung aller Naturphilosophie, zur Verwirrung und Erschütterung von Himmel, Erde und Weltall." Simplicio beziehungsweise damit Galilei schildert eindrücklich das Gefühl der konservativen Seite seiner Zeitgenossen, etwa wenn Simplicio befürchtet, dass, wenn *„dies"* stimme, es überhaupt keine Wissenschaft mehr geben könne.

   Der Name Simplicio soll nach Galilei eine Referenz an den Philosophen Simplicius (ca. 480–559) sein – aber der Name hat den offensichtlichen Doppelsinn des „Simpels" oder schlichten Gemüts. Er wird zigmal als derjenige vorgeführt, der nichts begreift. Galilei unterlegt ihm auch den Gedankengang von Papst Urban III. zur Allmacht Gottes.

Dazu tritt Galilei auch selbst als vierte Person (in dritter Person) auf, als die externe Autorität, die er selbst zitiert als *„unser Freund von der Akademie die Lincei"*, etwa als *„der, der die Sonnenflecken als erster entdeckt hat"* (wie er denkt und behauptet).

Ein beispielhafter Beitrag des naiven Simplicio lautet so:

„Ich glaube gerne, dass Ihr verwirrt seid, Signore Sagredo, wie ich auch die Ursache dieser Verwirrung zu kennen glaube. Sie rührt meines Bedünkens daher, dass Ihr den bisherigen Vortrag des Signore Salviati teilweise versteht und teilweise nicht. Es ist auch richtig, dass ich diese Verwirrung nicht teile, aber nicht darum, weil ich, wie Ihr meint, das ganze verstünde, nein, im Gegenteil, weil ich nichts davon begreife. Die Verworrenheit setzt eben eine Vielheit von Dingen voraus, nicht aber ein Nichts."
Übersetzung Emil Strauss, 1891

Dieser Simplicio, der nichts versteht, bringt zum Schluss des Werks dann noch genau das oben genannte „Allmachtsparadoxon" als Weisheit in die Diskussion, sogar beinahe unverschlüsselt mit dem Papst Urban VIII. als Quelle, nämlich als

„eine unerschütterlich feststehende Lehre, die ihm einst eine ebenso gelehrte wie hochgestellte Persönlichkeit gegeben hat".

Galilei lässt Simplicio listig fragen:

„Kann Gott vermöge seiner unendlichen Macht und Weisheit dem Elemente des Wassers die abwechselnde Bewegung des Wassers, die wir an ihm beobachten, nicht auf andere Weise mitteilen, als indem er das Meeresbecken bewegt? … Es wäre eine unerlaubte Kühnheit, die göttliche Macht und Weisheit begrenzen und einengen zu wollen in die Schranken einer einzigen menschlichen Laune."

Der Meister Salviati erwidert und fällt ironisch das Urteil über Simplicio und damit über den Papst:

„Eine bewundernswerte, wahrhaft himmlische Lehre! Mit ihr stimmt jene andere göttliche Satzung vortrefflich zusammen, die uns wohl gestattet, den Bau des Weltalls forschend zu suchen, die uns jedoch für immer versagt, das Werk seiner Hände wirklich zu durchschauen, in der Absicht vielleicht, daß die Tätigkeit des Menschengeistes nicht abgestumpft und ertötet werde."

Der Gedanke ist an sich geistreich. Wir haben die weltlichen Varianten, das *Génie malin* und die Welt als Simulation, schon erwähnt. Aber das ist sicher nicht Galileis wirkliche Auffassung von Wissenschaft, die er hier offiziell vertritt: Wissenschaft als oberflächliche Spielchen, ohne die Chance, etwas zu durchschauen. Da bleibt im Trialog den beiden Klugen im Trio nur noch, nach einer devoten Floskel einen harmlosen Schluss für den *Dialog* zu machen:

„Lasst uns wie gewöhnlich ein Stündchen die Abendkühle bei einer Spazierfahrt geniessen; die Gondel erwartet uns bereits. Ende des vierten und letzten Tages."

Galilei zeigt hier erfrischend geistreichen, aber aus unserer modernen Sicht sarkastischen Humor. Er ist gegen seinen früheren Freund Urban schlicht unverschämt und beleidigend.

Der nächste Schritt zur Veröffentlichung ist die Erlangung der Druckerlaubnis, des „Good-for-Print" oder die (oder „das") Imprimatur. So schreibt der Jesuit James Brodrick (1891–1973) in 1965: *„Nicht einmal der glühendste Bewunderer Galileis kann leugnen, dass er ganz zweifelhafte Tricks verwendete, um das Imprimatur für den* Dialogo *zu erreichen"*.

Die Prüfung der Vorlage Galileis zur Imprimatur wurde wie eine heisse Kartoffel weitergereicht, mit Gründen wie mangelnder Zeit und mangelnden Kenntnissen. Es ist der Druck der Berühmtheit und Beliebtheit Galileis, es sind die Zweifel an der Problemlosigkeit des Textes einerseits und dem vermuteten Wohlwollen des Papstes andrerseits. Galilei erreichte die Druckerlaubnis in Florenz anscheinend mit Hilfe der schönen Cousine des Palastmeisters und Frau des florentinischen Botschafters Catarina – es ist ein Romanstoff zwischen Kirche und Grossherzog, Wissenschaft und persönlichen Gefühlen (Koestler 1959). Die Abb. 7.8 zeigt die erlangten römischen und florentinischen Imprimaturen. Der Meister des Heiligen Palastes Niccolo Riccardi, oberster Verantwortlicher für Druckerlaubnis, auch auf der Imprimaturseite des Werks aufgelistet, hatte die Erteilung der Erlaubnis an Florenz delegiert mit den Massgaben (Harry Nussbaumer 2010):

- Es dürfe nicht um Ebbe und Flut gehen (und damit nicht um einen Beweis für das kopernikanische Weltsystem),
- die Zielsetzung sei zu zeigen, dass die (katholische) Kirche den Stand der Wissenschaft beherrsche,
- und dass das kopernikanische Weltmodell als Rechenmodell betrachtet werde.

Es ist schleierhaft, warum der sonst so vorsichtige und devote Galilei diese – aus Sicht der Kirche vernünftigen – Randbedingungen missachtete. Schliesslich war es ja sein

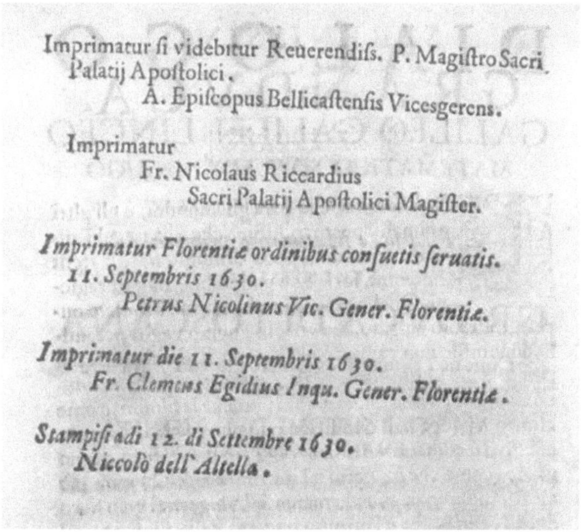

Abb. 7.8 Die erteilten römischen und florentinischen Imprimaturen für den *Dialog der beiden Weltsysteme.* (Bildquelle: e-rara.ch, 10.3931/e-rara-9475)

Imprimatur si videbitur Reuerendiss. P. Magistro Sacri Palatij Apostolici.
A. Episcopus Bellicastensis Vicesgerens.

Imprimatur
Fr. Nicolaus Riccardius
Sacri Palatij Apostolici Magister.

Imprimatur Florentiæ ordinibus consuetis seruatis.
11. Septembris 1630.
Petrus Nicolinus Vic. Gener. Florentiæ.

Imprimatur die 11. Septembris 1630.
Fr. Clemens Egidius Inqu. Gener. Florentiæ.

Stampisi adi 12. di Settembre 1630.
Niccolò dell' Ancella.

politisches Ziel, das kirchliche Verbot der Lehren des Kopernikus aufheben zu lassen. Äusserlich schreibt Galilei ein Vorwort im Sinne der Auflagen, im Text dagegen ist es offensichtlich, dass er für Kopernikus argumentiert.

Albert Einstein schreibt in einem Vorwort zu einer Ausgabe des „*Dialogs*":

> „*[Seine Hypothese von den Gezeiten] würde von Galilei nicht beweisend erkannt worden sein, wenn sein Temperament nicht mit ihm durchgegangen wäre.*"

Dies gilt wohl für die ganze Schrift, insbesondere für seine Satire zu Lasten des Papstes.

Im Februar 1632 sind die ersten Bände des *Dialogs* gedruckt, wenige Wochen später merken Papst und das Büro des Heiligen Palastes, dass Galilei sie ausgetrickst hat. Im August wird das Buch beschlagnahmt, im Oktober wird Galilei vor die Inquisition nach Rom geladen. Im April 1633 wird Galilei zum ersten Mal verhört. Der Prozess ist wiederum Roman- und Dramastoff, zum Beispiel mit einem dubiosen Dokument aus den Vatikanarchiven und mit der eigenartigen Verteidigung Galileis, er habe im *Dialogo* eigentlich die Gegenposition zu Kopernikus vertreten und sogar gezeigt, dass die Argumente der Kopernikaner schwach seien und nicht überzeugend. Dies ist nach der eigenen Lektüre nicht überzeugend, eher absurd. Galilei gibt dann zu, dass er dabei einige missverständliche Bemerkungen gemacht habe, und bietet an, dies mit zusätzlichen, neu zu schreibenden Seiten Text zu korrigieren.

Zum Prozess musste Galilei nach Rom. Alle authentischen Berichte bestätigen, dass er nicht gefoltert wurde (aber ihm wurde die Folter im Prinzip angedroht), dass er keinen einzigen Tag im Gefängnis verbrachte, sondern ein Apartment im päpstlichen Palast mit fünf Räumen und mit Aussicht auf die vatikanischen Gärten bewohnte, dass er einen Diener hatte und vom Koch und Verwalter der toskanischen Botschaft mit ausgezeichnetem Essen und Wein versorgt wurde. Trotzdem ist „Galilei im Kerker" ein feststehendes Bild in den Köpfen der Öffentlichkeit.

Galilei bleibt dabei: Er habe immer an die feststehende Erde geglaubt und sei nie Kopernikaner gewesen. Es ist diese Haltung, die ihm Bertold Brecht in seinem Drama zur Galilei-Affäre „Das Leben des Galilei" so übel nimmt. So spricht der Brecht'sche Galilei im Schauspiel zum Kollegen Mucius:

> GALILEI: *Ich sage Ihnen: Wer die Wahrheit nicht weiß, der ist bloß ein Dummkopf. Aber wer sie weiß und sie eine Lüge nennt, der ist ein Verbrecher! Gehen Sie hinaus aus meinem Haus!*
> MUCIUS tonlos: *Sie haben recht.* Er geht hinaus.

In seiner ersten Fassung des Dramas sieht er Galilei mit dieser Haltung als den Taktiker, der sich den Zwängen des Systems nur so weit beugt, wie es unbedingt sein muss, um möglichst noch weiter arbeiten zu können. Dann realisiert Brecht beim Atombombenangriff auf Hiroshima, dass Atomwaffen Physik sind, gewissermassen die Konsequenz der Anfänge der Physik in der Renaissance. Sein Schluss ist hier gewagt: Wenn Galilei nicht (feige) widerrufen hätte, hätte es keine Atombombe gegeben. Brecht hat seine verfügbare Galilei-Literatur wohl studiert, aber sicher nicht gewusst, dass Galilei nicht im

Besitz der Wahrheit war, sondern eher die Kirche und besonders und gerade die jesuitischen Astronomen.

Bertolt Brecht, der Autor des vielleicht bekanntesten (aber in der Darstellung der wissenschaftshistorischen Situation problematischen) literarischen Werks über Galilei, hat im Exil 1935 in der Nazizeit eine kleine Schrift für Autoren in schwierigen Zeiten verfasst, einen Leitfaden zum Schreiben der „Wahrheit" und dabei zu überleben. Die Schrift wurde als Tarnschrift als *„Satzung des Reichsverbands Deutscher Schriftsteller"* sogar in Nazideutschland verbreitet. Für Brecht war die Affäre Galilei im Prinzip einfach: Hier die Wahrheit und das Genie im Besitz der Wahrheit, dort die Vertreter einer bösen Macht, die nichts verstehen und ihre Macht nur erhalten wollen und deshalb keine Veränderung annehmen. Es ist lehrreich, die von ihm identifizierten fünf Schwierigkeiten und Ratschläge an der Affäre Galilei zu messen. Es braucht danach

1. *den Mut, die Wahrheit zu sagen.*
   Galilei hat diesen Mut zunächst schon, sogar „Übermut", aber er hat nicht die Wahrheit. Er hat nur den Geist der Wahrheit (das heliozentrische System ist der Wahrheit näher als das ptolemäische), aber ohne Beweis. Die Wahrheit hat zu dieser Zeit die Gegenseite.
2. *Die Klugheit, die Wahrheit zu erkennen.*
   Es reicht nicht aus, sie zu ahnen als *„Aperçu"* und falsche oder keine Beweise zu haben.
3. *Die Kunst, die Wahrheit handhabbar zu machen als eine Waffe.*
   Diese Kunst beherrscht Galilei grossartig. Er wählt dazu die italienische Sprache an Stelle des Lateins. Er kann seine Gegner zerstören, allerdings tut er es auch mit persönlichen Angriffen. Dabei ist es bei Galilei glaubhaft, dass er der Kirche gar nicht schaden wollte – er wollte der kopernikanischen Lehre zum Durchbruch verhelfen und, natürlich, ungeteilt dafür den Ruhm bekommen. Es sollte niemand anders sein.
4. *Das Urteil, jene auszuwählen, in deren Händen die Wahrheit wirksam wird.*
   Dies gelingt Galilei nicht, im Gegenteil: Er beschimpft die Adressaten, deren Meinung er ändern will, ob Wissenschaftler oder Kirche, als *geistige Pygmäen* und Ähnliches.
5. *Die List, die Wahrheit unter vielen zu verbreiten.*
   Hier hat er keine List notwendig: Er hat die gesamte Welt des 17. Jahrhunderts alarmiert, zunächst mit den Entdeckungen am Fernrohr, dann mit *„die Erde bewegt sich"* und mit dem Konflikt mit der Kirche.

Das Schauspiel Brechts ist grossartig und eindrucksvoll, vermutlich häufig Stoff im Deutschunterricht, aber es geht an der Wahrheit weit vorbei. Von seiner eigenen Art zu schreiben sagt Galilei selbstbewusst:

„Wenn ich für Pedanten hätte schreiben wollen, hätte ich wie ein Pedant geschrieben so wie Sie schreiben, aber um für die zu schreiben, die ernsthafte Autoren lesen, musste ich wie diese schreiben."

Er sagt dies nach dem Prozess zum Aristoteliker und Priester Antonio Rocco (1586–1653), heute vor allem als Autor eines homoerotischen Buchs bekannt.

Am 22. Juni 1633 wurde das Urteil verkündet:

- Galilei musste formell dem Kopernikanismus abschwören,
- er sollte nach dem Belieben des Heiligen Uffiziums (der Kongregation für die Glaubenslehre) lebenslang gefangen bleiben in Hausarrest („*ad formalem carcerem*", also „*pro forma Gefängnis*"),
- er sollte drei Jahre lang zur Strafe die sieben Busspsalmen (die *Psalmi poententialis*) wöchentlich beten, das sind sieben Psalmen um das Thema Schuld und Bekenntnis zur Schuld.
- Im Anschluss an den Prozess wurde der „*Dialog der beiden Weltsysteme*" verboten, ebenfalls alle möglichen Folgearbeiten.

Das Urteil war, man erinnere sich an die Verbrennung des Giordano Bruno, in der Formulierung und in der folgenden Durchführung relativ behutsam. Galilei war nach dem Kirchenrecht auch nicht als Ketzer verurteilt worden, sondern nur wegen des Verdachts auf Ketzerei:

„*Veementemente sospetto di aver dato adesione alla dottrina copernicana: atque adhuc eam tenere*",

zum „*starken Verdacht, der kopernikanischen Lehre angehängt zu haben und noch anzuhängen*". Der Historiker Anthony Christie betont (Christie 2015), dass dieser Unterschied keine Haarspalterei ist – es wäre der Unterschied zwischen Leben und Tod gewesen. Allerdings war mit dem Abschwur Galileis das öffentliche Interesse an seinem Werk allgemein geweckt worden: Der Preis des Buches stieg von einem halben Scudo auf 6 Scudi (Börnchen 2012).

Im Sinne und in der Logik der Kirche ist es eigentlich gar nicht begründet, nur von einem Verdacht zu sprechen. Ganz sicher hing Galilei den Lehren des Kopernikus an; man (die offizielle Kirche und der Papst Urban VIII.) wollte den berühmten Galilei nur nicht zerstören. Von den zehn Richtern der Inquisition hatten sich drei geweigert, das Urteil zu unterzeichnen. Papst Urban VIII. soll auf Verurteilung und auf „formellem Gefängnis" bestanden haben, hat aber das Urteil selbst nicht unterschrieben. Galileis „formelles Gefängnis" war zunächst die Villa der Medici in Rom, dann der Palast des Erzbischofs von Siena, dann sein Gut in Arcetri und schliesslich seine Villa in Florenz. Die Strafgebete durfte er an seine Tochter, die Karmeliternonne Maria Celeste, delegieren.

Wirklich entehrend war der Akt der Abschwörung mit der Abschwörformel, auf den Knien vor den Inquisitoren und im weissen Büssergewand. Es war ein Tiefpunkt nicht nur in der Geschichte der Kirche, sondern der Geschichte der Menschheit, ein „*Moment epochaler Tragik*", wie ein Journalist schreibt. Der Wissenschaftshistoriker Arthur Koestler bemerkt, dass die Kirche – zum Glück für Galilei – auf das Schreiben eines Gegenbuchs zum *Dialogo* mit einer Pseudo-Widerlegung der kopernikanischen Lehre verzichtete; Galilei hatte dies während des Prozesses selbst zweimal angeboten. Das wäre für das Bild des Wissenschaftlers Galilei in der Geschichte eine Schande geworden (und der Höhepunkt des Brecht'schen Dramas). Die Kirche bewahrte ihn davor unbeabsichtigt. So war es vor allem eine persönliche Erniedrigung:

> *„Ich schwöre ab, verwünsche und verfluche mit redlichem Herzen und nicht erheucheltem Glauben alle diese Irrtümer und Ketzereien, sowie überhaupt jeden anderen Irrtum und jede Meinung, welche der Heiligen katholischen und römisch-apostolischen Kirche entgegen ist; auch schwöre ich, in Zukunft weder mündlich noch schriftlich etwas zu sagen oder zu behaupten, was ähnlichen Verdacht der Ketzerei gegen mich begründen könnte; und sollte ich einen Ketzer oder der Ketzerei Verdächtigen kennen, so werde ich ihn dem Heiligen Offizium oder dem Inquisitor oder meinem Diözesanbischof anzeigen." Übersetzung Emil Wohlwill, 1908/1926*

Im Jahr nach dem Prozess begann Galilei, seine physikalischen (und nicht-himmlischen) Erfahrungen systematisch aufzuschreiben im Buch *Discorsi e dimostrazioni matematiche intorno a due nuove scienze attenenti alla mecanica e i movimenti locali,* also auf Deutsch: *„Unterredung und mathematische Demonstration über zwei neue Wissenszweige die Mechanik und die Fallgesetze betreffend".* Das Buch ist Galileis physikalisches Erbe: eine Sammlung seiner physikalischen Ideen im Laufe seines Lebens, vor allem der Jahre bis 1610, bis ihn die Aufgaben am Himmel mit den Entdeckungen am Fernrohr und die Missiontätigkeit für das heliozentrische (heliostatische) Weltbild vereinnahmten. Für den Physiker Galilei ist dies Werk sein wissenschaftliches Vermächtnis mit vielen Ideen und physikalischen und mathematischen Ansätzen.

Im Jahr 1636 schickt er ein Manuskript davon nach Paris und ein anderes gelangt ins „freie" Holland. Galilei hatte dies bereits mit dem holländischen Verleger Lodowijk Elzevir (1604–1670) in Florenz bei dessen Besuch während seines Hausarrests verabredet. Ein Jahr später entzündet sich sein rechtes Auge, zum Jahresende war er auf beiden Augen voll erblindet (eine unbestätigte Meinung ist, dass ungeschützte Sonnenbeobachtung am Fernrohr der Grund war).

Bis zu seinem Tod schreibt er an zusätzlichen Kapiteln zu den *Discorsi* und empfängt Besucher aus ganz Europa, im Jahr 1638 wahrscheinlich den englischen Dichter und Denker John Milton (1608–1674). Der Besuch Miltons bei Galilei (Abb. 7.9) ist selbst zu einer Legende in der Legende der Galilei-Affäre geworden (Krämer 2014). Milton verwendet den Besuch bei Galilei und die Galilei-Affäre in dem Traktat von 1644 als Argument für die Freiheit der Veröffentlichung und gegen eine Vorzensur:

> *Areopagitica: A Speech of Mr. John Milton for the Liberty of Unlicens'd Printing. To the Parlament of England – Eine Rede des Herrn John Milton für die Freiheit, unzensiert zu veröffentlichen. An das Parlament von England.*

Es gibt Zweifel daran, ob der Besuch Miltons bei Galilei in dessen Landhaus in Arcetri wirklich stattfand (wie die meisten Historiker denken), oder ob es nur eine geniale und

Abb. 7.9 Galileo Galilei empfängt John Milton im Hausarrest in Arcetri bei Florenz. Gemälde von Annibale Gatti (1827–1907), 19. Jahrhundert. (Bildquelle: Wikimedia Commons, Wellcomeimages.com)

eindrucksvolle Erfindung Miltons war, die als grosses Argument zu seinem Kampf für Redefreiheit (Philosophical Freedom) wunderbar passte:

„… ich könnte berichten, was ich in anderen Ländern gehört und gesehen habe, wo diese Art Inquisition tyrannisiert. …dort habe ich den alt gewordenen berühmten Galileo gefunden und besucht, als Gefangenen der Inquisition, weil er in der Astronomie anders dachte als die franziskanischen und dominikanischen Lizenzgeber fürs Denken.“ Eigene Übersetzung

Jedenfalls begann mit diesen Zeilen das grosse geschichtliche Bild von Galilei als Märtyrer der Wissenschaft zu entstehen und zu wirken.

Galilei stirbt am Abend des 8. Januars 1642, wenige Wochen vor seinem 78. Geburtstag, wahrscheinlich umgeben von sieben Menschen (manche Autoren berichten von drei Anwesenden): seinem Sohn Vincenzio (1606–1649) mit dessen Frau Sestilia, seinem Juniorassistenten und späteren Biographen Vincenzo Viviani (1622–1703), und seinem neuen Seniorassistenten Evangelista Torricelli (1608–1647). Letzterer war erst ein paar Wochen zuvor zu Galilei gekommen und sollte wenige Jahre später als erster Mensch ein Vakuum herstellen und dabei das Quecksilberbarometer erfinden. Dazu der Ortspfarrer, der ihm die Sterbesakramente reichte, und im Hintergrund zwei Vertreter der Inquisition.

Die Suche nach Besonderem hat noch eine weitere Legende produziert, eine Schlusslegende sozusagen: *„Als Galilei starb, wurde Newton geboren“* oder etwas präziser: „Im gleichen Jahr, als Galilei starb, wurde Newton geboren". Auch dies stimmt nicht ganz: Galilei stirbt am 8. Januar 1642 gregorianisch, das entspricht julianisch dem 29. Dezember 1641, und Newton wird am 4. Januar 1643 geboren (gregorianisch oder in England „New Style") entsprechend 25. Dezember 1642 (julianisch oder „Old Style"). Der britische Physiker Stephen Hawking dagegen wurde auf den Tag genau 300 Jahre nach Galileis Todestag geboren, aber dies hat wirklich nichts zu bedeuten.

Die Kirche war sich der Schädlichkeit des Prozesses gegen die Berühmtheit Galilei bewusst und versuchte für nahezu hundert Jahre, ein grosses, repräsentatives Grab zu vermeiden. Galilei wurde zunächst im Turmzimmer der Kirche Santa Croce beigesetzt (gegen Galileis Wunsch nach der Familiengruft). 95 Jahre nach seinem Tod, mehr als hundert Jahre nach dem Prozess, wird Galilei in einem Sarkophag am Ehrenplatz im Mittelschiff beigesetzt, neben Michelangelo Buonarroti, Niccolò Machiavelli und heute Gioacchino Rossini sowie dem Scheingrab für Dante Alighieri. Galileis Aufstieg zu einem Heiligen (der Wissenschaft) und gleichzeitig zum Symbol der Kluft zwischen Kirche und Wissenschaft ist für drei Jahrhunderte unaufhaltsam. Es ist eine Ironie der Galilei-Affäre, dass Kardinal Bellarmin (und damit die Kirche) versucht hatte, keine Kluft entstehen zu lassen – Galilei hat sie nicht gewollt, aber geschaffen, und niemand konnte sie bis heute wieder richtig schliessen.

Es ist ebenfalls eine Ironie der Geschichte, dass auf Galileo Galilei, den Inbegriff des modernen Rationalismus und der Gegnerschaft zur Kirche, ausgerechnet die Utensilien und Gebräuche der kirchlichen mittelalterlichen Heiligen übertragen wurden. Am eindrucksvollsten ist dies in der Zuordnung Galileis als einen „Unverweslichen" (*corpo incorroto*) in einer Reihe mit Heiligen wie der Heiligen Bernadette und der Heiligen Cäcilia. Dazu kommt die Aufbewahrung (und Verehrung) von leicht abtrennbaren Körperteilen als „Reliquien", bei Galilei drei seiner Finger und ein Zahn. Bei der Umbettung Galileis 1737 war sein Körper durch die Umweltbedingungen in der Kirche natürlich mumifiziert worden; der Priester, Altertumsforscher und Antiquar Antonio Francesco Gori (1691– 1757) soll sich bei dieser Gelegenheit mindestens eines Fingers von Galilei bemächtigt haben. Der Finger wurde in einer Flasche in der Mediceischen Bibliothek Besuchern gezeigt – heute im Galilei-Museum in Florenz (Abb. 7.10).

Eine konservativ-katholische Website schreibt zum allgemeinen Verständnis der Bedeutung der „Unverwesbaren" (Incorruptibles):

> *„... diese Heiligen sind eine Klasse für sich. Wenn auch die Unverwesbarkeit nicht automatisch Heiligkeit bedeutet, so wird sie doch durch die Kirche als etwas Übernatürliches angesehen. Die Wahrheit ist, dass diese Vorkommnisse nicht ohne göttliche Intervention verstanden werden können, denn für sie werden die Naturgesetze aufgehoben."*
> *Roman-Catholic-Saints.com; private, nichtkirchliche Website*

Die letzte Bemerkung „*für sie werden die Naturgesetze aufgehoben*" ist doppelt ironisch für Galilei – schliesslich steht sein Name im populären Verständnis für die Naturgesetze und andrerseits entspricht dies der unwissenschaftlichen Ansicht des Papstes beziehungsweise des Simplicio, dass Gott alles auch ganz anders machen kann, wenn er will, und damit der Schlusspointe im grossen *Dialog*.

Abb. 7.10 Galilei – Reliquien im Museo Galileo. Mehrere Finger Galileis, wahrscheinlich entnommen am 12. März 1737. (Bildquelle: Museo Galileo, Florenz, mit freundlicher Genehmigung)

Als die Galileireliquien im Jahr 2009 zu Schauobjekten im Galilei-Museum wurden (und vom Direktor Paolo Galuzzi nach DNA-Tests offiziell anerkannt wurden), löste dies weltweit Artikel aus wie:

„Wer will Galileos Mittelfinger sehen?" „Fundsache Nr. 749: Galileis Finger gefunden?"
„Wenn Sie in Ihrem Leben auch nur einen versteinerten Mittelfinger sehen könnten …",
„Der Mittelfinger für die moderne Zeit", wobei der erhobene Mittelfinger eben gleichzeitig auch eine obszöne Geste bedeutet. Nach der Aussage des Museums sind damit alle einmal verlorengegangen Körperteile Galileis wieder in „sicheren Händen".

Das Verhältnis Galileis mit der Kirche ist noch nicht in einem sicheren Hafen. Zwar wurde 1757 die kopernikanische Lehre offiziell akzeptiert und 1835 das Hauptwerk *„Der Dialog über die beiden Weltsysteme"* vom Index Romanus, dem Verzeichnis der verbotenen Bücher genommen, aber Frieden ist nicht leicht zu schliessen. Ein unterschwelliger Grund dafür ist wohl auch, dass beim Verständnis für den wahren Ablauf der Affäre Galilei ein moderner Kardinal oder gar Papst eher denkt: Ich hätte es auch so gemacht.

1979 veranlasst Papst Johannes Paul II. eine Überprüfung des Falles Galilei, 1992 hält der Papst eine Rede und verkündet, *„Galilei sei Unrecht geschehen, als ihn die Inquisition* *unter Androhung der Folter zwang, dem kopernikanischen Weltbild abzuschwören.*" Aber die Beurteilung ist, wie wir gesehen haben, nicht so einfach:

- Natürlich ist die Ausübung von (weltlichem) Zwang gegen eine wissenschaftliche Erkenntnis ein Verbrechen gewesen,
- natürlich sind Bibelzitate nicht wörtlich zu nehmen,
- natürlich ist es physikalisch eindeutig, dass die Sonne im Zentrum des Systems der Planeten steht – aber dies ist eben nicht Kopernikus.

Das kopernikanische System, für das Galilei stritt, war ja nur die Umkehrung des (recht bewährten) antiken Systems mit Epizyklen und Deferenten mit der Sonne als einem der fiktiven Punkte und mit neuen Epizyklen. Es war ohne jeden Beweis nur eine mittelmässig gute Rechenhypothese – und genau dies zu sagen, war ja der Wunsch der Kirche gewesen.

Während die „Galileisten" – und das ist noch heute die Mehrheit – die totale Unterwerfung und Entschuldigung der Kirche verlangen, sah es für die Kirche (und auch neutral betrachtet) eher nach einem grossen Missverständnis aus, ausgelöst durch die falsche Selbstsicherheit und Unwissenschaftlichkeit Galileis. Natürlich bleibt aus heutiger Sicht ein Vorwurf an die Kirche und an die Gesellschaft des 17. Jahrhunderts hängen: Wieso durfte man aus religiösen Gründen überhaupt gewaltsam in Weltanschauungen und Wissenschaft eingreifen und Gewalt ausüben?

Der damalige Kardinal Joseph Aloisius Ratzinger (geb. 1927) hatte versucht, dies darzulegen in einer berühmten Rede im Jahr 1990 in Rom (nicht in Parma, wie manchmal geschrieben). Er zitierte den österreichischen Philosophen Paul Karl Feyerabend (1924–1994):

> *„Die Kirche zur Zeit Galileis hielt sich viel enger an die Vernunft als Galilei selber, und sie zog auch die ethischen und sozialen Folgen der galileischen Lehren in Betracht. Ihr Urteil gegen Galilei war rational und gerecht, und seine Revision lässt sich nur politisch-opportunistisch rechtfertigen."*

Im Jahr 2008 musste er eine geplante Rede vor Studenten an der Universität La Sapienza in Rom wegen Protesten der Studenten und Professoren gegen den Besuch absagen, wegen seiner Rede von 1990. Ratzinger konnte das Paradox

> *„Galilei unwissenschaftlich, aber im Ruf des Wissenschaftlers,*
> *die Kirche begrenzt (und nahezu zufällig) wissenschaftlich,*
> *aber die Unterdrückerin der Wissenschaft"*

nicht lösen, ja nicht einmal erwähnen. Galilei hatte mit seinem Vorpreschen mit dem heliozentrischen System und seinem Prozess samt seiner Verurteilung zumindest klare Verhältnisse geschaffen: hier die guten Aufklärer, dort die Bösen und Gestrigen. Das einseitige Verständnis der damaligen Ereignisse ist heute sehr schwer zu korrigieren.

Noch ein Nachtrag zur Korrektur der Vorstellung einiger Unterstützer der Kirche in der Affäre Galilei: Das ptolemäisches Weltmodell und das kopernikanische sind nur als geometrische Konstrukte austauschbar (kinematisch), nicht aus moderner Sicht (dynamisch). Die Planeten werden durch die Gravitation der Sonne auf ihren Bahnen gehalten, nicht durch diejenige (auch vorhandene) der Erde. Aber dies wusste Galilei natürlich nicht. An der Herrschaft der Sonne lässt sich nicht rütteln.

7.3   Galilei und die Kirche – auf den Punkt gebracht

Galilei war (anscheinend) treuer Anhänger der Kirche; trotzdem hatte er drei Konfliktgebiete mit der Kirche: seine Astrologie, die Überzeugung der Atomistik und das astronomische Weltmodell.

In der Astrologie war er einerseits Kind der Zeit und astrologischer akademischer Lehrer; er durfte kirchlich gesehen nur keine Aussagen machen, die Gott die Freiheit zum Handeln nähmen. Eine Anzeige in seiner Zeit in Venedig wurde niedergeschlagen; Zeugnisse über seine Neigung zur Astrologie verlieren sich – die Korrespondenz mit dem berühmtesten Astrologen seiner Zeit im Jahre 1633 ist ein spätes Beispiel. Galilei leugnet den Einfluss des Mondes auf die Ozeane (sie seien zu gross dafür), dies heisst nicht, dass es keine Einflüsse auf Menschen gebe. Dazu ist Astrologie eine Form der Mathematik.

Die Atomistik versteht die Dinge als Ansammlungen von kleinsten unteilbaren Teilchen. Sie ist durchaus eine Vorahnung der physikalisch-chemischen Atome und eine intellektuelle Leistung. Das kirchliche Problem dabei ist vor allem das Sakrament der Wandlung, die Transsubstantiation. Angesichts der harten theologischen Auffassung einer realen Wandlung von Brot und Wein in Blut und Leib Christi (wie im Konzil von Trient verbindlich festgelegt) wird es gefährlich für den Atomisten Galilei. Es gibt Historiker, die hier einen verborgenen Grund für die Affäre Galilei mit seiner Verurteilung sehen.

Der grosse Konflikt mit der Kirche ist jedoch das heliozentrische Weltmodell, das Galilei versucht zu vertreten, aber er macht es doppelt und dreifach falsch:

- Er setzt Ptolemäus gegen Kopernikus – ein unsinniges Duell heute wie damals im Jahr 1632. Diese beiden Systeme sind astronomisch-rechnerisch äquivalent und waren schon damals veraltet. Eigentlich meint er vage „geozentrisch" versus „heliozentrisch". Nach dem Stand der Wissenschaft hätte er Tycho mit Kepler vergleichen müssen.
- Er glaubt mit einer Theorie über die Gezeiten einen Beweis zu haben, dass die Erde in der Tat zwei Bewegungen macht. Die Theorie enthält ein wenig Wahrheit, aber missachtet das Wichtigste: die Gravitation und den Mond.

Dazu versucht er die relevanten Bibelzitate (aus heutiger Sicht vernünftig, aber für die Kirche gefährlich) als Metaphern zu interpretieren. Dies ergibt die paradoxe Situation, dass die Kirche (mit den jesuitischen Astronomen) wissenschaftlicher argumentiert als Galilei, dieser aber weitsichtiger ist in theologischen Dingen. Ohne Beweis und angesichts der Reformation und Gegenreformation, vermutlich noch persönlich beleidigt von seinem Freund Galilei, gibt der Papst die Anweisung zum Prozess, offensichtlich mit den sanftest möglichen Bedingungen während des Prozesses, im Urteil wie bei seiner Vollstreckung.

Aber die Lage bleibt bis heute verfahren, da die allgemeine Meinung Galilei zum buchstäblichen Heiligen gemacht hat – ohne Verständnis für die Hintergründe. Aber Galilei war arrogant; er hat Tycho, und – aus wissenschaftlicher und menschlicher Sicht besonders traurig – Kepler ignoriert. Er hat nicht die wissenschaftliche Wahrheit der Jahre um 1630 vertreten. Was er selbst für so wichtig gehalten hat – sein Beweis des heliozentrischen Systems mit den Gezeiten – ist Randnotiz der Geschichte. Seine Glorie ist eigentlich, wie es der Schweizer Schriftsteller und ehemalige Dominikanermönch Hans Conrad Zander formuliert hat, der Prozess.

Was wäre also richtig gewesen und was gilt heute?

Im Jahr 1632 war die Kirche im Unrecht in ihrer wörtlichen Bibelauslegung (aber wir haben die Gründe dargelegt), Galilei war wissenschaftlich doppelt im Unrecht: Er hatte keinen Beweis und er diskutierte das Falsche.

Daraus folgt heute wiederum paradox: Die Kirche sollte und könnte sich für die falsche wörtliche Bibelauslegung 1632 entschuldigen (vor der sie die Kirchenväter gewarnt hatten und die sie ja heute aufgegeben hat, aber andere Religionen noch nicht, wie der Islam), aber die Wissenschaft – wer dies auch immer ist – sollte die Glorifizierung der Affäre Galilei zurückziehen. Die Kirche braucht sich nicht für eine geozentrische Position zu entschuldigen, denn es war damals die Wissenschaftliche. Die Affäre hatte nur scheinbar für klare Fronten gesorgt – hier das Gute, Wissenschaftliche, dort das Böse, Rückschrittliche. Jeder, der die Situation genauer ansieht, kommt in Konflikt mit der heutigen populären Meinung.

Literatur

Börnchen, Martin. 2012. *Galilei zwischen Kirche und Wissenschaft (Ausstellungsführer)*. Universitätsbibliothek der Freien Universität Berlin.

Braudel, Fernand. 1990. *Das Mittelmeer und die mediterrane Welt in der Epoche Philipps II.* Frankfurt a. M.: Suhrkamp.

Christie, Anthony. 2015. *For those who haven't been paying attention*. The Renaissance Mathematicus.

Dorn, Matthias. 2000. *Das Problem der Autonomie der Naturwissenschaften bei Galilei*. Stuttgart: Franz Steiner Verlag.

Gingras, Yves. 2010. *L'atomisme contre la transsubstantiation*. La Recherche 446, 92–94. chss.uqam.ca.

Hehl, Walter. 2012. *Die unheimliche Beschleunigung des Wissens*. Zürich: ETHZ/VdF Verlag.

Hehl, Walter. 2016. *Wechselwirkung. Wie Prinzipien der Software die Philosophie verändern*. Heidelberg: Berlin/ Heidelberg: Springer.

Karpp, Heinrich. 1970. Der Beitrag Keplers und Galileis zum neuzeitlichen Schriftverständnis. *Zeitschrift für Kirche und Theologie 67*, 40–55.

Kleinert, Andreas. 2003. Eine handgreifliche Geschichtslüge. Wie Martin Luther zum Gegner des copernicanischen Weltsystems gemacht wurde. *Berichte zur Wissenschaftsgeschichte*. Wiley online library.

Koestler, Arthur. 1959/1963. *Die Nachtwandler*. Bern: Scherz Verlag.

Kollerström, Nick. 2004. *Galileo's astrology*. skyscript.co.uk.

Krämer, Olav. 2014. *Tintenfass und Teleskop: Galilei im Schnittpunkt*. Berlin: De Gruyter.

Moss, Jean Dietz. 2003. *Rhetoric and dialectic in the time of Galileo*. Washington: The Catholic University of America Press.

Nussbaumer, Harry. 2010. *Revolution am Himmel*. 1985gamf.conf., 75–101. Zürich: Vdf Verlag.

Pedersen, Olaf. 1985. Galileo's religion. In *SAO/NASA astrophysics data system*.

Wachtturm. 2005. *Wissenschaft und Bibel – widersprechen sie sich wirklich?* https://wol.jw.org/de/wol/d/r10/lp-x/2005241.

*„Besorge zuerst Deine Tatsachen, dann kannst Du sie verdrehen
wie es Dir gefällt.“*

Mark Twain zu Rudyard Kipling (1899)

*„Das ist etwas Faszinierendes an der Wissenschaft. Man bekommt
ein dickes Bündel an Vermutungen zurück, wenn man nur einige
wenige Fakten investiert.“*

Mark Twain, Life on the Mississippi (1883)

Galilei beginnt 1610 im Alter von 46 Jahren, wissenschaftlich zu publizieren mit dem *Nuncius Sidereus,* dem schlichten Bericht, was „man“ am Sternenhimmel mit einem einfachen Teleskop sehen kann. Seinen ersten Versuch um 1590, das Büchlein *De Moto (von der Bewegung)* hat er nie veröffentlicht. Neben einer Vielzahl Briefen (etwa 4200) sind es einige wissenschaftliche Arbeiten und Messberichte (über das Schwimmen und das Fallen von Körpern, über Kometen und Gezeiten) und vor allem der *Dialog über die beiden Weltsysteme* und die *Unterredungen über zwei neue Wissenschaften.* Aber auf der Sekundärseite stehen vermutlich 10.000 Bücher und Veröffentlichungen – viele zueinander im Widerspruch! Mark Twain hat mit beiden Zitaten hier Recht: Es sind viele Verdrehungen, Verzerrungen und Vermutungen dabei. Die Verzerrungen beginnen schon mit und durch Galilei selber.

Noch eine Bemerkung: Wenn man in die richtigen Aussagen investiert, etwa die Maxwell'schen oder Einstein'schen Gleichungen, dann bekommt man ein universelles Bündel übermenschlicher Aussagen zurück, die weit über das Alltägliche hinausgehen. Aber wir sind bei Galilei sehr im Menschlichen mit Meinungen, Weltanschauungen, Fehlinformationen und Irrtümern.

© Springer Fachmedien Wiesbaden GmbH 2017
W. Hehl, *Galileo Galilei kontrovers,* https://doi.org/10.1007/978-3-658-19295-2_8

8.1   Galilei – seine Persönlichkeit

> „Was wollt denn ihr, Herr Sarsi, da es doch mir allein vergönnt war, alles Neue am Himmel
> zu entdecken, niemand anderem als mir allein!"

Dieser Satz Galileis aus dem *Saggiatore* klingt wie ein Witz, aber es ist kein Humor, der
daraus spricht, Galilei meint es Ernst. Schlimmer noch: Galilei kämpft hier für eine vollkommen falsche, aristotelische Ansicht. Wir haben den Satz schon in Kap. 5 zitiert als
astronomisch falsche Behauptung Galileis zu Kometen. Der Jesuit Orazio Grassi hatte ihn
unter dem Pseudonym „Sarsi" allerdings geärgert, unter anderem indem er sagte *„das
Fernrohr sei zwar nicht Galileis Kind, doch sein Zögling"*. Damit hat er ihm ganz selbstverständlich die Priorität an der Erfindung abgesprochen.

Ein ähnlicher unbescheidener, berühmter Satz Galileis lautet:

> *„Das Universum, das ich durch meine wunderbaren Beobachtungen und klaren Beweisfüh-
> rungen hundertfach, ja tausendfach, mehr als jeder Weltweise aller vergangenen Jahrhun-
> derte erweitert habe."*

Sicher gilt dies für das Teleskop als Werkzeug, aber so eindeutig ist dies nicht für die
Leistung Galileis – die Erforschung des Himmels lag seit der Erfindung des Fernrohrs
1608 „in der Luft".

Ausserhalb der unkritischen Galilei-Literatur wird Galilei geschildert als *„monumental
arrogant, überdurchschnittlich eigensinnig, empfindlich, aggressiv und verletzend gegen
alle, die etwas gegen ihn sagten"*. Sein Charakter als Person und als Wissenschaftler sammelt noch weitere Negativismen, schon bei seinen Zeitgenossen:

> *„Er entflammt sich an seinen Meinungen, hat heftige Leidenschaften in sich und wenig Kraft
> und Vorsicht, um sie besiegen zu können."*
> *Piero Guicciardini, toskanischer Gesandter, 1616*

Seine Mitstudenten sollen ihn *„den Zänker"* genannt haben. Am härtesten geht wohl der
Historiker und Schriftsteller Arthur Koestler (1905–1983) mit Galilei um.

> *„Galilei hingegen besaß das seltene Talent, Feindschaft zu erregen; nicht die mit Empörung
> abwechselnde Zuneigung, die Tycho hervorrief, sondern die kalte, erbarmungslose Feindse-
> ligkeit, die das Genie plus Überheblichkeit minus Bescheidenheit im Kreise der Mittelmäßi-
> gen schafft."*

Dieser Satz Koestlers aus dem Jahr 1959 mit dem Additionstheorem „Genie plus Überheblichkeit minus Bescheidenheit" war es wohl, der den Physiker Rocky Kolb (1999) zu einer
bösen „Galilei-Gleichung" veranlasste:

$$\text{Genie} + \text{Unnachgiebigkeit} - \text{Bescheidenheit} = \text{Ärger}$$

Der Historiker und Kardinal Walter Brandmüller (geb. 1929) stellt 2006 seine Variante der Gleichung für Galileis Persönlichkeit auf:

$$\text{Genie} + \text{Eitelkeit} - \text{Bescheidenheit} = \text{Galilei}$$

Es gibt übrigens überraschenderweise keine „richtige" Galilei-Gleichung in der Physik, jedenfalls keine physikalische Gleichung, die von Galilei geschrieben wurde – er hat ja keine Algebra verwendet.

Ein besonderer Fall ist die einseitige Beziehung von Galilei und Kepler: Kepler hilft ihm begeistert, die Anerkennung für die Entdeckungen im Fernrohr zu finden. Galilei antwortet lange nicht auf Keplers Briefe und zitiert ihn ansonsten nur, um ihn zu widerlegen; er betrachtet den kaiserlichen Hofastronomen als Konkurrenten. Ein Grenzfall ist der Wunsch Keplers nach einem Teleskop aus der Produktion Galileis um *„das grosse Himmelsspektakel [der Jupitermonde] auch zu sehen"*. Galilei hatte schon mehrere Fernrohre an Prinzen und Kardinäle verteilt (und verteilte weiter), aber an Kepler schrieb er diplomatisch unwahr, er habe keine guten Teleskope mehr, und Kepler verdiene nur das beste (Biagioli 2006).

Sehr bedauerlich ist die bis heute wirksame totale Unterdrückung des Astronomen Simon Marius durch Galilei. Die Ideen und Werke des Marius hätten für die Arbeiten Galileis eine gute Ergänzung sein können. Die galileischen Vorwürfe waren weitgehend haltlos, ja unsinnig, wie: *„Er hat nie den Jupiter beobachtet"*. Dabei hat Marius unabhängig und beiläufig einen frühen unbeachteten Beweis für die zentrale Stellung der Sonne geliefert; der wäre Galilei sehr nützlich gewesen.

Galilei schrieb glanzvolle, destruktive Rhetorik, etwa wenn er die ernsthaften Astronomen Grassi und Brahe an die Wand schrieb, vor allem Grassi (das war der obige Sarsi als sein Pseudonym) wurde erfolgreich als Idiot hingestellt, obwohl er Recht hatte und Galilei unwissenschaftlich und polemisch argumentierte. Den messenden Astronomen Tycho Brahe, der die genauesten Sternpositionen vor der Erfindung des Teleskops lieferte und den er nach seiner eigenen Philosophie deshalb hätte besonders schätzen müssen, stellt er als Schwätzer dar, weil ihm seine Aussagen nicht passen (er spricht von Brahes *angeblichen* Messungen). Da Brahe die Kometen (richtig) als Himmelskörper in den Bereich der Planeten setzt, macht er sich über ihn als Herrn der *„Affenplaneten"* lustig. Koestler drückt Verhalten und Wirkung klar aus:

„Seine Methode war, den Gegner lächerlich zu machen – und damit hatte er immer Erfolg, gleichgültig ob mit Recht oder Unrecht. ... Die Methode erwies sich als ausgezeichnet, um im Augenblick Triumphe zu feiern und sich Feinde fürs Leben zu schaffen."

Sanfter ist der Kommentar Einsteins, der Galilei zuerkennt, dass *„sein Temperament mit ihm durchgeht [bei seinem falschen Beweis für die Gezeiten]"*. Er hat wie bei Physikern üblich das klassische, edle Galileibild der Aufklärung vor Augen. Einstein ist auch kein Historiker, so deutet er zum Beispiel irrtümlicherweise an, dass man zu Galileis Zeit noch an die flache Erde glaubte.

Aus unserer modernen Perspektive sind die Ausdrücke Galileis, die er seinen (vermeintlichen) Gegnern zuordnet, amüsant und „barock". Man findet sie in den Randnotizen auf seinen Büchern, in Briefen, in den Büchern. Berühmt ist seine recht rigorose und selbstsichere Bezeichnung für alle, die nicht der kopernikanischen Lehre folgten:

> „… *es sind geistige Pygmäen, die es kaum verdienten, menschliche Wesen genannt zu werden, dumme Mondkälber"* – im lateinischen Text „*homunciones, hebetes et pene stolidos".* Das geht sicher über einen auch damals üblichen floskelreichen Stil hinaus!

Hier weitere Bezeichnungen, die Galilei seinen Gegnern (oder Nichtfreunden) gegeben hat: „*Ignorant, Pedant, böswilliger Tor, Riesendummkopf, größter Ochse, den er je gesehen hat, Lügner und Betrüger, Du Stück Esel, Büffel, gemeiner Faulenzer, dummes Vieh, vernagelter Kopf"*
oder

> „*giftiger Skorpion, den ich zertreten und in seinem eigenen Gift zugrunde richten werde".*

Galileis Stil des persönlichen Angriffs, das „*argumentum ad hominem",* ist zu einem Musterbeispiel der polemischen Argumentation geworden – insbesondere, wenn der Argumentierende wie bei seinen Angriffen auf Grassi im Unrecht ist (Finocchiaro 1980). Dazu die Definition nach Wikipedia (07/2017):

> „*Unter einem argumentum ad hominem (lateinisch „Beweisrede zum Menschen") wird ein Scheinargument verstanden, in dem die Position oder These eines Streitgegners durch einen Angriff auf persönliche Umstände oder Eigenschaften seiner Person angefochten wird. Dies geschieht meistens in der Absicht, wie bei einem argumentum ad populum, die Position und ihren Vertreter bei einem Publikum oder in der öffentlichen Meinung in Misskredit zu bringen."*

Es ist vielleicht an dieser Stelle zu bemerken, dass dieses ganze Kapitel selbst ironischerweise wie Argumente „*ad hominem"* wirkt – aber hier sind die menschlichen Seiten direkt der Gegenstand.

Wir haben andere persönliche Eigenschaften Galileis schon erwähnt, die menschlich verständlicher sind, wenn auch an der Grenze des Vertretbaren:

- Das Beharren auf alleiniger Priorität an einer Entdeckung oder Erfindung, selbst wenn „der andere" vielleicht sogar eher oder doch gleichzeitig die Entdeckung gemacht haben könnte – oder wenn geringe „Erfindungshöhe" beziehungsweise „Entdeckungshöhe" einen Prioritätenstreit gar nicht lohnen.
- Die Sucht nach Ruhm und insbesondere, entsprechend der barocken Zeit, nach Adel und adligen Titeln. Sein Weggang von der relativ freien Republik Venedig zugunsten einer Anstellung als Hofphilosoph (Chief Philosophy Officer wäre wohl eine moderne Bezeichnung) im Grossherzogtum Toskana ist ein Beispiel. Galilei hatte sich damit

eine ganz besondere Identität zwischen Renaissance und Barock geschaffen. Dazu gehörte allerdings auch eines der höchsten Gehälter im Herzogtum Toskana, vergleichbar dem des *maggiordomo maggiore*, dem höchsten Hofbeamten.

Galilei ist hier ein Opfer seines Ruhmes. Es gibt zu seinen Charaktereigenschaften jeweils wissenschaftliche oder halbwissenschaftliche Arbeiten, die sie analysieren: seine Rhetorik, seinen Wunsch nach wissenschaftlicher und sozialer Anerkennung, sein Verhalten und Manövrieren im Machtgefüge des Adels und der Kirchenhierarchie. Sein Wunsch nach Ruhm passt perfekt zur Haltung der Medici. Natürlich sind die Medici keine Kopernikus-Anhänger; für sie ist Galilei ein exotisches Aushängeschild ihres eigenen Ruhms (Biagioli 1990). Dies erinnert an die Wunderkabinette des Barock. Die Abb. 8.1 zeigt das kleine Studio von Francesco I. von Medici im Palazzo Vecchio, Florenz, geschaffen in den Jahren 1570–1572. Der Raum wird in Wikipedia beschrieben als

„zum Teil Büro, zum Teil Labor, Rückzugsplatz und Kuriositätenkabinett“,

eine räumliche Entsprechung des Hofphilosophen Galilei.

Galilei verbindet genial Astronomie und Astrologie mit persönlichen Einkünften und Politik, wenn er die Entdeckungen der Jupitermonde mit dem Schicksal der Medici verknüpft und die von seiner Werkstatt gefertigten Teleskope über die toskanischen Botschafter an den Höfen Europas verteilen lässt.

Abb. 8.1 *Das Studiolo de Francesco I. von Medici in Florenz.* Der Raum war Labor, Rückzugs platz und Kuriositätenkabinett. Hier als Analogon zur Rolle des Hofphilosophen Galilei für die Medici. (Bildquelle: Wikimedia Commons, verbessert)

8.2   Galilei als Wissenschaftler

„Galilei war ein begabter Schriftsteller, Astronom, Philosoph, Mathematiker, Ingenieur und Physiker. Damals waren diese Rollen nicht so scharf getrennt wie heute. Entsprechend facettenreich sind seine Werke."
Jürgen Renn, Wissenschaftshistoriker (geb. 1956)

Jürgen Renn, Leiter eines Instituts für Wissenschaftsgeschichte, hat Recht: Es ist charakteristisch für die Renaissance und Spätrenaissance, dass die Bereiche des Wissens und Könnens näher zusammenliegen. Einer der Gründe ist sicher, dass das theoretische Wissen in vielen Bereichen fehlt und sich noch nicht vom Tun gelöst hat. Der Kunsthistoriker Horst Bredekamp bringt noch eine weitere Profession ins Spiel: Galilei als bildender Künstler (Bredekamp 2015).

Galilei war schon als 24-jähriger Student ein Meister der Perspektive gewesen (er hatte sich an der Akademie für „Disegno" (‚Zeichnung', aber hier Malerei, Bildhauerei und Architektur) sogar für eine Professur beworben – wohl erfolglos. Daraus hatte sich später seine Professur in Pisa entwickelt. Er blieb jedoch sein Leben lang in den Kreisen der Künstler: Einer der bekanntesten damaligen Maler Italiens, Ludovico Cardi da Cigoli (1559–1613), war ein enger Freund und soll ihn bisweilen vor Dummheiten bewahrt haben. Umgekehrt hat Cigoli unter dem Einfluss Galileis ein Marienbild mit einem echten (kraternarbigen) Mond gemalt an Stelle der bisher üblichen makellosen aristotelischen Oberfläche, dem Symbol der Unbeflecktheit Mariens. Eine besondere Kunstrichtung der Epoche, die Galilei besonders zusagte (Edgerton 2006) und später nützlich wurde, war das „Chiaroscuro", die Hell-Dunkel-Malerei, nach Wikipedia:

> „Clair-obscur bezeichnet ein in der Spätrenaissance und im Barock entwickeltes Gestaltungsmittel der Grafik und Malerei, das sich durch starke Hell-Dunkel-Kontraste auszeichnete und sowohl der Steigerung des Räumlichen als auch der des Ausdrucks diente."

Es diene besonders zur Darstellung seelischer Zustände – Galilei verwendet es zur grossartigen künstlerischen Darstellung der Mondformationen, die Kunsthistoriker wie Horst Bredekamp schwärmen lässt (siehe Abb. 5.25b). Galilei wird im Jahr 1613 selbst zum Mitglied der Akademie für Kunst gewählt.

Die Abb. 8.2a symbolisiert die Symbiose von Kunst und Wissenschaft (oder Künstler und Entdecker) in einer Person auf einem Notiz- und Zeichenblatt Galileis; der vergrösserte Ausschnitt Abb. 8.2b demonstriert die zeichnerische Perfektion.

Noch ein anekdotischer Beweis, dass Galilei ein Künstler ist beziehungsweise von den Zeitgenossen so eingeschätzt wird: 1634, ein Jahr nach Galileis Verurteilung, versucht der französische Astronom, Sammler und Mäzen Nicholas-Claude Fabri de Peiresc über den Assistenten des Papstes (den Kardinalnepoten) Francesco Barberini beim Papst Urban VIII. eine Begnadigung für Galilei zu erreichen. Sein Argument: Galilei sei ein grosser Künstler, dem man Vergebung gewähren könne, und das Ganze sei nur ein *scherzo problematico*, ein problematischer Scherz eines Künstlers gewesen. Der Versuch von de Peiresc hatte keinen Erfolg.

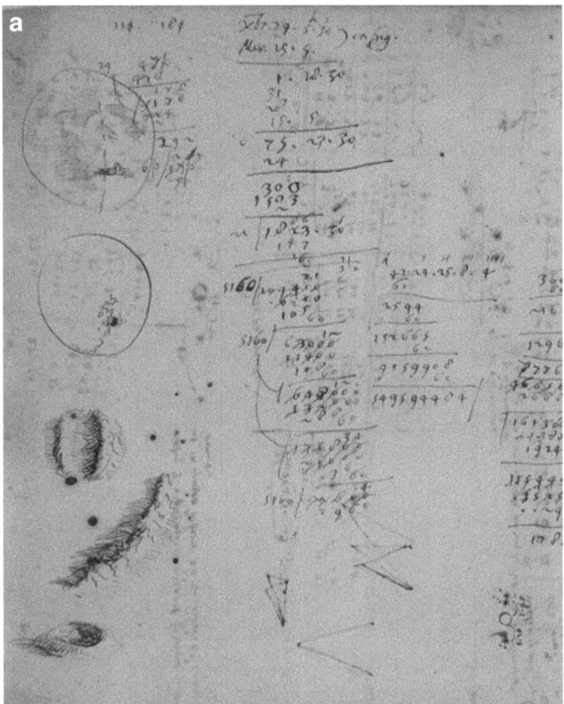
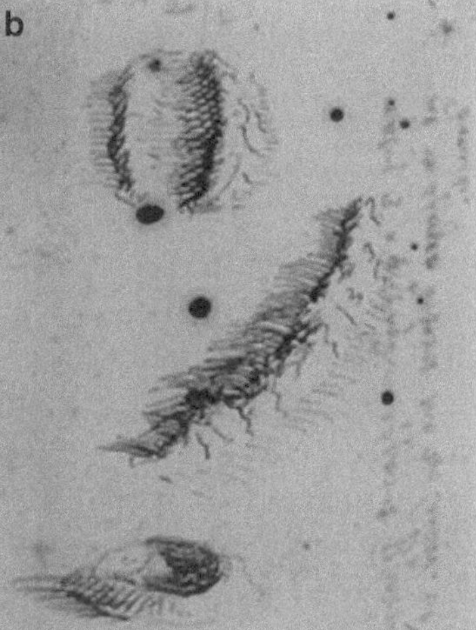

Abb. 8.2 a Galileo: Rechnungen und Mondzeichnungen auf einem Blatt. (Bildquelle: Biblioteca Nazionale di Firenze, mit freundlicher Genehmigung (Gal. 50, fol. 61v)). **b** Galileo: Details der obigen Mondzeichnungen mit Bergen und Kratern. Mondzeichnungen auf einem Blatt. (Bildquelle: Biblioteca Nazionale di Firenze, mit freundlicher Genehmigung (Gal. 50, fol. 61v))

Wir haben schon erwähnt, dass Galilei, den manche für den Vater der Astronomie halten (oder wenigstens der beobachtenden Astronomie), weder das eine noch das andere ist. Eigentlich ist er überhaupt kein Astronom. Systematische Beobachtung der Gestirne gibt es seit Menschengedenken. Er missachtet die Hauptaufgabe der klassischen Astronomie: die sorgfältige, umfangreiche Berechnung und die dazu notwendigen Feinheiten des Modells wie zum Beispiel Epizyklen. Das ist das grosse klassische Experiment der Astronomie. Die Beobachtung mit dem neuen Teleskop ist ein grosses, aber technisch einfaches Abenteuer, das jeder ganz natürlich macht, der das erste Mal mit dem Fernrohr den Nachthimmel betrachtet. Die Wissenschaft beginnt erst danach.

Galilei ist eher ein Physiker, der an den grossen Zügen interessiert ist, in der Nähe der Naturphilosophie einerseits, mit praktischen Untersuchungen und einfachen Experimenten andrerseits.

Sein Ruhm als Experimentator ist übertrieben, der Ruf als „Vater der Experimentalphysik" ist unsinnig angesichts der Experimente von Pythagoras, Archimedes und Philoonos in der Antike über Gilbert im 16. Jahrhundert und vor allem die seines Vaters Vincenzo

Galilei, einem Lautenisten und Komponisten. Vincenzo baute ein einfaches Musikinstrument zu einem Laborgerät um und machte gezielte Versuchsreihen, um eine Hypothese (die des Pythagoras) zu widerlegen; er schreibt:

„… ich erhielt die Wahrheit durch das Experiment, den Lehrmeister aller Dinge"
Vincenzo Galilei, Discorso intorno all'opere di messer Gioseffo Zarlino, 1589

Der Wissenschaftshistoriker Alexandre Koyré hatte andrerseits vermutet, dass Galileo Galilei nicht einmal die Fallversuche gemacht hat. Aber man hat entsprechende Original-Messprotokolle gefunden. So ist die Umwandlung des scholastischen „Fallgesetzes" durch Experimente in ein physikalisches Gesetz eine grosse Leistung Galileis, grossartig in der Idee, einfach in der Durchführung, solange man nur das Prinzip feststellen will, wie es Galilei wollte und nur befähigt war. Allerdings gibt es bei Galilei einen fliessenden Übergang zwischen „echten" Experimenten und Gedanken-experimenten. Er übertreibt offensichtlich nachträglich im Bericht den Aufwand und die Präzision der Experimente, die er durchgeführt hat bis zur Unglaubwürdigkeit (wie *„Hunderte Mal das exakt gleiche Ergebnis erhalten"* oder *„das Fernrohr verbessert durch tiefe Theorie der Optik"*).

Bei einem nicht durchgeführten Experiment muss man Galilei gegen Kritiker, etwa den Wissenschaftshistoriker Federico di Trocchio (1994), verteidigen. Galileo lässt Salviati sagen (*Dialogo*, 2. Tag): *„Ich bin ohne Versuch gewiss, dass das Ergebnis so ausfällt, wie ich es Euch sage."* Es geht um den Fall einer Kanonenkugel vom Mastkorb eines fahrenden Schiffs. Dies ist in unserer Terminologie ein Effekt nullter Ordnung, sowohl schon früher im Versuch bewiesen und eigentlich laufend bewiesen: Lässt man einen Gegenstand einfach los, so fliegt er nicht mit ca. 100 km/h wegen der Erdrotation von uns fort. Galilei macht diesen Versuch nach eigener Aussage nicht. Man (Galilei) müsse sich die Situation nur bewusst machen (er schreibt sinngemäss *„dem Gehirn entreissen"*). Natürlich hätte dieses Argument auch von Aristoteles kommen können! Anders ist es mit den Effekten höherer Ordnung, diese sind nichttrivial, etwa die geringe Ostabweichung bei diesem Fall. Aber natürlich ist „der Versuch Galileis mit der fallengelassenen Kugel auf dem fahrenden Schiff" trotzdem mit seinem Namen in das kollektive Wissen eingegangen.

Die Stanford Philosophical Encyclopedia listet im Artikel „Galilei" ein Dutzend von Interpretationen der wissenschaftlichen Haltung Galileis auf, vom reinen Experimentalisten bis zum leicht modernisierten Scholastiker, vom Positivisten bis zum Handwerker-Ingenieur.

Am liebsten sind ihm Gedankenexperimente in der Form geometrischer Beweise *„was zu beweisen war"* wie in einer Geometrieaufgabe, danach einfache Experimente als Ergänzung *„wo es sein muss"* und schliesslich praktische Aufgabenstellungen mit Versuchen, gerne mit verwertbarer Anwendung.

Er ist noch ein später Renaissance-Wissenschaftler, in einer Reihe mit Leonardo da Vinci. Er ist auch ein Renaissanceingenieur, der überall Verbesserungen findet, die häufig dann seinen Namen erhalten im Sinne des Matthäus-Effekts (der Ruhmreichste erhält noch mehr Ruhm).

Er steht auch als Physiker mit einem Bein fest in der Antike (vor allem mit den natürlichen Kreisen der Himmelskörper), wodurch sich schizophrene Verhältnisse ergeben: Die alte Physik wird zerstört, aber er hat noch nichts Neues, insbesondere keine Antworten auf Fragen wie: Wer treibt die Planeten? Was hält sie auf der Bahn? Dazu hat er die unangenehme, heute gegen jegliche wissenschaftliche Ethik verstossende Haltung, Vorgänger und wissenschaftliche Kollegen zu unterdrücken, aber dafür die Stärke, den Stand der Erkenntnisse insgesamt zusammenzufassen und als (nahezu) grosse italienische Literatur in seinem Sinn zu popularisieren.

Leider hat er damit eine ganze Reihe grossartiger Menschen seiner Zeit nahezu an die Wand gedrückt und unverdient zu Randfiguren der Wissenschaftsgeschichte gemacht. Es ist gefährlich und unwissenschaftlich, die Geschichte der Physik aus seiner Sicht zu sehen! Umgekehrt hat er den populären falschen Ruhm bekommen, als Wissenschaftler dem heliozentrischen System zum Durchbruch verholfen zu haben – aber er hat dazu direkt keinerlei wissenschaftlichen Beitrag geliefert, er war eher *„falscher Prophet für das Richtige"* wie in der Medizin ein Scharlatan, der zufällig heilt. Die erste Hälfte des Paradigmenwechsels zum „richtigen" Weltsystem leistete Kopernikus mit einer formalen, kinematischen Transformation, die zweite Hälfte steuerte Kepler bei mit dem Bruch zur Vorstellung der idealen Kreise und dem Übergang zur Dynamik. Galileis Beitrag ist sein Prozess.

Galilei kann noch keine zusammenhängende Theorie der Physik geben, das wird erst mit und nach Newton möglich, aber er streift durch alle Gebiete des Wissens und nimmt überall greifbare Fragestellungen auf. Sein Werk erinnert an ein naturgemäss lückenhaftes Lehrbuch der Experimentalphysik seiner Epoche, nicht der theoretischen Physik. Der Wissenschaftshistoriker Mario Biagioli (geb. 1955) bezeichnet seinen Stil des Handelns mit dem leicht abwertenden Begriff des Bricoleurs, nach dem Wörterbuch eigentlich *Bricoleur,* weiblich: *bricoleuse = Tüftler, Bastler.* Oder: *Jemand, der mit allem kreativ konstruiert, was er vorfindet.*

Das Wort trifft auch das Forschen und Experimentieren Galileis recht gut. Der Anthropologe Claude Lévi-Strauss (1908–2009) verwendet das Wort zur Bezeichnung des Vorgehens in primitiven Kulturen: eine auftretende Aufgabe lösen mit dem, was man hat, im Gegensatz zum Ingenieur, der einen Überblick über das ganze System hat und die Aufgabe und die Lösung aus dem System heraus findet. Die Bricolage in der Wissenschaft der Renaissance ist beim Stande des Wissens zu Beginn des 17. Jahrhundert die einzig mögliche Strategie. Die erfolgreiche Bricolage erfordert „Leichtigkeit des Geistes". Eine freundlichere Interpretation der Bricolage als *„fliegendes Genie"* stammt vom Philosophen an der Eidgenössischen Technischen Hochschule Zürich und von Galilei selbst, der selbstbewusst sagt:

> *„Sie [die philosophischen Genien] fliegen, und sie fliegen allein, wie die Adler und nicht in Schwärmen wie die Stare. Und es ist wahr, dass sie selten sind."*
> *Galileo Galilei in Il Saggiatore (die Goldwaage), 1623, übersetzt nach der englischen Übersetzung von Stillman Drake.*

Galilei hat zu Beginn des 17. Jahrhunderts keine Chance, die Optik zu überschauen, aber er nimmt die Idee der Erfindung mit zwei Linsen auf und baut damit seine Karriere bis hin zur (zunächst) erfolgreichen Namensgebung der Jupitermonde als Mediceische Sterne mit wahrhaft fürstlicher Belohnung. Allerdings verschweigt er seine Bricolage, indem er behauptet, durch Denken auf die richtige Fernrohr-Konstruktion gekommen zu sein. Zum erfolgreichen Stil des Arbeitens des Bricoleurs Galilei gehört die Beschränkung und Einschränkung (wo möglich) im Experiment, während der antike Naturphilosoph Aristoteles das Ganze sah und die allgemeine Erfahrung zum Ausgangspunkt nahm. Das Ergebnis war vielfach besser als es seinem Ruf bei den heutigen Physikern entspricht. Experimente und die experimentelle Methode hatte es seit der Antike gegeben, aber Galilei macht mit der Fallrinne Reihen von Messungen mit verschiedenen Parametern im Experiment und auch Wiederholungen mit gleichen Parametern. Es sind im Prinzip ganz einfache Experimente, aber es ist ein neues Niveau experimenteller Technik, auch wenn er in barocker Weise häufig seine Leistung übertreibt.

Die ideale Methode der Physik beschreibt der Bricoleur klar: Es ist der Wechsel aus Vermutung und experimenteller Bestätigung, Analyse und Synthese. Er nennt es *metodo risolutivo* und *metodo compositivo*: Es ist ein Zweierschritt durchaus im Sinne des ungeliebten Aristoteles (und auch im modernen Sinn) – aber Galilei misst auch! Der Bricoleur Galilei sucht geeignete Phänomene, für die er Ansätze zu besserem Verständnis finden kann, zieht daraus Schlüsse, die er untersuchen kann, und macht mögliche Erfindungen, in Gedanken oder im Idealfall real.

Die starke Faszination einer neuen vagen Idee kann dabei für Galilei gefährlich sein; polemisch und unphilosophisch ausgedrückt sieht die Analyse/Synthese-Methode so aus:

- Galilei erhält eine Ahnung oder Assoziation (das Stoppen der Wasserschiffe in Venedig, die Arbeitsweise einer Krappmühle, die Homogenität der Planetenreihe, wenn die Erde ein Planet ist wie die anderen, die Präzession der Erdachse als langsamer Umlauf der Sterne),
- er überträgt den Gedanken auf ein Problem (die Gezeiten, das Weltmodell, die Fixsterne als ferne Planeten),
- er vernachlässigt Seiteneffekte über das Tolerierbare hinaus (etwa, dass es zwei Flutberge pro 24 Stunden hat, dass Kopernikus unbedingt auch Epizyklen braucht, dass es schon die Kepler'schen Gesetze gibt),
- dann verpackt er seine Gedanken pädagogisch und rhetorisch wunderbar in einer erfolgreichen Veröffentlichung (vor allem den *Dialogo* und die *Discorsi*).

Goethe nennt diese Ahnungen ein Aperçu (französisch ein „*flüchtiger Blick*"): Ein gefährlicher Vorgang, wenn die Idee (die Urpflanze bei Goethe oder die Krappmühle bei Galilei) nicht mehr loslassen – und falsch sind.

Zur Strategie seiner Veröffentlichungen schreibt Galilei wunderschön barock selber:

„Aber nach einiger Überlegung fällt der die Wahrheit verhüllende Schleier, und einfach und nackt erblicken wir ihre schöne Gestalt."
Galileo Galilei, in den Discorsi, 1638, in der Übersetzung von Arthur Öttingen, 1907

8.3   Leistungsbilanz: Genial Falsches und genial Richtiges

„Galilei, das Genie unter Idioten", Titel eines Schülerblogs, Autor: lucasherrmannsbw
„Entgegen Behauptungen in selbst neueren Lehrbüchern der Naturwissenschaft hat Galilei
weder das Teleskop noch das Mikroskop, das Thermometer oder die Penduluhr erfunden. Er
hat weder das Gesetz der Trägheit noch das Parallelogramm der Kräfte oder die Sonnenflecken entdeckt und hat keinen Beitrag zur theoretischen Astronomie entwickelt und keine
Gewichte vom schiefen Turm zu Pisa heruntergeworfen."
Arthur Koestler, ungarisch-englischer Wissenschaftshistoriker, 1905–1983

Die beiden Zitate spiegeln die Zerrissenheit des Galilei-Bildes in der Öffentlichkeit wider:
einerseits das Genie und der weltliche Heilige, vor allem für Naturwissenschaftler, andrerseits ein gespaltenes und, wie im Zitat geschildert, sogar negatives Bild bei Wissenschafts-
historikern. Versuchen wir festzustellen, was Galileis wissenschaftliche Verdienste sind
und seine Fehler – bei 400 Jahren Distanz und nach etwa 10.000 Publikationen. Trotzdem
bleibt es eine subjektive Liste.

Hier die Positivliste des Autors zu wissenschaftlich Neuem, das von Galilei stammt:

1. Experimente mit der Fallrinne als „Verdünnung" der Gravitation,
2. Versuche, mittels astronomischer Ereignisse im Jupitermondsystem (wie Verfinsterungen) die geographische Länge eines Ortes zu bestimmen,
3. die Gesetze des idealen Pendels und der Kreissehnensatz (gleiche Fallzeit für alle Sehnen im Halbkreis),
4. die Bestimmung der Dichte von Luft,
5. die Idee des Skalierens funktioneller mechanischer Objekte, zum Beispiel der Stärke
   von Knochen bei grossen und kleinen Tieren,
6. das sogenannte Galilei-Paradoxon: die Mächtigkeit der Menge der natürlichen Zahlen
   entspricht der Menge der Quadratzahlen, das heißt es gibt gleich viele Quadratzahlen
   wie natürliche Zahlen und gleichzeitig weniger Quadratzahlen.
7. die (intuitive) Eliminierung der dritten Bewegung des Kopernikus.

Die Fernrohrentdeckungen fallen nicht in die Kategorie physikalisch-mathematischer
Leistungen und sind als Prioritäten und ihrem Wert als Leistungen dubios; siehe auch
unsere Diskussion „*Was wäre, wenn es nicht Galilei gewesen wäre*". Auch andere Begriffe
haben wir nicht aufgenommen, da der Hauptteil der Erfindung nach unserer Einschätzung
nicht von Galilei kommt wie das Fernrohr, die hydrostatische Waage oder das Thermoskop. Andere fallen weg, weil Galilei den Begriff noch nicht voll erfassen konnte, wie etwa
bei der Trägheit in ihrem Charakter als Kreisbewegung.

Auch zur obigen Liste gehören Bemerkungen:

zu 1. Das Gesetz der Kraft auf der schiefen Ebene war bekannt, auch die quadratische
Zunahme des Wegs mit der Zeit (in graphischer Form). Galilei hat sie allerdings gemessen.

zu 2. Der französische Astronom Fabri de Peiresc hatte schon 1610 (!) die Idee gehabt.
Der Vorschlag liess sich aus verschiedenen praktischen Gründen zu Beginn des 17. Jahrhunderts nicht realisieren. Heute wäre es möglich.

zu 3. Nach Galilei wurde es klar, dass die Isochronizität (Pendeldauer unabhängig von der Schwere des Pendels, nur von der Länge) nur eine Näherung ist, im Gegensatz zur Behauptung Galileis. Dazu ist die Kreisbahn auch nicht die zeitlich kürzeste Abrollkurve (die Brachistochrone), wie er denkt. Und er übertreibt den Bericht über die Genauigkeit seiner Versuche.

zu 4. Galilei misst und verbessert den Wert des Aristoteles: Nach Aristoteles ist die Dichte der Luft 1/10 von Wasser, nach Galilei 1/400, wahr sind 1/833.

zu 5. Galilei bereitet hier im Prinzip die Festigkeitslehre vor, allerdings ohne algebraische Beziehungen.

zu 6. Galilei ahnt hier (und an anderer Stelle) die Infinitesimalrechnung und die Mengenlehre voraus. Galilei sieht das „Monster des Unendlichen", wenn er abschliessend in den *Discorsi* schreibt: „*Das sind wunderbare Dinge, die über unsere Einbildungskraft hinausgehen, die uns aber belehren sollten, wie sehr man irrt, wenn man dem Unendlichen dieselben Attribute zuspricht, wie dem Endlichen, während beide keinerlei Übereinstimmung aufweisen.*" Danach geht er vom mathematischen Problem des Unendlichen, des Zahlenkontinuums und der einzelnen Zahl, zur Physik und zur Idee der Atome von Festkörpern und Flüssigkeiten und deren stofflichen Eigenschaften als Kontinuum. Das Monster des Unendlichen haben allerdings schon griechische Philosophen gesehen wie etwa Zenon von Elea mit dem Paradoxon von Achilles und der Schildkröte und den Problemen von Kontinuum und Teilbarkeit.

zu 7. Dies bedeutet, dass Rotationsachsen von Erde wie Sonne in der Richtung fest im Raum stehen beziehungsweise an der Fixsternsphäre befestigt sind.

Dazu kommen andrerseits auf sein wissenschaftliches Negativ-Konto einige Fehlschlüsse. Es ist wohl fair, die Fehler in zwei Klassen einzuteilen: in Irrtümer, die direkt im Denken und in der Person Galileis liegen, und in Irrtümer aus dem Zeitgeist, die er mittragen muss, von kleinen falschen Vorstellungen bis hin zu Fundamentalem.

So ist es unverständlich, dass Galilei die Kometen trotz guter Messungen für leuchtende Wolken in der Atmosphäre hält und dem Mond eine Atmosphäre gibt. Seine Idee, dass die Sonne durch Futter (*pabulo*) aus dem All leuchtet, klingt barock, ist jedoch angesichts der Neuheit und der Unmöglichkeit des physikalischen Verstehens andenkbar. Seine „persönliche" Gezeitentheorie ohne Gravitation und ohne Mond und trotz der Hinweise mehrerer anderer Autoren ist eher abenteuerlich. Verständlicher sind falsche Konzepte in seinem Werk wie

- die Planeten, die ohne Physik und ohne Gravitation aristotelisch antriebs- und kräftelos ewig auf Kreisen laufen als die natürliche Bewegung für Himmelskörper,
- der gedankliche Beweis, dass alle Körper im Vakuum gleich fallen müssen,
- die Interpretation der Beugungsscheiben der Sterne als wahre Sterndurchmesser.

Die Gravitation ist noch vollkommen mystisch. Galileis zwar übernommener, aber durch ihn bekannt gewordener falscher Beweis, dass alle Körper gleich fallen, passiert unkorrigiert so viele Lehrbücher, dass man es ihm nicht persönlich ankreiden kann. Die Bilder im Fernrohr werden eben zunächst alle als „real" wahrgenommen. Es wäre unfair, diese Irrtümer überzubewerten. Galilei ist im 17. Jahrhundert zwischen Renaissance und Barock, vieles ist pures Neuland. Aber Galilei ist mit dieser Liste von Originalbeiträgen zur Entwicklung von Physik und Mathematik kaum ein grösserer Stern am wissenschaftlichen Himmel der Spätrenaissance als eine Reihe anderer Gestalten dieser Epoche – etwa wie Isaac Beeckmann, Christoph Clavius, Christoph Scheiner, William Gilbert, Thomas Harriot, Simon Stevin oder Francois Viète (Liste nach Anthony Christie, Januar 2015).

Kepler fehlt in Christies Liste: Die Leistung von Johannes Kepler gehört einer anderen, höheren Kategorie an, sowohl wissenschaftlich, mathematisch wie menschlich. Während Galilei mit einem Quadratgesetz und vagen Messwerten kämpft, löst Kepler die erste transzendente Gleichung der Mathematik mit Hunderten von Aufgaben mit Winkeln, die auf wenige Bogenminuten genau sind, und mit gewagten, nie versuchten Ansätzen für die Planetenbahnen. Allerdings schreibt Kepler leider meist recht unverständlich, obwohl er in *Somnium* (der Traum) mit seiner Schilderung einer Reise zum Mond einen Roman schreibt, der als die erste Science Fiction-Geschichte der Welt angesehen wird und in die Literaturgeschichte eingeht.

Eine besondere Leistung Galileis liegt im Verfassen von Literatur von hohem sprachlichem, historischem und rhetorischem Wert. Zu seiner Zeit waren seine Briefe, Bücher und Sprüche Träger für sein Marketing gewesen, sie wurden gerne gelesen (auch vom Papst) und waren von grosser Überzeugungskraft, allerdings auch für Falsches. Sie lassen sich auch heute gut lesen und sind Zeitdokumente. Für die moderne italienische Sprache sind die Hauptwerke, der *Dialogo* und die *Discorsi,* wesentliche Meilensteine. Die Form von Dialogen, eigentlich Trialogen, ist genial. Sie macht die Büchlein lebendig, zwingt den Leser, die pädagogischen Absichten Galileis unreflektiert als treue Schüler zu akzeptieren. Der Leser identifiziert sich mit den Klugen – dem klugen Meister und dem klugen Studenten – und sieht auf Simplicio herab. Wenn der Meister lobt, spürt der Leser das Lob mit. Im *Dialogo* ist Simplicio wirklich dumm (und total aristotelisch), in den *Discorsi* wird Simplicio lernfähig, er ist jetzt eher der junge Galilei und wird systematisch überzeugt:

> Simplicio (und der Leser): *„Ja, das sehe ich ein"* oder *„ich kann meinerseits mich nur beruhigt und befriedigt erklären."*

Galilei ist ein Meister der Didaktik und lässt dies bewusst seine Figur Sagredo erklären:

> *„Wenn man einem Menschen, der noch nie eine Treppe sah, einen Turm zeigte und ihn fragte, ob er sich zutraue auf dessen höchste Spitze hinaufzugelangen, so würde er, glaube ich, unbedingt mit Nein antworten, er würde sich nicht denken können, dass man das Ziel anders als im Fluge zu erreichen vermöchte. Zeigt man ihm aber einen Stein, der nicht höher ist als eine halbe Elle und fragt ihn, ob er wohl auf diesen steigen könne, so wird er das gewiss bejahen auch zugeben, dass man mit Leichtigkeit nicht nur einmal, sondern zehn-, zwanzig-, hundertmal hinaufsteigen könne. Wenn man ihm also eine Treppe zeigte, auf welcher man nach seinem eigenen Zugeständnisse bequem die Höhe zu erreichen vermag, die ihm zuvor unersteiglich erschienen war, so würde er über sich selber lachen und seine Unbedachtsamkeit zugestehen. Ihr, Signore Salviati, habt mich von Stufe zu Stufe so sanft geleitet, dass ich zu meiner Verwunderung ohne jede Mühe auf der Höhe angekommen bin, die mir vorher unerreichbar schien."*
> Galilei hat Recht, wenn er sich als Salviati sagen lässt:
> *„Ich verstehe das Handwerk, mit Gehirnen umzugehen, meisterlich."*

Abb. 8.3 Auszug aus dem Inhaltsverzeichnis der Discorsi von Galilei 1638, aus Ostwalds Klassiker. Deutsche Übersetzung Arthur Oettingen, Leipzig 1907. (Bildquelle: Internet Archive: archive.org)

INHALT.

Erster Tag.

Die Abb. 8.3 zeigt den Beginn des Inhaltsverzeichnisses der *Discorsi* (Unterredungen) und illustriert damit auf einen Blick die Vielfalt seiner Gedanken, der physikalischen und vor allem der Gedankenexperimente (die für Galilei wie wahre Experimente waren). Die gesamte Liste der Themen der *Discorsi* ist mehr als doppelt so lang. Galilei schreibt zur Form des Gesprächs und dessen Vorteil, weil es *„zu Abschweifungen Gelegenheit bietet, die nicht minder interessant sind als der Hauptgegenstand"*.

Es sind in der Ostwald'schen Ausgabe auf etwa 130 Seiten ganze 81 verschiedene Sachthemen behandelt mit 116 Figuren (ohne die Anhänge). Naturgemäss enthält das Buch auch viel Text, der uns als ausschweifend erscheint, auch weil es ja keine kompakten Formeln enthält, nur Worte und Geometrie, aber es zeigt: Er ist ein *bricoleur ingénieur et scientifique*, ein universeller Ingenieur und Wissenschaftler des 17. Jahrhunderts, ein Nachfahre des Leonardo da Vinci (1452–1519).

Eine besonders erfolgreiche Sparte der Literatur Galileis sind seine Zitate, die oft nicht nur Zeitgeist sind, sondern uns zeitlos erscheinen. Allerdings teilt er hier das Schicksal mit Albert Einstein: Wenn es bei einem Zitat nur heisst „Galilei sagte …" oder „Einstein sagte …" ohne eine vertrauenswürdige, detaillierte Quelle, dann ist Zweifel angebracht.

Dies gilt leider zum Beispiel für diese vermutlich falschen Freunde, die oft Galilei zugeschrieben werden:

„Man kann einem Menschen nichts lehren; man kann ihm nur helfen, es in sich
selbst zu finden"
ist wunderbar passend für ein Psychologiebuch. Es fand sich in der Tat im Buch *„How to win friends and influence people"* von Dale Carnegie (1935).
„Alle Wahrheiten sind leicht verständlich von dem Zeitpunkt an, wo sie
aufgedeckt werden. Die Frage ist, ob sie aufgedeckt werden."
Zitiert in 1999 von Melissa Giovagnoli in einem Buch über den modernen Arbeitsplatz.
„Ich habe niemals jemanden getroffen, der nicht etwas gewusst hätte,
was ich von ihm habe lernen können."

Im Englischen verbreitet; die Quelle ist vermutlich das Buch „The Story of Civilization" von Will Durant (1926).

Das Pseudozitat *„Mathematik ist der Schlüssel und die Tür zu den Wissenschaften"* geht auf Roger Bacon und das Jahr 1267 zurück.

Der Galilei zugeschriebene Lehrsatz der Ingenieure und Manager

„Man muss messen, was messbar ist, und messbar machen,
was noch nicht messbar ist"

erscheint beim französischen Mathematiker Antoine-Augustin Coumot im Jahr 1847 und wird von Physikern verbreitet. Der Physiker Arthur Eddington (1882–1944) führt die Aussage *ad absurdum,* wenn er dies mit dem Vorgehen des sagenhaften Riesen Prokrustes aus der griechischen Mythologie vergleicht: Prokrustes bot den Reisenden ein Bett an. Wenn sie zu gross waren, hackte er ihnen die Füsse ab, waren sie zu klein, reckte er ihre Glieder. Eddington fügt hinzu, *„danach schrieb er eine wissenschaftliche Abhandlung ‚Über die gleichbleibende Länge der Reisenden'"* (Eddington 1936).

Vor allem die beiden letzten Pseudozitate zur Bedeutung der Mathematik und der Messungen drücken durchaus den Geist Galileis aus. So sagt Galilei selbst:

„Die Philosophie steht in diesem großen Buch geschrieben, das unserem Blick ständig offen
liegt (ich meine das Universum). Aber das Buch ist nicht zu verstehen, wenn man nicht zuvor
die Sprache erlernt und sich mit den Buchstaben vertraut gemacht hat, in denen es geschrie-
ben ist. Es ist in der Sprache der Mathematik geschrieben, und deren Buchstaben sind Kreise,
Dreiecke und andere geometrische Figuren, ohne die es dem Menschen unmöglich ist, ein
einziges Bild davon zu verstehen; ohne diese irrt man in einem dunklen Labyrinth herum."
Aus dem „Saggiatore", 1623

Diese Aussage kann man auch heute nur voll unterstützen, allerdings kannte Galilei erst die klassische Geometrie und verbale Proportionen (Algebra verwendet er nicht). Die volle Sprache für die Himmelsmechanik – die Differential- und Integralrechnung – entwickelt sich erst bei Newton und Leibniz ein halbes Jahrhundert später. Allerdings reichen, eigentlich ganz im Sinne Galileis, die Kenntnis der Mathematik und eine lebhafte Intuition nicht aus, um sich „im dunklen Labyrinth" zurecht zu finden: Man braucht die Erfahrung und das Experiment, um die *richtigen* mathematischen Pfade zu finden. Allerdings sieht das obige Zitat für das 17. Jahrhundert nahezu atheistisch aus – wo ist Gott, wo ist sein Wille? Für den Menschen der Spätrenaissance ist es Gott, der die Welt zusammenhält, und es sind Gottes Gedanken, die in die Welt verwoben sind.

Heute muss dies für den Gläubigen kein Problem sein. Die Lösung ist der nahezu göttliche Charakter der Mathematik selbst und deren enge Beziehung zur Welt (siehe Walter Hehl 2016). Die Erweiterung der Mathematik durch den Computer erlaubt sogar, den dynamischen Ablauf der Vorgänge in der Welt nachzuvollziehen.

Sehr modern wirkt das folgende Zitat. Wir können es heute auf Quanten-, String- und Relativitätstheorie in der Physik beziehen, aber auch auf die Evolution in der Biologie:

> *„Die Natur ist unerbittlich und unveränderlich, und es ist ihr gleichgültig,*
> *ob die verborgenen Gründe und Arten ihres Handelns dem Menschen*
> *verständlich sind oder nicht."*
> *Brief an Grossherzogin Christina, 1616*

Der folgende Spruch wirkt im Lichte der Konfrontation mit der Kirche logisch, aber polemisch:

> *„Ich fühle mich nicht zu dem Glauben verpflichtet, dass derselbe Gott, der uns mit Sinnen,*
> *Vernunft und Verstand ausgestattet hat, von uns verlangt, dieselben nicht zu benutzen."*
> *Brief an Grossherzogin Christina, 1616*

Einen Gedanken wert ist diese Aussage zum Verhältnis der Menge zum Einzelnen:

> *„In der Wissenschaft gilt die Autorität von Tausend Meinungen weniger als ein kleiner Funken*
> *Vernunft in einem einzelnen Menschen."*
> *Brief über die Sonnenflecken an Mark Wesler, 1612*

Und verwandt dazu:

> *„Deshalb halte ich es für nicht sehr klug, die Güte einer Ansicht durch die Zahl ihrer Anhänger zu bewerten."*
> *Aus dem „Saggiatore", 1623*

Diese beiden Ratschläge sind aus der Umbruchsituation, in der sich Galilei befindet, entstanden: Die etablierte und konsolidierte Lehrmeinung des Aristoteles einerseits, die neuen Erkenntnisse andrerseits. Heute ist die Lage in der Galilei-Rezeption eher umgekehrt, heute ist Galilei selbst die populäre Autorität. Der Funken „Vernunft" reicht nicht aus und ist trügerisch, auch für Galilei. Es ist gerade sein Stil, eine Idee (ein *Aperçu*) zu haben, störende Nebeneffekte und den Zweifel zu vergessen und für seine Idee zu streiten. Nach aller Erfahrung gibt es viele Menschen mit einzelnen, kuriosen Funken – die meisten verglühen und werden weggeblasen von der Geschichte, das heißt in der Physik oft durch Aussagen von Experimenten. Einige seltene Funken stossen, zugegeben, die Meinung von Tausenden um und verursachen zum Beispiel einen Paradigmenwechsel.

Zum Schluss ein poetisches Zitat von Galilei, überprüft, und gefunden als Werbespruch für ein portugiesisches Weingut:

„Die Sonne, trotz aller Planeten, die sich um sie drehen und von ihr abhängig sind, reift weiterhin die Trauben, als ob sie nichts anderes im Universum zu tun hätte.“
Dialog über die beiden hauptsächlichen Weltsysteme, 1632

8.4 Was wäre gewesen, wenn …

„What if – Was wäre gewesen wenn? Man sagt, es gebe keine dummen Fragen. Das ist offensichtlich falsch. Aber es zeigt sich, wenn man versucht, eine dumme Frage ernsthaft zu beantworten, so wird man an einige interessante Plätze geführt.“
Randall Munroe, geb. 1984

Was wäre gewesen, wenn Galilei einen anderen Charakter gehabt hätte, weniger arrogant, mehr bedächtig-wissenschaftlich – und trotzdem genial und motiviert? Oder wenn er noch mehr Glück gehabt hätte und zum Beispiel den Beweis für die Rotation der Erde gefunden hätte, der ja sozusagen vor seiner Nase pendelte? Solche alternative Weltgeschichte wird auch Uchronie genannt, ein Begriff der analog gebildet ist zu Utopie (griech. *topos*, damit „kein Ort“) als „keine Zeit“ (griech. chronos).

Es gibt zwei Ebenen von virtuellen Geschichtssequenzen: Nahezu wissenschaftlich aufgefasste, sogenannte kontrafaktische Geschichte und romanhafte virtuelle Geschichte als dichterische Alternativgeschichte, eine Unterspezies der Science Fiction. Berühmte Ausgangsfragen sind etwa: „*Wie wäre die Geschichte verlaufen, wenn es das Attentat von Sarajewo nicht gegeben hätte?*“ oder „*… wenn Hitler den zweiten Weltkrieg gewonnen hätte?*“ Wendet man solche fiktiven Verzweigungen auf die Geschichte der Wissenschaft an, so bekommt „*Science* Fiction“ einen neuen Sinn.

Bei Galilei zum Beispiel ist eine denkbare Alternative: „*Wie wäre die Geschichte der Astronomie verlaufen, wenn sich Galileo nicht für das Fernrohr interessiert hätte, oder nicht davon erfahren hätte?*“
Hier ist die Antwort (vermutlich, aber natürlich unwissenschaftlich) klar: Es gab schon 1609 mehrere Hundert Fernrohre, wenn auch teilweise von geringer Qualität, und mehrere Keimzellen für Astronomie durch die Beobachtung des nächtlichen Himmels mit dem Fernrohr zumindest in Italien, England und Deutschland. Galilei hat mit seinen Beobachtungen und vor allem mit seiner Publikation den Fortschritt nur um ein, zwei Jahre beschleunigt. Ein Junge mit einem kleinen Fernrohr hätte die Mondberge an der Schattengrenze des Mondes auch entdeckt (wie ich aus eigner Erfahrung weiss). Die Entdeckungshöhe (im Anklang an die „Erfindungshöhe“ bei Patenten) war gering. Das Gedankenexperiment einer „kontrafaktischen“ Frage hilft auch zur Beurteilung von unwissenschaftlichen Attributen zu Personen wie

sie sei *„gross"*, *„bedeutend"* oder *„Vater von ...":*
Man mache dazu die Überlegung, wie ohne diese Person der Rest der Geschichte verlaufen wäre.

Ein berühmtes historisches Beispiel stammt vom Mathematiker Blaise Pascal (1623–1662) in seinem Werk *Pensée:*

„Le nez de Cléopâtre, s'il eût été plus court, toute la face de la terre aurait changé" –

„Wenn die Nase von Kleopatra kürzer gewesen wäre, hätte sich das ganze Antlitz der Erde verändert." Kleopatra hatte wohl eine ausgeprägte Nase. Nach dem Verständnis der Zeit war die Nase das Zeichen für ihren starken Charakter, ohne den sie niemals Julius Caesar und Marc Antonius erobert hätte. In der allgemeinen Geschichte öffnet eine kontrafaktische Alternative eine Pandorabox. In diesem Buch geht es um die Geschichte der Naturwissenschaft, deren Fakten der Entwicklung gewisse Stabilität verleihen.

Wir stellen uns „kontrafaktische" Fragen und versuchen sie zu beantworten, weder wissenschaftlich noch als literarischen Roman, sondern dilettantisch und versuchsweise anekdotisch. Zum einen:

Was wäre, wenn Galilei einen verträglicheren Charakter gehabt hätte?
Und zum zweiten:
Hat Galilei den Planeten Neptun entdeckt?
Und zum dritten:
Was wäre, wenn Galilei noch ein wenig mehr Glück gehabt hätte?

Es ist in den folgenden Abschnitten wichtig zu sehen: Achtung, es ist kontrafaktisch. Das heisst auch, dass erhöht mitgedacht werden muss und verstärkt Kritik am Autor geübt werden darf. Zum Absetzen vom „faktischen" Inhalt und zur Warnung sind die beiden nächsten Kapitel bei irrealen Aussagen grau gesetzt.

8.4.1   Wenn Galilei nicht so überheblich gewesen wäre?

„Galilei war monumental arrogant, streitlustig und harsch zu allen, die nicht seiner Ansichten waren."
Michael Smith, bethinking.org

Erinnern wir uns an die Galilei-Gleichung und die Charakterisierung durch den Historiker Arthur Koestler von *„Galileis seltener Gabe, eine Feindschaft hervorzurufen; ... die kalte, nie vergebende Feindseligkeit, die Genie plus Arroganz ohne Bescheidenheit bei mittelmässigen Geistern produziert"*. Was wäre gewesen, wenn Galilei nicht so empfindlich gewesen wäre? Nicht so arrogant? Wenn er die Prioritäten mit anderen geteilt hätte, wo sie zweifelhaft waren. Als der grosse Kommunikator und Autor hätte er trotzdem gewonnen. Er hätte sich seine zeitgenössischen wissenschaftlichen Kollegen (und insbesondere die jesuitischen Astronomen wie Clavius, Grassi und Scheiner) nicht zu persönlichen Feinden gemacht.

Am 25. Februar 1616 muss Galilei zum Kardinal Bellarmin zu einem privaten Beratungsgespräch. Brecht funktioniert das Treffen in seinem Drama um zu einem Maskenball am 5. März; hier ein Auszug aus der fiktiven Unterhaltung (im Folgenden stets kursiv und zu Beginn eines fiktiven Absatzes mit einem kleinen Dreieck gekennzeichnet):

▶   *BELLARMIN: Ihr glaubt an Kopernikus? Jedenfalls an eine sich drehende und noch um die Sonne laufende Erde?*
GALILEI: Ich … (stottert)
BELLARMIN: Darf ich Ihnen gestehen, dass ich es faszinierend finde, dass wir uns bewegen und es nicht bemerken, und so sinnvoll, dass die viel grössere Kristallsphäre der Sterne ruht? Es macht mir nichts aus, dass die Erde nur noch ein Planet unter sechs ist, aber wir, lieber Galilei, haben zusammen ein, eigentlich zwei Probleme: Es ist einmal die Kirche mit der Bibel und den Gläubigen, ich meine, den richtigen Gläubigen, und dann, mein lieber Galilei, die Wissenschaft: Ihr habt doch keinen richtigen Beweis dafür!
GALILEI: Ich denke schon, die Gezeiten, die Wasserschiffe in Venedig …
BELLARMIN: Es funktioniert nicht, Euer Beweis, sie bekommen keine zwei Flutberge pro Tag …
GALILEI: Und Ihr habt ein Problem mit der Kirche und Eurem Volk: Es hängt an den Worten, und glaubt Augustin nicht, dass die Bibel in Bildern spricht!
BELLARMIN: Lieber Galilei, Sie müssen mit der Kirche und dem Volk Geduld haben. Für uns Kirche sind Hundert Jahre nichts! Und Eure Wissenschaft braucht auch Zeit. Ihr hängt im Purgatorium. Was macht denn Euer deutscher „Freund" Kepler mit seinen Ellipsen? Man sagt, er braucht keine Epizyklen wie ihr mit Ptolemäus und Kopernikus …
GALILEI: Was wollen Sie mir sagen?
BELLARMIN: Lieber Galilei, seien Sie vernünftig: Warten wir ab, nichts Unüberlegtes – Sie können forschen. Wir sagen beide, das Heliozentrische ist nur da, damit die Rechnungen leichter sind – was übrigens eigentlich gar nicht stimmt. Und ich gebe Ihnen einen Rat: Schauen Sie sich die Ellipsen an, auch wenn Sie Kepler nicht mögen. Ellipsen sind beinahe so perfekt wie Kreise. Und dann gebe ich Ihnen noch einen guten Rat: Reden Sie mit den Astronomen der Gesellschaft [Jesu]; sie sind verdammt gut und können helfen.
Galilei verlasst das Gespräch nachdenklich: Bellarmin hat recht. Vielleicht sollte er sich zurückhalten, vielleicht sollte er den Kepler lesen, trotz des plumpen Stils? Die Kirche bewegt sich langsam, aber er braucht ja auch Zeit, er muss Beweise finden. Er sollte Geduld haben und vielleicht auch Freunde suchen. Es hat keinen Sinn, gute Wissenschaftler wie die jesuitischen Astronomen als Gegner zu haben.

In der Zwischenzeit hat Kepler gerechnet (etwa ein Jahrzehnt insgesamt) und am 15. Mai 1618 findet er einen Schlüssel, den niemand übersehen kann: Zweimal sechs Zahlen, von den Planeten und der Erde abgelesen, geben nach mystischer Vorschrift gerechnet (Kuben dividiert durch Quadrate) genau das Gleiche: Kepler hat insgesamt recht (Abb. 8.4).

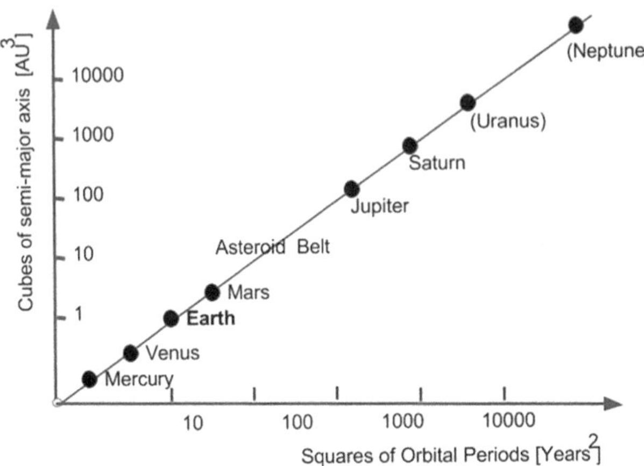

Abb. 8.4 Das dritte Kepler'sche Gesetz in Geradenform. Aufgetragen sind Zähler und Nenner; nach Kepler ist das Ergebnis immer 1. Für die alten Planeten entdeckt von Johannes Kepler am 15. Mai 1618. Die Erde liegt genau auf der Linie der Planeten. AE bedeutet die mittlere Erd-Sonnenentfernung (Astronomische Einheit). (Bildquelle: eigene Erstellung)

Die zu dividierenden Werte reichen von Merkur mit 0,06 über die Erde mit 1 zum Saturn mit 868 über 4 Zehnerpotenzen – und das Ergebnis der Division ist immer 1. Es ist der für die Erde definierte Wert mit dem irdischen Jahr und dem mittleren Abstand der Erde zur Sonne als Einheiten. Wir nehmen an, Galilei ist hiervon überwältigt.

> *So wie Kepler einer der ersten war, der Galilei seine Fernrohrbeobachtungen glaubte, ist es nun Galilei mit seiner ganzen Autorität, der für Kepler und das heliozentrische Weltbild mit Ellipsen eintritt. Zwanzig Jahre nach dem Gespräch mit Bellarmin, im Alter von 72 Jahren, bringt ihm Keplers Forschung selbst einen wissenschaftlichen Triumph ein: Es gelingt Galilei, mit Hilfe einfacher physikalischer Überlegungen die mystische Vorschrift (das dritte Kepler'sche Gesetz) im Prinzip zu deuten, wenigstens für Kreisbahnen. Da die Vorschrift auch für die Erde gilt, ist bewiesen, dass wir auf einem Planeten leben und physikalisch nicht der ruhende Mittelpunkt der Welt sind.*
>
> *Zwei Jahre nach seinem Tod stellt das Konzil von Florenz offiziell fest, dass ein heliozentrisches Weltbild mit dem christlichen Glauben vertretbar ist, und Galilei erhält ein Jahr später die feierliche Grabstätte in Santa Croce an der Seite von Michelangelo und Machiavelli.*

8.4.2   Wenn Galilei noch mehr Glück gehabt hätte? Die Beinah-Entdeckung Neptuns

„Süsse ‚Serendipity' – das ist dieses unerwartete Aufeinandertreffen, das Dein Leben verändert"
„Alexia", anonym

Galilei hat Glück gehabt und Situationen ausnützen können in seinem Leben – insbesondere die holländische Erfindung des Fernrohrs, die er nahezu annektierte, und die astrologische Verbindung des Hauses Medici mit Jupiter und den zum Hause Medici perfekt passenden vier neuen „Sternen". Aber er hat auch Pech gehabt: Er hat mindestens zweimal den Planeten Neptun beobachtet, der im Januar 1613 ganz in der Nähe von Jupiter stand, sogar im Gesichtsfeld des Fernrohrs zusammen mit Jupiter: am 28. Dezember 1612 und am 28. Januar 1613 (Standish und Nobili 1997).

Neptun ist niemals heller als $7,7^m$ und damit etwa fünf- bis zehnmal lichtschwächer als die Jupitermonde und nur in einem Fernrohr sichtbar. Er wurde erst im Jahr 1846, also 233 Jahre später, „richtig" entdeckt (das heißt als Planet identifiziert und die Bahnelemente bestimmt, so dass er immer wieder gefunden werden kann).

Die Situation am Himmel war äusserst günstig für eine Neptunbeobachtung: Jupiter und Neptun machten nahezu synchron miteinander die Jahresschleife am Himmel der Überholung durch die Erde. Für etwa fünf Wochen sah Neptun aus, als könnte er ein weiterer Mond sein. Allerdings war er gerade am ersten Beobachtungstag stationär am Himmel (das heißt er setzte gerade zur retrograden Bewegung an) und seine Bewegung am Himmel minimal. Am 4. Januar war er (nahezu unglaublich) von Jupiter bedeckt gewesen (Edwards 2011).

Die Wahrscheinlichkeit, bei einer zufälligen Beobachtung beide Planeten zu sehen, ist nur etwa 1 : 100.000, geschätzt aus der Neigung der Jupiterbahn von 3,3°, der des Neptuns von 1,8° und einem Gesichtsfeld des Fernrohrs von etwa ¼ Grad im Durchmesser. Galilei hielt das Sternchen (in Abb. 8.5 in der kleinen eingefügten Skizze in der rechten unteren Ecke) für einen leicht suspekten Stern (er machte eine Notiz im Sinne „*ob er sich bewegt hat?*"), aber er verfolgt den Stern nicht.

Wie im Umfeld von Galilei üblich, gibt es Gerüchte – seit 2009 eine weitere richtige Galilei-Legende (Britt 2009). Ein Autor, der Physiker Daniel Jamieson, vermutet, dass Galilei den Stern als neuen Planeten erkannt hat und diesen Verdacht wieder als Anagramm versteckt hat, aber es wurde in seinen Unterlagen nichts dazu gefunden. Sicher ist, Galilei hat nicht nachgehakt.

Abb. 8.5 Fernrohrskizze Galileis vom 28. Januar 1613 mit (vermutlich) Neptun rechts unten. Aus dem Notizbuch. (Bildquelle: Biblioteca Nazionale di Firenze, mit freundlicher Genehmigung)

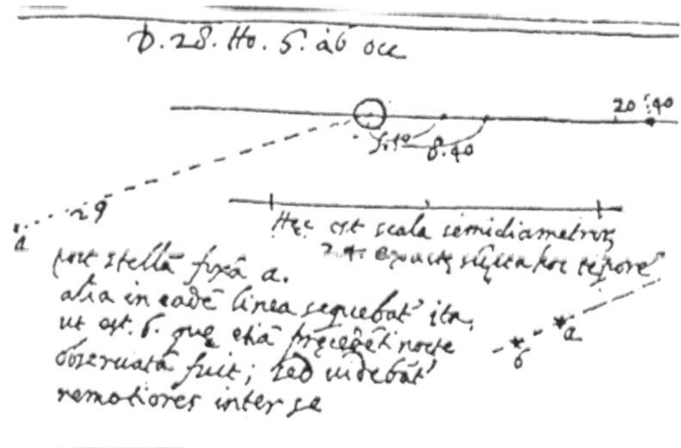

Eine andere Vermutung war noch abenteuerlicher. Während Galilei die Positionen der Monde ganz in der Nähe des Jupiterscheibchens recht genau bestimmen konnte (in Einheiten von Jupiterradien), ist die Position des Neptunsternchens in seinen Skizzen um drei Jupiterradien inkorrekt gegenüber der modernen Nachrechnung mit dem Computer. Dies gab zeitweise Spekulationen über die Existenz eines weiteren störenden Planeten X. Aber vermutlich war Galileis Beobachtungsgenauigkeit etwas weiter weg vom Jupiterbild (und weg von der Bildmitte des Teleskops) einfach geringer.

Es wäre übermenschlich schwierig für Galilei gewesen, den Stern als neuen Planeten zu erkennen und ihn dann festzuhalten in Ephemeriden für immer:

- Der neue Planet wäre nur im Fernrohr zu verfolgen. Unterbricht die Beobachtung (etwa durch schlechtes Wetter), so geht er wahrscheinlich verloren.
- Einen neuen Planeten zu entdecken, ist nach 4000 Jahren mit fünf Planeten nahezu unvorstellbar. Oder nicht mehr so ganz unvorstellbar, wenn der Jupiter sogar Monde hat?

Den Verlust eines gefundenen Planeten gibt es nahezu zwei Hundert Jahre später wirklich, in Italien 1801 durch Giuseppe Piazzi. Es ist der Planetoid (1) Ceres, der sogar etwas heller werden kann als Neptun. Ceres ging wegen schlechten Wetters verloren und wurde mit Hilfe neuerer himmelsmechanischer Rechnungen von Carl Friedrich Gauss wiedergefunden. Galilei hatte unglaubliches Glück, Neptun zu sehen, aber es wäre übergrosse „Serendipity" gewesen, den Planeten Neptun auch zu „finden".

Greifbar wäre für Galilei ein anderer Zugang zur grossen physikalischen Entdeckung gewesen, ein Effekt, der seine Hauptinteressen vereinigt und sein Hauptproblem mit der Kirche gelöst hätte.

8.4.3 Wenn Galilei noch mehr Glück gehabt hätte? Der Beinah-Beweis der Erddrehung

„Was die Leute ‚Serendipity' nennen, heisst manchmal einfach, die Augen offen zu haben."
Jose Manuel Barroso, Portugiesischer Politiker, geb. 1956

▶ *Galilei zieht sich für seine irdischen physikalischen Forschungen zurück. Aber auch hier, selbst beim doch harmlosen Pendel, werden bei ihm und mit ihm aus Diskussionen Streitigkeiten. Es sind schon drei wissenschaftliche Kollegen, einer davon Jesuit, die sein Pendelgesetz heftig bekämpfen, genauer die Isochronizität des Pendels, dass die Periodendauer eines Pendels nur von der Pendellänge abhängt und gleich sei für alle Körper und Stoffe und für alle Auslenkungen. Es gäbe kein solches Gesetz, die Ergebnisse der Versuche seien in Wirklichkeit chaotisch. Galilei weiss selbst, dass die Experimente schwierig sind. Er fasst einen heroischen Beschluss. Das Pendelexperiment wird umso präziser, je grösser und schwerer das Pendel ist. Warum nicht ein sauberes, richtig langes Pendel in einem grossen Raum verwenden – warum nicht in einer Kirche? Wie der Leuchter in seiner Jugend, der Anlass zur Pendellegende gab?*

Am liebsten in einer grossen, repräsentativen Kirche – der Dom Santa Maria del Fiore wäre das Nonplusultra, etwa von der Höhe der Kuppellaterne aus. Aber dies ist zu schwierig und aufwendig: Im Innern ist die lichte Höhe vom Boden zur Spitze ja 90 Meter. Galilei ist wie die richtigen Florentiner zwar stolz auf die Kuppel von Brunelleschi, aber er fürchtet wie sie alle auch immer ein wenig, dass sie zusammenbrechen könnte. Er will nicht der Verursacher sein.

Die Kirche der Basilica de Santa Croce (Abb. 8.6) wäre ideal für seine Absicht: Sie ist das „Pantheon von Florenz". Die lichte Höhe im Mittelschiff beträgt 34,5 m – mit einem Pendel von 30 m wäre der Versuch hier eindrucksvoll. Galilei prüft die Möglichkeiten zunächst unauffällig vor Ort – er hat Glück, der Aufwand hält sich in Grenzen. Seine Freunde in der Kirche und sogar einige seiner Gegner helfen zusammen, und er erhält die Erlaubnis, mit dem Dombaumeister von del Fiore eine Aufhängung zu entwerfen.

Nach drei Monaten ist er bereit: Der Zimmermann hat die Konstruktion geliefert, er hat die besten, dünnen Seile bekommen, die es zwischen Florenz und Venedig gibt, und wunderbare, saubere Pendelkörper: Zwei Holzkugeln verschiedenen Gewichts, eine Eisenkugel, eine Bleikugel und ein grob behauener Marmorstein.

Für die Aufhängung des Seils am Deckenbalken gibt sich Galilei besondere Mühe; er hat aus seinen Problemen früherer Jahre gelernt: Ein Schmied muss ihm einen Eisenhaken mit feiner, im Feuer gehärteter Spitze herstellen, der – mit der Spitze nach unten – in einer Eisenschale lagert, um möglichst nicht das Pendel zu stören. Dazu versieht er jede Kugel (bis auf die Steinkugel) mit einer zusätzlichen Spitze, die nach dem Aufhängen auf den Kirchenboden zeigt und die Messungen erleichtern sollen. Und er beschliesst, die ganze Vorrichtung doppelt vorzusehen und laufen zu lassen: Es sollen zwei Pendel gleichzeitig losgelassen werden, um die beiden Pendel zusammen zu sehen.

Der erste Versuch ist nur mit einem der Pendel und findet auch nur mit seinen beiden Assistenten statt, über die Mittagszeit bei geschlossener Kirche wie bei den Bauten. Das Eisengewicht wird in ausgelenktem Zustand vom Assistenten an einer Schnur gehalten, die Schnur wird mit einer geweihten Kerze abgebrannt – das Pendel schwingt ruhig los. Aber es ist verflixt: Es dreht sich langsam nach rechts; das hat er schon einmal an einem Pendel beobachtet. Soll er die Aufhängung so machen, dass das Pendel sich nicht mehr drehen kann? Dies wäre gefährlich wegen möglicher zusätzlicher Reibung; das Pendel soll ja lange Zeit schwingen.

Er beschliesst, das zweite Pendel zu verwenden – das gleiche Ergebnis: Das Pendel dreht sich immer nach rechts, etwa 35 cm am Aussenrand in der Stunde bei der Auslenkung von 2 Metern! Galilei ist verunsichert, verstört, er denkt nach und hat einen stärker werdenden Verdacht: Merkt das Pendel, dass sich die Erde dreht? Wie? Es kann es doch durch die Aufhängung nicht spüren? Er kann es nicht fassen: Sein Pendel beweist, dass die Erde sich dreht.

In diesem grossen Versuch kommt sein wissenschaftliches Leben zusammen in einer Idee: Das Pendel, die Trägheit der Bewegung und die Astronomie. Er erinnert sich an seine Überlegungen, wie Kanonenkugeln auf der drehenden Erde fliegen. Er hatte es sich am Äquator überlegt, aber wie wäre es, wenn die Kanone am Nordpol stünde? Es wäre doch wie eine Pendelschwingung? Unter der nach Süden fliegenden Kugel würde sich die Erde drehen. Es sind allerdings knapp 35 Stunden, die das Pendel in Florenz für eine volle Drehung seiner Ebene bräuchte, nicht 24 Stunden (oder genauer 23 h 56 min, denn es geht um einen Sterntag). Es scheint damit zusammenzuhängen, dass Florenz eine mittlere geographische Breite hat – an den Polen wäre es klar.

Vier Wochen später gibt Galilei (besser „darf geben") eine öffentliche Vorführung. Er muss sie wegen des grossen Andrangs drei Mal wiederholen; es ist ein Riesenerfolg. Es herrscht nach dem Loslassen der Pendel (dazu wird jeweils die Halteschnur mit der Flamme einer geweihten Kerze durchgebrannt) im grossen Kirchenraum eine Stunde lang eine atemlose, ehrfürchtige Stille.

Ein halbes Jahr später erscheint Galileis Schrift von der Rotation der Pendelebene „Motus pendulorum in terra gyretur", „Von Pendeln auf der rotierenden Erde".

Galilei geht in die Geschichte ein als der, der die Rotation der Erde bewiesen hat. Und er kann jetzt auch eindeutig zeigen, dass der Isochronismus der Pendel gleicher Länge für kleine Winkel wirklich gilt.

Ein Jahr nach seinem Tod erhält er eine monumentale Grabstätte in derselben Kirche, nur wenige Meter entfernt vom Ort des Galilei'schen Pendels. Dreissig Jahre später auf dem Konzil von Florenz wird Kopernikus vollkommen freigegeben und der Heliozentrismus als vereinbar mit der Bibel festgestellt (Abb. 8.7).

Abb. 8.6 Innenraum der Basilica Santa Croce, das „Pantheon von Florenz". Ort der kontrafaktischen Pendelversuche von Galileo Galilei im Jahr 1620 (siehe Text). (Bildquelle: paradoxplace.com, mit freundlicher Genehmigung von Adrian Fletcher)

Abb. 8.7 Das Grabmal Galileo Galileis in der Kirche Santa Croce in Florenz echt aus dem Jahr 1737. (Hier kontrafaktisch fiktiv 1643. Galilei sieht auf sein kontrafaktisches Pendel; Bildquelle: Wikimedia Commons, ZooL SmoK, bearbeitet als kontrafaktischer Remix)

8.5 Galilei heute

„Der Nobelpreis ist eine einzigartige Ehre, der seinen Weg in die Herzen und Gedanken der einfachen Leute auf der ganzen Welt findet. Er wirft ein Licht des Friedens und der Vernunft auf uns alle".
George Wald, Nobelpreisträger Medizin 1967

Sollte Galilei den Nobelpreis (ante litteram und sinngemäss) erhalten? Das obige freundliche Zitat stimmt nachdenklich. Sicher enthält das Werk Galileis viel Vernunft, aber nicht überall und mit seinen Konflikten besonders nicht den Frieden.

Galilei wäre unbestritten ein guter Kandidat für den Nobelpreis für Literatur: Er popularisiert die Wissenschaft, er konstruiert Literatur, er beschreibt die zeitgenössische Kultur, mit seinem schriftlichen Werk ist er ein Pionier der italienischen Sprache. Schwieriger ist die Beurteilung der Kandidatur für Physik: Die Fernrohrentdeckungen könnten wegen der Umstrittenheit der Prioritäten und der (relativen Leichtigkeit) der Entdeckungen allein nicht ausreichen; Trivialität und mehrfache Ansprüche waren auch schon 1608 der Grund für die Ablehnung eines Antrags auf Erteilung eines Patents in den Niederlanden gewesen. Die grössten Leistungen Galileis sind wohl die Pendelgesetze und die Fallrinnenversuche.

Dem stehen einige vollkommen falsche Aussagen und auch aus historischer Sicht und ohne präsentistischen Snobismus gravierende Fehler entgegen wie

- seine theoretische Herleitung, dass alle Körper im Vakuum gleich schnell fallen *müssen*,
- seine Gezeitentheorie,
- seine Einbindung der Fixsternsphäre in das Sonnensystem,
- die Ablehnung der keplerschen Ellipsen und Gesetze

und viele kleine Irrtümer. Galilei war kein Systematiker, sein wissenschaftliches Hauptwerk, die *Unterredungen über zwei neue Wissenschaften*, ist eher das Notizbuch eines an vielem interessierten Physikers. Descartes schreibt dazu:

„Er hat die Untersuchungen nicht ordentlich durchgeführt, sondern nur Erklärungen gesucht für ein paar spezielle Effekte.“ Der Wissenschaftshistoriker John Henry kommentiert diese Aussage (2011):

„Dies ist vielleicht das Beste, was man zu Gunsten Galileis sagen kann: seine Bedeutung liegt nicht in einer neuen Philosophie, sondern in neuen Beobachtungen und neuen Argumenten“ – und dies in wunderbarem literarischen und künstlerischen Stil.

Auch dieses Zitat mag bei Galilei zu denken geben:

„Der Nobelpreis … muss es seinem Empfänger bewusst werden lassen, wie tief er in der Schuld steht bei seinen zeitgenössischen Kollegen und bei denen der Vergangenheit.“ Edward Purcell, Nobelpreisträger Physik 1952

Genau hier liegt die moderne Aufgabe: zu zeigen, was genial ist an Galilei und was Dichtung, und wen er mit seinem Ruhm erstickt hat. Die Herausforderung ist, die *„Vergangenheit als die Gegenwart der Vergangenheit zu sehen“*, und dies nicht durch die Brille Galileis. Dies ist leider komplex und schwieriger als die einfache Sichtweise: Hier Genie, dort Idioten. Galilei hatte im antiken Griechenland wie in den Jahrhunderten vorher viele Vorarbeiter und Vordenker und in derselben Epoche viele Mitstreiter. Galilei hat Aristoteles nicht weggefegt und das Mittelalter war nicht so finster.

Immerhin ist es schon nahezu Allgemeingut geworden, dass Galilei nicht der Erfinder des Teleskops war, aber versuchte so zu tun.

Galilei ist eine schillernde, grossartige Figur der Spätrenaissance, aber kein Heiliger.

8.6   Auf den Punkt gebracht und Zusammenfassung des Kapitels

Galilei wäre unbestritten ein guter Kandidat für einen Nobelpreis für Literatur: Er popularisiert die Wissenschaft, er schafft Weltliteratur, er beschreibt die zeitgenössische Kultur, er ist mit seinem schriftlichem Werk ein Pionier der italienischen Sprache. Schwieriger ist die Beurteilung der Kandidatur für Physik: Die Fernrohrentdeckungen könnten wegen der Umstrittenheit der Prioritäten und der (relativen Leichtigkeit der) Entdeckungen allein nicht ausreichen. Trivialität und mehrfache Ansprüche waren auch schon der Grund für die Ablehnung eines Patents für das zweilinsige Fernrohr im Jahr 1608 in den Niederlanden gewesen.

Wir diskutieren Galileis Persönlichkeit mit ihren Schattenseiten. Wir zeigen, wie er Gegner lächerlich macht, kurzfristig siegt und letzten Endes damit verliert, wissenschaftlich wie menschlich. Wir versuchen, eine wissenschaftliche Bilanz zu ziehen und seine Leistungen (zum Beispiel die Pendelgesetze) fair zu bewerten. Aber es gibt bei ihm viele vollkommen falsche Aussagen und auch ohne historischen Snobismus schwer verständliche Fehler wie seine theoretische Herleitung, dass alle Körper im Vakuum gleich schnell fallen *müssen*, seine Gezeitentheorie und die Ablehnung der keplerschen Ellipsen, und viele kleine Irrtümer. Wir analysieren seine Werke und seinen Stil und charakterisieren sein wissenschaftliches Hauptwerk, die *Discorsi*, eher als Notizbuch eines an vielem interessierten Physikers, eines (genialen) Bricoleurs.

Wir verstehen es als moderne Aufgabe zu zeigen, was genial ist an Galilei und was Dichtung, und wen er mit seinem Ruhm erstickt hat. Galilei ist weniger genial, als oft eingeschätzt, und seine Vorgänger und seine Zeitgenossen sind nicht so dumm, wie oft angenommen. Der Prozess der Wissenschaft arbeitet kollektiv und Galilei ist einer von vielen. Wenn es in jener Zeit ein Genie gab, war es wohl eher Kepler. Dass Galilei nicht der Erfinder des Fernrohrs ist, ist immerhin schon beinahe Allgemeingut geworden.

Dazu leisten wir uns das Vergnügen von drei „Was wäre wenn" – Abschnitten (Abschn. 8.4) und überlegen kontrafaktisch: Wie wäre die Geschichte verlaufen mit einem menschlich verträglicheren Galileo? Wie, wenn er (noch) mehr Glück gehabt hätte? Er ist an mehreren Entdeckungen scharf vorbeigegangen. Die Entdeckung des Planeten Neptun festzuhalten, wäre sehr schwierig gewesen, aber das Foucault'sche Pendel war greifbar nahe.

Wir hoffen zu zeigen: Galilei ist eine schillernde, grossartige Figur der Spätrenaissance, aber kein Heiliger.

Im Anhang listen wir im Glossar eine Reihe von Begriffen mit kurzen Erläuterungen auf und zeigen eine Zeittafel der wichtigsten Daten mit und um Galileis Leben und Werk.

Literatur

Biagioli, Mario. 1990. *Galilei the Embleme Maker*, 1990. Memento, dauerhafte. http://www.jstor. org/stable/233685. Zugegriffen im Juni 2017.

Biagioli, Mario. 2006. *Galileo's instruments of credit: Telescopes, images, secrecy*. Chicago: University of Chicago Press.

Brandmüller, Walter, und Ingo Langner. 2006. *Der Fall Galilei und andere Irrtümer.* Augsburg: Sankt Ulrich.

Bredekamp, Horst. 2015. *Galileis denkende Hand.* De Gruyter: Berlin

Britt, Robert Roy. 2009. *New theory: Galileo discovered Neptune.* Space.com./6941.

Carnegie, Dale. 1935. *How to Win Friends and Influence People.* Bern: Deutsch im Scherz Verlag.

Christie, Anthony. 2010. *Extracting the stopper*. The Renaissance Mathematicus.

Christie, Anthony. 2015. *The specialist in causing pain*. The Renaissance Mathematicus.

Di Trocchio, Federico. 1994. *Der grosse Schwindel*. Reinbek: Rowohlt.

Durant, Will. 1926. *The story of philosophy*. New York: Simon & Schuster.

Eddington, Arthur. 1936. *Relativity theory of protons and electrons*. Cambridge: Cambridge University Press.

Edgerton, Samuel. 2006. *Brunelleschi's mirror, Alberti's window, and Galileo's ‚perspective tube'*. Researchgate.

Edwards, Mark. 2011. *When planets merge*. MIRA 92. covastro.org.uk.

Finocchiaro, Maurice. 1980. *Galileo and the art of reasoning*. Dordrecht: Boston Studies in the Philosophy of Science.

Galilei, Galileo. 1638. *Unterredungen und mathematische Demonstrationen über zwei neue Wissenszweige*. Ostwalds Klassiker No. 11, 24 und 25. Engelmann 1907. http.archive.org.

Giovagnoli, Melissa. 1999. *Angels in the workplace*. San Fransisco: Jossey-Bass.

Hehl, Walter. 2016. Wechselwirkung. Wie Prinzipien der Software die Philosophie verändern. Berlin/ Heidelberg: Springer.

Henry, John. 2011. *Galileo and the scientifique revolution: The importance of his kinematics*. Galilæana VIII, 3–36.

Koestler, Arthur. 1959. *The sleepwalkers*. Hutchinson. archive.org.

Kolb, Rocky. 1999, *Blind watchers of the sky*. Oxford: Oxford University Press.

Standish, Myles, und Anna Nobili. 1987. Galileo's observation of Neptune. *Baltic Astronomy* 6:97–104, 1997.

Zeittafel zu Galilei mit einigen Kontextdaten

ca. 1370	Nicole Oresme formuliert die Fallgesetze
1543	Das Hauptwerk von Kopernikus *De Revolutionibus* erscheint
16.02.1564	**Astrologisch korrigiertes Geburtsdatum von und durch Galileo Galilei**
1580	Grosse Sternwarte von Istanbul wird auf Befehl des Sultans zerstört
1582	Gregorianische Kalenderreform
1584	Grosser Quadrant wird in Sternwarte Sternenborg in Dänemark errichtet
1588	Tycho Brahe veröffentlicht sein System in *De Mundi*
1588	**Galilei hält erfolgreich Vorträge über den Bau der Hölle Dantes**
1592	**Galilei wird Professor in Padua**
17.02.1600	Giordano Bruno wird verurteilt und in Rom verbrannt
22.04.1604	**Galilei wird wegen Astrologie angeklagt (1. Kontakt mit der Inquisition)**
02.10.1608	Hans Lippershey versucht, das Fernrohr zum Patent anzumelden
1608	Erste Beobachtung des Sternenhimmels mit dem Fernrohr in Flandern
1609	Johannes Kepler veröffentlicht *Astronomia Nova* mit elliptischen Bahnen
26.07.1609	Erste Mondbeobachtung am Fernrohr durch Thomas Harriot mit Skizze
11.1609	Simon Marius beobachtet Jupiter mit Monden im Fernrohr
07.01.1610	**Galilei beobachtet Jupiter mit Monden und macht erste Skizze**
08.01.1610	Simon Marius zeichnet Jupiter mit Monden auf
13.03.1610	**Galilei veröffentlicht den *Sternenboten* unter anderem mit den Venusphasen**
1610	**Galilei wird toskanischer Hofphilosoph zu Florenz**
01.12.1610	Fabri de Peiresc beschreibt den Orionnebel
27.02.1611	Johannes Fabricius entdeckt die Sonnenflecken
1611	Johannes Fabricius veröffentlicht das Büchlein *De Maculis in sole*
1611	Johannes Kepler erfindet das astronomische Fernrohr

© Springer Fachmedien Wiesbaden GmbH 2017
W. Hehl, *Galileo Galilei kontrovers*, https://doi.org/10.1007/978-3-658-19295-2

1612	Simon Marius beschreibt als Erster den Andromedanebel
1614	Simon Marius veröffentlicht *Mundus Iovialis* über den Jupiter
1616	Werk des Kopernikus wird kirchlich suspendiert
1616	**Galilei wird verwarnt (2. Kontakt mit der Inquisition)**
15.08.1618	Kepler entdeckt sein drittes Gesetz
1626	Christoph Scheiner veröffentlicht *Rosa ursina* über die Sonnenflecken
1630	Johannes Kepler stirbt
1632	**Galileis *Dialog über die beiden Weltsysteme* erscheint**
22.03.1633	**Galilei muss dem heliozentrischen System abschwören (3. Kontakt mit der Inquisition)**
1638	**Galileis *Unterredungen über zwei neue Wissenschaften* erscheinen**
08.01.1642	**Galilei stirbt**
1687	Isaac Newton veröffentlicht *Philosophiae naturalis principia mathematica*
1741	**Imprimatur (kirchliche Genehmigung) für Galileis Gesamtwerk**
1915	Albert Einstein veröffentlicht die Allgemeine Relativitätstheorie
02.11.1992	**Die Kirche rehabilitiert Galilei**

„Ein gut gewähltes Wort kann eine ungeheure Menge von Gedanken ersparen."
Ernst Mach, österreichischer Physiker, 1838 – 1916

Airy-Scheibe Beugungsscheibe eines punktförmigen Objekts in einer Optik.

Akkommodationslehre Deutung von Bibelzitaten aus der Zeit heraus.

Anagramm Rätsel mit den umgestellten Buchstaben eines Begriffes.

Apogäum Erdfernster Punkt einer Bahn um die Erde.

Arago-Effekt Der Erste bei einer Entdeckung oder Erfindung gewinnt alles.

Argumentum ad hominem Persönlicher Angriff.

Brachistochrone Zeitlich kürzeste Verbindung zwischen zwei Punkten.

Bricoleur, Bricoleuse (franz.) Bastler, Bastlerin.

Clair-obscur (Chiaroscuro) Hell-dunkle Zeichentechnik.

Corioliskraft Scheinbare Kraft beim Bewegen auf einer rotierenden Fläche.

Deismus Lehre, dass Gott nur innerhalb der Naturgesetze eingreift, etwa durch Zufälle.

Eponym Begriff, der aus einem Eigennamen abgeleitet wird.

Galilei-Gleichung Sarkastische Gleichung zu Galileis Charakter von Arthur Koestler.

Heliostatismus Lehre von der ruhenden Sonne (nicht unbedingt im Zentrum).

Heliozentrismus, totaler Lehre von der Sonne im Zentrum inklusive der rotierenden Fixsternsphäre (Galilei).

Hermeneutik Die Auslegung und das Verstehen von Texten.

Hohmann-Ellipsen Energetisch günstige Bahnkurven in der Raumfahrt.

Impetus Vorform des Impulsbegriffs in der Scholastik.

Irradiation Scheinbare Überstrahlung eines leuchtenden Objekts.

Isochronismus Unabhängigkeit der Schwingungsdauer des idealen Pendels von Masse und Auslenkung.

Kinematik Lehre von den Bewegungen starrer Körper.

Konjunktion Eine Begegnung oder Nähe von Planeten am Himmel. Erde, Sonne und Planet auf einer Linie.

297

W. Hehl, *Galileo Galilei kontrovers*, https://doi.org/10.1007/978-3-658-19295-2

Kontrafaktisch Hypothetische Geschichtsentwicklung mit absichtlich geänderten Fakten.

Kopernikanisierung Eine menschliche Einzigartigkeit wird als nur scheinbar einzigartig entlarvt.

Libration Eine mit blossem Auge kaum sichtbare Schwankungsbewegung des Mondes.

Maunder-Minimum Epoche 1645–1715 mit wenig Sonnenflecken. Benannt nach engl. Astronomenehepaar.

Matthäus-Effekt Eine kleine Leistung einer berühmten Person überstrahlt die grosse Leistung einer unbekannten Person.

Opposition Planet und Sonne stehen sich am Himmel gegenüber.

Pandeismus Lehre, dass Gott die Welt mit den Naturgesetzen erschaffen hat, jetzt mit ihr eins ist und sie frei laufen lässt.

Panendeismus Wie Pandeismus, zusätzlich mit der Betonung des Göttlichen (der Transzendenz).

Parallaxe Scheinbare Bewegung eines Objekts durch die Bewegung des Beobachters.

Perigäum Erdnächster Punkt einer Bahn um die Erde.

Perihel Sonnennächster Punkt der Bahn um die Sonne.

Phänomene retten Scholastischer Ausdruck für das Erstellen eines funktionierenden Modells aus vagen Ideen.

Platonisches Jahr Periode des Kreiselns der Erdachse, ca. 25.700 Jahre. Galilei rechnet mit 36.000 Jahren.

Präsentismus (Falsche) Beurteilung der Geschichte aus dem heutigen Kontext heraus.

Primärdirektion Astrologie: Eine Methode der Prognose.

Quadratur Astronomie: Planet, Sonne und Erde bilden einen rechten Winkel.

Rektifikation Astrologie: Die nachträgliche Korrektur von Geburtsdaten, um das Horoskop zu verbessern.

Schuler-Periode Mehrfach auftretende Zeitdauer in der Geophysik beziehungsweise Naturphilosophie.

Serendipity (Serendipität) Glücklicher Fund bei der Suche nach etwas ganz anderem. Gegenteil: Zemblanity.

Skalieren Eine derartige Veränderung von Eigenschaften bei der Veränderung der geometrischen Dimensionen, dass die Funktion erhalten bleibt.

Sonnentag (oder Tag) Zeit einer vollen Drehung der Erde bezogen auf die Sonne, 24h, vgl. Sterntag.

Stellia Astrologie: Kompliziertere Sternkonstellationen.

Sterntag Zeit einer vollen Drehung der Erde bezogen auf die Sterne, etwa 23h 56m, vgl. Sonnentag.

Stokes'sches Gesetz Beschreibt den Widerstand in einem zähen Medium.

Teleologie Der Zweck bestimmt den Ablauf eines Vorgangs.

Uchronie Geänderter Ablauf der Geschichte nach der Änderung eines Ereignisses.

Zemblanity Unglückliches Vorbeigehen am Glück. Gegenteil: Serendipity.

Stichwortverzeichnis